从零开始

中文版

Dreamweaver CC 基础培训教程

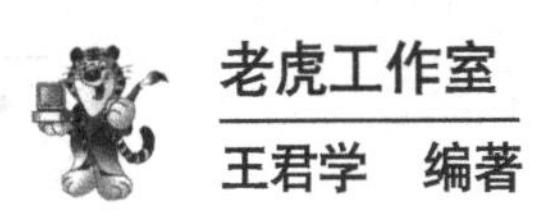

老虎工作室

王君学　编著

人民邮电出版社

北京

图书在版编目（CIP）数据

从零开始 ：Dreamweaver CC中文版基础培训教程 / 老虎工作室，王君学编著. -- 北京 : 人民邮电出版社，2016.12（2020.3 重印）
ISBN 978-7-115-44000-6

Ⅰ. ①从… Ⅱ. ①老… ②王… Ⅲ. ①网页制作工具—教材 Ⅳ. ①TP393.092.2

中国版本图书馆CIP数据核字(2016)第268787号

内 容 提 要

本书结合实例介绍 Dreamweaver CC 的应用知识，重点培养读者的网页制作技能，提高读者解决实际问题的能力，案例新颖、言简意赅、实用性强。

全书共 11 章，主要内容包括创建和管理站点、编排文本、使用图像和媒体、设置超级链接、使用表格、使用 CSS 样式、使用 Div、使用库和模板、使用行为、使用表单、配置和发布站点等。

本书可供各类网页设计与制作培训班作为教材使用，也可供网页设计与制作相关人员及高等院校相关专业的学生自学参考。

◆ 编　　著　老虎工作室　王君学
　责任编辑　李永涛
　责任印制　杨林杰
◆ 人民邮电出版社出版发行　　北京市丰台区成寿寺路 11 号
　邮编　100164　　电子邮件　315@ptpress.com.cn
　网址　http://www.ptpress.com.cn
　北京七彩京通数码快印有限公司印刷
◆ 开本：787×1092　1/16
　印张：14.25
　字数：342 千字　　　　　2016 年 12 月第 1 版
　印数：3 601-4 200 册　　2020 年 3 月北京第 3 次印刷

定价：39.00 元（附光盘）

读者服务热线：(010)81055410　印装质量热线：(010)81055316
反盗版热线：(010)81055315
广告经营许可证：京东工商广登字20170147号

老虎工作室

主　编：沈精虎

编　委：许曰滨　黄业清　姜　勇　宋一兵　高长铎
田博文　谭雪松　向先波　毕丽蕴　郭万军
宋雪岩　詹　翔　周　锦　冯　辉　王海英
蔡汉明　李　仲　赵治国　赵　晶　张　伟
朱　凯　臧乐善　郭英文　计晓明　孙　业
滕　玲　张艳花　董彩霞　管振起　田晓芳

关于本书

Dreamweaver CC是一款专业的网页设计与制作软件，主要用于网站、网页和Web应用程序的设计与开发。Dreamweaver的每次升级换代都代表了互联网的前沿发展，很多现代设计理念和方法都能较快地在新版本中得以体现，因此，Dreamweaver在网页设计与制作领域得到了众多用户的青睐。Dreamweaver的日益普及与广泛应用不仅提高了网页设计与制作人员的工作效率，而且也把他们从纯HTML代码时代解放出来，从而使其能够将更多精力投入到提高网页设计的质量上。

内容和特点

本教程突出实用性，注重培养学生的实践能力，具有以下特色。

(1) 在编排方式上充分考虑课程教学的特点，每章按照功能讲解、范例解析、实训、综合案例和习题的模式组织内容，这样既便于教师在课前安排教学内容，又能实现课堂教学"边讲边练"的教学方式。

(2) 在内容组织上尽量本着易懂实用的原则，精心选取Dreamweaver CC的一些常用功能及与网页设计与制作相关的知识作为主要内容，并将理论知识融入大量的实例中，使学生在实际操作过程中不知不觉地掌握理论知识，从而提高网页设计与制作技能。

(3) 在实例选取上力争满足形式新颖的要求，尽量选取日常生活中实用的例子，使学生感觉到实例的趣味性，从而使教师好教、学生易学。

(4) 在文字叙述上尽量做到言简意赅、重点突出，需要学生了解的非重点内容一带而过，需要学生深入掌握的内容则进行详细全面的介绍。

全书分为11章，主要内容如下。

- 第1章：介绍Dreamweaver CC的工作界面，创建和管理站点的基本方法等。
- 第2章：介绍编排文本和创建文档的基本方法。
- 第3章：介绍在网页中插入图像和媒体的基本方法。
- 第4章：介绍设置超级链接的基本方法。
- 第5章：介绍使用表格布局网页的基本方法。
- 第6章：介绍使用CSS样式控制网页外观的基本方法。
- 第7章：介绍使用Div布局网页的基本方法。
- 第8章：介绍使用库和模板统一网页外观的基本方法。
- 第9章：介绍在网页中使用行为的基本方法。
- 第10章：介绍使用表单制作网页的基本方法。
- 第11章：介绍配置应用程序开发环境和发布站点的方法。

读者对象

本书将Dreamweaver CC的基本知识与典型实例相结合，条理清晰、讲解透彻、易于掌握，可供各类网页设计与制作培训班作为教材使用，也可供网页设计与制作人员及高等院校相关专业的学生自学参考。

附盘内容

本书所附光盘内容包括范例解析、课堂实训、综合案例、课后作业、PPT 课件等。

1. 范例解析

本书所有范例解析用到的素材都收录在附盘的“范例解析\第×章\素材”文件夹下，所有范例解析的结果文件都收录在附盘的“范例解析\第×章\结果”文件夹下，所有范例解析的视频文件都收录在附盘的“范例解析\第×章\视频”文件夹下。

2. 课堂实训

本书所有课堂实训用到的素材都收录在附盘的“课堂实训\第×章\素材”文件夹下，所有课堂实训的结果文件都收录在附盘的“课堂实训\第×章\结果”文件夹下，所有课堂实训的视频文件都收录在附盘的“课堂实训\第×章\视频”文件夹下。

3. 综合案例

本书所有综合案例用到的素材都收录在附盘的“综合案例\第×章\素材”文件夹下，所有综合案例的结果文件都收录在附盘的“综合案例\第×章\结果”文件夹下，所有综合案例的视频文件都收录在附盘的“综合案例\第×章\视频”文件夹下。

4. 课后作业

本书所有课后作业用到的素材都收录在附盘的“课后作业\第×章\素材”文件夹下，所有课后作业的结果文件都收录在附盘的“课后作业\第×章\结果”文件夹下。

5. PPT 课件

本书所有 PPT 课件都按章收录在附盘的“PPT 课件”文件夹下。

注意：播放文件前要安装光盘根目录下的“tscc.exe”插件。

感谢您选择了本书，也欢迎您把对本书的意见和建议告诉我们。

老虎工作室网站 http://www.ttketang.com，电子函件 ttketang@163.com。

老虎工作室

2016 年 11 月

目　录

第1章　创建站点

【学习目标】

- 了解 Dreamweaver CC 的工作界面。
- 掌握设置首选项的基本方法。
- 掌握创建和管理站点的基本方法。
- 掌握创建文件夹和文件的方法。

本章将介绍 Dreamweaver CC 的工作界面、设置首选项、创建和管理站点及创建文件夹和文件的方法等基本知识。

1.1　功能讲解

下面对 Dreamweaver CC 的发展概况、工作流程、工作界面、工具栏、状态栏、常用面板、首选项，以及创建和管理站点、创建文件夹和文件、设置文件头标签等内容进行简要介绍。

1.1.1　发展概况

Dreamweaver 最初是由美国 Macromedia 公司（1984 年成立于美国芝加哥）于 1997 年发布的一套拥有可视化编辑界面，用于制作并编辑网站和移动应用程序的网页设计软件。由 Macromedia 公司发布的 Dreamweaver 的最后版本是 Dreamweaver 8。2005 年底，Macromedia 公司被 Adobe 公司并购。2007 年 7 月，Adobe 公司发布 Dreamweaver CS3，2008 年 9 月发布 Dreamweaver CS4，2010 年 4 月发布 Dreamweaver CS5，2011 年 4 月发布 Dreamweaver CS5.5，约一年后又发布了 Dreamweaver CS6。

2013 年 6 月，Adobe 正式发布 Adobe Creative Cloud 系列产品，并宣布 Adobe CS（Creative Suite）系列产品将由 Adobe CC（Creative Cloud）系列产品代替。所有的 Creative 套件名称后都将加上“CC”，如 Dreamweaver CC 等。2014 年 6 月，Adobe 宣布，其所有的 Creative Cloud 桌面应用程序都将迎来可提升工作效率和增进性能的一次大更新，这就是 Adobe CC 2014，包括 Dreamweaver CC 2014、Flash CC 2014、Photoshop CC 2014 等。

可以说，从 Dreamweaver 诞生的那天起，它就是集网页制作和网站管理于一身的所见即所得的网页编辑器，是针对专业网页设计师设计的视觉化网页开发工具，它可以让设计师轻而易举地制作出跨越平台和浏览器限制的充满动感的网页。尤其对于初学者来说，Dreamweaver 比较容易入门，在网页制作领域得到了广泛的应用。

1.1.2 工作流程

通常可以使用 Dreamweaver CC 按照下面的工作流程来创建和设计站点。

一、规划和设置站点

首先要明确在哪里发布文件，检查站点建设要求、浏览者情况及站点建设目标；其次要考虑诸如用户访问及浏览器、插件和下载限制等技术要求。在组织好站点内容并确定站点结构后，就可以创建 Dreamweaver 站点了。

二、组织和管理站点文件

在 Dreamweaver CC 中，使用【文件】面板可以方便地添加、删除、重命名文件和文件夹，以便根据需要更改站点组织结构。在【文件】面板中还有许多工具，可以利用它们管理站点，如向远程服务器（或从远程服务器）传输文件，设置“存回/取出”过程来防止文件被覆盖及同步本地和远程站点上的文件等。使用【资源】面板可以方便地组织站点中的资源，可以将大多数资源直接从【资源】面板拖到 Dreamweaver 文档中。

三、设计网页布局

确定要使用的网页布局技术，可以使用 Div＋CSS 布局技术来设计网页，也可以使用表格工具来快速地设计页面。还可以基于 Dreamweaver 模板创建页面，在模板更改时自动更新通过模板创建的页面。

四、向页面添加内容

向页面添加资源和设计元素，如文本、图像、鼠标经过图像、图像地图、颜色、影片、声音、HTML 链接及跳转菜单等。Dreamweaver 还提供相应的行为，以便为响应特定的事件而执行任务，例如，在浏览者单击具有“提交”功能的按钮时验证表单，在主页加载完毕时打开另一个浏览器窗口等。

五、通过手动编码创建页面

手动编写代码是创建页面的另一种方法。Dreamweaver 提供了易于使用的可视化编辑工具，也提供了高级的编码环境，可以使用任一种方法或同时采用这两种方法来创建和编辑页面。

六、针对动态内容设置 Web 应用程序

许多站点都包含了动态页，动态页使浏览者能够查看存储在数据库中的信息，并且一般会允许某些浏览者在数据库中添加新信息或编辑信息。如果要创建此类页面，就必须先设置 Web 服务器和应用程序服务器，创建或修改 Dreamweaver 站点，然后连接到数据库。

七、创建动态页

在 Dreamweaver 中，可以定义动态内容的多种来源，其中包括从数据库提取的记录集、表单参数等。如果要在页面上添加动态内容，只需将该内容拖动到页面上即可。可以通过设置页面来同时显示一个或多个记录，显示多页记录时，可以添加用于在记录页之间来回移动的特殊链接，以及创建记录计数器来帮助用户跟踪记录。

八、测试页面和发布站点

测试页面是在整个开发周期中进行的一个持续的过程。最后，要在服务器上发布创建的站点。许多开发人员还会安排定期的维护，以确保站点保持最新并且工作正常。

1.1.3 工作界面

下面对 Dreamweaver CC 的工作界面进行简要介绍。

一、 欢迎屏幕

当启动 Dreamweaver CC 2014（2014.0 版，内部版本 6733）后通常会显示欢迎屏幕，如图 1-1 所示。欢迎屏幕主要用于打开最近使用过的文档或新建文档，还可以了解关于 Dreamweaver CC 的一些新增功能和基本使用技巧等。

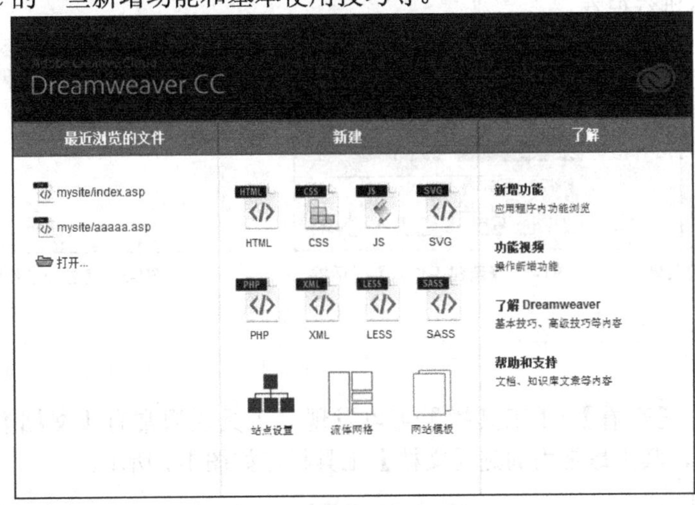

图1-1 欢迎屏幕

二、 工作窗口

在欢迎屏幕中选择【新建】/【HTML】命令新建一个文档，此时工作窗口界面如图 1-2 所示。文档编辑区上面有【文档】工具栏，下面为【属性】面板，右侧为包括【文件】面板、【插入】面板在内的面板组。

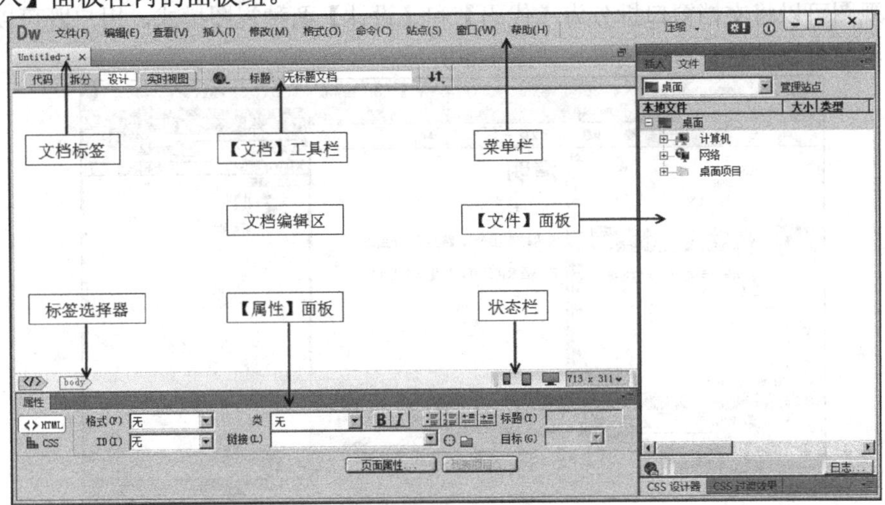

图1-2 Dreamweaver CC 的工作窗口界面

Dreamweaver CC 的工作窗口界面有【压缩】和【扩展】两种布局模式，图 1-2 所示为【压缩】布局模式。可以通过单击 压缩 、 扩展 或 我的布局 按钮，在弹出的图 1-3 所示的快捷菜单中选择相应的命令，来切换、创建、管理或保存工作区布局模式。也可以选择【窗口】/【工作区布局】中的菜单命令，进行相应操作。

在工作区布局下拉菜单中选择【新建工作区】命令，可打开【新建工作区】对话框进行命名并保存，如图 1-4 所示，以后启动 Dreamweaver CC 时就可以选择自己的布局模式进行工作了。如果要对工作区布局的名称进行修改或删除，可选择【管理工作区】命令，打开【管理工作区】对话框，选择工作区布局名称，然后单击 重命名... 按钮或 删除 按钮，进行重命名或删除操作，如图 1-5 所示。对当前工作区布局模式进行了修改，可选择【保存当前】命令进行保存。

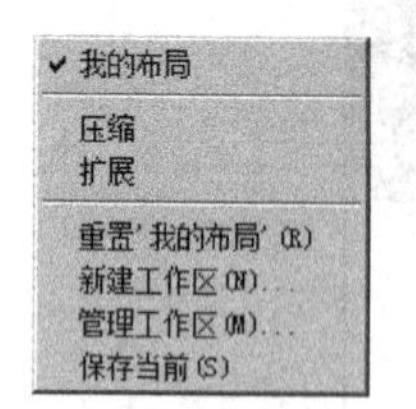

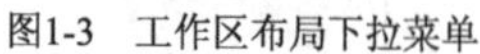
图1-3　工作区布局下拉菜单

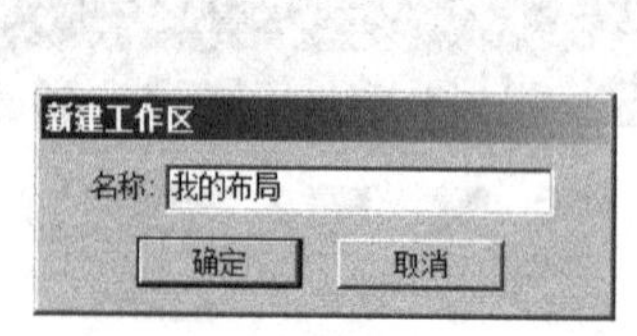

图1-4　【新建工作区】对话框

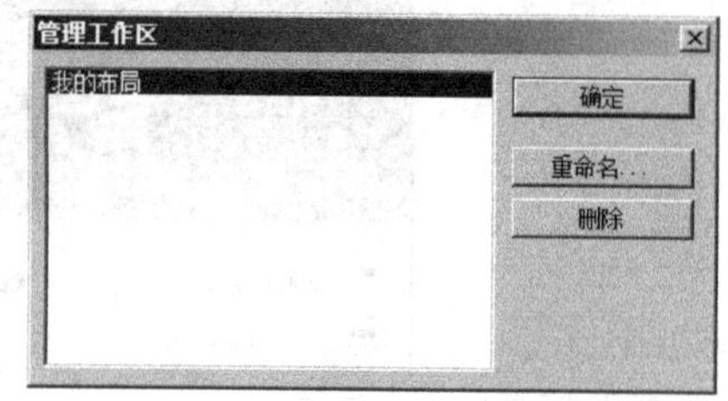

图1-5　【管理工作区】对话框

1.1.4　工具栏

选择菜单命令【查看】/【工具栏】可以发现，工具栏通常有【文档】和【标准】两个，如图 1-6 所示，其中最常用的是【文档】工具栏，如图 1-7 所示。

图1-6　工具栏

图1-7　【文档】工具栏

文档窗口通常有【代码】、【拆分】、【设计】和【实时视图】4 种显示模式。在【文档】工具栏中，可以通过单击 代码 、 拆分 、 设计 或 实时视图 按钮来进行切换。【设计】视图用于可视化操作的设计和开发环境，【代码】视图用于编辑 HTML 等代码的手工编码环境，【拆分】视图可以将文档窗口拆分为【代码】和【设计】两种视图模式。用户既可以进行可视化操作，又可以随时查看源代码，如图 1-8 所示。

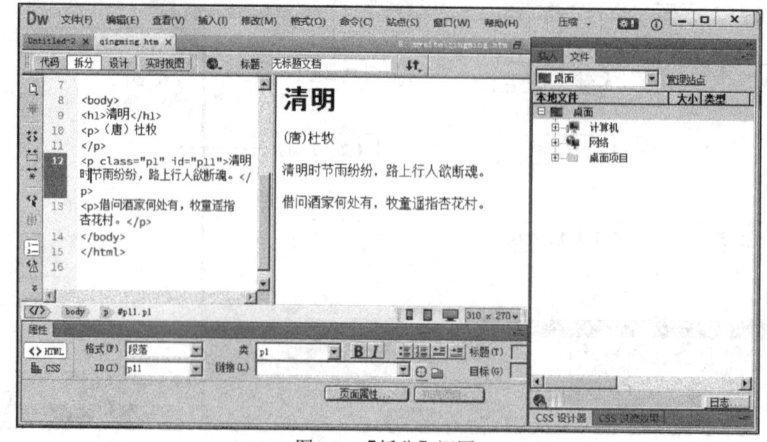

图1-8　【拆分】视图

在【实时视图】中，用户可以检查和更改任意 HTML 元素的性质并预览其外观，而无需刷新。在图 1-9 所示的文档编辑区中，单击 + 按钮将添加文本框，在其中可以设置当前

HTML 标签的 ID 名称或引用的类名称。还可以使用【插入】面板将 HTML 元素直接插入到实时视图中，元素是实时插入的，无需切换模式，还可以即时预览更改。

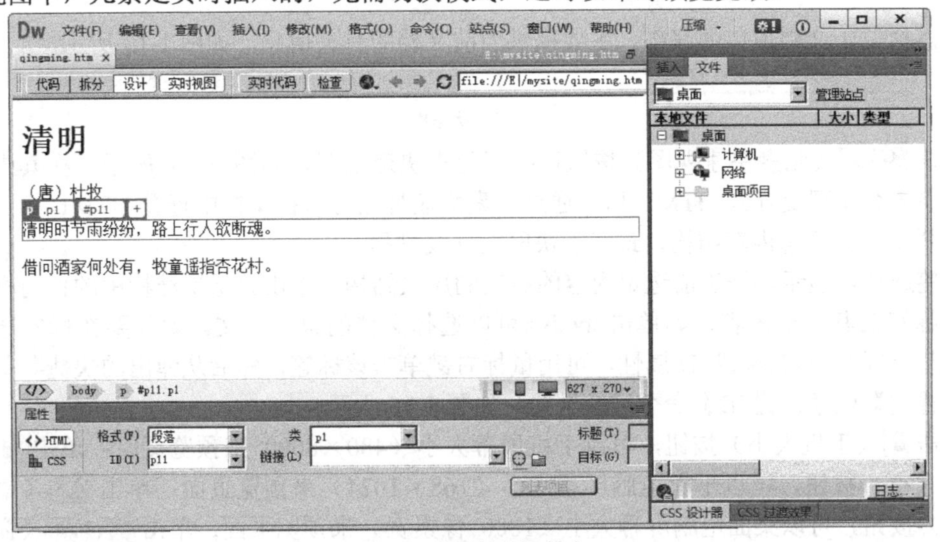

图1-9 【实时视图】模式

在【设计】视图中，单击（在浏览器中预览/调试）按钮，在弹出的下拉菜单中可以选择预览网页的方式，如图 1-10 所示。选择【编辑浏览器列表】命令，将打开【首选项】对话框，可以在【在浏览器中预览】分类中添加其他浏览器，如图 1-11 所示。单击【浏览器】选项右侧的按钮将打开【添加浏览器】对话框来添加已安装的其他浏览器；单击按钮将删除在【浏览器】列表框中所选择的浏览器；单击编辑(E)...按钮将打开【编辑浏览器】对话框，对在【浏览器】列表框中所选择的浏览器进行编辑。还可以通过设置【默认】选项为“主浏览器”或“次浏览器”来设定所添加的浏览器是主浏览器还是次浏览器。

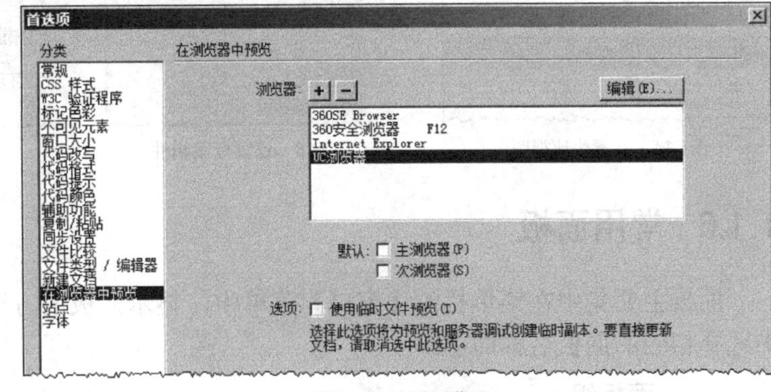

图1-10 选择预览网页的方式

图1-11 设置浏览器

在【文档】工具栏的【标题】文本框中可以设置显示在浏览器标题栏中的标题。单击按钮，在弹出的下拉菜单中可以选择【获取】、【上传】等命令将文件从 Web 服务器下载到本地或将本地文件上传到 Web 服务器，如图 1-12 所示。

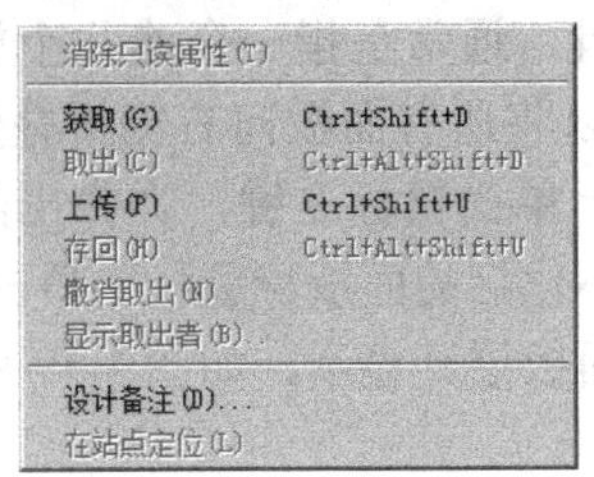

图1-12 文件管理

1.1.5　状态栏

状态栏位于文档窗口的底部，主要提供当前文档的有关信息，如图 1-13 所示。

图1-13　状态栏

单击 （元素快速视图）按钮可打开元素快速视图，如图 1-14 所示，在其中为静态和动态内容呈现交互式 HTML 树。通过元素快速视图可以在文档中查看 HTML 标记，在 HTML 树中修改静态内容结构，最终加快网页开发过程。

标签选择器显示环绕当前选定内容的标签的层次结构。单击该层次结构中的任何标签以选择该标签及其全部内容，如单击<body>可以选择文档的整个正文。如果要在标签选择器中设置某个标签的 class 或 ID 属性，可用鼠标右键单击该标签，然后从弹出的快捷菜单中选择【设置类】或【设置 ID】命令进行设置，如图 1-15 所示。

单击 （手机大小）按钮，可以手机屏幕大小（480×800）来预览页面；单击 （平板电脑大小）按钮，可以平板电脑屏幕大小（768×1024）来预览页面；单击 （桌面电脑大小）按钮，可以桌面电脑屏幕大小（1000 像素宽）来预览页面；单击 （窗口大小）按钮，可以从弹出的快捷菜单中选择相应的选项来将文档窗口调整到预定义或自定义的大小来预览页面，如图 1-16 所示。

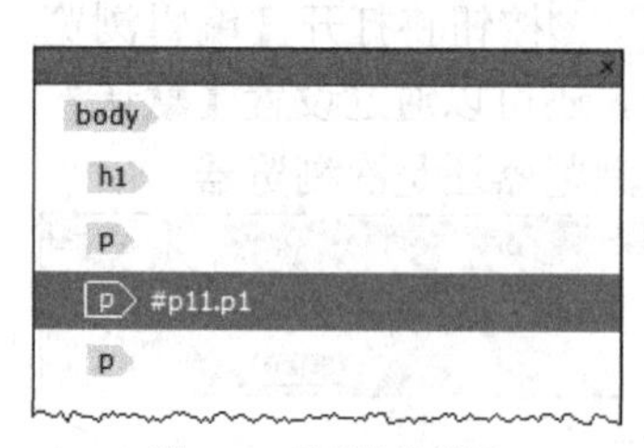

图1-14　元素快速视图

图1-15　设置标签属性

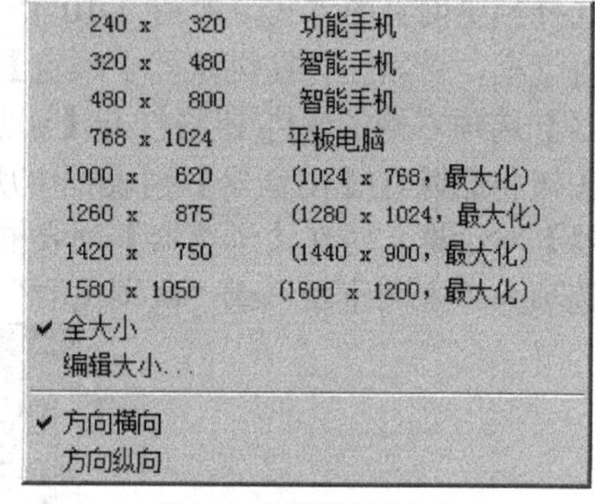

图1-16　屏幕的显示方式

1.1.6　常用面板

面板主要集中在菜单栏的【窗口】菜单中，显示面板的方法是在菜单栏的【窗口】菜单中选择相应的面板名称即可。

一、　面板组

面板组，通常是指一个或几个放在一起显示的面板集合的统称。单击面板组右上角的 按钮可以将所有面板向右侧折叠为图标，单击 按钮可以向左侧展开面板。在展开面板的标题栏上单击鼠标右键，在弹出的快捷菜单中选择【最小化】命令，可将面板最小化显示。在最小化后的面板标题栏上单击鼠标右键，在弹出的快捷菜单中选择【展开标签组】命令，可将面板展开显示，如图 1-17 所示。

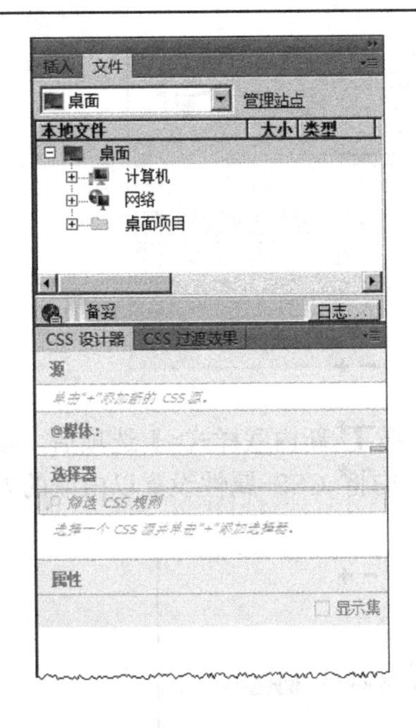

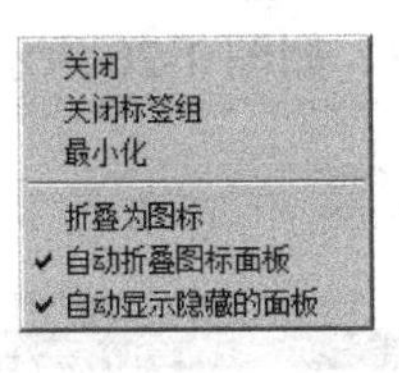

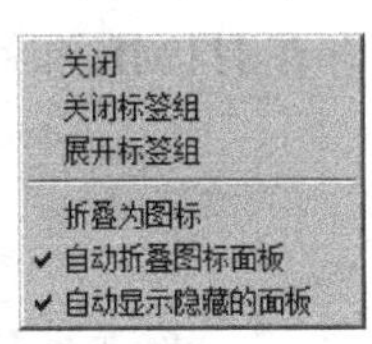

图1-17 面板组

二、【文件】面板

【文件】面板如图 1-18 所示，其中左图是在没有创建站点时的显示状态，右图是在创建了站点后的显示状态。通过【文件】面板可以访问站点、服务器和本地驱动器，以及查看、创建、修改、删除文件夹和文件，也可以上传和下载文件等。【文件】面板功能非常丰富，可以说是站点管理器的缩略图。

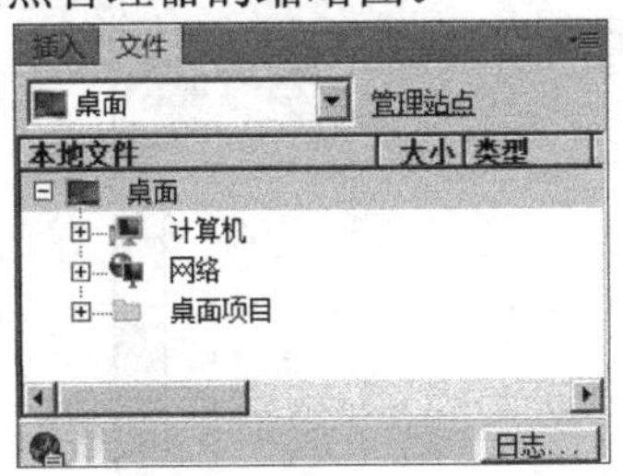

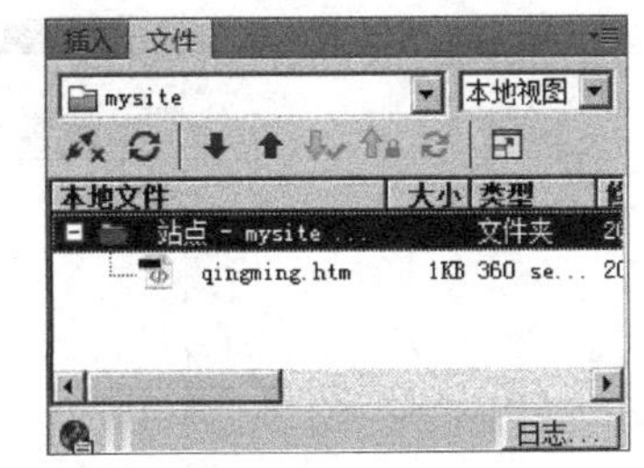

图1-18 【文件】面板

三、【属性】面板

【属性】面板通常显示在文档窗口的最下面，如果工作界面中没有显示【属性】面板，在菜单栏中选择【窗口】/【属性】命令即可显示。通过【属性】面板可以设置和修改所选对象的属性。选择的对象不同，【属性】面板显示的参数也不同。文本【属性】面板还提供了【HTML】和【CSS】两种类型的属性设置，如图 1-19 所示。在【属性（HTML）】面板中可以设置文本的标题和段落格式、对象的 ID 名称、列表格式、缩进和凸出、粗体和斜体，以及超级链接、类样式的应用等，这些将采取 HTML 的形式进行设置。在【属性（CSS）】面板中可以设置文本的字体、大小、颜色、对齐方式等，这些将采用 CSS 样式的形式进行设置。

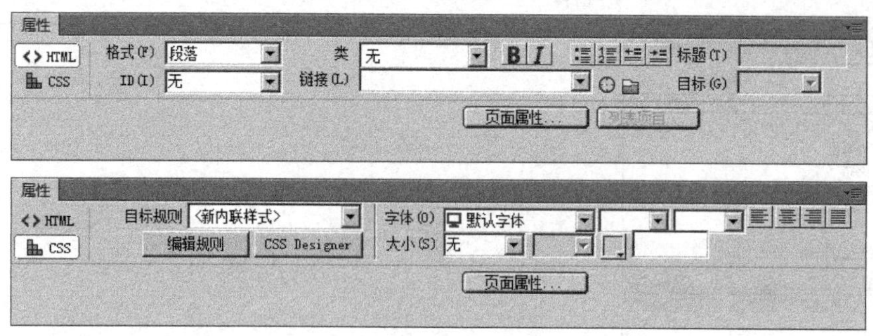

图1-19　文本【属性】面板

在【属性（CSS）】面板的【目标规则】下拉列表中，选择【<新内联样式>】选项后，在设置文本的字体、大小、颜色、粗体或斜体及对齐方式时，均将 CSS 属性设置以内嵌的方式保存在 HTML 标签中，如图 1-20 所示。

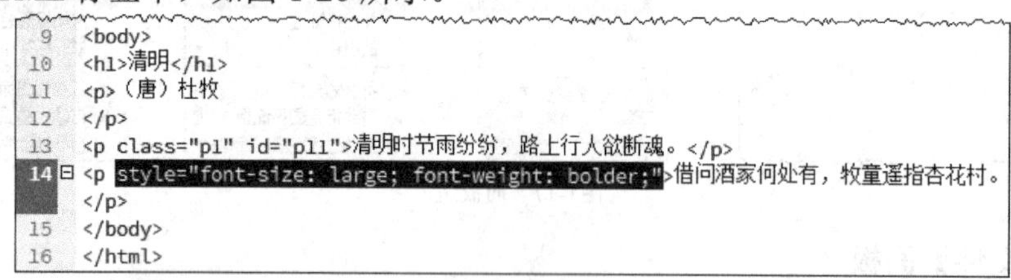

图1-20　内联样式

在【目标规则】下拉列表中，选择【<删除类>】选项将删除当前 HTML 标签所应用的类 CSS 样式，选择【<应用多个类...>】选项将打开【多类选区】对话框，从中选择多个类，即可以给当前的 HTML 标签应用多个类 CSS 样式，如图 1-21 所示。

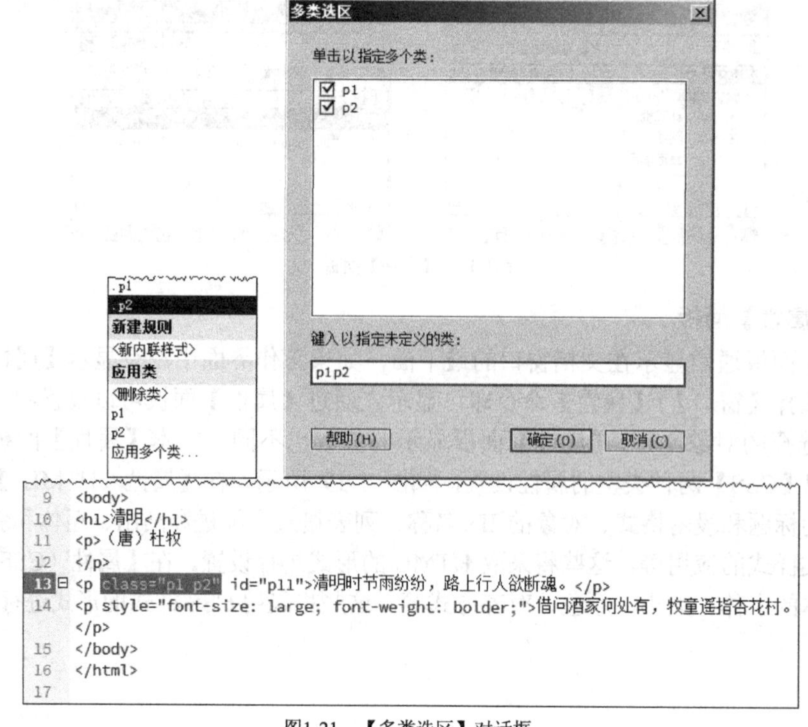

图1-21　【多类选区】对话框

四、【插入】面板

【插入】面板包含用于创建和插入对象（如表格、图像和链接等）的按钮。这些按钮按常用、结构、媒体、表单等类别进行组织，可以通过从顶端的下拉列表中选择所需类别进行切换，如图 1-22 所示。【插入】面板各个类别的主要功能如下。

- 【常用】: 用于创建和插入最常用的元素，如 Div 标签和图像、表格等对象。
- 【结构】: 用于插入结构元素，如 Div 标签、标题、列表、区段、页眉和页脚等。
- 【媒体】: 用于插入媒体元素，如 Edge Animate 作品、HTML5 音频和视频及 Flash 音频和视频等。
- 【表单】: 包含用于创建表单和用于插入表单元素（如搜索、域和密码）的按钮。
- 【jQuery Mobile】: 包含使用 jQuery Mobile 构建站点的按钮。
- 【jQuery UI】: 用于插入 jQuery UI 元素，如折叠式、滑块和按钮等。
- 【模板】: 用于将文档保存为模板并将特定区域标记为可编辑、可选、可重复或可编辑的可选区域。
- 【收藏夹】: 用于将【插入】面板中最常用的按钮分组和组织到某一公共位置。

【插入】面板的每个类别包含相应类型的对象按钮，如图 1-23 所示，单击这些按钮，可将相应的对象插入到文档中。某些类别还有带弹出菜单的按钮。从弹出菜单中选择一个选项时，该选项将成为按钮的默认操作。例如，如果从【图像】按钮组中选择【鼠标经过图像】选项，则下次单击该按钮时，将会插入一个鼠标经过图像。每当从按钮组中选择一个新选项时，该按钮的默认操作都会改变。

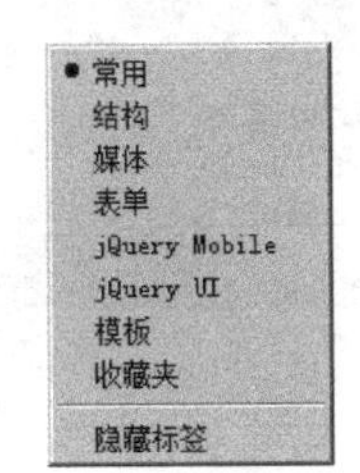

图1-22 按钮类别菜单

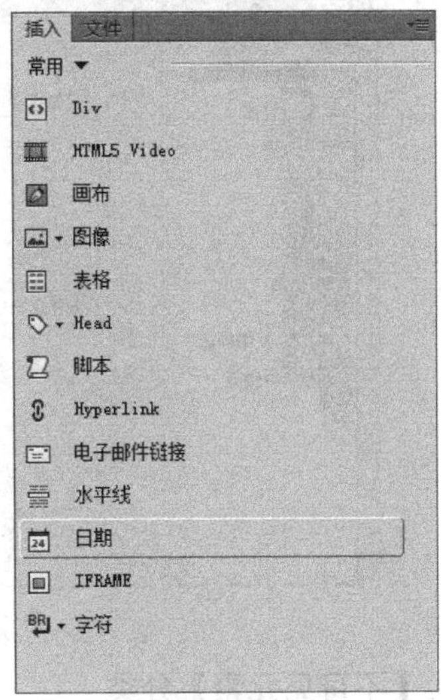

图1-23 【插入】面板

在按钮类别菜单中，选择【隐藏标签】命令，【插入】面板变为图 1-24 所示的格式。此时的【隐藏标签】命令变为【显示标签】命令。如果选择【显示标签】命令，【插入】面板就变回原来的格式。

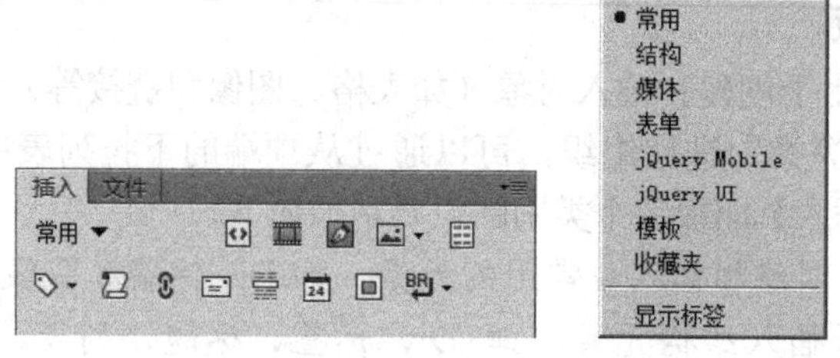

图1-24　【插入】面板【隐藏标签】格式

1.1.7　首选项

在使用 Dreamweaver CC 制作网页之前，应该通过【首选项】对话框来定义使用 Dreamweaver CC 的基本规则。选择菜单命令【编辑】/【首选项】，弹出【首选项】对话框，下面对【首选项】对话框的常用分类选项进行简要说明。

一、　【常规】分类

在【常规】分类中可以定义【文档选项】和【编辑选项】两部分内容，如图 1-25 所示。选择【显示欢迎屏幕】复选框，表示在启动 Dreamweaver CC 时将显示欢迎屏幕，否则将不显示。选择【允许多个连续的空格】复选框，表示允许使用 Space（空格）键来输入多个连续的空格，否则只能输入一个空格。在【移动文件时更新链接】下拉列表中选择【提示】选项，以后在移动网页文件时会自动询问是否更新与之相关的超级链接；如果选择【总是】选项，在移动网页文件时不会询问而是直接更新相关的超级链接；如果选择【从不】选项，在移动网页文件时将不会更新相关的超级链接。

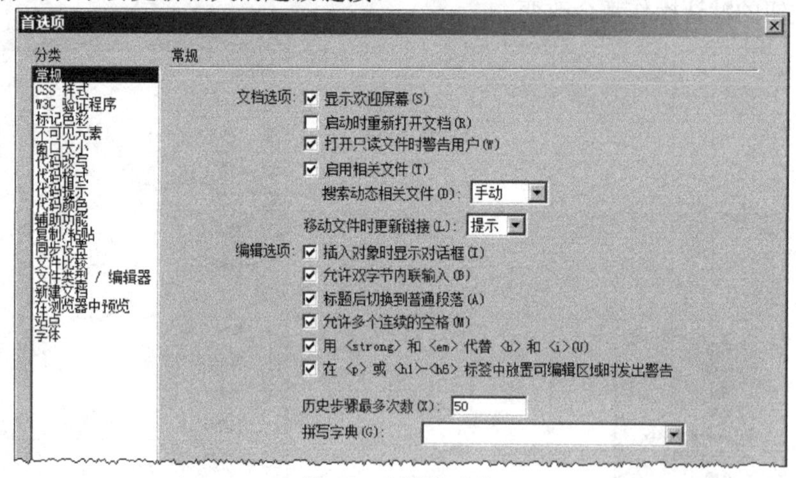

图1-25　【常规】分类

二、　【不可见元素】分类

在【不可见元素】分类中可以定义不可见元素是否显示，如图 1-26 所示。在选择【不可见元素】分类后，还要确认菜单栏中的【查看】/【可视化助理】/【不可见元素】命令是否已经选择。在选择该命令后，包括换行符在内的不可见元素会在文档中显示出来，以帮助设计者确定它们的位置。

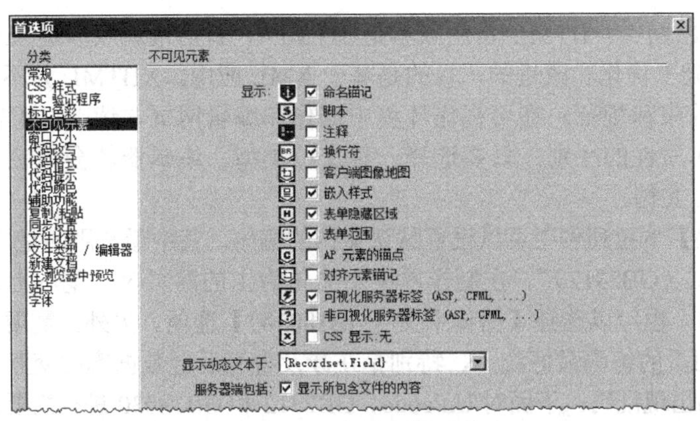

图1-26 【不可见元素】分类

三、【复制/粘贴】分类

在【复制/粘贴】分类中，可以定义粘贴到文档中的文本格式，如图 1-27 所示。在设置了一种适用的粘贴方式后，就可以直接选择菜单命令【编辑】/【粘贴】来粘贴文本，而不必每次都选择【编辑】/【选择性粘贴】命令。如果需要改变粘贴方式，再选择【选择性粘贴】命令进行粘贴即可。

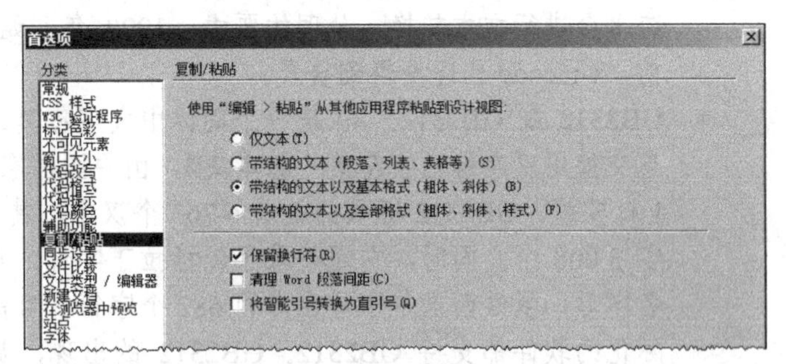

图1-27 【复制/粘贴】分类

四、【新建文档】分类

在【新建文档】分类中可以定义新建默认文档的格式、默认扩展名、默认文档类型和默认编码等，如图 1-28 所示。可以在【默认文档】下拉列表中设置默认文档，如“HTML”；在【默认扩展名】文本框中设置默认文档的扩展名，如“.htm”；在【默认文档类型】下拉列表中设置文档类型，如“HTML5”；在【默认编码】下拉列表中设置编码类型，如“简体中文（GB2312）”。

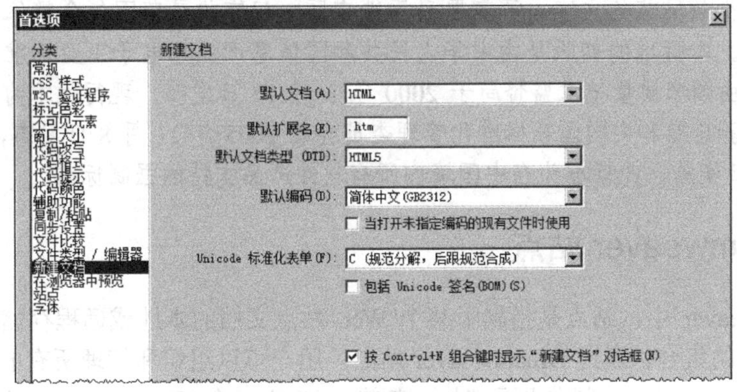

图1-28 【新建文档】分类

在【默认文档类型】下拉列表中可以设置默认文档的类型，包括 7 个选项，大体可分为

HTML 和 XHTML 两类。HTML 常用版本是 HTML4，目前最新版本是 HTML5。XHTML 是在 HTML 的基础上优化和改进的，目的是基于 XML 应用。XHTML 并不是向下兼容的，它有自己严格的约束和规范。在可视化环境中制作和编辑网页，读者并不需要关心 HTML 和 XHTML 两者实质性的区别，只要选择一种文档类型，编辑器就会相应生成一个标准的 HTML 或 XHTML 文档。

在【默认编码】下拉列表中可以设置默认文档的编码，其中最常用的是“Unicode（UTF-8）”和“简体中文（GB2312）”。在制作以中文简体为主的网页时，基本上选择【简体中文（GB2312）】选项，也可以选择【简体中文（GB18030）】选项。另外，需要说明的是，在一个网站中，所有网页的编码最好统一，特别是在涉及含有后台数据库的交互式网页时更是如此，否则网页容易出现乱码。下面对 Unicode、GB2312 和 GB18030 进行简要说明。

- Unicode（统一码、万国码、单一码）是一种在计算机上使用的字符编码。它为每种语言中的每个字符设定了统一并且唯一的二进制编码，以满足跨语言、跨平台进行文本转换、处理的要求。1990 年开始研发，1994 年正式公布。目前，Unicode 已逐渐得到普及。
- GB2312 或 GB2312－80 是一个简体中文字符集的中国国家标准，全称为《信息交换用汉字编码字符集·基本集》，由中国国家标准总局发布，1981 年 5 月 1 日实施。GB2312 标准共收录 6 763 个汉字，其中一级汉字 3 755 个，二级汉字 3 008 个；同时，它还收录了包括拉丁字母、希腊字母、日文平假名及片假名字母、俄语西里尔字母在内的 682 个字符。目前，几乎所有的中文系统和国际化的软件都支持 GB2312。GB2312 的出现，基本满足了汉字的计算机处理需要。但对于人名、古汉语等方面出现的罕用字，GB2312 不能处理，这也是后来 GBK 及 GB18030 汉字字符集出现的原因。
- GB18030，全称国家标准 GB18030－2005《信息技术中文编码字符集》，是中华人民共和国现时最新的内码字集，是 GB18030－2000《信息技术信息交换用汉字编码字符集基本集的扩充》的修订版。与 GB2312－1980 完全兼容，与 GBK 基本兼容，支持 GB13000 及 Unicode 的全部统一汉字，共收录汉字 70 244 个。GB18030 主要有以下特点：与 UTF-8 相同，采用多字节编码，每个字可以由 1 个、2 个或 4 个字节组成；编码空间庞大，最多可定义 161 万个字符；支持中国国内少数民族的文字，不需要动用造字区；汉字收录范围包含繁体汉字及日韩汉字。本标准的初版是由中华人民共和国信息产业部电子工业标准化研究所起草，由国家质量技术监督局于 2000 年 3 月 17 日发布。现行版本为国家质量监督检验总局和中国国家标准化管理委员会于 2005 年 11 月 8 日发布，2006 年 5 月 1 日实施。此标准为在中国境内所有软件产品支持的强制标准。

1.1.8 Dreamweaver 站点

在 Dreamweaver 中，站点是指属于某个 Web 站点文档的本地或远程存储位置，是所有网站文件和资源的集合。通过 Dreamweaver 站点，用户可以组织和管理所有的 Web 文档。

在使用 Dreamweaver 制作网页时，应首先定义一个 Dreamweaver 站点。在定义 Dreamweaver 站点时，通常只需要定义一个本地站点。如果要向 Web 服务器传输文件或开发 Web 应用程序，还需要设置远程站点和测试站点。在定义 Dreamweaver 站点时，是否需要同时定义远程站点和测试站点，取决于开发环境和所开发的 Web 站点类型。在定义站点时，读者需要理解以下基本概念。

- 【本地站点】：在 Dreamweaver 中又称本地文件夹，通常位于本地计算机上，主要用于存储用户正在处理的网页文件和资源，制作者通常在本地计算机上编辑网页文件，然后将它们上传到远程站点供浏览者访问。
- 【远程站点】：在 Dreamweaver 中又称远程文件夹，通常位于运行 Web 服务器的计算机上，主要用于发布站点文件以便人们可以联机查看。
- 【测试站点】：在 Dreamweaver 中又称测试服务器文件夹，可以位于本地计算机上，也可以位于网络服务器上，主要用来测试动态网页文件，在制作静态网页时不需要设置测试站点。

通过本地站点和远程站点的结合使用，可以在本地硬盘和 Web 服务器之间传输文件，这将帮助用户轻松地管理 Web 站点中的文件。

在 Dreamweaver CC 中，新建 Dreamweaver 站点的方法是：选择菜单命令【站点】/【新建站点】，在打开的对话框中，输入站点名称，并设置好本地站点文件夹即可，如图 1-29 所示。如果现在不需要创建动态网页文件或不需要将网页文件发布到远程站点上，可以暂时不设置【服务器】选项，在需要时再行设置即可。

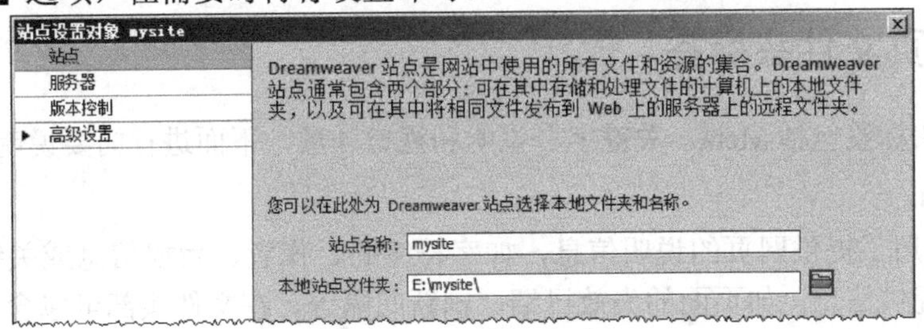

图1-29　新建本地站点

在 Dreamweaver CC 中，可以通过【管理站点】对话框管理站点。打开【管理站点】对话框的方法是：选择菜单命令【站点】/【管理站点】，如图 1-30 所示。

图1-30　【管理站点】对话框

在【管理站点】对话框的【您的站点】列表框中，将显示在 Dreamweaver 中创建的所有站点，包括站点名称和站点类型。用鼠标单击可以选择相应的站点，单击[-]按钮将删除当前选定的站点。单击[编辑]按钮将打开【站点设置对象】对话框来编辑当前选定的站点，对话框的形式与新建站点时对话框的形式是一样的。单击[复制]按钮将复制当前选定的站点，并显示在【您的站点】列表框中。单击[导出]按钮将打开【导出站点】对话框来导出当前选定的站点，文件的扩展名是“.ste”。单击[导入站点]按钮将从 Dreamweaver 导出的站点文件中导入站点；单击[新建站点]按钮可以打开对话框新建站点，这与菜单命令【站点】/【新建站点】的作用是相同的。

1.1.9　文件夹和文件

站点创建完毕后，需要在站点中创建文件夹和文件。在【文件】面板中创建文件夹和文件最简便的操作方法是：单击鼠标右键，在弹出的快捷菜单中选择【新建文件夹】或【新建文件】命令，如图 1-31 所示，然后输入新的文件夹或文件名称即可。此时创建的文件是没有内容的，双击鼠标左键打开文件添加内容并保存后才有实际意义。

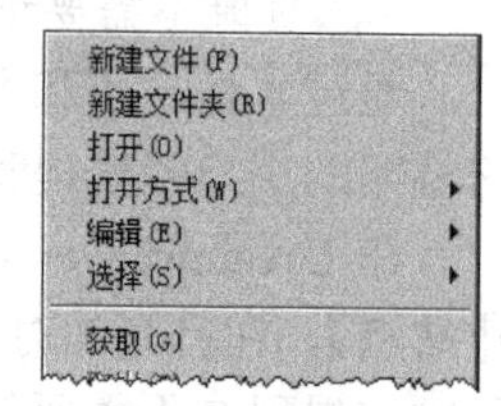

图1-31　快捷菜单

1.1.10　网页文件头标签

网页文件头标签包括 Meta、关键字、说明和视口 4 项，下面进行简要说明。

一、　Meta

Meta 标签用于提供网页的说明信息，如字符编码、作者、版权信息或关键字，也可以用来向服务器提供信息，如页面的失效日期、刷新间隔等。在文件头部可包含多个 Meta 标签，书写顺序可以任意。

添加 Meta 标签的方法是，在菜单栏中选择【插入】/【Head】/【Meta】命令，打开【META】对话框，进行相应的参数设置即可，如图 1-32 所示。

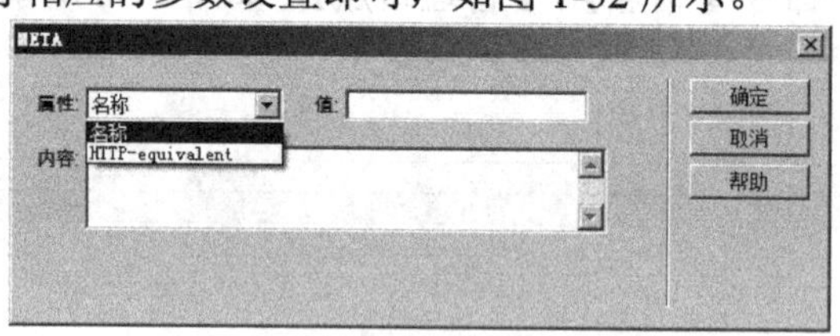

图1-32　【META】对话框

在【META】对话框中，【属性】用来设置 Meta 标签是否包含有关页面的描述性信息（名称）或 HTTP 标题信息（HTTP-equivalent）。【值】用来设置要在此标签中提供的信息的类型，有些值（如 description、keywords 和 refresh）是已经定义好的，而且在 Dreamweaver 中有它们各自对应的【属性】面板，但是也可以根据实际情况指定任何值，例如 creationdate、documentID 或 level 等。【内容】用来设置实际的信息，例如，如果为【值】指定了等级 level，则可以为【内容】指定 beginner、intermediate 或 advanced。

当在【META】对话框的【属性】列表框中选择【名称】或【HTTP-equivalent】选项时，Meta 标签的格式分别如下。

```
<meta name="值" content="值">
<meta http-equiv="值" content="值">
```

带有 name 属性的 Meta 标签是说明性标签，name 属性定义标签的性质，content 属性定义标签的值，它对网页的显示效果没有任何影响。name 属性常用的有关键字（keywords）、说明（description）和作者（author）等，由于关键字（keywords）和说明（description）在【文件头标签】菜单中有单独的子命令，因此下面只对作者（author）的设置方法作简要说明。作者（author），就是标明网页的作者名或联系方式等信息，如图 1-33 所示。

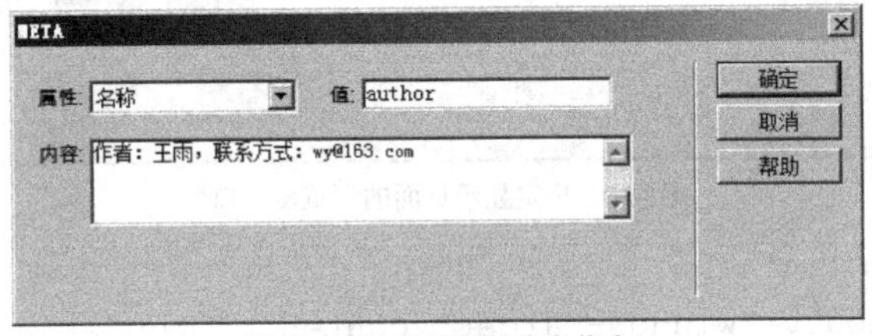

图1-33 设置网页的作者信息

其对应的源代码为：

```
<meta name="author" content="作者：王雨，联系方式：wy@163.com">
```

带有 http-equiv 属性的 Meta 标签是功能性标签，它对网页的显示效果有一定影响。http-equiv 属性常用的有 Content-Type、pragma、window-target 和 refresh 等，下面进行简要说明。

- Content-Type，指定网页使用的字符集，即网页文档编码，图 1-34 所示指定了网页使用的字符集是简体中文（gb2312）。

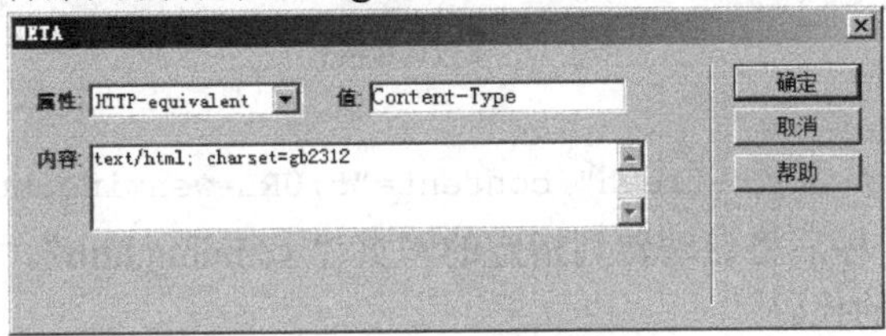

图1-34 设置网页使用的字符集

其对应的源代码为：

```
<meta http-equiv="Content-Type" content="text/html; charset=gb2312">
```

如果一个网页中没有指定字符集，用户的浏览器就会用浏览器默认的字符集显示网页，如果它和网页本身实际使用的字符集不一样，有可能造成整个网页乱码，所以这项声明一般是必需的。在 Dreamweaver CC 中，通过【首选项】对话框的【新建文档】分类可以设置在创建网页文档时使用的默认编码类型，在【页面属性】对话框的【标题/编码】分类中也可以设置或修改当前网页所使用的编码类型。

- pragma，禁止浏览器从本地缓存中调阅页面，如图 1-35 所示。

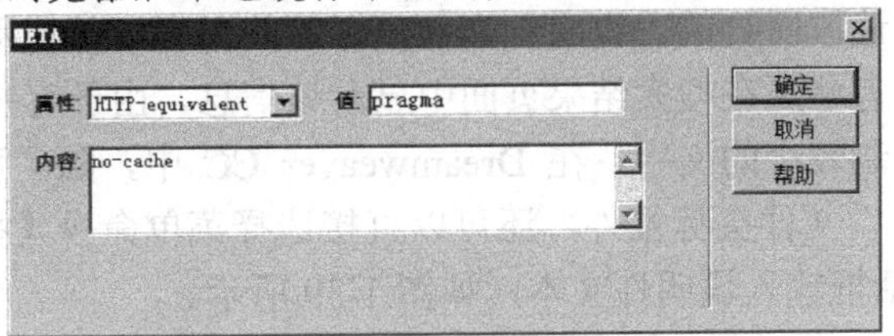

图1-35 禁止浏览器从本地缓存中调阅页面

其对应的源代码为：

```
<meta http-equiv="pragma" content="no-cache">
```

当网页中使用这项声明时，用户将无法用脱机形式浏览该网页。

- window-target，用于指定显示页面的浏览器窗口，如图 1-36 所示。

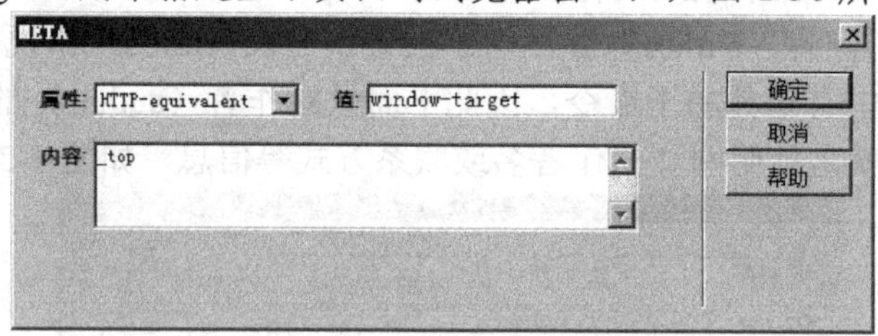

图1-36　指定显示页面的浏览器窗口

其对应的源代码为：

```
<meta http-equiv="window-target" content="_top">
```

本例指定网页只能在浏览器顶层窗口显示，这样可防止其他人在框架中调用这个网页。

- refresh，用于设置网页的刷新功能，如图 1-37 所示。

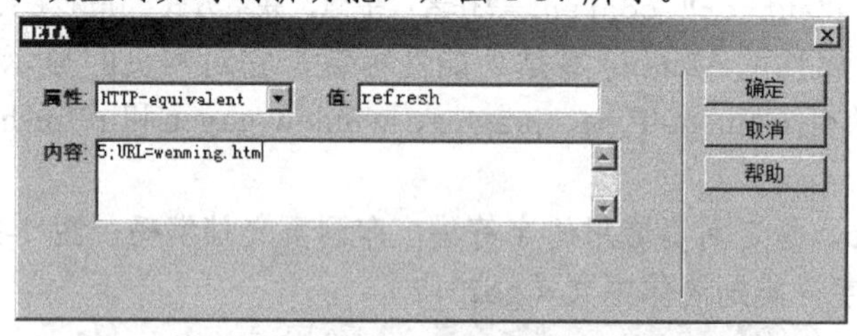

图1-37　定时刷新网页

其对应的源代码为：

```
<meta http-equiv="refresh" content="5;URL=wenming.htm">
```

本例指定网页在 5 秒后将自动转到指定的网页“wenming.htm”。如果在 5 秒后自动刷新文档，可以使用以下的代码：

```
<meta http-equiv="refresh" content="5">
```

定时刷新功能是非常有用的，在制作论坛或聊天室时，可以实时反映在线的用户。

二、 关键字

关键字是为网络中的搜索引擎准备的，关键字一般要尽可能地概括网页主题，以便浏览者在输入很少关键字的情况下，就能最大程度地搜索到网页，多个关键字之间要用半角的逗号分隔。设置网页关键字的方法是：选择菜单命令【插入】/【Head】/【关键字】，打开【关键字】对话框，输入关键字即可，如图 1-38 所示。

三、 说明

许多搜索引擎装置读取网页的“说明”文件头标签的内容，并使用该信息在它们的数据库中将页面编入索引，有些还在搜索结果页面中显示该信息。由于有些搜索引擎限制索引的字符数，最好将说明限制较少的文字。在 Dreamweaver CC 中，除了可以使用【META】对话框设置网页的“说明”文件头标签外，还可以直接选择菜单命令【插入】/【Head】/【说明】，打开【说明】对话框输入说明性文本，如图 1-39 所示。

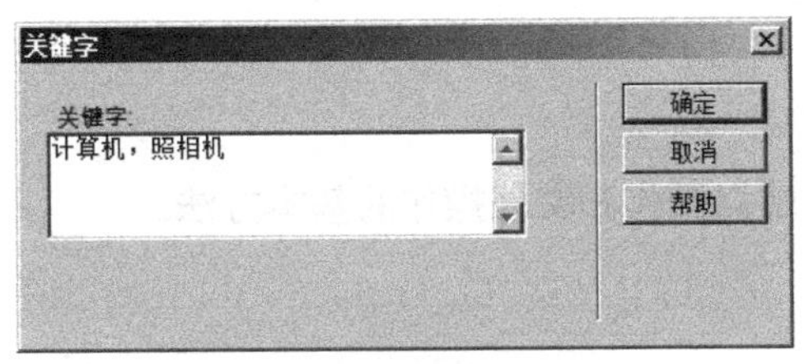

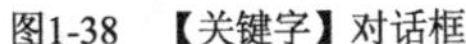
图1-38 【关键字】对话框

图1-39 【说明】对话框

四、 视口

在用 HTML5 开发手机应用或手机网页时，<head>部分通常会有一个名称为“viewport”的 Meta 标签。手机浏览器是把页面放在一个虚拟的视口（viewport）中，通常这个虚拟的视口比屏幕宽，这样就不用把每个网页挤到很小的屏幕窗口中（这样会破坏没有针对手机浏览器优化的网页的布局），用户可以通过平移和缩放来看网页的不同部分。移动版的 Safari 浏览器最新引进了“viewport”这个 Meta 标签，让网页开发者来控制“视口”的大小和缩放，其他手机浏览器也基本支持。设置网页视口的方法是：选择菜单命令【插入】/【Head】/【视口】，将在网页源代码中自动插入一行代码，如图 1-40 所示。

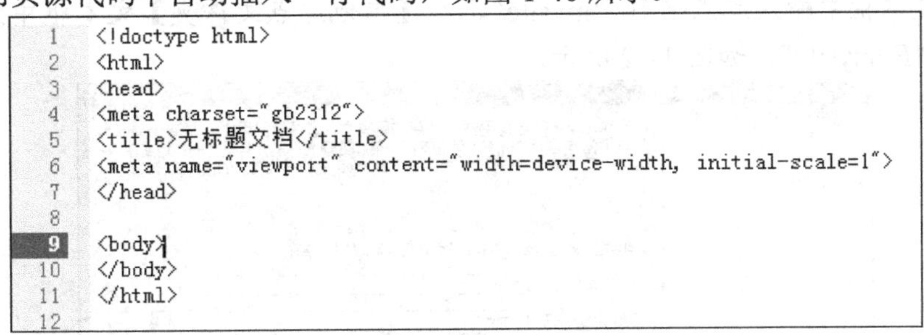

```
1  <!doctype html>
2  <html>
3  <head>
4  <meta charset="gb2312">
5  <title>无标题文档</title>
6  <meta name="viewport" content="width=device-width, initial-scale=1">
7  </head>
8
9  <body>
10 </body>
11 </html>
12
```

图1-40 插入视口代码

其中关于视口的代码是：

```
<meta name="viewport" content="width=device-width, initial-scale=1">
```

其涵义是自动检测移动设备屏幕大小，然后让内容自适应。可以根据需要设置 content 的属性值，下面对其进行简要说明。

- width：设置可视区域的宽度，可设定为数值或设备屏幕宽度“device-width”，“device-width”将自动检测移动设备的屏幕宽度。
- height：设置可视区域的高度，可设定为数值或设备高度“device-height”。
- intial-scale：设置首次进入页面时的缩放比例，“1”表示按页面实际尺寸显示，“2”表示按页面实际尺寸 2 倍显示。
- minimum-scale：设置允许缩小的最小比例。
- maximum-scale：设置允许放大的最大比例。
- user-scalable：设置是否允许对页面进行缩放，“1”或“yes”表示允许缩放，“0”或“no”表示禁止缩放。

在 viewport 里面的 width 通常会设置为“device-width”，主要是为了让整个页面宽度与手机浏览器可视宽度相同，这样就可以简单相容于不同机型的屏幕大小，如果没有设置 width 的值，通常会按照 html css 给予的 width 当作预设值。

1.2　范例解析

下面通过范例介绍在 Dreamweaver CC 中进行站点操作和文件操作的基本方法。

1.2.1　创建和导出站点

创建一个本地站点“mysite”，然后导出站点信息，文件名为“mysite.ste”，最终效果如图 1-41 所示。

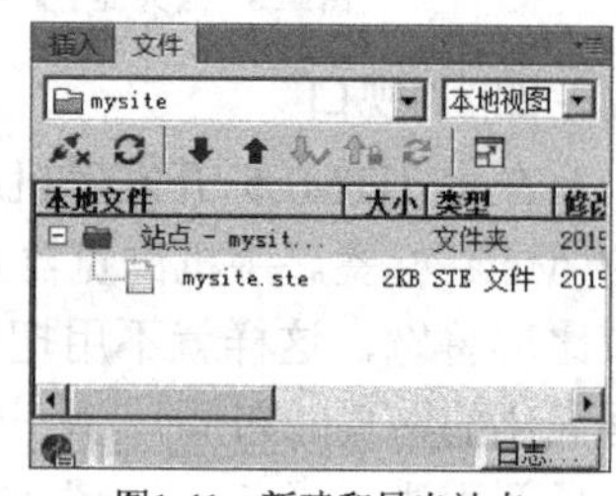

图1-41　新建和导出站点

这是创建本地站点的一个例子，可以使用【新建站点】命令来创建站点，使用【管理站点】对话框的按钮导出站点信息。具体操作步骤如下。

1. 首先在硬盘上创建一个文件夹“mysite”，如“E:\mysite”。
2. 在 Dreamweaver CC 中，选择菜单命令【站点】/【新建站点】，在打开对话框的【站点名称】文本框中输入站点名称“mysite”，在【本地站点文件夹】文本框中定义站点所在位置“E:\mysite”，如图 1-42 所示。

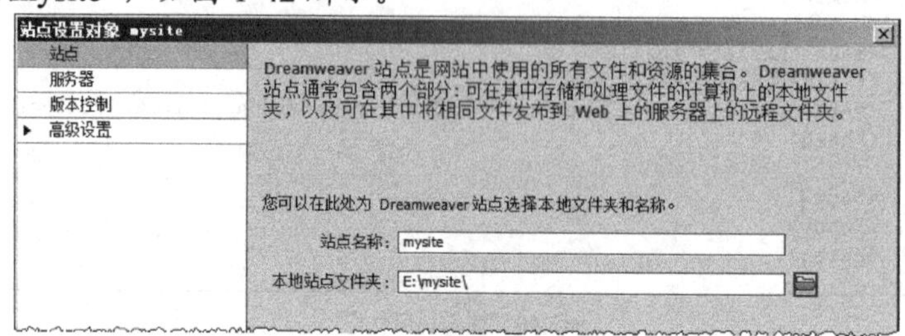

图1-42　设置站点信息

3. 单击 保存 按钮关闭对话框，创建一个静态站点的工作完成。

   下面导出站点信息。

4. 选择菜单命令【站点】/【管理站点】，打开【管理站点】对话框，选择刚才新建的站点“mysite”，如图 1-43 所示。

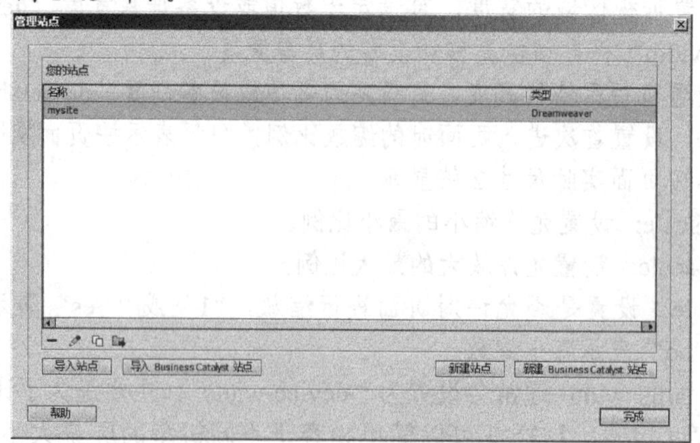

图1-43　【管理站点】对话框

5. 单击按钮，打开【导出站点】对话框，设置文件保存位置和导出文件名称，如图 1-44 所示。

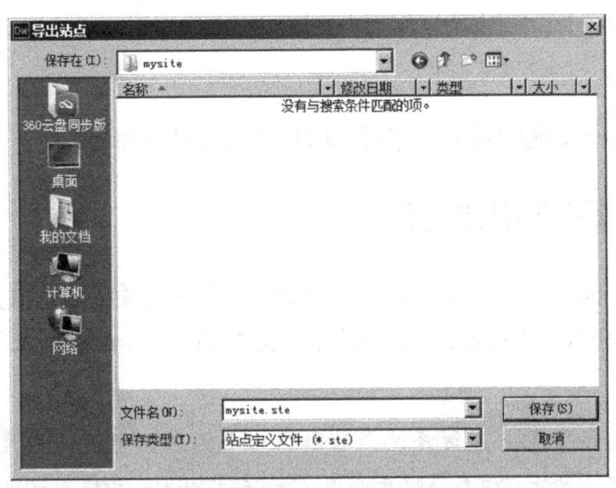

图1-44 【导出站点】对话框

6. 单击 保存(S) 按钮，返回【管理站点】对话框，然后单击 完成 按钮关闭对话框。
   这样，创建和导出站点的工作就完成了。

1.2.2 创建文件夹和文件

在站点“mysite”中创建文件夹“images”，在根文件夹下创建主页文件“index.htm”，最终效果如图 1-45 所示。

这是在站点内创建文件夹和文件的一个例子，文件夹和文件可以直接在【文件】面板中使用快捷菜单命令来创建。具体操作步骤如下。

1. 在【文件】面板中用鼠标右键单击根文件夹，在弹出的快捷菜单中选择【新建文件夹】命令，然后在“untitled”处输入新的文件夹名“images”，并按 Enter 键确认，如图 1-46 所示。

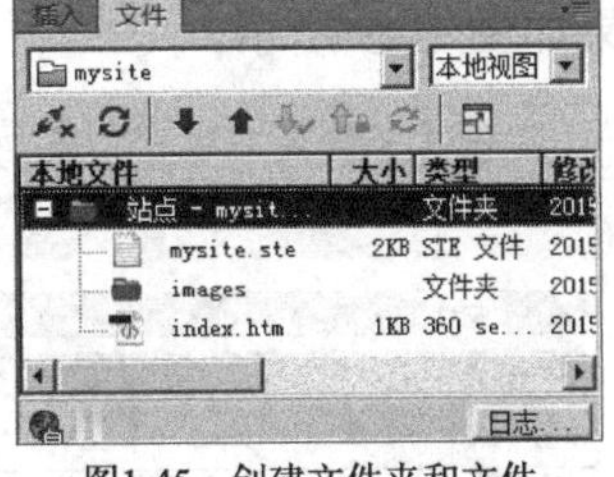

图1-45 创建文件夹和文件

图1-46 创建文件夹

2. 在【文件】面板中用鼠标右键单击根文件夹，在弹出的快捷菜单中选择【新建文件】命令，然后在“untitled.htm”处输入新的文件名“index.htm”，并按 Enter 键确认，如图 1-47 所示。

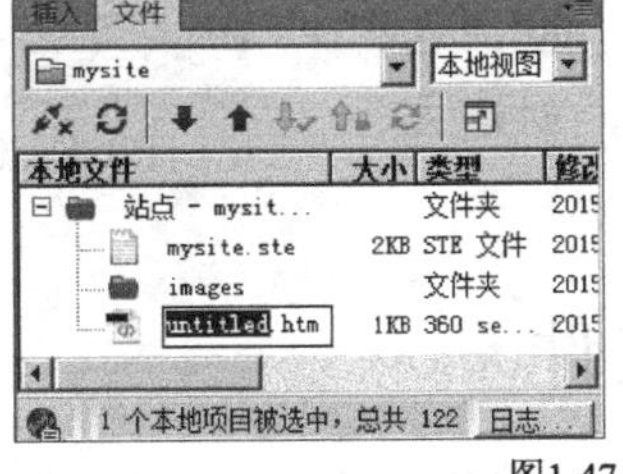

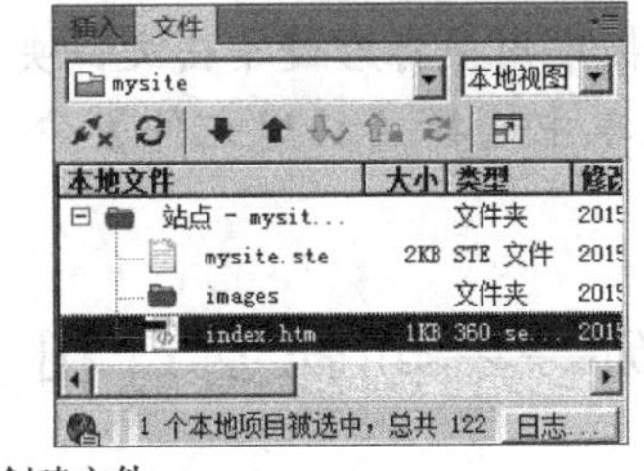

图1-47 创建文件

至此，创建文件夹和文件的任务就完成了。

1.3 实训

下面通过实训来进一步巩固站点操作和文件操作的基本知识。

1.3.1 导入、编辑和导出站点

导入站点“mysite.ste”，然后对其进行编辑，将站点名称和站点文件夹分别修改为“myweb”和“E:\myweb”，最后导出站点信息，文件名为“myweb.ste”。最终效果如图 1-48 所示。

要点提示　这是导入已有站点信息并进行修改再导出的一个例子，可以使用【管理站点】对话框的 导入站点 按钮导入站点信息，然后使用按钮打开对话框修改站点信息，最后通过按钮导出站点信息。

1. 打开【管理站点】对话框，单击 导入站点 按钮导入站点“mysite.ste”。
2. 单击按钮，打开【站点设置对象】对话框，将站点名称修改为“myweb”，将站点文件夹修改为“E:\myweb”，然后保存。
3. 单击按钮，打开【导出站点】对话框，将站点导出为“myweb.ste”。

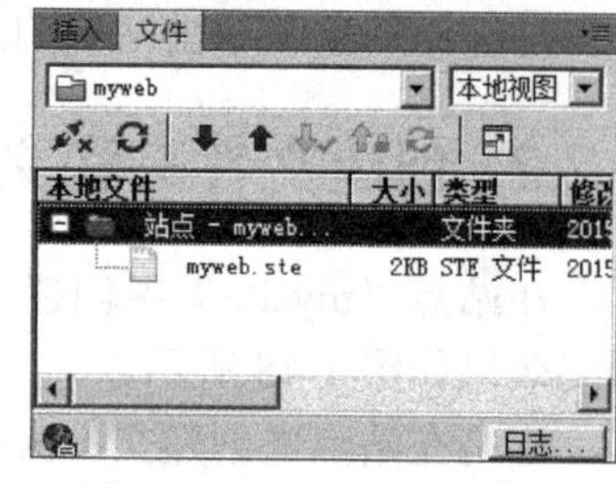

图1-48　导入、编辑和导出站点

1.3.2 创建文件夹和文件

在站点“myweb”中分别创建文件夹“file”和“pic”，在根文件夹下创建主页文件“index.htm”，在文件夹“file”下创建文件“yx.htm”。最终效果如图 1-49 所示。

要点提示　这是在站点内创建文件夹和文件的一个例子，为了方便操作，可以在【文件】面板中创建所有的文件夹和文件。

1. 在【文件】面板中用鼠标右键单击根文件夹，在弹出的快捷菜单中选择【新建文件夹】命令，分别创建文件夹“file”和“pic”。
2. 在【文件】面板中用鼠标右键单击根文件夹，在弹出的快捷菜单中选择【新建文件】命令，创建主页文件“index.htm”。
3. 在【文件】面板中用鼠标右键单击文件夹“file”，在弹出的快捷菜单中选择【新建文件】命令，创建文件“yx.htm”。

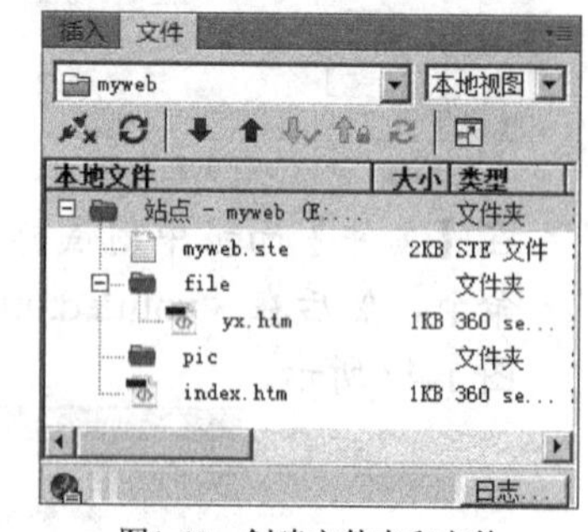

图1-49　创建文件夹和文件

1.4 综合案例——创建站点和文件

创建一个本地站点，站点名称为“luntan”，站点位置为“E:\luntan”，然后在站点中依次创建文件夹“doc”和“pics”，并创建主页文件“index.htm”，同时在文件夹“doc”中创建网页文件“rule.htm”。最终效果如图 1-50 所示。

要点提示 这是一个创建站点、文件夹和文件的综合例子，可以先创建站点，然后在【文件】面板中再创建文件夹和文件。

1. 选择菜单命令【站点】/【新建站点】，打开【站点设置对象 未命名站点 2】对话框，如图 1-51 所示。

图1-50 创建站点和文件

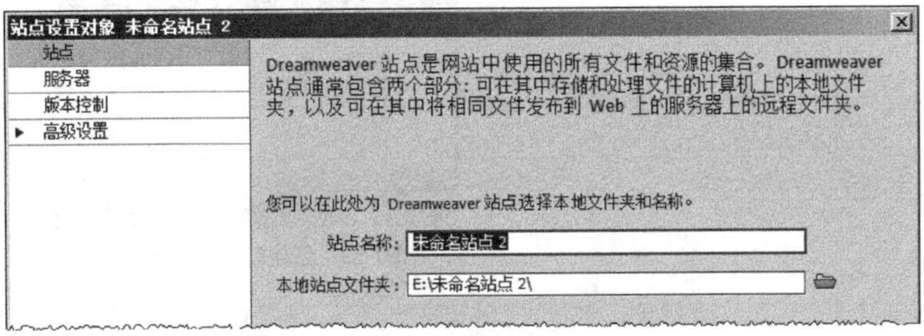

站点设置对象 未命名站点 2
站点
服务器
版本控制
高级设置
Dreamweaver 站点是网站中使用的所有文件和资源的集合。Dreamweaver 站点通常包含两个部分：可在其中存储和处理文件的计算机上的本地文件夹，以及可在其中将相同文件发布到 Web 上的服务器上的远程文件夹。
您可以在此处为 Dreamweaver 站点选择本地文件夹和名称。
站点名称：未命名站点 2
本地站点文件夹：E:\未命名站点 2\

图1-51 【站点设置对象 未命名站点 2】对话框

2. 在【站点名称】文本框中输入站点名称“luntan”，然后单击【本地站点文件夹】文本框右侧的按钮定义本地站点文件夹的位置，如图 1-52 所示，然后单击 保存(S) 按钮关闭对话框。

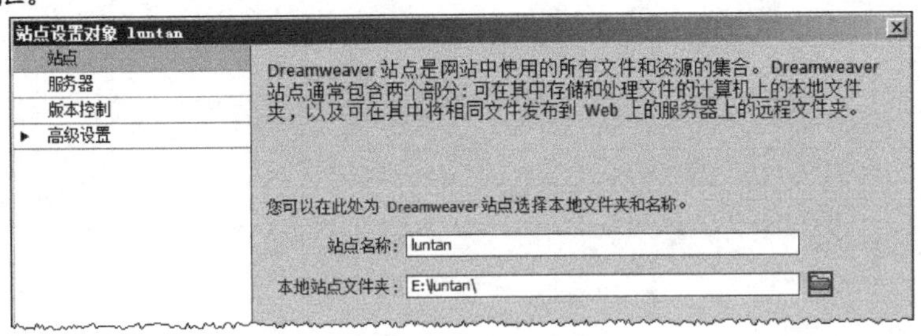

图1-52 设置站点信息

3. 在【文件】面板中用鼠标右键单击根文件夹，在弹出的快捷菜单中选择【新建文件夹】命令，然后在“untitled”处输入新的文件夹名“doc”，并按 Enter 键确认，运用同样的方法创建文件夹“pics”。
4. 在【文件】面板中用鼠标右键单击根文件夹，在弹出的快捷菜单中选择【新建文件】命令，然后在“untitled.htm”处输入新的文件名“index.htm”，并按 Enter 键确认。
5. 在【文件】面板中用鼠标右键单击文件夹“doc”，在弹出的快捷菜单中选择【新建文件】命令，创建文件“rule.htm”。

1.5 习题

1. 思考题

   (1) 文本【属性】面板提供了哪两种类型的属性设置？各自有哪些功能？

   (2) 如何设置才能在文档中使用空格键连续输入多个空格？

   (3) 通过【管理站点】对话框可以进行哪些操作？

   (4) 网页文件头标签包括哪些内容？

2.　操作题

创建一个名称为“school”的本地站点，站点位置为“E:\school”，然后在站点中依次创建文件夹“lunwen”和“images”，并在根文件夹下创建文件“myschool.htm”，如图 1-53 所示。

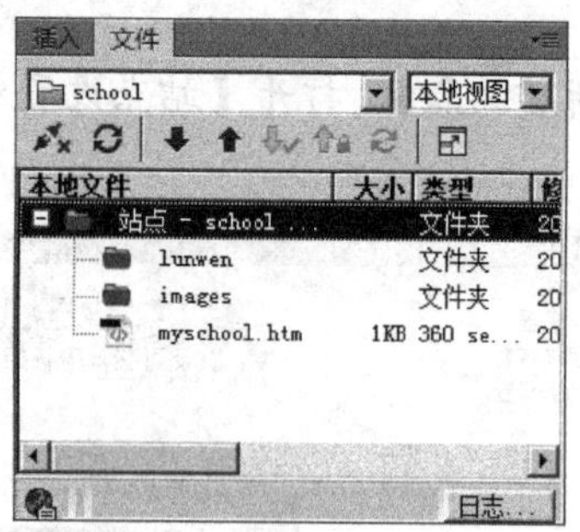

图1-53　创建站点“school”

第2章　编排文本

【学习目标】

- 掌握创建文档的方法。
- 掌握设置页面属性的方法。
- 掌握设置文本字体属性的方法。
- 掌握设置文本段落属性的方法。

文本是最基本的网页元素，本章将介绍创建文档和在网页中设置文本属性的基本方法。

2.1　功能讲解

下面简要介绍文本的基本知识。

2.1.1　基本概念

首先介绍两个基本概念：HTML 和 CSS。HTML（HyperText Markup Language，超文本标记语言）是一种规范、一种标准，它通过标记符号来标记要显示的网页中的各个部分。网页文件本身是一种文本文件，通过在文本文件中添加标记符号，告诉浏览器如何显示其中的内容，如文字如何处理、画面如何安排、图片如何显示等。浏览器按顺序阅读网页文件，然后根据标记符号显示其标记的内容。不同的浏览器对同一标记符号可能会有不完全相同的解释，因而可能会有不完全相同的显示效果。

CSS（Cascading Style Sheets，层叠样式表或级联样式表）是一组格式设置规则，用于定义如何显示 HTML 元素。通过使用 CSS，可将页面的内容与表现形式分离。页面内容存放在 HTML 文档中，而用于定义表现形式的 CSS 规则存放在另一个独立的样式表文件中或 HTML 文档的某一部分，通常为文件头部分。CSS 可以称得上是 Web 设计领域的一个突破，因为它允许一个外部样式表同时控制多个页面的样式和布局，也允许一个页面同时引用多个外部样式表。如需进行网站样式全局更新，只需简单地改变样式表，网站中的所有元素就会自动更新。外部样式表文件通常以“.css”为扩展名。

2.1.2　创建文档

在 Dreamweaver CC 中，创建文档的途径主要有以下几种。

一、　通过欢迎屏幕

在启动 Dreamweaver CC 时，通常会显示欢迎屏幕，在【新建】列表中选择相应的选项即可创建相应类型的文档，如选择【HTML】命令即可创建一个空白的 HTML 文档。

二、 通过【文件】面板

在【文件】面板中，用户可以通过两种方式来创建文档。在【文件】面板中单击鼠标右键，在弹出的菜单中选择【新建文件】命令。也可单击【文件】面板组标题栏右侧的按钮，在弹出的菜单中选择【文件】/【新建文件】命令。

三、 通过菜单命令

选择菜单命令【文件】/【新建】，弹出【新建文档】对话框，根据需要选择相应的选项创建文档，如图 2-1 所示。

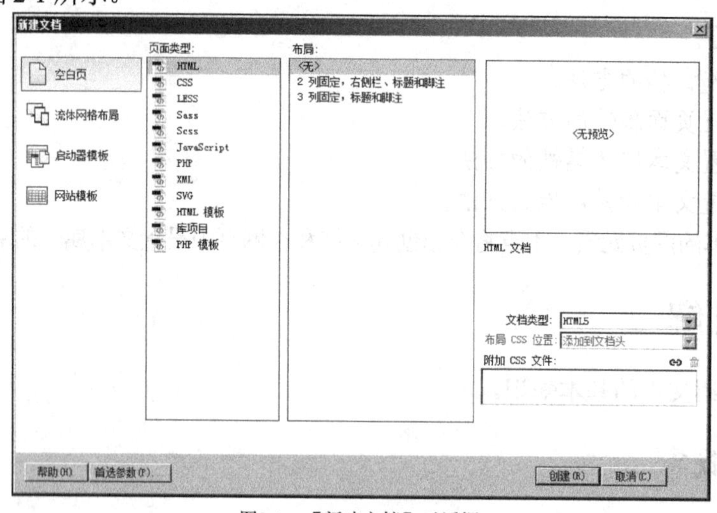

图2-1　【新建文档】对话框

2.1.3 保存文档

创建了文档后如果需要保存，可选择菜单命令【文件】/【保存】保存文件，如果是新文档还没有命名，此时将打开【另存为】对话框进行保存。如果对已经命名的文档换名保存，可选择菜单命令【文件】/【另存为】，也可以在【文件】面板中单击文件名使其处于修改状态来进行改名。如果想对所有打开的文档同时进行保存，可选择菜单命令【文件】/【保存全部】。在保存单个文档时，可以根据需要设置文档的保存类型，如图 2-2 所示。

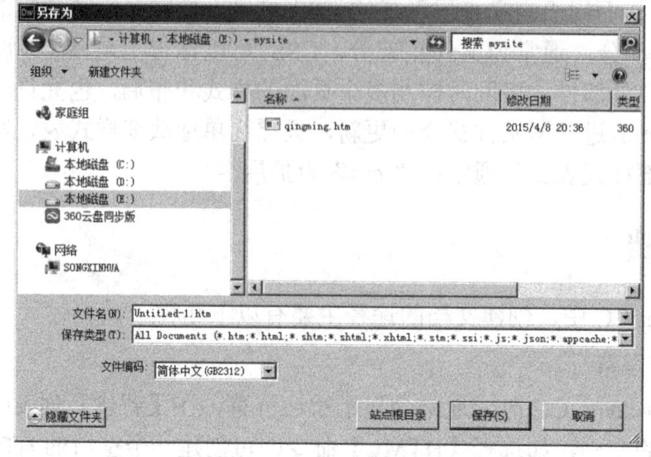

图2-2　【另存为】对话框

2.1.4 页面属性

在当前文档中，选择菜单命令【修改】/【页面属性】或在【属性】面板中单击 页面属性... 按钮，则打开【页面属性】对话框，下面对其进行简要介绍。

一、 外观

外观主要包括页面的基本属性，如页面字体、文本大小、文本颜色、背景颜色、背景图像和页边距等。【页面属性】对话框提供了两种外观设置方式：【外观（CSS）】和【外观（HTML）】，如图 2-3 所示。

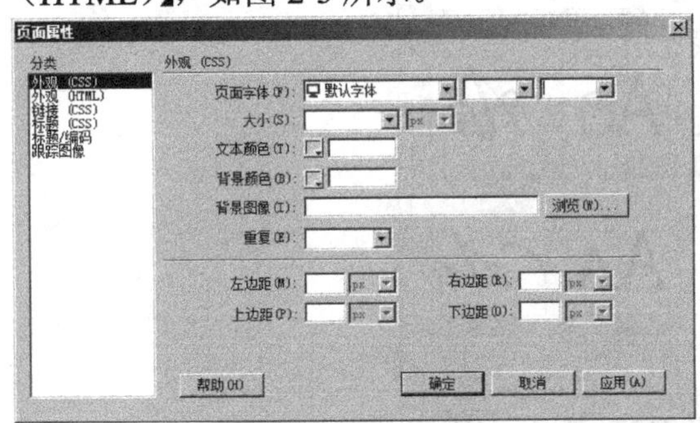

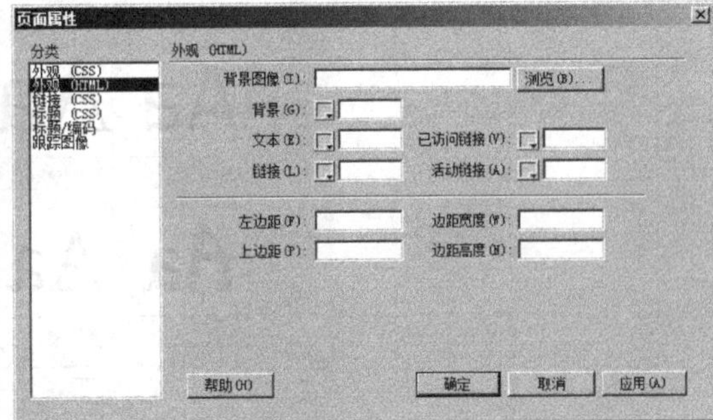

图2-3 两种外观设置方式

选择【外观（CSS）】分类将使用标准的 CSS 样式来进行设置，选择【外观（HTML）】分类将使用传统方式（非标准）来进行设置。例如，同样设置网页背景颜色，使用 CSS 样式和使用 HTML 方式的网页源代码是不一样的，如图 2-4 所示。

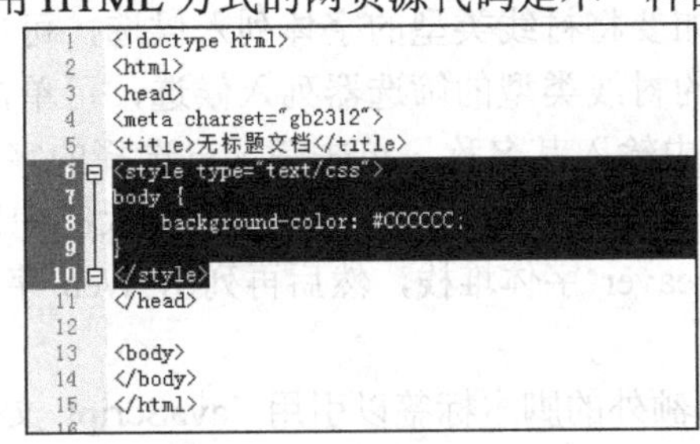

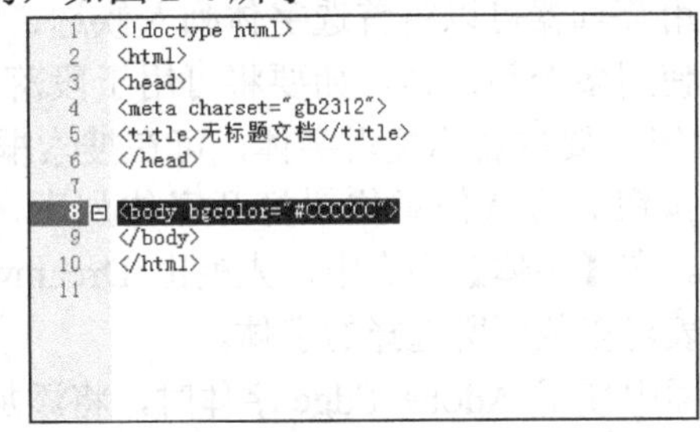

图2-4 使用 CSS 样式和 HTML 方式设置网页背景

通过【外观（CSS）】分类，可以设置页面字体、字体样式、文本大小、文本颜色、背景颜色、背景图像、重复方式及页边距等。通过【页面属性】对话框设置的字体、大小和颜色，将对当前网页中的所有文本起作用。

在【页面字体】下拉列表中，有些字体列表每行有三四种甚至更多不同的字体，如图 2-5 所示。浏览器在显示时，首先会寻找第 1 种字体，如果没有就继续寻找下一种字体，以确保计算机在缺少某种字体的情况下，网页的外观不会出现大的变化。

Cambria, Hoefler Text, Liberation Serif, Times, Times New Roman, serif
Constantia, Lucida Bright, DejaVu Serif, Georgia, serif
Baskerville, Palatino Linotype, Palatino, Century Schoolbook L, Times New Roman, serif
Gill Sans, Gill Sans MT, Myriad Pro, DejaVu Sans Condensed, Helvetica, Arial, sans-serif
Gotham, Helvetica Neue, Helvetica, Arial, sans-serif
Lucida Grande, Lucida Sans Unicode, Lucida Sans, DejaVu Sans, Verdana, sans-serif
Segoe, Segoe UI, DejaVu Sans, Trebuchet MS, Verdana, sans-serif
Impact, Haettenschweiler, Franklin Gothic Bold, Arial Black, sans-serif
Consolas, Andale Mono, Lucida Console, Lucida Sans Typewriter, Monaco, Courier New, monospa
管理字体...

图2-5 【页面字体】下拉列表

如果【页面字体】下拉列表中没有需要的字体，可以选择【管理字体…】选项，利用弹出的【管理字体】对话框进行添加，如图 2-6 所示。也可以选择【修改】/【管理字体】命令打开【管理字体】对话框。

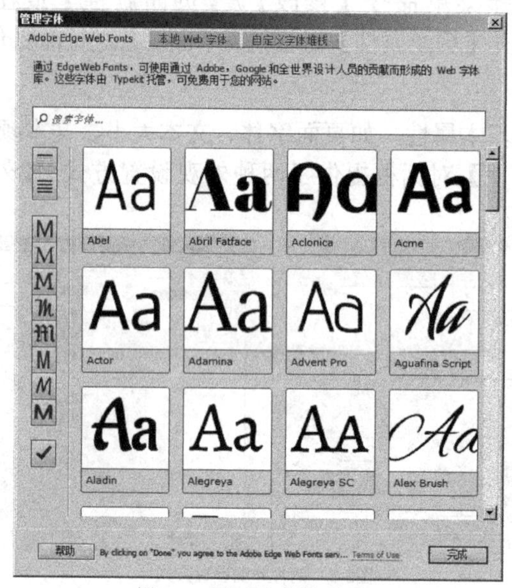

图2-6　【管理字体】对话框

在【管理字体】对话框的【Adobe Edge Web Fonts】选项卡中显示可添加到字体列表的所有 Adobe Edge 字体，可以单击要添加到字体列表的字体，要取消选择字体可再次单击该字体。使用筛选器可以将首选字体列入候选，如要将衬线类型的字体列入候选，可单击M按钮。可使用多个筛选器，如要将可用于段落的衬线类型的筛选器列入候选，可单击M按钮和≡按钮。要按名称搜索字体，可在搜索框中输入其名称。单击筛选已选择的字体，单击完成按钮。可从任意位置打开字体列表，如可使用【属性（CSS）】面板的中的【字体】列表。在【字体】列表中，先列出 Dreamweaver 字体堆栈，然后再列出 Web 字体，向下滚动列表可以找到所选择的字体。

在页面中使用 Adobe Edge 字体时，将添加额外的脚本标签以引用 JavaScript 文件。此文件将字体直接从 Creative Cloud 服务器下载到浏览器的缓存。显示页面时，即从 Creative Cloud 服务器下载字体，即使用户计算机上有该字体也会下载。例如，仅使用字体“Abel”的脚本标签为如下格式：

```
<!--以下脚本标签从 Adobe Edge Web Fonts 服务器下载字体以在网页中使用。我们建议您不要修改它。-->
<script>var adobewebfontsappname ="dreamweaver"</script>
<script  src=http://use.edgefonts.net/abel:n4:default.js  type="text/javascript"></script>
```

选择【本地 Web 字体】选项卡，可以添加计算机中的字体，所添加的字体将会出现在 Dreamweaver 中的所有字体列表中，支持的字体类型包括 EOT、WOFF、TTF 和 SVG 4 种，如图 2-7 所示。添加的字体会显示在【本地 Web 字体的当前列表】中，如果要从字体列表中删除 Web 字体，在【本地 Web 字体的当前列表】中选择该字体，进行删除即可。

选择【自定义字体堆栈】选项卡，可以自定义默认字体堆栈，或通过选择可用的字体来创建自己的字体堆栈，如图 2-8 所示，字体堆栈是 CSS 字体声明中的字体列表。单击+按钮或-按钮，将会在【字体列表】中添加或删除字体列表。单击▲按钮或▼按钮，将会在【字体列表】中上移或下移字体列表。单击 << 或 >> 按钮，将会在【选择的字体】列表框中增加或删除字体。

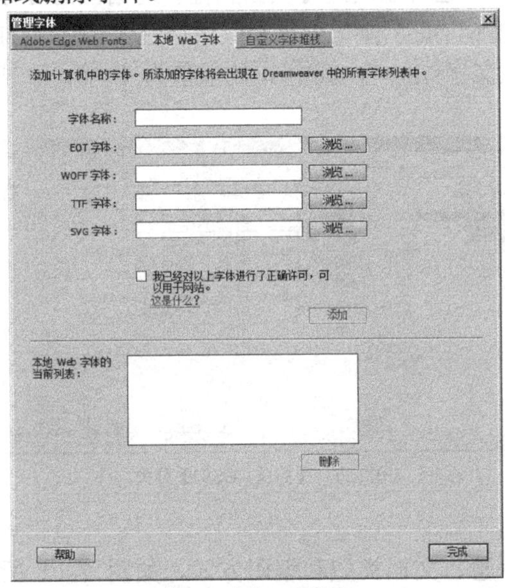

图2-7　本地 web 字体

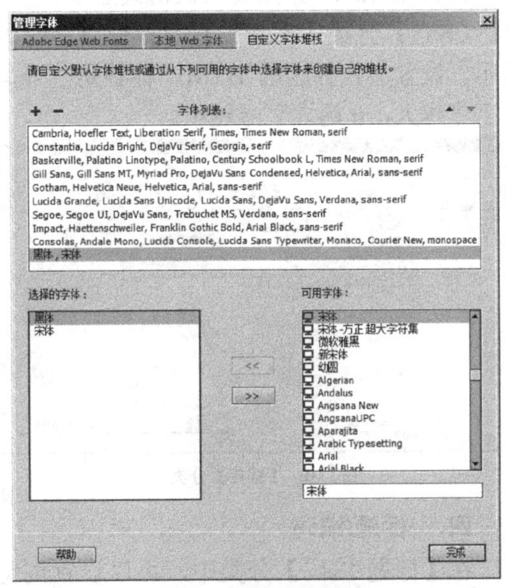

图2-8　自定义字体堆栈

在【外观（CSS）】分类的【大小】下拉列表中，文本大小有两种表示方式，一种用数字表示，另一种用中文表示。当选择数字时，其后面会出现大小单位列表，其中比较常用的是“px（像素）”。

在【文本颜色】和【背景颜色】后面的文本框中可以直接输入颜色代码，也可以单击（颜色）按钮打开调色板设置相应的颜色，如图 2-9 所示。

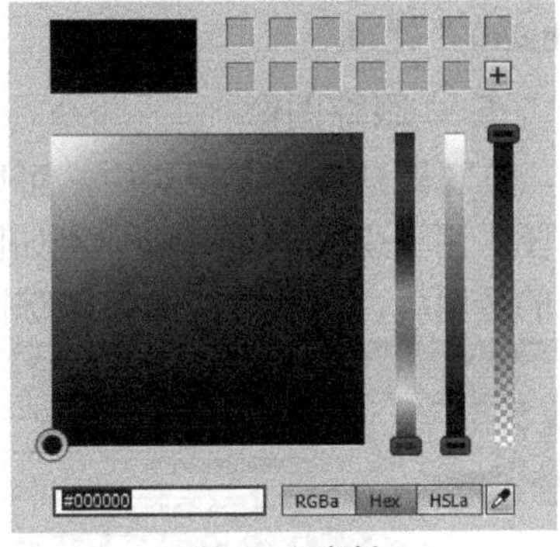

图2-9　调色板

单击【背景图像】后面的 浏览(W)... 按钮，可以定义当前网页的背景图像，还可以在【重复】下拉列表中设置重复方式，如“no-repeat（不重复）”“repeat（重复）”“repeat-x（横向重复）”和“repeat-y（纵向重复）”。

在【左边距】、【右边距】、【上边距】和【下边距】文本框中，可以输入数值定义页边距，常用单位是“px（像素）”。除“%（百分比）”以外，建议读者在制作网页时固定使用一种类型的单位，不要混用，否则会给网页的维护带来不必要的麻烦。

二、 链接

通过【链接（CSS）】分类，可以设置超级链接文本的字体、大小、链接文本的状态颜色和下划线样式，如图 2-10 所示。【链接颜色】、【变换图像链接】、【已访问链接】、【活动链接】分别对应链接字体在正常状态时的颜色、鼠标指针经过时的颜色、鼠标单击后的颜色和鼠标单击时的颜色。默认状态下，链接文字为蓝色，已访问过的链接颜色为紫色。【下划线样式】下拉列表主要用于设置链接字体的显示样式，读者可以根据实际需要进行选择。

三、标题

Dreamweaver 提供了 6 种标题格式“标题 1”～“标题 6”，可以在【属性（HTML）】面板的【格式】下拉列表中进行选择。当将标题设置成“标题 1”～“标题 6”中的某一种时，Dreamweaver 会按其默认格式显示。但是，读者也可以通过【页面属性】对话框的【标题（CSS）】分类来重新设置“标题 1”～“标题 6”的字体、大小和颜色属性，如图 2-11 所示。设置文档标题的 HTML 标签是“<h_n>标题文字</h_n>”，其中 n 的取值为 1～6，n 越小字号越大，n 越大字号越小。

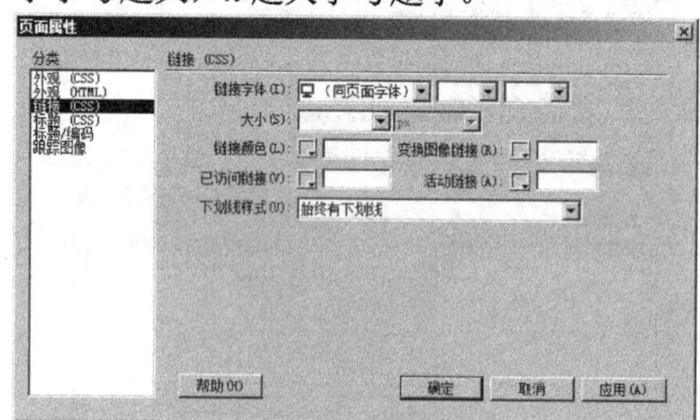

图2-10　【链接】分类

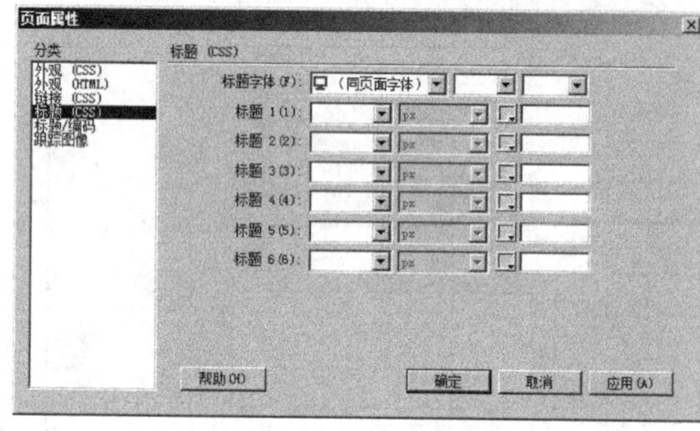

图2-11　【标题（CSS）】分类

四、 标题/编码

在【标题/编码】分类中，可以设置浏览器标题、文档类型和编码方式，如图 2-12 所示。其中，浏览器标题的 HTML 标签是“<title>…</title>”，它位于 HTML 标签“<head>…</head>”之间。

五、 跟踪图像

在【跟踪图像】分类中，可以将设计草图设置成跟踪图像，铺在编辑的网页下面作为参考图，用于引导网页的设计，如图 2-13 所示。除了可以设置跟踪图像，还可以设置跟踪图像的透明度，透明度越高，跟踪图像显示得越明显。

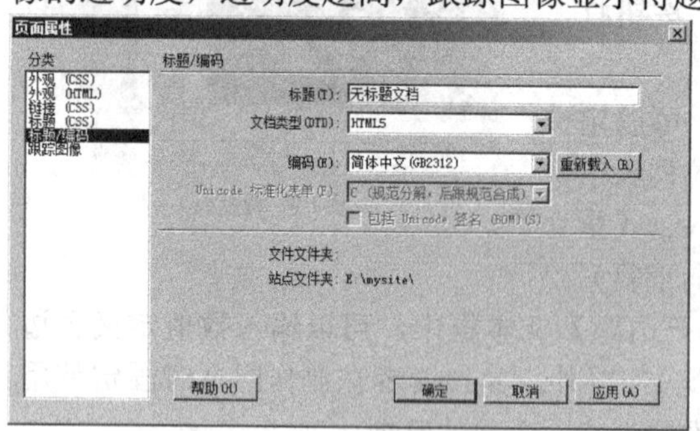

图2-12　【标题/编码】分类

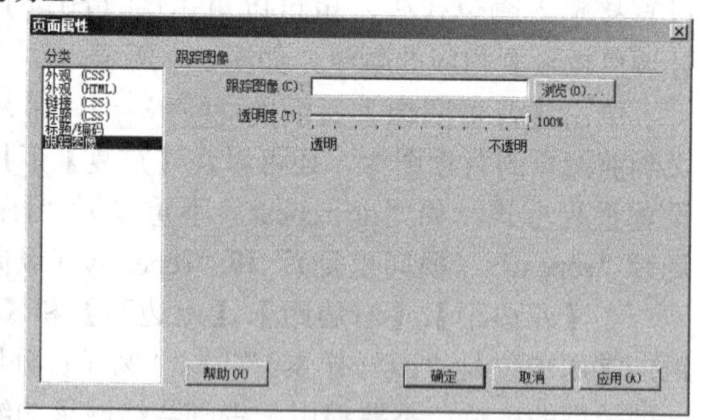

图2-13　【跟踪图像】分类

如果要显示或隐藏跟踪图像，可以选择菜单命令【查看】/【跟踪图像】/【显示】。在网页中选定一个页面元素，然后选择菜单命令【查看】/【跟踪图像】/【对齐所选范围】，可以使跟踪图像的左上角与所选页面元素的左上角对齐。选择菜单命令【查看】/【跟踪图像】/【调整位置】，可以通过设置跟踪图像的坐标值来调整跟踪图像的位置。选择菜单命令【查看】/【跟踪图像】/【重设位置】，可以使跟踪图像自动对齐编辑窗口的左上角。

2.1.5 添加文本

在网页文档中，添加文本的方法主要有以下几种。

- 输入文本：将鼠标光标定位在要输入文本的位置，使用键盘直接输入即可。
- 复制文本：使用复制/粘贴的方法从其他文档中复制/粘贴文本，此时将按【首选参数】对话框的【复制/粘贴】分类中的格式设置进行粘贴文本，如果选择【选择性粘贴】命令，将打开【选择性粘贴】对话框，如图 2-14 所示，此时可以根据需要选择相应的选项进行粘贴。

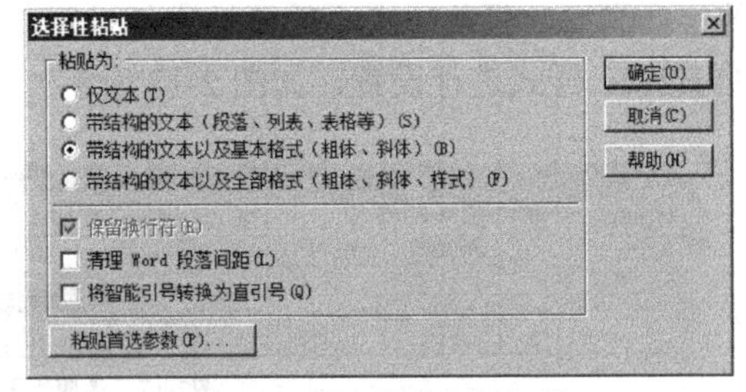

图2-14 【选择性粘贴】对话框

- 导入文本：选择菜单命令【文件】/【导入】/【Word 文档】、【Excel 文档】或【表格式数据】，将分别打开【导入 Word 文档】、【导入 Excel 文档】或【导入表格式数据】对话框，进行参数设置后可按要求将 Word 文档、Excel 文档或表格式数据导入到网页文档中。在【导入 Word 文档】和【导入 Excel 文档】对话框的【格式化】选项中均可以设置导入格式，但在【导入 Excel 文档】对话框中，【清理 Word 段落间距】选项不可用，如图 2-15 所示。【导入】/【表格式数据】菜单命令将在后续内容中进行详细介绍。

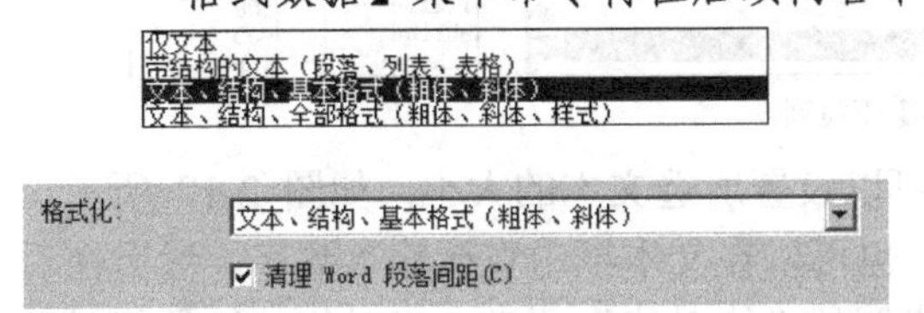

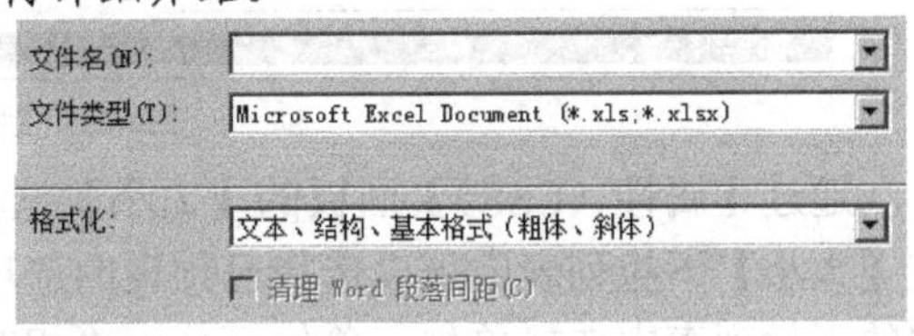

图2-15 【格式化】选项

- 添加特殊符号：选择【插入】/【字符】菜单中的相应命令，可以插入版权、商标等特殊字符。还可以选择【其他字符】命令，打开【插入其他字符】对话框来插入其他特殊字符，如图 2-16 所示。

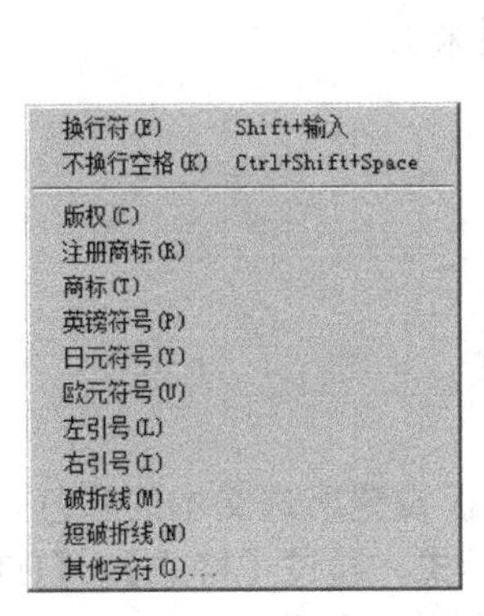

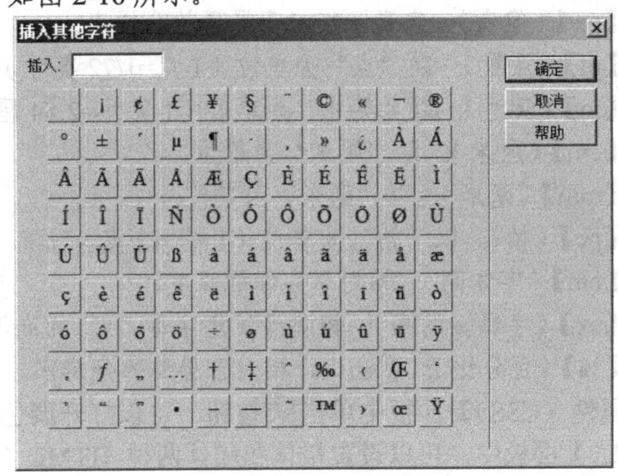

图2-16 插入特殊字符

2.1.6　字体属性

字体属性包括字体类型、颜色、大小、粗体和斜体等内容。除了可以使用【页面属性】对话框对页面中的所有文本设置字体属性外，还可以通过【属性（CSS）】面板对所选文本的字体类型、颜色、大小等属性进行设置，也可通过【格式】菜单中的相应命令对所选文本的 HTML 样式进行设置，如图 2-17 所示。

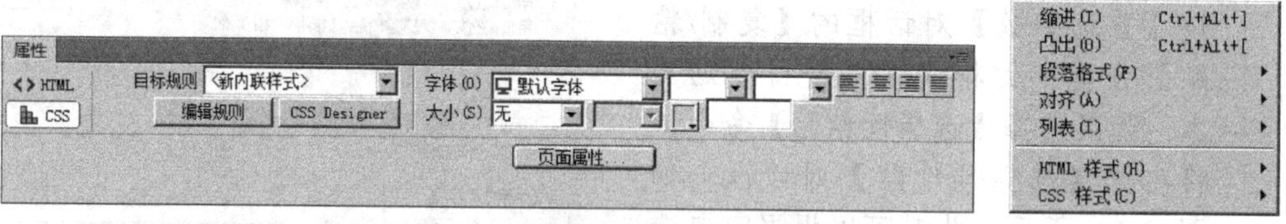

图2-17　【属性】面板和【格式】主菜单

通过【属性（CSS）】面板【字体】后面的 3 个下拉列表可以设置所选文本的字体类型、样式和粗细，如图 2-18 所示。如果没有适合的字体列表，可以选择【管理字体…】选项，打开【管理字体】对话框进行添加。

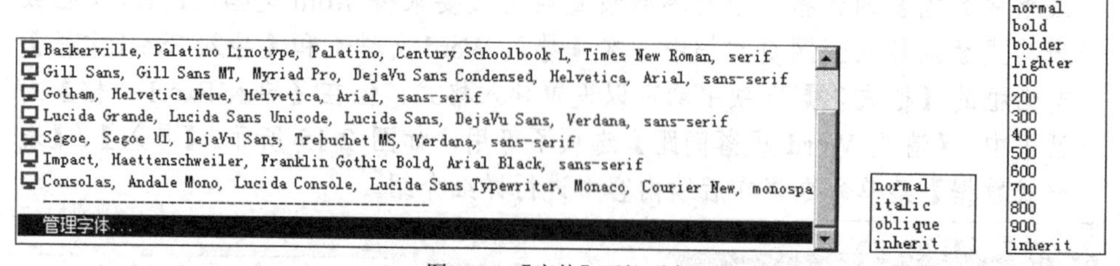

图2-18　【字体】下拉列表

通过【属性（CSS）】面板的【大小】选项可以设置所选文本的大小，如图 2-19 所示。在【大小】下拉列表中可以选择已预设的选项，也可以在文本框中直接输入数字，然后在后边的下拉列表中选择单位。单位可分为“相对值”和“绝对值”两类。相对值单位是相对于另一长度属性的单位，其通用性好一些。绝对值单位会随显示界面的介质不同而不同，因此一般不是首选。除百分比以外，建议读者在制作网页时固定使用一种类型的单位，不要混用，否则会给网页的维护带来不必要的麻烦。

- 【px】(像素)：像素，相对于屏幕的分辨率。
- 【pt】(点数)：以“点”为单位（1 点=1/72 英寸）。
- 【in】(英寸)：以“英寸”为单位（1 英寸=2.54 厘米）。
- 【cm】(厘米)：以“厘米”为单位。
- 【mm】(毫米)：以“毫米”为单位。
- 【pc】(帕)：以“帕”为单位（1 帕=12 点）。
- 【em】(字体高)：相对于字体的高度。
- 【ex】(字母 x 的高)：相对于任意字母“x”的高度。
- 【%】(百分比)：百分比，相对于屏幕的分辨率。

在【属性（CSS）】面板中单击按钮，可以打开调色板设置所选文本的颜色。在【属性（HTML）】面板中，可以设置粗体和斜体两种 HTML 样式。通过【格式】/【HTML 样式】菜单中的相应命令（见图 2-20），可以设置所选文本的粗体、斜体等多种 HTML 样式。

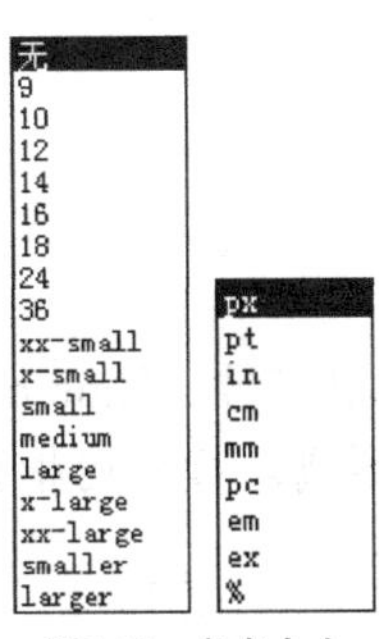

图2-19　文本大小

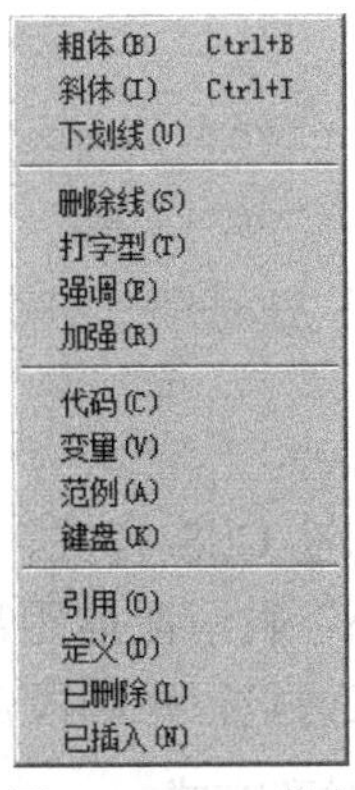

图2-20　HTML 样式

2.1.7　段落属性

段落在页面版式中占有重要的地位。下面介绍段落所涉及的基本知识，如分段与换行、文本对齐方式、文本缩进和凸出、列表、水平线等。

一、　段落与换行

通过【属性（HTML）】面板的【格式】下拉列表，如图 2-21 所示，可以设置正文的段落格式。选择【段落】选项将使鼠标光标所在的当前文本为一个段落，也可以选择相应的标题选项设置文档的标题格式为“标题 1”～“标题 6”，还可以将某一段文本按照预先格式化的样式进行显示，即选择【预先格式化的】选项。如果要取消已设置的格式，选择【无】选项即可。除了通过【属性（HTML）】面板，也可以通过【格式】/【段落格式】菜单中的相应命令，对文本段落格式进行设置，还可以通过【插入】/【结构】/【标题】菜单中的命令或【插入】/【结构】/【段落】命令对文本进行标题或段落格式设置。

在文档中输入文本时直接按 Enter 键也可以形成一个段落，段落 HTML 标签是“<P>…</P>”，如果按 Shift+Enter 组合键或选择菜单命令【插入】/【字符】/【换行符】，则可以在段落中进行换行，其 HTML 标签是“
”，XHTML 标签是“
”。默认状态下，段与段之间是有间距的，而通过换行符进行换行不会在两行之间形成大的间距，如图 2-22 所示。

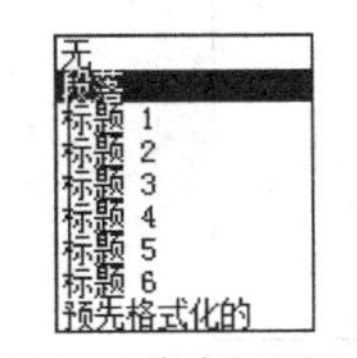

图2-21　【格式】下拉列表

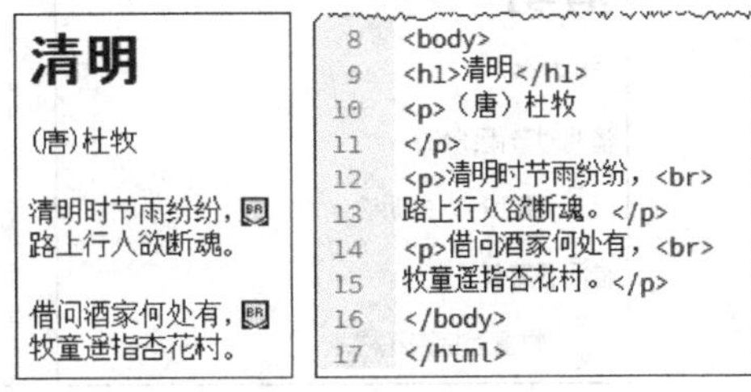

图2-22　段落与换行符

在文档中输入文本时，通常行与行之间的距离非常小，而段与段之间的距离又非常大，显得很不美观。如果学习了 CSS 样式后，可以通过标签 CSS 样式和类 CSS 样式进行设置。在没学习如何使用 CSS 样式设置段落间距之前，读者不妨直接在网页文档源代码的<head>和</head>标签之间添加如下代码。

```
<style type="text/css">
```

```
p {
line-height: 20px;
margin-top: 5px;
margin-bottom: 5px;
}
</style>
```

这是一段标签 CSS 样式，其中，“p”是 HTML 的段落标记符号，“line-height”表示行高，“margin-top”表示段前距离，“margin-bottom”表示段后距离。读者可根据实际需要，修改这些数字来调整行距和段落之间的距离。

二、 文本对齐方式

文本的对齐方式通常有 4 种：左对齐、居中对齐、右对齐和两端对齐。可以在【属性（CSS）】面板中分别单击![]、![]、![]和![]按钮来进行设置，也可以通过【格式】/【对齐】菜单中的相应命令来实现。这两种方式的效果是一样的，但使用的代码不一样。前者使用 CSS 样式进行定义，后者使用 HTML 标签进行定义，如图 2-23 所示。如果同时设置多个段落的对齐方式，则需要先选中这些段落。

清明

(唐)杜牧

清明时节雨纷纷，路上行人欲断魂。

借问酒家何处有，牧童遥指杏花村。

```
8   <body>
9   <h1>清明</h1>
10  <p>（唐）杜牧
11  </p>
12  <p style="text-align: center">清明时节雨纷纷，
13  路上行人欲断魂。</p>
14  <p align="center">借问酒家何处有，
15  牧童遥指杏花村。</p>
16  </body>
17  </html>
```

图2-23　文本对齐方式

三、 文本缩进和凸出

在文档排版过程中，有时会遇到需要使某段文本整体向内缩进或向外凸出的情况。单击【属性（HTML）】面板上的![]按钮或![]按钮，也可选择菜单命令【格式】/【缩进】或【凸出】，将使段落整体向内缩进或向外凸出，如图 2-24 所示。如果同时设置多个段落的缩进和凸出，则需要先选中这些段落。

清明

(唐)杜牧

清明时节雨纷纷，

路上行人欲断魂。

借问酒家何处有，

牧童遥指杏花村。

```
8   <body>
9   <h1>清明</h1>
10  <p>（唐）杜牧
11  </p>
12  <p>清明时节雨纷纷，</p>
13  <blockquote>
14    <p>路上行人欲断魂。</p>
15  </blockquote>
16  <p>借问酒家何处有，</p>
17  <blockquote>
18    <p>牧童遥指杏花村。</p>
19  </blockquote>
20  </body>
21  </html>
```

图2-24　文本缩进和凸出

四、 列表

列表的类型通常有编号列表、项目列表和定义列表等，最常用的是项目列表和编号列表。在【属性（HTML）】面板中单击![]（项目列表）按钮或选择菜单命令【格式】/【列表】/【项目列表】可以设置项目列表格式，在【属性】面板中单击![]（编号列表）按钮或选择菜单命令【格式】/【列表】/【编号列表】可以设置编号列表格式，如图 2-25 所示。也可以通过菜单命令【插入】/【结构】/【项目列表】或【插入】/【结构】/【编号列表】设置列表格式。

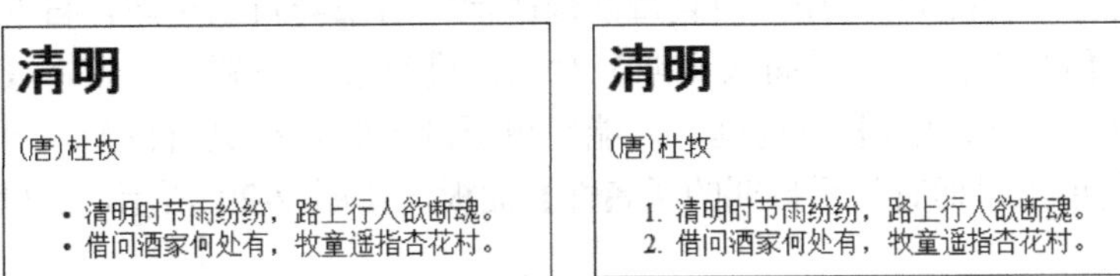

图2-25 项目列表和编号列表

用户可以根据需要设置列表属性，方法是将鼠标光标置于列表内，然后通过以下任意一种方法打开【列表属性】对话框进行设置即可，如图 2-26 所示。

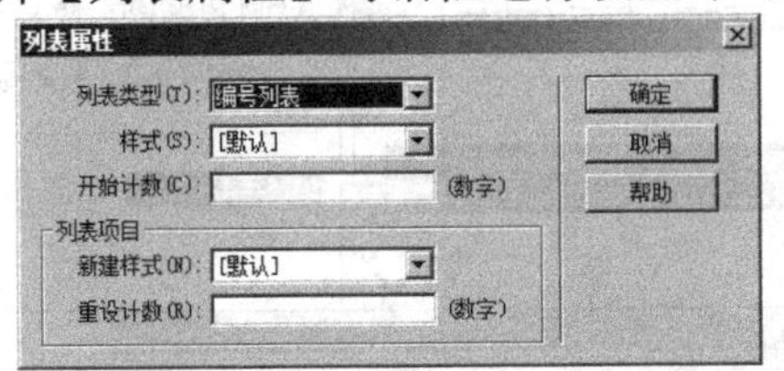

图2-26 【列表属性】对话框

- 选择菜单命令【格式】/【列表】/【属性】。
- 在鼠标右键快捷菜单中选择【列表】/【属性】命令。
- 在【属性】面板中单击 列表项目... 按钮。

列表可以嵌套，方法是首先设置 1 级列表，然后在 1 级列表中选择需要设置为 2 级列表的内容并使其缩进一次，最后根据需要重新设置缩进部分的列表类型，如图 2-27 所示。

清明
(唐)杜牧
1. 清明时节雨纷纷，
   ◦ 路上行人欲断魂。
   ◦ 借问酒家何处有，
2. 牧童遥指杏花村。

图2-27 列表的嵌套

五、 水平线

在制作网页时，经常要插入水平线来对内容进行区域分割。插入水平线的方法是：选择菜单命令【插入】/【水平线】。选中水平线，在【属性】面板中还可以设置水平线的 ID 名称、宽度、高度、对齐方式和是否具有阴影效果等，如图 2-28 所示。

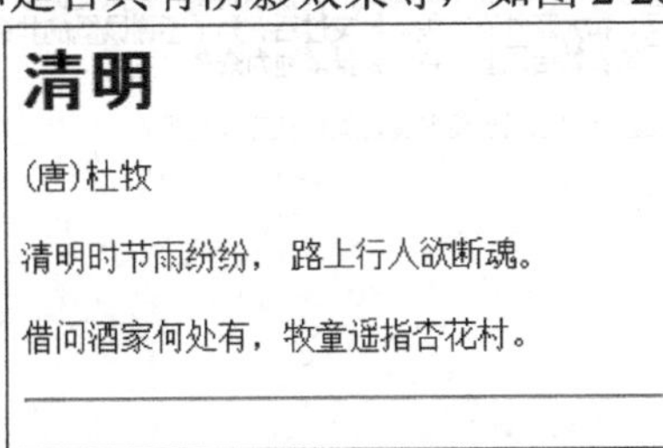

图2-28 插入水平线

2.1.8 插入日期

许多网页在页脚位置都有日期，而且每次修改保存后都会自动更新该日期，可以选择菜单命令【插入】/【日期】，打开【插入日期】对话框进行参数设置。只有在【插入日期】对话框中选择【储存时自动更新】复选框，才能在更新网页时自动更新日期，而且也只有选择了该选项，才能使单击日期时显示日期的【属性】面板，如图 2-29 所示，否则插入的日期仅仅是一段文本而已。

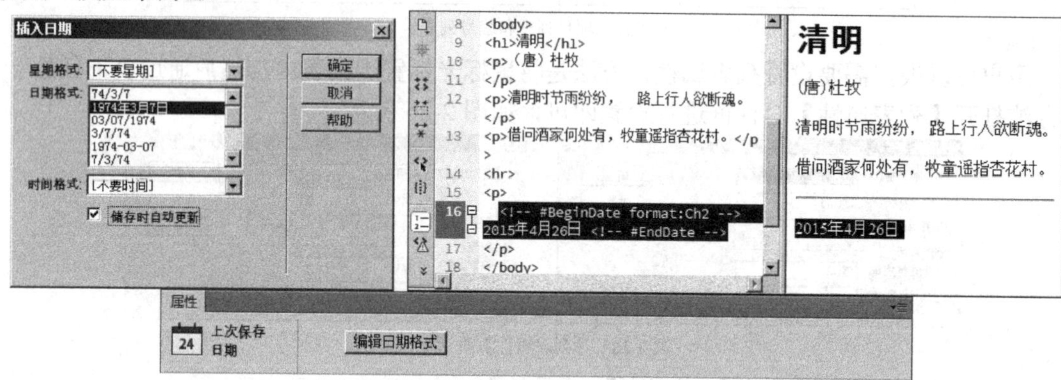

图2-29　插入日期

2.2 范例解析

下面通过具体范例来学习创建文档和设置文本格式的基本方法。

2.2.1 百鸟朝凤

根据要求在 Dreamweaver 站点中创建文档并进行字体和段落格式设置，在浏览器中的显示效果如图 2-30 所示。

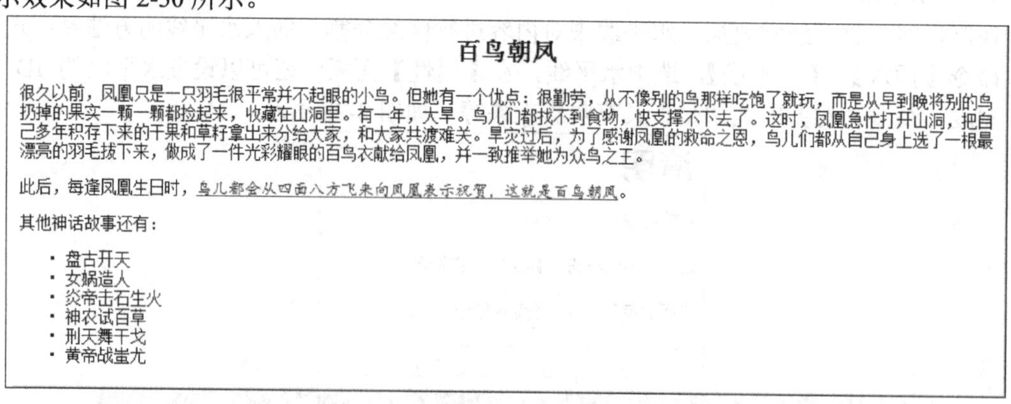

图2-30　百鸟朝凤

(1) 创建一个文档并保存为“2-2-1.htm”，然后将附盘文件“百鸟朝凤.doc”中的内容复制并选择性粘贴到网页文档中。

(2) 设置页面字体为“宋体”，字体样式和字体粗细均设置为“normal”，大小为“14 px”，浏览器标题为“百鸟朝凤”。

(3) 将文档标题“百鸟朝凤”应用【标题2】格式并居中对齐。

(4) 将文本“鸟儿都会从四面八方飞来向凤凰表示祝贺，这就是百鸟朝凤”的字体设置为“楷体”，颜色设置为“#F00”，并添加下划线效果。

(5) 将文档最后6行文本设置为项目符号列表方式显示。

这是一个创建文档、设置页面属性和文本基本格式的例子，具体操作步骤如下。

1. 选择菜单命令【文件】/【新建】，弹出【新建文档】对话框，然后选择【空白页】/【HTML】/【无】选项，并单击 创建(R) 按钮创建文档，如图2-31所示。

图2-31 选择【空白页】/【HTML】/【无】选项

2. 选择菜单命令【文件】/【保存】，打开【另存为】对话框，输入文件名“2-2-1.htm”，如图2-32所示，单击 保存(S) 按钮保存文件。

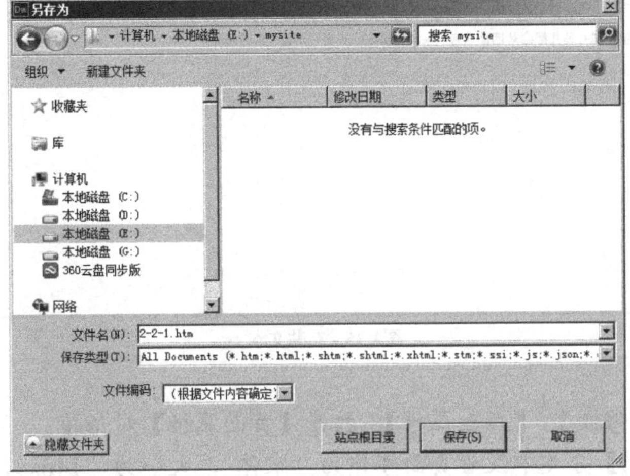

图2-32 保存文档

3. 添加内容。

(1) 打开附盘文件“百鸟朝凤.doc”，全选所有文本内容并进行复制，如图2-33所示。

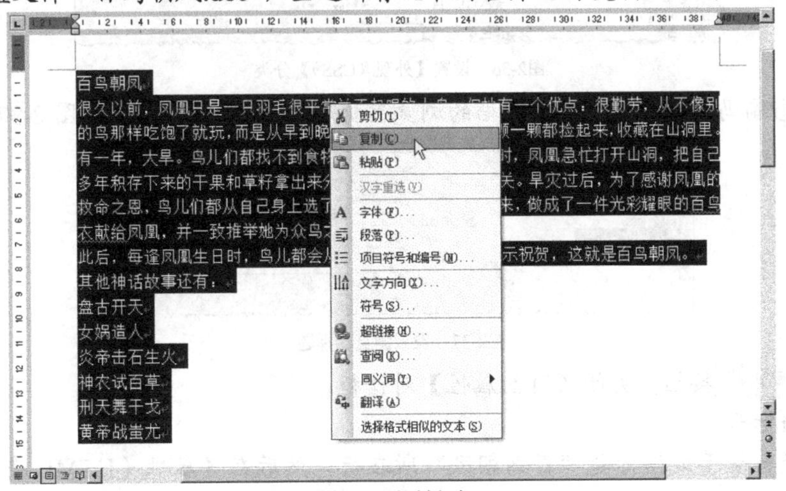

图2-33 复制文本

(2) 在 Dreamweaver 中选择菜单命令【编辑】/【选择性粘贴】，打开【选择性粘贴】对话框，参数设置如图 2-34 所示。

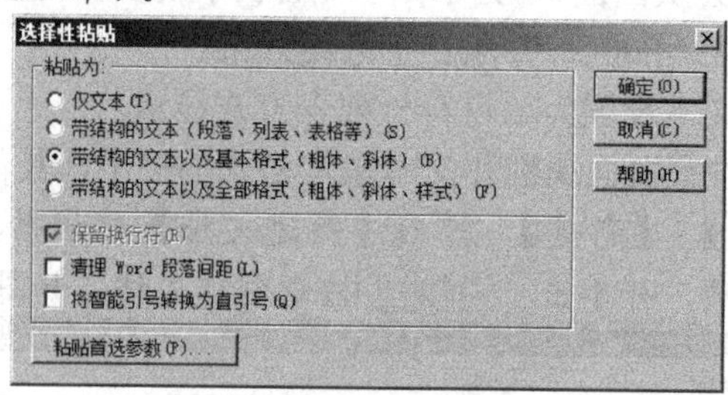

图2-34　【选择性粘贴】对话框

(3) 单击 确定(O) 按钮，粘贴文本，如图 2-35 所示。

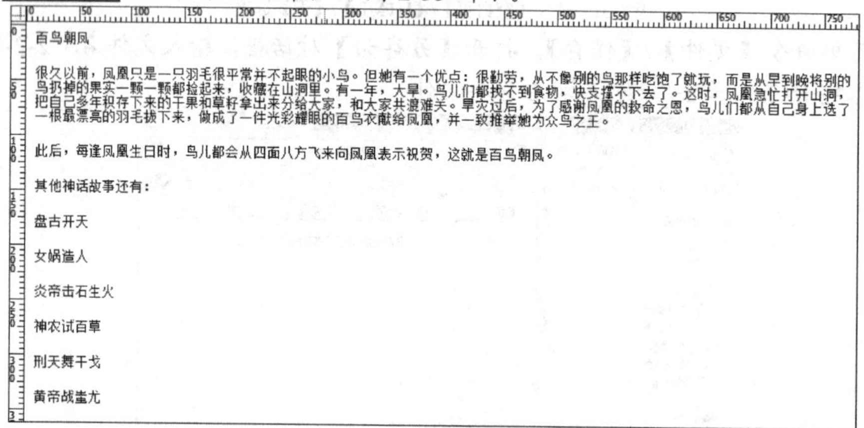

图2-35　粘贴文本

4. 设置页面属性。

(1) 选择菜单命令【修改】/【页面属性】，打开【页面属性】对话框。

(2) 在【外观（CSS）】分类中设置页面字体为“宋体”，大小为“14px”，如图 2-36 所示。

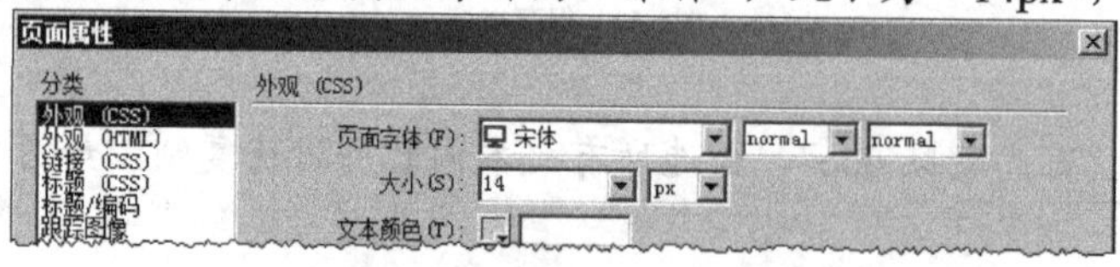

图2-36　设置【外观（CSS）】分类

(3) 在【标题/编码】分类中，设置文档的浏览器标题为“百鸟朝凤”，如图 2-37 所示。

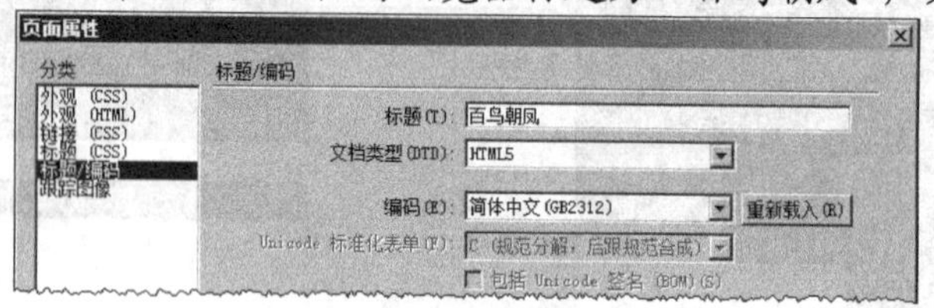

图2-37　设置浏览器标题

(4) 单击 确定 按钮，关闭【页面属性】对话框。

5. 设置文档标题。

(1) 将鼠标光标置于文档标题“百鸟朝凤”所在行，然后在【属性（HTML）】面板的【格式】下拉列表中选择【标题 2】选项，如图 2-38 所示。

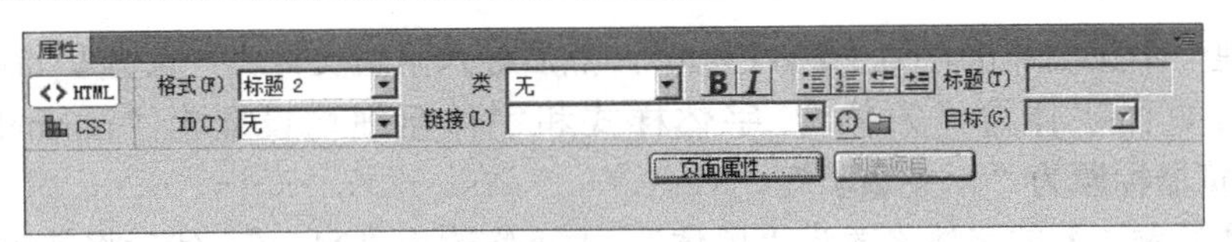

图2-38　设置文档标题格式

(2) 接着选择菜单命令【格式】/【对齐】/【居中对齐】，使标题居中对齐。

6. 设置正文格式。

(1) 选中文本“鸟儿都会从四面八方飞来向凤凰表示祝贺，这就是百鸟朝凤”，并在【属性（CSS）】面板的【字体】下拉列表中选择【楷体】选项，如果没有“楷体”需要编辑字体列表添加字体，在按钮后面的文本框中输入“#FF0000”，将所选文本颜色设置为红色，如图 2-39 所示。

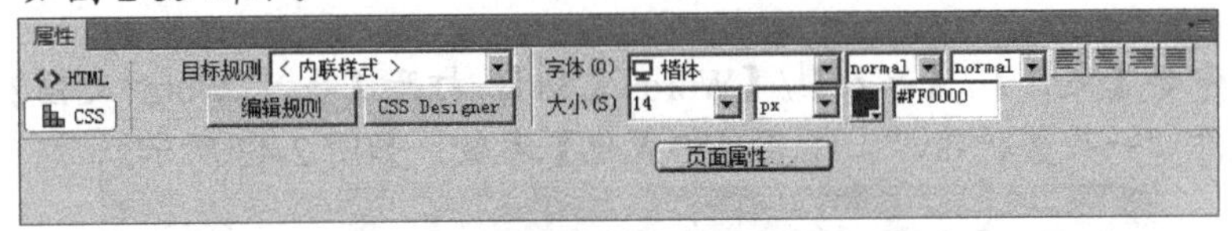

图2-39　设置字体和颜色

(2) 选择菜单命令【格式】/【HTML 样式】/【下划线】，给所选文本添加下划线效果，如图 2-40 所示。

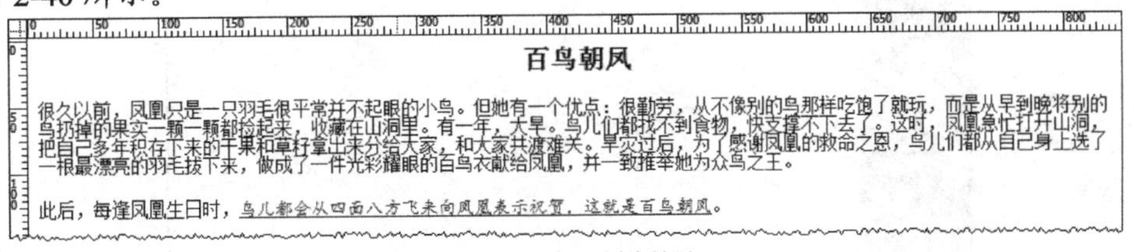

图2-40　添加下划线效果

(3) 选择文档最后 6 行文本，在【属性（HTML）】面板中单击按钮，将其设置为项目符号列表格式，如图 2-41 所示。

7. 选择菜单命令【文件】/【保存】，再次保存文件。

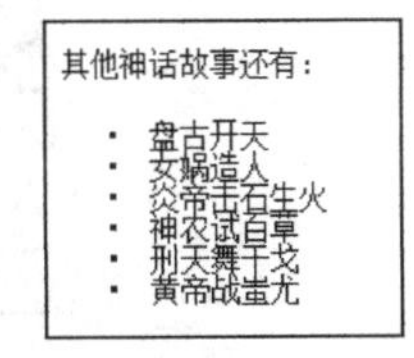

图2-41　设置项目符号列表

2.2.2 一头蠢驴

根据要求创建和设置文档格式，在浏览器中的显示效果如图 2-42 所示。

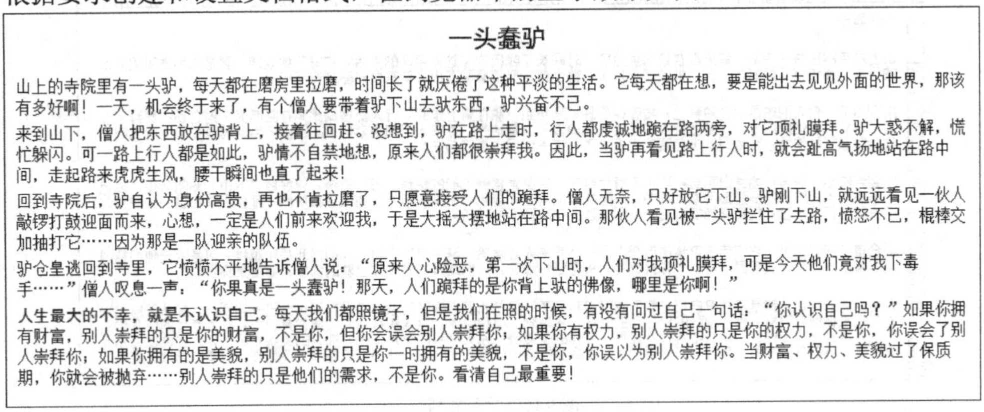

一头蠢驴

山上的寺院里有一头驴，每天都在磨房里拉磨，时间长了就厌倦了这种平淡的生活。它每天都在想，要是能出去见见外面的世界，那该有多好啊！一天，机会终于来了，有个僧人要带着驴下山去驮东西，驴兴奋不已。

来到山下，僧人把东西放在驴背上，接着往回赶。没想到，驴在路上走时，行人都虔诚地跪在路两旁，对它顶礼膜拜。驴大惑不解，慌忙躲闪。可一路上行人都是如此，驴情不自禁地想，原来人们都很崇拜我。因此，当驴再看见路上行人时，就会趾高气扬地站在路中间，走起路来虎虎生风，腰干瞬间也直了起来！

回到寺院后，驴自认为身份高贵，再也不肯拉磨了，只愿意接受人们的跪拜。僧人无奈，只好放它下山。驴刚下山，就远远看见一伙人敲锣打鼓迎面而来，心想，一定是人们前来欢迎我，于是大摇大摆地站在路中间。那伙人看见被一头驴拦住了去路，愤怒不已，棍棒交加抽打它……因为那是一队迎亲的队伍。

驴仓皇逃回到寺里，它愤愤不平地告诉僧人说：“原来人心险恶，第一次下山时，人们对我顶礼膜拜，可是今天他们竟对我下毒手……”僧人叹息一声：“你果真是一头蠢驴！那天，人们跪拜的是你背上驮的佛像，哪里是你啊！”

人生最大的不幸，就是不认识自己。每天我们都照镜子，但是我们在照的时候，有没有问过自己一句话：“你认识自己吗？”如果你拥有财富，别人崇拜的只是你的财富，不是你，但你会误会别人崇拜你；如果你有权力，别人崇拜的只是你的权力，不是你，你误会了别人崇拜你；如果你拥有的是美貌，别人崇拜的只是你一时拥有的美貌，不是你，你误以为别人崇拜你。当财富、权力、美貌过了保质期，你就会被抛弃……别人崇拜的只是他们的需求，不是你。看清自己最重要！

图2-42　一头蠢驴

(1) 创建一个文档并保存为“2-2-2.htm”，然后导入附盘文件“一头蠢驴.doc”。

(2) 设置页面字体为“宋体”，字体样式和字体粗细均设置为“normal”，大小为“16px”，浏览器标题为“一头蠢驴”。

(3) 将【标题 2】的字体修改为“黑体”，大小修改为“24px”，然后将其应用到文档标题“一头蠢驴”，同时设置文档标题居中对齐。

(4) 将文本“人生最大的不幸，就是不认识自己”的字体设置为“黑体”，颜色设置为蓝色“#0000FF”。

(5) 在源代码中添加 CSS 样式代码，使行距为“20px”，段前段后距离为“5px”。

这是一个创建文档、设置页面属性和文本基本格式的例子，具体操作步骤如下。

1. 新建一个空白 HTML 文档并保存为“2-2-2.htm”。

2. 导入文档。

(1) 选择菜单命令【文件】/【导入】/【Word 文档】，打开【导入 Word 文档】对话框，选择附盘文件“一头蠢驴.doc”，设置【格式化】参数，如图 2-43 所示。

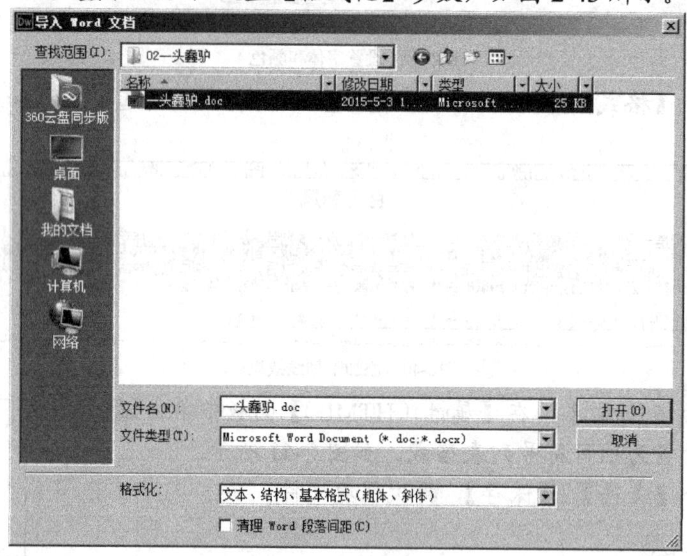

图2-43 【导入 Word 文档】对话框

(2) 单击 打开(O) 按钮，导入文档，如图 2-44 所示。

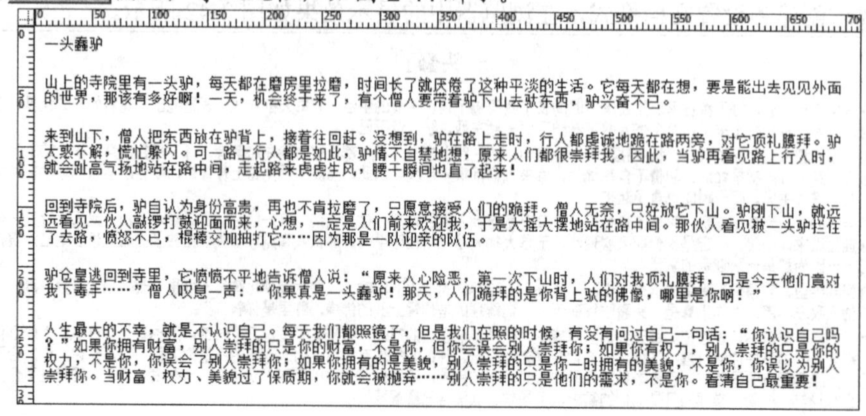

一头蠢驴

山上的寺院里有一头驴，每天都在磨房里拉磨，时间长了就厌倦了这种平淡的生活。它每天都在想，要是能出去见见外面的世界，那该有多好啊！一天，机会终于来了，有个僧人要带着驴下山去驮东西，驴兴奋不已。

来到山下，僧人把东西放在驴背上，接着往回赶。没想到，驴在路上走时，行人都虔诚地跪在路两旁，对它顶礼膜拜。驴大惑不解，慌忙躲闪。可一路上行人都是如此，驴情不自禁地想，原来人们都很崇拜我。因此，当驴再看见路上行人时，就会趾高气扬地站在路中间，走起路来虎虎生风，腰干瞬间也直了起来！

回到寺院后，驴自认为身份高贵，再也不肯拉磨了，只愿意接受人们的跪拜。僧人无奈，只好放它下山。驴刚下山，就远远看见一伙人敲锣打鼓迎面而来，心想，一定是人们前来欢迎我，于是大摇大摆地站在路中间。那伙人看见被一头驴拦住了去路，愤怒不已，棍棒交加抽打它……因为那是一队迎亲的队伍。

驴仓皇逃回到寺里，它愤愤不平地告诉僧人说：“原来人心险恶，第一次下山时，人们对我顶礼膜拜，可是今天他们竟对我下毒手……”僧人叹息一声：“你果真是一头蠢驴！那天，人们跪拜的是你背上驮的佛像，哪里是你啊！”

人生最大的不幸，就是不认识自己。每天我们都照镜子，但是我们在照的时候，有没有问过自己一句话：“你认识自己吗？”如果你拥有财富，别人崇拜的只是你的财富，不是你，但你会误会别人崇拜你；如果你有权力，别人崇拜的只是你的权力，不是你，你误会了别人崇拜你；如果你拥有的是美貌，别人崇拜的只是你一时拥有的美貌，不是你，你误以为别人崇拜你。当财富、权力、美貌过了保质期，你就会被抛弃……别人崇拜的只是他们的需求，不是你。看清自己最重要！

图2-44 导入文档

3. 设置页面属性。

(1) 选择菜单命令【修改】/【页面属性】，打开【页面属性】对话框，在【外观（CSS）】分类中设置页面字体为“宋体”，大小为“16px”，如图 2-45 所示。

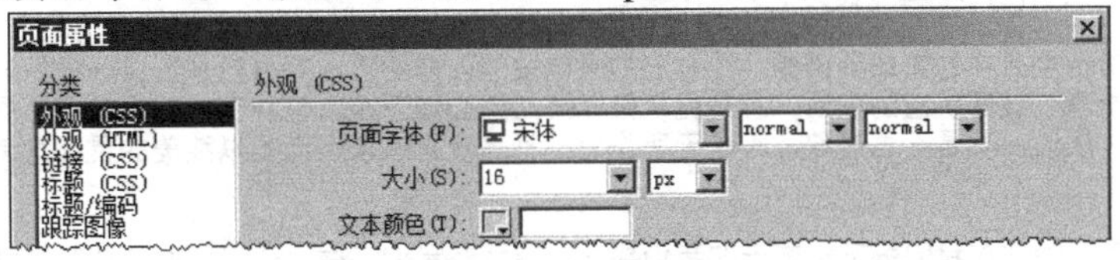

图2-45 设置页面字体

(2) 在【标题（CSS）】分类中将【标题 2】的字体修改为“黑体”，大小修改为“24px”，如图 2-46 所示。

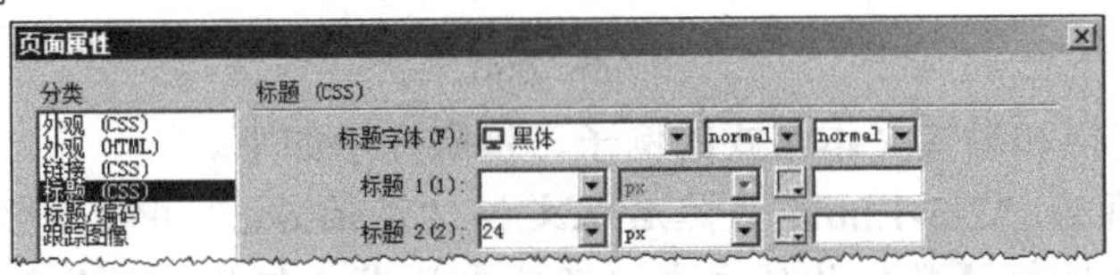

图2-46 设置【标题 2】属性

(3) 在【标题/编码】分类中，设置文档的浏览器标题为“一头蠢驴”。

(4) 设置完毕后单击 确定 按钮，关闭【页面属性】对话框。

4. 设置文档标题。

(1) 将鼠标光标置于文档标题“一头蠢驴”所在行，然后在【属性（HTML）】面板的【格式】下拉列表中选择【标题 2】选项。

(2) 接着选择菜单命令【格式】/【对齐】/【居中对齐】，使标题居中对齐。

5. 设置正文格式。

(1) 选中文本“人生最大的不幸，就是不认识自己”，并在【属性（CSS）】面板的【字体】下拉列表中选择【黑体】选项，颜色设置为蓝色“#0000FF”，如图 2-47 所示。

图2-47 设置文本字体和颜色

(2) 在【文档】工具栏中单击 代码 按钮，在<head>与</head>之间</style>标签的前面添加 CSS 样式代码，使行距为“20px”，段前段后距离均为“5px”，如图 2-48 所示。

6. 选择菜单命令【文件】/【保存】，再次保存文件。

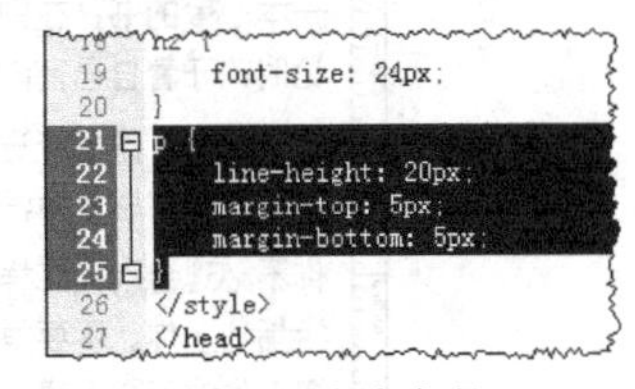

图2-48 添加代码

2.3 实训

下面通过实训来进一步巩固创建文档和设置文本格式的基本知识。

2.3.1 淡泊

创建文档并设置文本格式，在浏览器中的显示效果如图 2-49 所示。

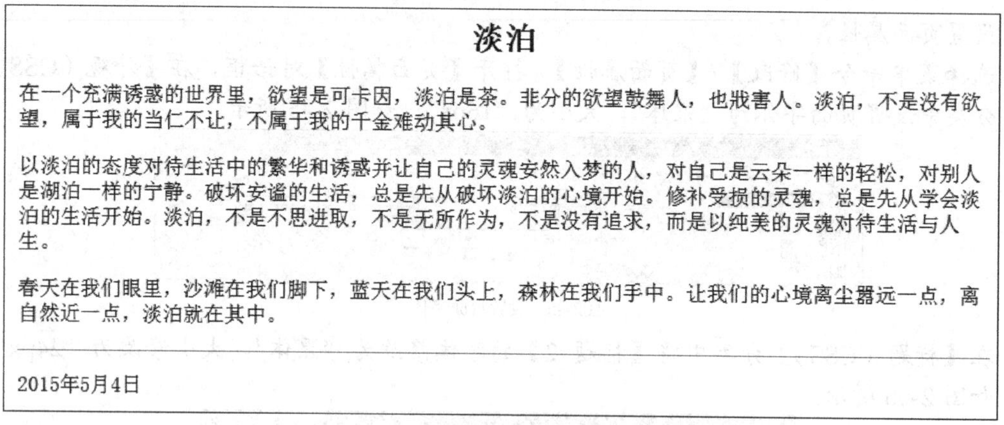

淡泊

在一个充满诱惑的世界里，欲望是可卡因，淡泊是茶。非分的欲望鼓舞人，也戕害人。淡泊，不是没有欲望，属于我的当仁不让，不属于我的千金难动其心。

以淡泊的态度对待生活中的繁华和诱惑并让自己的灵魂安然入梦的人，对自己是云朵一样的轻松，对别人是湖泊一样的宁静。破坏安谧的生活，总是先从破坏淡泊的心境开始。修补受损的灵魂，总是先从学会淡泊的生活开始。淡泊，不是不思进取，不是无所作为，不是没有追求，而是以纯美的灵魂对待生活与人生。

春天在我们眼里，沙滩在我们脚下，蓝天在我们头上，森林在我们手中。让我们的心境离尘嚣远一点，离自然近一点，淡泊就在其中。

2015年5月4日

图2-49　淡泊

这是一个创建文档和设置文本格式的例子，步骤提示如下。

1. 创建文档并保存为“2-3-1.htm”，然后从文档“淡泊.doc”中复制并选择性粘贴文本，【粘贴为】选项选择【带结构的文本以及基本格式（粗体、斜体）】，并取消选择【清理 Word 段落间距】。
2. 将页面字体设置为“宋体”，字体样式和字体粗细均设置为“normal”，大小设置为“18px”，页边距设为“10px”。
3. 将浏览器标题设置为“淡泊”。
4. 将文档标题应用【标题 2】格式并通过菜单命令设置居中对齐。
5. 在文档最后插入一条水平线。
6. 在水平线下面插入能够自动更新的日期。

2.3.2　沉默

创建文档并设置文本格式，在浏览器中的显示效果如图 2-50 所示。

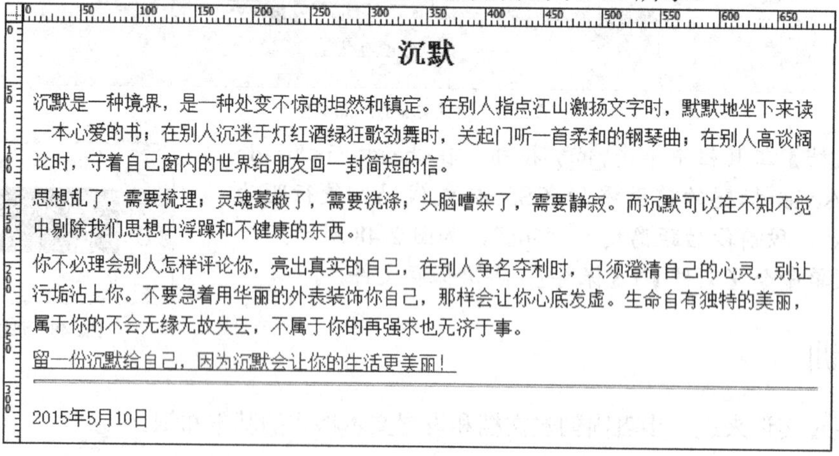

沉默

沉默是一种境界，是一种处变不惊的坦然和镇定。在别人指点江山激扬文字时，默默地坐下来读一本心爱的书；在别人沉迷于灯红酒绿狂歌劲舞时，关起门听一首柔和的钢琴曲；在别人高谈阔论时，守着自己窗内的世界给朋友回一封简短的信。

思想乱了，需要梳理；灵魂蒙蔽了，需要洗涤；头脑嘈杂了，需要静寂。而沉默可以在不知不觉中剔除我们思想中浮躁和不健康的东西。

你不必理会别人怎样评论你，亮出真实的自己，在别人争名夺利时，只须澄清自己的心灵，别让污垢沾上你。不要急着用华丽的外表装饰你自己，那样会让你心底发虚。生命自有独特的美丽，属于你的不会无缘无故失去，不属于你的再强求也无济于事。

留一份沉默给自己，因为沉默会让你的生活更美丽！

2015年5月10日

图2-50　沉默

这是一个创建文档和设置文本格式的例子，步骤提示如下。

1. 创建文档并保存为“2-3-2.htm”，然后导入文档“沉默.doc”，【格式化】选项选择【文本、结构、基本格式（粗体、斜体）】，并取消选择【清理 Word 段落间距】。

2. 将页面字体设置为“宋体”，字体样式和字体粗细均设置为“normal”，大小设置为“16px”，页边距设为“10px”。
3. 将浏览器标题设置为“沉默”。
4. 将文档标题应用【标题 2】格式并通过菜单命令设置居中对齐。
5. 将正文中最后一句文本的颜色设置为红色“#FF0000”并添加下划线效果。
6. 添加 CSS 样式代码，使行距为“25px”，段前段后距离均为“5px”。
7. 在文档最后插入一条水平线，设置水平线的高度为“3”。
8. 在水平线下面插入能够自动更新的日期。

2.4 综合案例——一条忍住不死的鱼

根据要求创建文档并进行格式设置，在浏览器中的显示效果如图 2-51 所示。

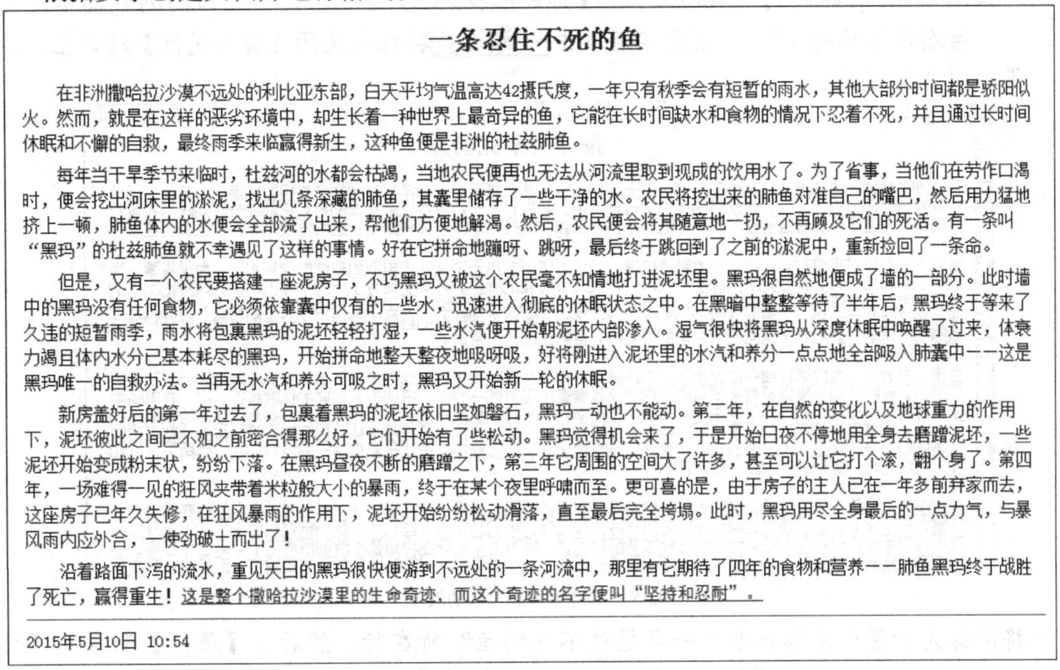

一条忍住不死的鱼

在非洲撒哈拉沙漠不远处的利比亚东部，白天平均气温高达42摄氏度，一年只有秋季会有短暂的雨水，其他大部分时间都是骄阳似火。然而，就是在这样的恶劣环境中，却生长着一种世界上最奇异的鱼，它能在长时间缺水和食物的情况下忍着不死，并且通过长时间休眠和不懈的自救，最终雨季来临赢得新生，这种鱼便是非洲的杜兹肺鱼。

每年当干旱季节来临时，杜兹河的水都会枯竭，当地农民便再也无法从河流里取到现成的饮用水了。为了省事，当他们在劳作口渴时，便会挖出河床里的淤泥，找出几条深藏的肺鱼，其囊里储存了一些干净的水。农民将挖出来的肺鱼对准自己的嘴巴，然后用力猛地挤上一顿，肺鱼体内的水便会全部流了出来，帮他们方便地解渴。然后，农民便会将其随意地一扔，不再顾及它们的死活。有一条叫“黑玛”的杜兹肺鱼就不幸遇见了这样的事情。好在它拼命地蹦呀、跳呀，最后终于跳回到了之前的淤泥中，重新捡回了一条命。

但是，又有一个农民要搭建一座泥房子，不巧黑玛又被这个农民毫不知情地打进泥坯里。黑玛很自然地便成了墙的一部分。此时墙中的黑玛没有任何食物，它必须依靠囊中仅有的一些水，迅速进入彻底的休眠状态之中。在黑暗中整整等待了半年后，黑玛终于等来了久违的短暂雨季，雨水将包裹黑玛的泥坯轻轻打湿，一些水汽便开始朝泥坯内部渗入。湿气很快将黑玛从深度休眠中唤醒了过来，体衰力竭且体内水分已基本耗尽的黑玛，开始拼命地整天整夜地吸呀吸，好将刚进入泥坯里的水汽和养分一点点地全部吸入肺囊中——这是黑玛唯一的自救办法。当再无水汽和养分可吸之时，黑玛又开始新一轮的休眠。

新房盖好后的第一年过去了，包裹着黑玛的泥坯依旧坚如磐石，黑玛一动也不能动。第二年，在自然的变化以及地球重力的作用下，泥坯彼此之间已不如之前密合得那么好，它们开始有了些松动。黑玛觉得机会来了，于是开始日夜不停地用全身去磨蹭泥坯，一些泥坯开始变成粉末状，纷纷下落。在黑玛昼夜不断的磨蹭之下，第三年它周围的空间大了许多，甚至可以让它打个滚，翻个身了。第四年，一场难得一见的狂风夹带着米粒般大小的暴雨，终于在某个夜里呼啸而至。更可喜的是，由于房子的主人已在一年多前弃家而去，这座房子已年久失修，在狂风暴雨的作用下，泥坯开始纷纷松动滑落，直至最后完全垮塌。此时，黑玛用尽全身最后的一点力气，与暴风雨内应外合，一使劲破土而出了！

沿着路面下泻的流水，重见天日的黑玛很快便游到不远处的一条河流中，那里有它期待了四年的食物和营养——肺鱼黑玛终于战胜了死亡，赢得重生！这是整个撒哈拉沙漠里的生命奇迹，而这个奇迹的名字便叫“坚持和忍耐”。

2015年5月10日 10:54

图2-51 一条忍住不死的鱼

(1) 创建一个新文档并保存为“2-4.htm”，然后将附盘文件“一条忍住不死的鱼.doc”中的内容复制粘贴到网页文档中，【粘贴为】选项选择【带结构的文本以及基本格式（粗体、斜体）】，并取消选择【清理 Word 段落间距】。

(2) 将页面字体设置为“宋体”，字体样式和字体粗细均设置为“normal”，大小设置为“14px”，页边距设为“10px”，将浏览器标题设置为“一条忍住不死的鱼”。

(3) 将文档标题应用【标题 2】格式并居中对齐，将正文最后一句文本的字体设置为“黑体”，颜色设置为“#FF0000”，同时添加下划线效果。

(4) 添加 CSS 样式代码，使行与行之间的距离为“20px”，段前段后距离均为“5px”。

(5) 在每段开头空出两个汉字的位置，在文档最后插入一条水平线。

(6) 在水平线下面插入能够自动更新的日期。

这是一个创建文档和设置文本格式的例子，具体操作步骤如下。

1. 新建一个空白 HTML 文档并保存为"2-4.htm"，然后打开附盘文件"让生活走进自然.doc"，全选所有文本内容并进行复制。
2. 在 Dreamweaver 中选择菜单命令【编辑】/【选择性粘贴】，打开【选择性粘贴】对话框，选项设置如图 2-52 所示，然后单击 确定(O) 按钮，粘贴文本。

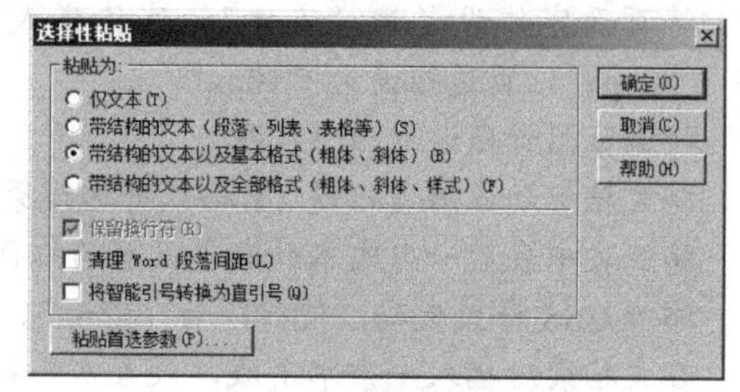

图2-52　【选择性粘贴】对话框

3. 选择菜单命令【修改】/【页面属性】，打开【页面属性】对话框，在【外观（CSS）】分类中，设置页面字体为"宋体"，字体样式和字体粗细均设置为"normal"，大小为"14px"，页边距均为"10px"；在【标题/编码】分类中，设置文档的浏览器标题为"一条忍住不死的鱼"，设置完毕后单击 确定 按钮，关闭【页面属性】对话框，效果如图 2-53 所示。

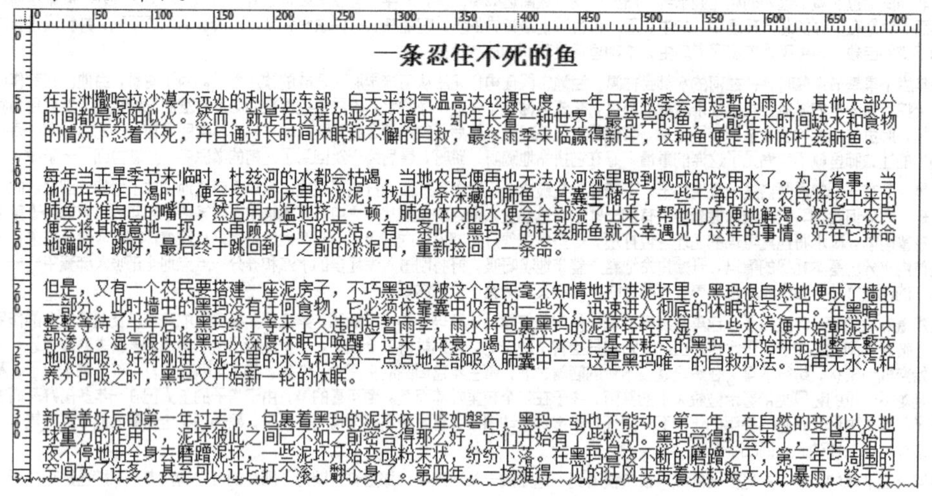

图2-53　设置页面属性后的效果

4. 将鼠标光标置于文档标题"一条忍住不死的鱼"所在行，然后在【属性】面板的【格式】下拉列表中选择【标题 2】选项，并选择菜单命令【格式】/【对齐】/【居中对齐】，设置其居中对齐。
5. 选中正文最后一句文本，然后在【属性（CSS）】面板的【字体】下拉列表中选择【黑体】选项，单击 按钮，设置文本颜色为红色"#FF0000"，如图 2-54 所示。

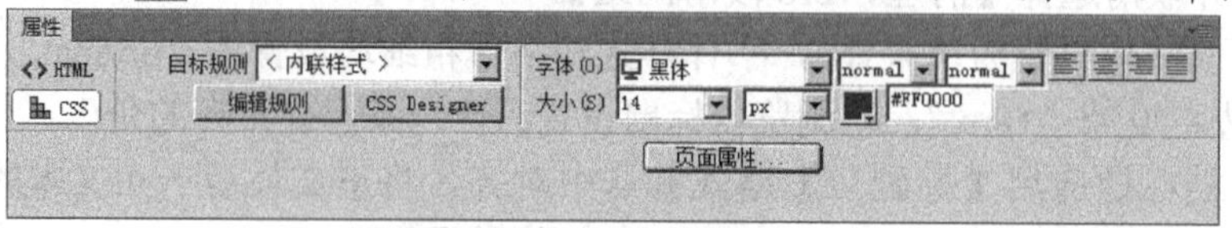

图2-54　设置文本颜色

6. 选择菜单命令【格式】/【HTML 样式】/【下划线】，给所选文本添加下划线效果。
7. 在【文档】工具栏中单击 代码 按钮，在<head>与</head>之间添加 CSS 样式代码，使行与行之间的距离为"20px"，段前、段后距离均为"5px"，如图 2-55 所示。

8. 切换到【设计】视图，依次在每段的开头连续按 4 次空格键，使每段开头空出两个汉字的位置。
9. 将鼠标光标置于文档最后，然后选择菜单命令【插入】/【水平线】，插入水平线。
10. 插入水平线后按 Enter 键，将鼠标光标移至下一段，然后选择菜单命令【插入】/【日期】，打开【插入日期】对话框进行参数设置，并选择【储存时自动更新】复选框，如图 2-56 所示。

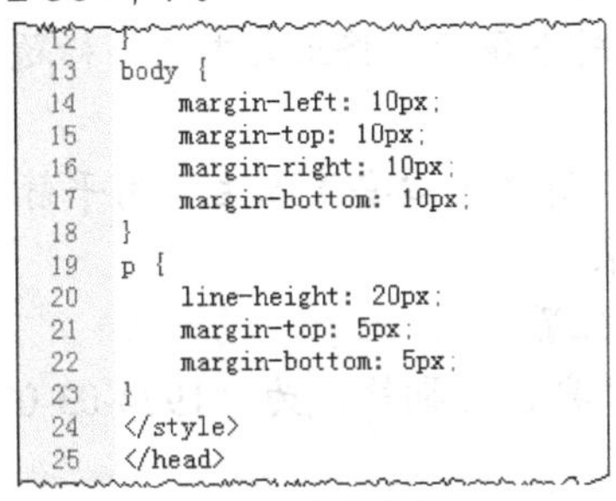

```
12  }
13  body {
14      margin-left: 10px;
15      margin-top: 10px;
16      margin-right: 10px;
17      margin-bottom: 10px;
18  }
19  p {
20      line-height: 20px;
21      margin-top: 5px;
22      margin-bottom: 5px;
23  }
24  </style>
25  </head>
```

图2-55　添加代码

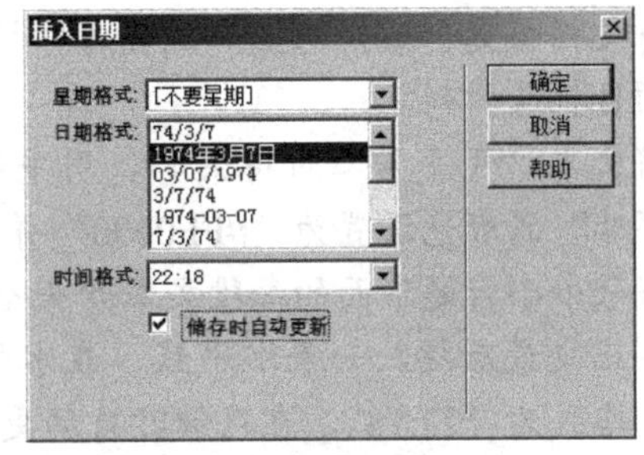

图2-56　【插入日期】对话框

11. 选择菜单命令【文件】/【保存】，保存文档。

2.5 习题

1. 思考题
   (1) 创建 HTML 文档的方法概括起来主要有哪几种？
   (2) 通过菜单命令和【属性（CSS）】面板设置对齐方式有何区别？
   (3) 在 HTML 文档中段落与换行有何区别？
   (4) 如何设置行与行及段与段之间的距离？
2. 操作题

   根据提示设置文档，最终效果如图 2-57 所示。

善待人生

我们只要善待生命、善待家人、善待同事、善待自己，提倡简单地生活就足以幸福一生。

- 善待生命

人的一生其实是一个不断感受生活的过程。如果省略掉了这个过程，还有什么呢？善待生命就是要认真体验生活，发现它的真、善、美，从中感受快乐。法国文学家罗曼·罗兰说过，“要播洒阳光到别人心中，总得自己心中有阳光”。只要每个人都持积极乐观的生活态度，人生应当是快乐的，乐由心生。生活中，我们每个人无论身处顺境还是逆境，如果都能认为这是上天对我们最好的安排，那么顺境中我们才会感恩，逆境中会依旧心存喜乐。坦然面对生活、善待生命，方是快乐人生之真谛。

- 善待家人

对待家人要细心体贴，爱其实很简单，有时是一个三、五分钟的电话，有时是一份并不昂贵的小礼物，就是要通过小事让家人感受到你的关心，幸福就在分寸之间。爱是无条件的，对家人不要因为他为你做了什么事而爱他，也不要因他没做到的事而减少对他的爱。爱是需要沟通的，默默奉献不见得是最佳方式，要常常对你的家人说“我爱你”。经常交流、沟通，关心爱护家人，营造家的和谐和温暖，还是那句老话：家和万事兴。

- 善待同事

对同事多一份理解和宽容，其实就是支持和帮助自己。工作中难免有分歧，只要你愿意认真地站在对方的角度和立场看问题，事情也许会是另一种结果。不要错误诠释别人的好意，那只会让自己吃亏，并且使别人受辱。我们要信奉这四句话：用平常心对待荣辱，用平和心包容误会，用平凡心安度人生，用平静心放下事非。我们还要尝试这样去做：别人超过自己，祝福他；别人不如自己，帮助他；别人贬低自己，原谅他。

- 善待自己

一个善待自己的人，也必是一个不断完善自己的人。要善于用两把尺子，一把尺子量别人的优点，一把尺子量自己的不足。以己之短比人之长，越比心态越好，越能奋进。这就是，善待自己的最好方法是善待别人，善待别人的最好方法，是宽容别人。人生就是一次负重旅行。累了，就放下哪怕只有一杯水的重量，让自己休息一下。这并不是偷懒，也不是不求上进，而是为了让自己轻装上路。学会生活就是学会放下。这样，自己才会在人生路上走得更踏实，走得更远。

2015-05-10 11:03

图2-57　善待人生

【步骤提示】

1. 创建一个新文档并保存为“lianxi.htm”。
2. 将附盘文件“善待人生.doc”的内容复制并选择性粘贴到新创建的文档中，保留文本的基本结构和格式，但不保留换行符，不清理 Word 段落间距。
3. 将页面字体设置为“宋体”，字体样式和字体粗细均设置为“normal”，大小为“14px”，页边距均为“10px”，浏览器标题为“善待人生”。
4. 将文档标题“善待人生”设置为“标题 2”格式并居中显示，将正文中的小标题设置为项目符号排列。
5. 将文本“用平常心对待荣辱，用平和心包容误会，用平凡心安度人生，用平静心放下事非”的颜色设置为“#FF0000”并添加下划线效果。
6. 将每个小标题下面的每段文本开头空出两个汉字的位置。
7. 在正文最后插入一条水平线，在水平线下面插入日期，日期格式为“1974-03-07”，时间格式为“22:18”，在存储时自动更新。
8. 添加 CSS 样式代码，使行与行之间的距离为“20px”，段前段后距离均为“5px”。

第3章 使用图像和媒体

【学习目标】

- 掌握插入图像及设置图像属性的方法。
- 掌握设置网页背景颜色和背景图像的方法。
- 掌握插入 HTML5 音频及其属性设置的方法。
- 掌握插入 HTML5 视频及其属性设置的方法。
- 掌握插入 Flash 动画及其属性设置的方法。
- 掌握插入 Flash 视频及其属性设置的方法。

网页中的图像和媒体不仅可以为网页增色添彩，还可以更好地配合文本传递信息。本章将介绍在网页中插入图像和媒体的基本方法。

3.1 功能讲解

下面对图像和媒体的基本知识进行简要介绍。

3.1.1 图像格式

网页中图像的作用基本上可分为两种：一种是起装饰作用，如制作网页时使用的背景图像；另一种是起传递信息的作用，如新闻图像、人物图像和风景图像等。图像与文本的地位和作用是相似的，甚至文本只有配备了相应的图像，才显得更生动形象。目前，在网页中使用的最为普遍且被各种浏览器广泛支持的图像格式主要是 GIF 和 JPG 格式，PNG 格式也在逐步地被越来越多的浏览器所接受。

一、 GIF 图像

GIF 格式（Graphics Interchange Format，图形交换格式，文件扩展名为“.gif”）是在 Web 上使用最早、应用最广泛的图像格式，具有图像文件小、下载速度快、下载时隔行显示、支持透明色及多个图像能组成动画的特点。由于最多支持 256 种颜色，GIF 格式最适合显示色调不连续或具有大面积单一颜色的图像，如导航条、按钮、图标、徽标或其他具有统一色彩和色调的图像，不适合显示有晕光、渐变色彩等颜色细腻的图像和照片。

二、 JPEG 图像

JPEG 格式（Joint Photographic Experts Group，联合图像专家组格式，文件扩展名为“.jpg”）是目前互联网中最受欢迎的图像格式。由于 JPEG 格式支持高压缩率，因此其图像的下载速度非常快。但随着 JPEG 文件品质的提高，文件的大小和下载时间也会随之增加。不过通常可以通过压缩 JPEG 文件在图像品质和文件大小之间达到良好的平衡。由于 JPEG 格式可以包含数百万种颜色，因此非常适合显示摄影、具有连续色调或一些细腻、讲究色彩

浓淡的图像。

三、 PNG 图像

PNG 格式（Portable Network Graphics，可移植网络图形，文件扩展名为“.png”）是目前使用量逐渐增多的图像格式。PNG 格式图像不仅没有压缩上的损失，能够呈现更多的颜色，支持透明色和隔行显示，而且在显示速度上比 GIF 和 JPEG 更快一些。同时，PNG 格式图像可保留所有原始层、矢量、颜色和效果信息，并且在任何时候所有元素都是可以被完全编辑的。由于 PNG 格式图像具有较大的灵活性并且文件较小，因此 PNG 格式对于几乎任何类型的网页图像都是非常适合的。不过 PNG 格式还没有普及到所有的浏览器，因此，除非是用户使用支持 PNG 格式的浏览器，否则最好使用 GIF 或 JPEG 格式，以适应更多人的需求。

GIF 和 JPEG 格式的图像可以使用 Photoshop 等图像处理软件进行处理，PNG 格式的图像更适合使用 Fireworks 图像处理软件进行处理。

3.1.2 插入图像

下面介绍插入图像常用的几种方式。

一、 通过【选择图像源文件】对话框插入图像

将鼠标光标置于要插入图像的位置，然后选择菜单命令【插入】/【图像】/【图像】，或者在【插入】面板的【常用】类别中单击图像按钮组中的 图像 （图像）按钮，弹出【选择图像源文件】对话框，选择需要的图像并单击 确定 按钮，即可将图像插入到文档中，如图 3-1 所示。

如果要插入图像的网页文档是一个新建且未保存的文档，那么 Dreamweaver CC 将临时生成一个对图像文件的“file://”引用。将文档保存在站点中的任意位置后，Dreamweaver CC 将该引用转换为文档相对路径。

二、 通过【文件】面板拖曳图像

在【文件】面板中选择图像文件，然后将其拖曳到网页文档中的适当位置，如图 3-2 所示。

三、 通过【资源】面板插入图像

选择【窗口】/【资源】菜单命令，打开【资源】面板，单击按钮切换到图像分类，选择图像文件，然后单击 插入 按钮将图像插入到文档中，如图 3-3 所示。

图3-1　【选择图像源文件】对话框

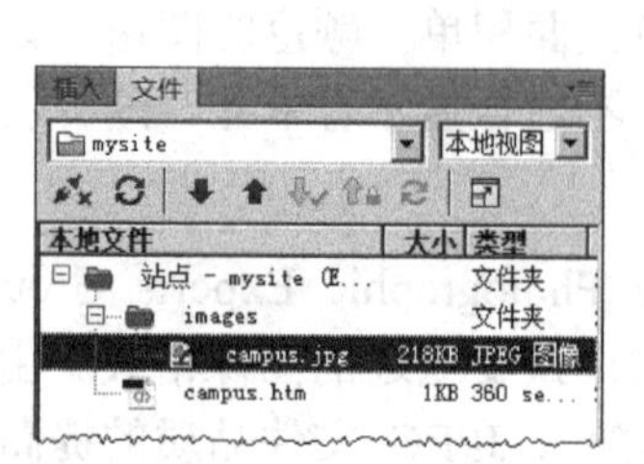

图3-2　【文件】面板

图3-3　【资源】面板

3.1.3 图像属性

在网页中插入图像后，有时还需要设置图像属性使其更符合实际需要，如图 3-4 所示。下面对图像【属性】面板中有关选项进行简要说明。

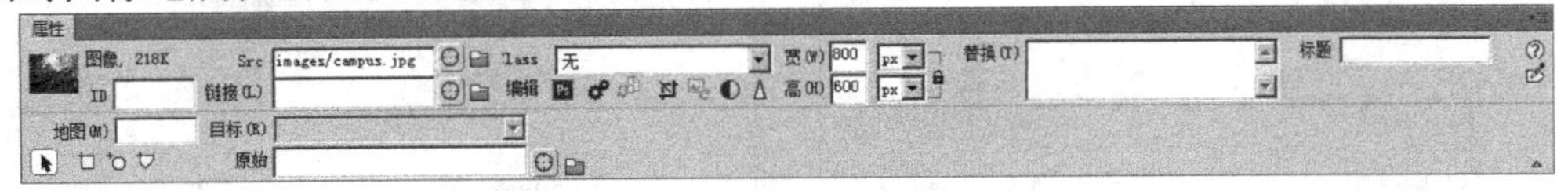

图3-4 图像【属性】面板

- 【ID】：主要用于设置图像的 ID 名称。
- 【Src】：主要用于显示已插入图像的路径，如果要用新图像替换已插入的图像，可以在【Src】文本框中输入新图像的文件路径，也可通过单击按钮来选择图像文件。
- 【宽】和【高】：主要用于设置图像的显示宽度和高度，其后面的按钮表示约束图像的宽度和高度，即修改了图像的宽度和高度的任一值时，另一值将自动保持等比例改变。单击按钮，其将变换成按钮，表示不再约束图像的宽度和高度之间的比例关系。在修改了图像的宽度和高度后，文本框后面增加了和两个按钮。单击按钮将重置图像的原始大小，单击按钮将提交图像的大小，即永久性改变图像的实际大小。
- 【替换】：主要用于设置图像的替代文本，浏览网页时，当图像不能正常显示时，图像位置会显示这些信息。
- 【标题】：主要用于设置图像的提示信息，浏览网页时，当鼠标指针移动到图像上时，图像会显示这些提示信息。
- 【编辑】：该选项共有 7 个按钮，可以通过它们对图像进行简单编辑，也可调用在【首选项】对话框中设置好的图像处理软件对图像进行编辑。实际上，完全可以在图像处理软件中将图像处理好，这里就不需要再对图像进行编辑了。

3.1.4 网页背景

在制作网页时，经常需要设置网页背景颜色或背景图像。设置整个网页的背景颜色或背景图像，可通过【页面属性】对话框进行。方法是：选择菜单命令【修改】/【页面属性】或在【属性】面板中单击 页面属性... 按钮，打开【页面属性】对话框，在【外观（CSS）】分类中，可通过【背景颜色】选项来设置网页的背景颜色，通过【背景图像】选项来设置网页图像，通过【重复】下拉列表可设置背景图像的重复方式，如图 3-5 所示。【重复】下拉列表中包含 4 个选项："no-repeat"表示背景图像不重复；"repeat"表示背景图像在横向和纵向上均重复；"repeat-x"表示背景图像在横向上重复；"repeat-y"表示背景图像在纵向上重复。

在【外观（HTML）】分类中，也可以设置网页的背景图像和背景颜色，如图 3-6 所示。

要点提示 外观（CSS）方式是使用 CSS 方式设置背景图像和背景颜色，而外观（HTML）方式是使用 HTML 方式设置背景图像和背景颜色，但不能设置图像的重复方式。

图3-5　外观（CSS）

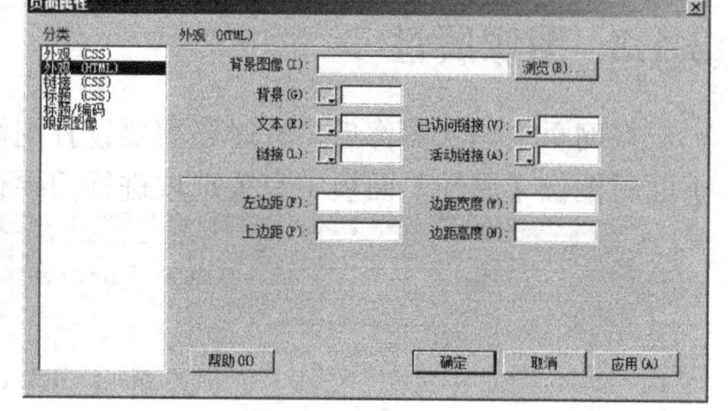

图3-6　外观（HTML）

3.1.5　媒体类型

在 Dreamweaver CC 中，媒体的类型包括 Edge Animate 作品、HTML5 音频、HTML5 视频、Flash 动画、Flash 视频和插件等。

Edge Animate 作品是指由网页动画制作工具 Adobe Edge Animate 制作的动画。Adobe Edge Animate 是 Adobe 公司的一款新型网页互动工具，允许设计师通过 HTML5、CSS 和 JavaScript 制作跨平台、跨浏览器的网页动画，其生成的基于 HTML5 的互动媒体能更方便地通过互联网传输，特别是更能兼容移动互联网。Adobe Edge Animate 的目的是在未来的浏览器互动媒体领域发挥更大的作用。

HTML5 音频元素提供了一种将音频内容嵌入网页中的标准方式。目前，网页上的大多数音频是通过插件来播放的，但并非所有浏览器都拥有同样的插件。HTML5 规定了一种通过 Audio 元素来包含音频的标准方法，Audio 元素能够播放声音文件或音频流。当前，Audio 元素支持 3 种音频格式：MP3、Wav 和 Ogg。相对于 MP3 和 Wav 两种音频格式，读者对 Ogg 音频格式可能比较陌生。Ogg 全称是 Ogg Vorbis，是一种新的音频压缩格式，它是完全免费、开放和没有专利限制的。这种文件格式可以不断地进行大小和音质的改良，而不影响原有的编码器或播放器。Ogg 可以在相对较低的数据速率下，实现比 MP3 更好的音质。Ogg Vorbis 支持 VBR（可变比特率）和 ABR（平均比特率）两种编码方式，Ogg 还具有比特率缩放功能，可以不用重新编码便可调节文件的比特率。另外，Ogg 还可以对所有声道进行编码，支持多声道模式，而 MP3 只能编码双声道。多声道音乐会带来更多临场感，欣赏电影和交响乐时更有优势，这场革命性的变化是 MP3 无法支持的。未来人们对音质要求将不断提高，Ogg 的优势将更加明显。Ogg 文件的扩展名是“.ogg”，可以在未来的任何播放器上播放。

HTML5 视频元素提供一种将电影或视频嵌入网页中的标准方式。目前，网页上的大多数视频也是通过插件来显示的，但并非所有浏览器都拥有同样的插件。HTML5 规定了一种通过 Video 元素来包含视频的标准方法。当前，Video 元素支持 3 种视频格式：MP4、WebM 和 Ogg。MP4 是指带有 H.264 视频编码和 AAC 音频编码的 MPEG 4 文件，主要受 Apple、Microsoft 支持，因为它们在 H.264 中拥有大量专利。WebM 是指带有 VP8 视频编码和 Ogg Vorbis 音频编码的 WebM 文件。WebM 受 Google 资助，目标是构建一个开放、免版权费用的视频文件格式。该视频文件格式应能提供高质量的视频压缩以配合 HTML 5 使用。Ogg 是指带有 Theora 视频编码和 Ogg Vorbis 音频编码的 Ogg 文件。Ogg 是一个自由开放标准的容器格式，主要用于有效地处理高品质的多媒体，包括音效、视频、文字（如字幕）与元数据等，受到了 Mozilla 和 Opera 支持。读者需要明白的是，Ogg 既可以是纯音频文件，也可以是视频文件。

Flash 动画和 Flash 视频是与 Adobe Flash 密切相关的两种文件格式，读者应熟悉 FLA、SWF 和 FLV 文件类型之间的关系。FLA 文件扩展名为“.fla”，是使用 Flash 软件创建的项目的源文件，此类型文件只能在 Flash 中打开。因此，在网页中使用时，通常将它在 Flash 中发布为 SWF 文件，这样才能在浏览器中播放。SWF 文件扩展名为“.swf”，是 FLA 文件的编译版本，已进行优化，可以在网页上查看。此文件可以在浏览器中播放并且可以在 Dreamweaver 中进行预览，但不能在 Flash 中直接编辑。FLV 文件扩展名为“.flv”，是一种视频文件，它包含经过编码的音频和视频数据，用于通过 Flash Player 进行传送。

3.1.6 Edge Animate 作品

Dreamweaver CC 允许在网页中插入 Edge Animate 作品。插入 Edge Animate 作品的方法是，首先确定要插入 Edge Animate 作品的位置，然后选择菜单命令【插入】/【媒体】/【Edge Animate 作品】，或在【插入】面板的【媒体】类别中单击 Edge Animate 作品 按钮，打开【选择 Edge Animate 包】对话框，如图 3-7 所示，将 Edge Animate 作品插入到指定位置。

图3-7 【选择 Edge Animate 包】对话框

在网页中插入 Edge Animate 作品后，其【属性】面板如图 3-8 所示，可以根据需要修改 ID 名称及宽度和高度。

图3-8 Edge Animate 的作品【属性】面板

3.1.7 HTML5 音频

Dreamweaver CC 允许在网页中插入和预览 HTML5 音频。插入 HTML5 音频的方法是，首先确定要插入音频的位置，然后选择菜单命令【插入】/【媒体】/【HTML5 Audio】，或在【插入】面板的【媒体】类别中单击 HTML5 Audio 按钮，将音频文件插入到指定位置，最后在【属性】面板中设置相关属性信息，如图 3-9 所示。

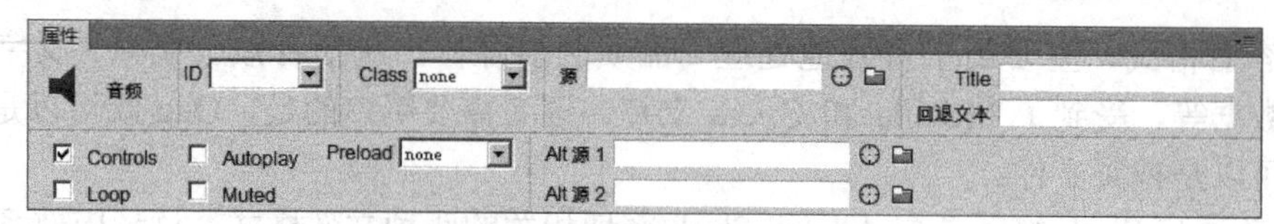

图3-9　HTML5 音频【属性】面板

下面对 HTML5 的音频【属性】面板中的相关选项简要说明如下。

- 【ID】: 主要用于设置 HTML5 音频的 ID 名称，它是在代码中引用对象的唯一标识符。
- 【源】、【Alt 源 1】和【Alt 源 2】: 【源】文本框主要用于设置音频的第一个源文件位置，不同浏览器对音频格式的支持有所不同，如果【源】文本框中设置的音频格式不被支持，则会使用【Alt 源 1】或【Alt 源 2】中设置的音频文件格式，浏览器选择第一个可识别的音频文件格式来播放音频。要快速向这 3 个字段中添加音频，可以一次选择 3 个不同格式的音频文件。列表中的第一个格式将用于【源】，列表中的其他格式将用于自动填写【Alt 源 1】和【Alt 源 2】，如表 3-1 所示。
- 【Title】: 主要用于为音频文件设置标题，即在浏览器中显示的工具提示。
- 【回退文本】: 主要用于设置在浏览器不支持 HTML5 音频时要显示的提示文本。
- 【Controls】: 主要用于设置是否要在 HTML 页面中显示音频控件，如播放、暂停和静音等。
- 【Autoplay】: 主要用于设置音频在网页上加载后是否自动开始播放。
- 【Loop】: 主要用于设置音频是否连续播放。
- 【Muted】: 主要用于设置在音频下载后是否将其设置为静音。
- 【Preload】: 主要用于设置在页面下载时应当如何加载音频，选择【auto】选项会在页面下载时自动加载整个音频文件，选择【metadata】选项会在页面下载完成之后下载元数据。

表 3-1　　不同浏览器对 HTML 5 不同音频格式支持情况一览表

浏览器	MP3	Wav	Ogg
Internet Explorer 9	是	否	否
Firefox 4.0	否	是	是
Google Chrome 6	是	是	是
Apple Safari 5	是	是	否
Opera 10.6	否	是	是

3.1.8　HTML5 视频

Dreamweaver CC 允许在网页中插入 HTML5 视频。插入 HTML5 视频的方法是，首先确定要插入视频的位置，然后选择菜单命令【插入】/【媒体】/【HTML5 Video】，或在【插入】面板的【媒体】类别中单击 HTML5 Video 按钮，将视频文件插入到指定位置，最后在【属性】面板中设置相关属性信息，如图 3-10 所示。

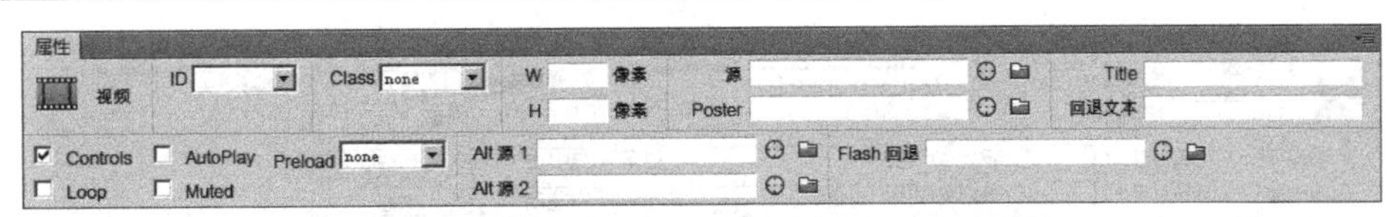

图3-10 视频【属性】面板

下面对 HTML5 视频【属性】面板中的相关选项简要说明如下。

- 【ID】: 主要用于设置 HTML5 视频的 ID 名称，它是在代码中引用对象的唯一标识符。
- 【源】、【Alt 源 1】和【Alt 源 2】: 【源】文本框主要用于设置视频的第一个源文件位置，不同浏览器对视频格式的支持有所不同，如果【源】文本框中设置的视频格式不被支持，则会使用【Alt 源 1】或【Alt 源 2】中设置的视频文件格式，浏览器选择第一个可识别的视频文件格式来播放视频。要快速向这 3 个字段中添加视频，可以一次选择 3 个不同格式的视频文件。列表中的第一个格式将用于【源】，列表中的其他格式将用于自动填写【Alt 源 1】和【Alt 源 2】，如表 3-2 所示。
- 【Title】: 主要用于为视频文件设置标题，即在浏览器中显示的工具提示。
- 【回退文本】: 主要用于设置在浏览器不支持 HTML5 视频时要显示的提示文本。
- 【Controls】: 主要用于设置是否要在 HTML 页面中显示视频控件，如播放、暂停和静音等。
- 【Autoplay】: 主要用于设置视频在网页上加载后是否自动开始播放。
- 【Loop】: 主要用于设置视频是否连续播放。
- 【Muted】: 主要用于设置在视频下载后是否将其设置为静音。
- 【Preload】: 主要用于设置在页面下载时应当如何加载视频，选择【auto】选项会在页面下载时自动加载整个视频文件，选择【metadata】选项会在页面下载完成之后下载元数据。

表 3-2　　不同浏览器对 HTML 5 不同视频格式支持情况一览表

浏览器	MP4	WebM	Ogg
Internet Explorer 9	是	否	否
Firefox 4.0	否	是	是
Google Chrome 6	是	是	是
Apple Safari 5	是	否	否
Opera 10.6	否	是	是

3.1.9 Flash 动画

Flash 技术是实现和传递矢量图像和动画的首要解决方案，Flash 动画的播放器是 Flash Player。在 Dreamweaver CC 中，插入 Flash 动画的方法是：选择菜单命令【插入】/【媒体】/【Flash SWF】，或在【插入】面板的【媒体】类别中单击 Flash SWF 按钮，也可以在【文件】面板中选择 Flash 动画文件直接拖动到文档中，最后在【属性】面板中设置相关的属性信息，如图 3-11 所示。

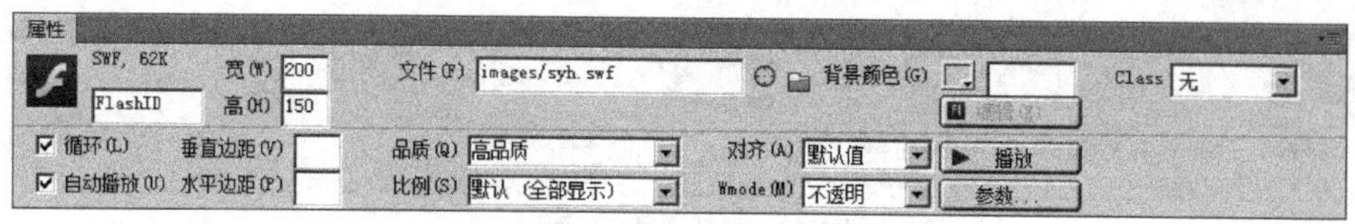

图3-11 SWF【属性】面板

下面对 Flash 动画【属性】面板中的相关选项简要说明如下。

- 【FlashID】：为所插入的 Flash 动画文件命名，可以进行修改。
- 【宽】和【高】：用于定义 Flash 动画的显示尺寸。
- 【文件】：用于指定 Flash 动画文件的路径。
- 【循环】：选择该复选框，动画将在浏览器端循环播放。
- 【自动播放】：选择该复选框，SWF 动画文档被浏览器载入时，将自动播放。
- 【垂直边距】和【水平边距】：用于定义 SWF 动画边框与该动画周围其他内容之间的距离，以像素为单位。
- 【品质】：用来设定 SWF 动画在浏览器中的播放质量。
- 【比例】：用来设定 SWF 动画的显示比例。
- 【对齐】：设置 SWF 动画与周围内容的对齐方式。
- 【Wmode】：设置 SWF 动画背景模式。
- 【背景颜色】：用于设置当前 SWF 动画的背景颜色。
- 编辑(E)：单击该按钮，将在 Flash 软件中处理源文件，当然要确保有源文件“.fla”的存在，如果没有安装 Flash 软件，该按钮将不起作用。
- 播放：单击该按钮，将在设计视图中播放 SWF 动画。
- 参数...：单击该按钮，可设置使 Flash 能够顺利运行的附加参数。

3.1.10 Flash 视频

在开始向网页中添加 Flash 视频之前，必须有一个经过编码的 FLV 文件。在 Dreamweaver CC 中向网页内插入 FLV 文件时将首先插入一个 SWF 组件，当在浏览器中查看时，此组件将显示插入的 FLV 文件和一组播放控件。在 Dreamweaver CC 中插入 FLV 视频的方法是：选择菜单命令【插入】/【媒体】/【Flash Video】，或在【插入】面板的【媒体】类别中单击 Flash Video 按钮，打开【插入 FLV】对话框。在【视频类型】下拉列表中选择【累进式下载视频】。Dreamweaver CC 提供了两种方式用于将 Flash 视频传送给站点浏览者。

- 【累进式下载视频】：将 FLV 文件下载到站点访问者的硬盘上，然后进行播放。但是，与传统的“下载并播放”视频传送方法不同，累进式下载允许在下载完成之前就开始播放视频文件。
- 【流视频】：对视频内容进行流式处理，并在一段可确保流畅播放的很短的缓冲时间后在网页上播放该内容。若要在网页上启用流视频，您必须具有访问 Adobe® Flash® Media Server 的权限。

在【URL】文本框中设置 FLV 文件的路径，如“images/laoshan.flv”。如果 FLV 文件位于当前站点内，可单击 浏览... 按钮来选定该文件。如果 FLV 文件位于其他站点内，可在文本框内输入该文件的 URL 地址，如“http://www.ls.cn/ls.flv”。在【外观】下拉列表中选择合适的选项，如“Halo Skin 3”。【外观】选项用来指定视频组件的外观，所选外观的预览会显示在【外观】下拉列表的下方。单击 检测大小 按钮来检测 FLV 文件的幅面大小并自动填充到【宽度】和【高度】文本框中，如图 3-12 所示。

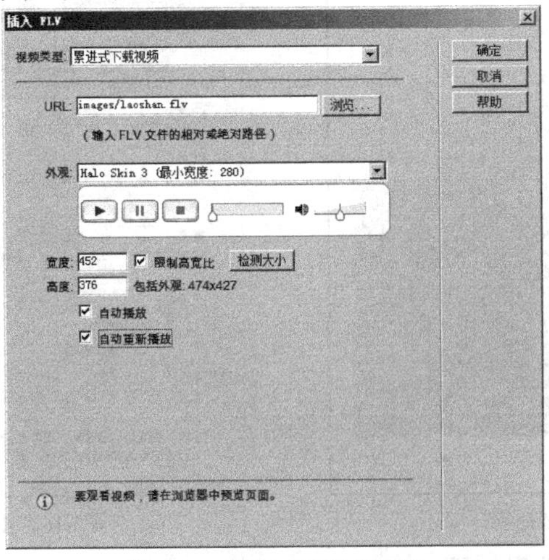

图3-12 【插入 FLV】对话框

【宽度】和【高度】选项以像素为单位指定 FLV 的宽度和高度。若要让 Dreamweaver CC 知道 FLV 文件的准确宽度和高度，需单击 检测大小 按钮。如果 Dreamweaver CC 无法确定宽度和高度，必须输入宽度和高度值。【限制高宽比】用于保持视频组件的宽度和高度之间的比例不变，默认情况下会选择此选项。【自动播放】用于设置在 Web 页面打开时是否播放视频。【自动重新播放】用于设置播放控件在视频播放完之后是否返回起始位置。设置完毕后单击 确定 按钮关闭对话框，FLV 视频将被添加到网页上，如图 3-13 所示。

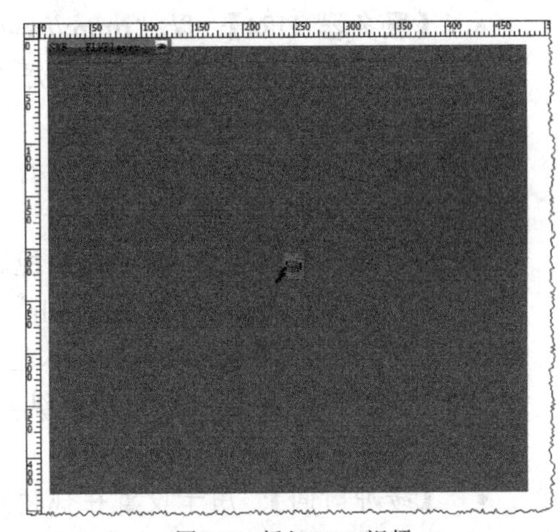

图3-13 插入 Flash 视频

插入 FLV 视频后将生成一个视频播放器 SWF 文件和一个外观 SWF 文件，它们用于在网页上显示视频内容。这些文件与视频内容所添加到的网页文件在同一文件夹中。当上传包含 FLV 文件的网页时，需要同时将相关文件上传。选择插入的 Flash 视频，其【属性】面板如图 3-14 所示，可以根据需要在【属性】面板中修改相关参数。

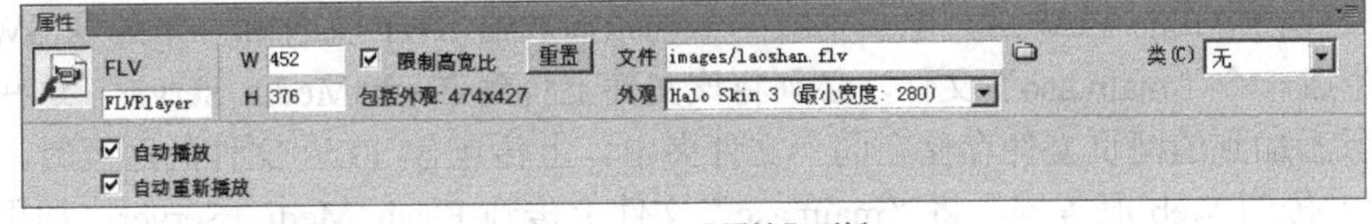

图3-14 FLV【属性】面板

在浏览器中预览并播放 Flash 视频，效果如图 3-15 所示。

如果在【插入 FLV】对话框的【视频类型】下拉列表中选择【流视频】，那么【插入 FLV】对话框将变为图 3-16 所示的形式。

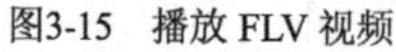

图3-15　播放 FLV 视频

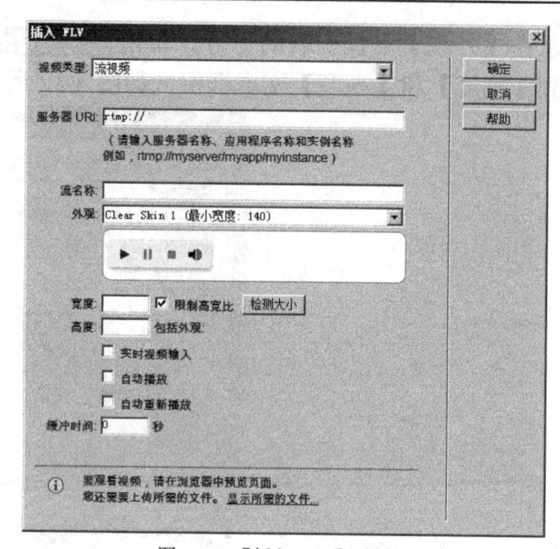

图3-16　【插入 FLV】对话框

下面对相关选项简要说明如下。

- 【服务器 URI】: 以 “rtmp://www.example.com/app_name/instance_name” 的格式设置服务器名称、应用程序名称和实例名称，如 “rtmp://myserver/myapp/myinstance”。
- 【流名称】: 用于设置要播放的 FLV 文件的名称，如 “myvideo.flv”，扩展名 “.flv” 是可选的。
- 【实时视频输入】: 用于设置视频内容是否是实时的。如果选择了该复选框，则 Flash Player 将播放从 Flash® Media Server 流入的实时视频流，实时视频输入的名称是在【流名称】文本框中指定的名称。同时，组件的外观上只会显示音量控件，因为用户无法操纵实时视频，而且【自动播放】和【自动重新播放】选项也不起作用。
- 【缓冲时间】: 用于设置在视频开始播放之前进行缓冲处理所需的时间，以秒为单位。默认的缓冲时间设置为 “0”，这样在播放视频时会立即开始播放。如果选择【自动播放】复选框，则在建立与服务器的连接后视频立即开始播放。如果要发送的视频的比特率高于站点访问者的连接速度，或者 Internet 通信可能会导致带宽或连接问题，则可能需要设置缓冲时间。例如，如果要在网页播放视频之前将 15 秒的视频发送到网页，请将缓冲时间设置为 “15” 秒。

插入流视频格式的 FLV 后，除了生成一个视频播放器 SWF 文件和一个外观 SWF 文件外，还会生成一个 “main.asc” 文件，必须将该文件上传到 Flash Media Server。这些文件与视频内容所添加到的网页文件存储在同一文件夹中。上传包含 FLV 文件的网页时，必须将 SWF 文件上传到 Web 服务器，将 “main.asc” 文件上传到 Flash Media Server。如果服务器上已有 “main.asc” 文件，在上传 “main.asc” 文件之前需要与服务器管理员进行核实。

3.2　范例解析

下面通过具体范例来学习插入图像和媒体的基本方法。

3.2.1 美丽的校园

将附盘文件复制到站点文件夹下，然后根据要求插入 HTML5 音频、图像、Edge Animate 作品和 Flash 动画，如图 3-17 所示。

(1) 插入 HTML5 音频，将 3 个音频源依次设置为“guzheng.mp3”“guzheng.ogg”“guzheng.wav”，要求在 HTML 页面中显示音频控件，自动循环播放。

(2) 依次插入图像“fj1.jpg”“fj2.jpg”“fj3.jpg”“fj4.jpg”，替换文本均设置为“校园风景”，宽度为“180px”，高度自动按比例变化。

(3) 插入 Edge Animate 作品“campus.oam”。

(4) 插入 Flash 动画“campus.swf”，并设置循环自动播放。

图3-17 美丽的校园

这是一个插入和设置图像及媒体的例子，可以分别插入图像和媒体，然后通过【属性】面板设置其相关属性，具体操作步骤如下。

1. 打开站点下的网页文档“3-2-1.htm”，如图 3-18 所示。

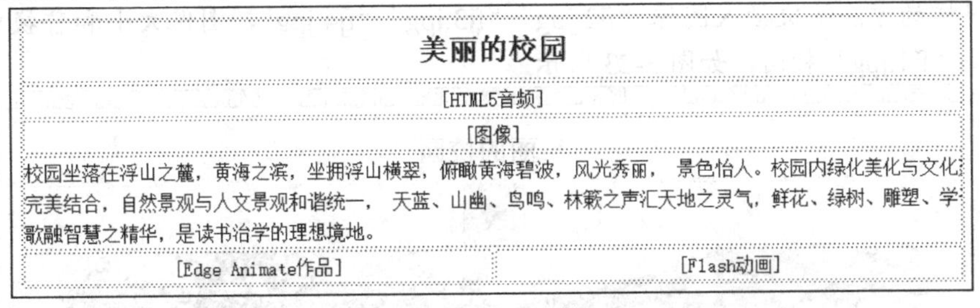

图3-18 打开文档

2. 将文本“[HTML5 音频]”删除，然后选择菜单命令【插入】/【媒体】/【HTML5 Audio】，将 HTML5 音频占位符插入到文档中，如图 3-19 所示。

3. 保证 HTML5 音频占位符处于选中状态，然后在【属性】面板中设置属性信息，如图 3-20 所示。

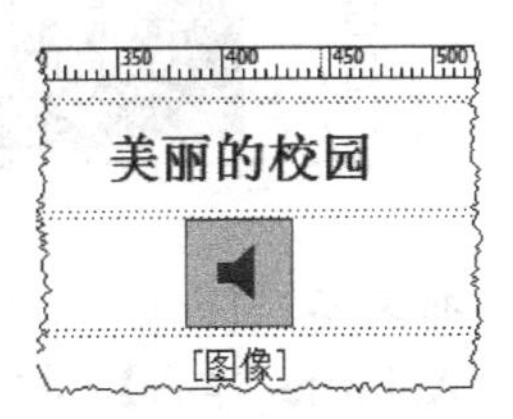

图3-19 插入 HTML5 音频

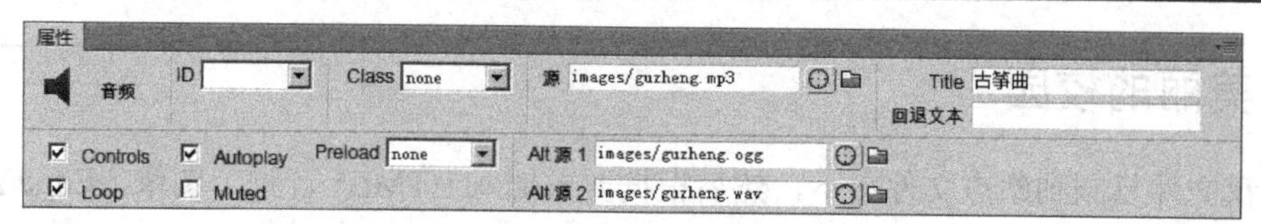

图3-20　设置属性信息

4. 将文本“[图像]”删除，然后选择菜单命令【插入】/【图像】/【图像】，弹出【选择图像源文件】对话框，选择图像“fj1.jpg”，如图 3-21 所示。

图3-21　选择图像

5. 单击 确定 按钮，将图像插入到文档中，然后将图像的宽度设置为“180px”，高度自动按比例变化，图像替换文本设置为“校园风景”，如图 3-22 所示。

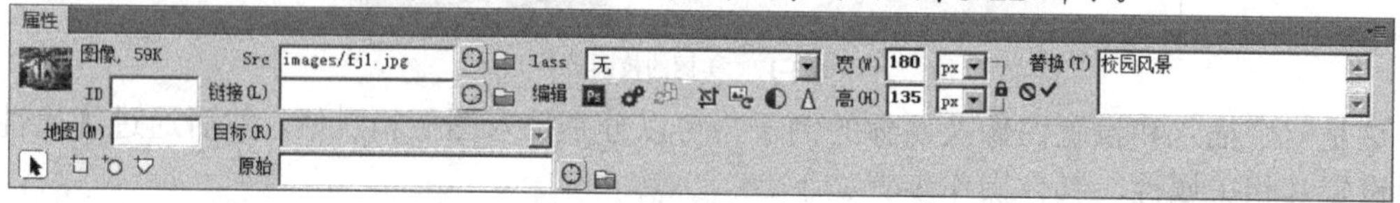

图3-22　设置图像属性

6. 按照同样的方法依次插入图像“fj2.jpg”“fj3.jpg”“fj4.jpg”，图像大小和替换文本设置与图像“fj1.jpg”相同，如图 3-23 所示。

图3-23　插入图像

7. 将文本“[Edge Animate 作品]”删除，然后选择菜单命令【插入】/【媒体】/【Edge Animate 作品】，打开【选择 Edge Animate 包】对话框，选择文件“campus.oam”，如图 3-24 所示。

8. 单击 确定 按钮，将 Edge Animate 作品插入到文档中，如图 3-25 所示，这时在站点根文件夹下自动添加了文件夹“edgeanimate_assets”。

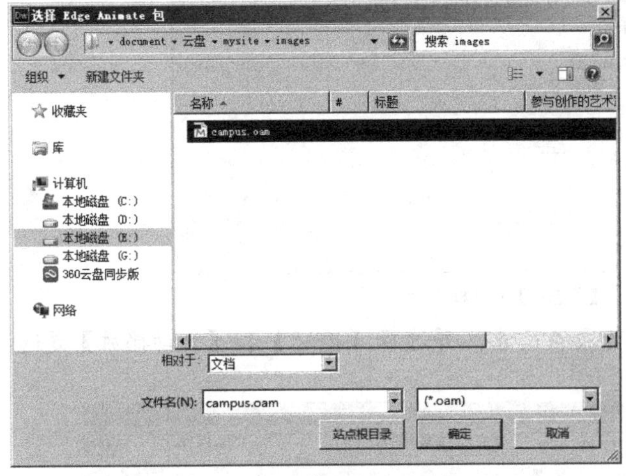

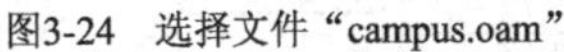
图3-24 选择文件“campus.oam”

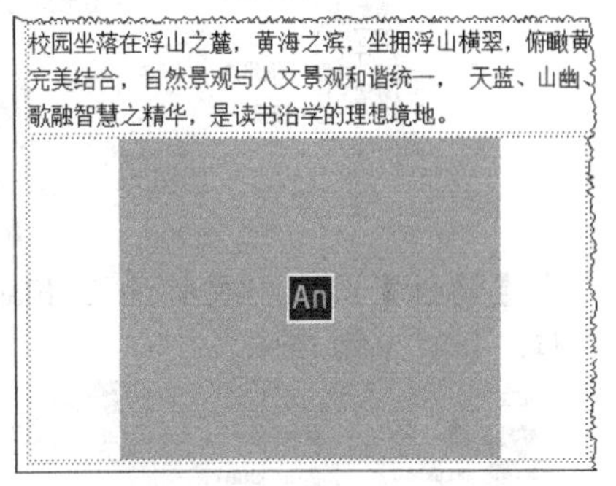

图3-25 插入 Edge Animate 作品

9. 将文本“[Flash 动画]”删除，然后选择菜单命令【插入】/【媒体】/【Flash SWF】，打开【选择 SWF】对话框，选择要插入的 Flash 动画文件“campus.swf”，如图 3-26 所示。

10. 单击 确定 按钮，如果弹出【对象标签辅助功能属性】对话框，单击 取消 按钮，将 Flash 动画插入到文档中，如图 3-27 所示。

图3-26 【选择 SWF】对话框

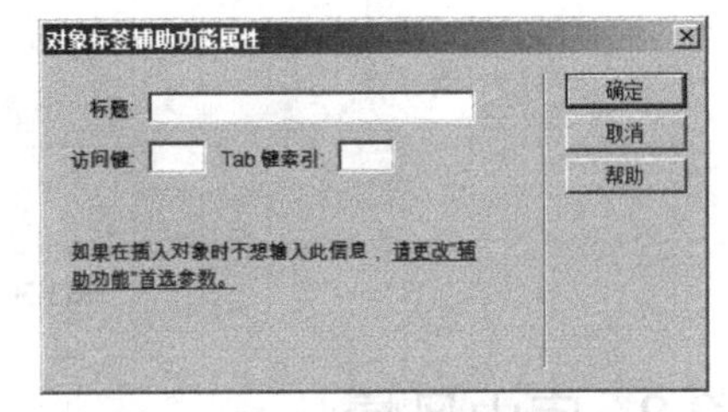

图3-27 【对象标签辅助功能属性】对话框

在插入媒体时，有时会弹出【对象标签辅助功能属性】对话框。根据实际需要，在对话框中可以设置标题、访问键和 Tab 键索引。单击 取消 按钮，对象也能直接插入到文档中，但 Dreamweaver CC 不会将它与辅助功能标签或属性相关联。

在【对象标签辅助功能属性】对话框中，单击提示文本中的【请更改“辅助功能”首选参数】链接，打开【首选项】对话框，可以根据需要设置在插入对象时是否显示【对象标签辅助功能属性】对话框。如果取消选中【媒体】复选框，如图 3-28 所示，这样在插入对象时，就不会再弹出【对象标签辅助功能属性】对话框，如果希望弹出【对象标签辅助功能属性】对话框，就应该选择【媒体】复选框。

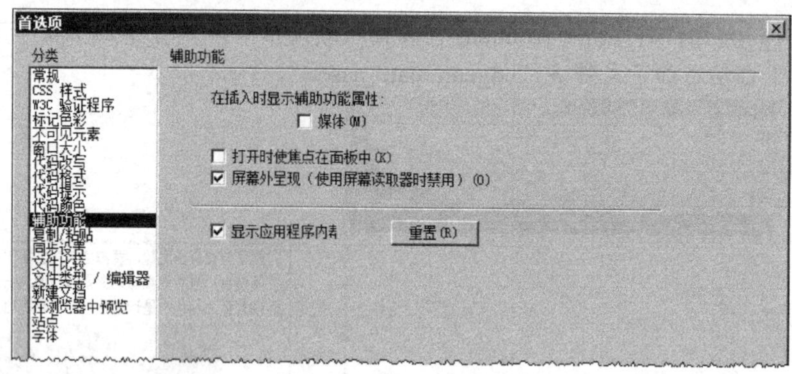

图3-28　【首选项】对话框

11. 在【属性】面板中重新设置 Flash 动画的尺寸，并选择【循环】和【自动播放】复选框，如图 3-29 所示。

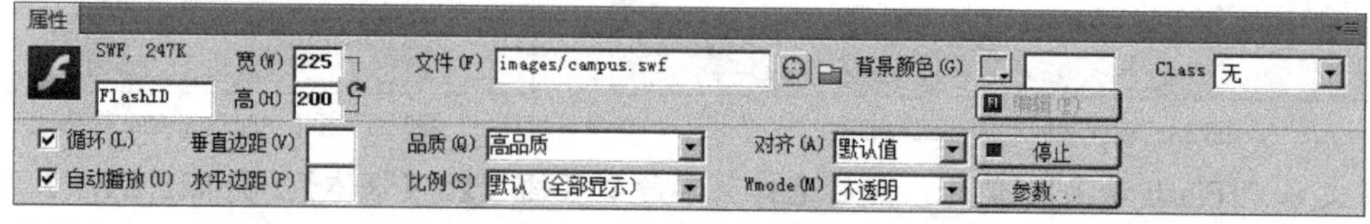

图3-29　设置 SWF 动画属性

12. 最后保存文件，弹出【复制相关文件】对话框，如图 3-30 所示，单击 确定 按钮，在站点中自动添加文件夹“Scripts”，其中包含了对话框中提示的两个文件。

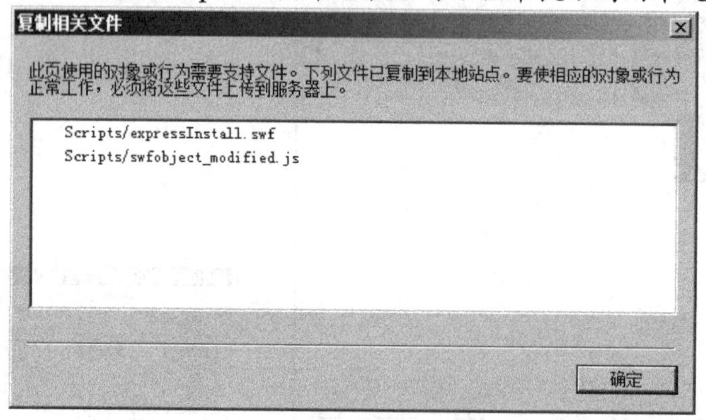

图3-30　【复制相关文件】对话框

3.2.2　庐山风情

将附盘文件复制到站点文件夹下，然后根据要求设置背景图像，并在提示位置插入 HTML5 视频和 Flash 视频，如图 3-31 所示。

(1)　设置背景图像为“bg.jpg”，要求背景图像不重复。

(2)　插入 HTML5 视频，将 3 个视频源依次设置为“lushan.mp4”“lushan.ogg”“lushan.webm”，要求在 HTML 页面中显示视频控件，自动循环播放。

(3)　插入 Flash 视频“lushan.flv”，并设置循环自动播放。

庐山风情

庐山，是世界级名山。芦林湖、石涧瀑、五老峰、险峰均为庐山著名的风景点，自东北向西南延伸约25公里，宽约15公里。东西两侧为大断裂，山势非常雄伟。可谓一山飞峙，斜落而俯视着万里长江，正濒而侧影着千顷阔湖，山清水秀景色泛胜。由长江、庐山、鄱阳湖相夹地带，才会形成襟江带湖、江环湖绕，山光水色、岚影波茫之景象。故古人云："峨峨匡庐山，渺渺江湖间"，形容恰到好处。也正因如此，庐山才不愧为一幅充满魅力的天然山水画卷。

庐山不仅风景秀丽，而且文化内涵深厚。从司马迁"南登庐山"，到陶渊明、李白、白居易、苏轼、王安石、黄庭坚、陆游、朱熹、康有为、胡适、郭沫若、陈运和等1500余位文坛巨匠、诗文名家登临庐山，留下4000余首诗词歌赋；陈运和的诗作《庐山》称"三叠泉直泻青史，五老峰耸立古诗，仙人洞深藏抱负，龙首崖腾飞情思，含鄱口难吐感触，芦林湖汇聚现实，花径走过历代名士，天池阅尽苍茫人世，白鹿体壮养于书院，东林绿荫尽染佛寺"。公元1180年，大哲学家朱熹振兴了白鹿洞书院。他在此开创了中国讲学式教育的先河。他以儒家传统的政治伦理思想为支柱，继往开来，建立了庞大的"理学"体系。自此，"理学"成为中国封建社会的主体思想，影响了中国七百年的历史进程。

图3-31　庐山风情

这是一个设置背景图像并插入媒体的例子，可以先设置背景图像，然后插入媒体，并通过【属性】面板设置其相关属性，具体操作步骤如下。

1. 打开站点下的网页文档"3-2-2.htm"，如图 3-32 所示。

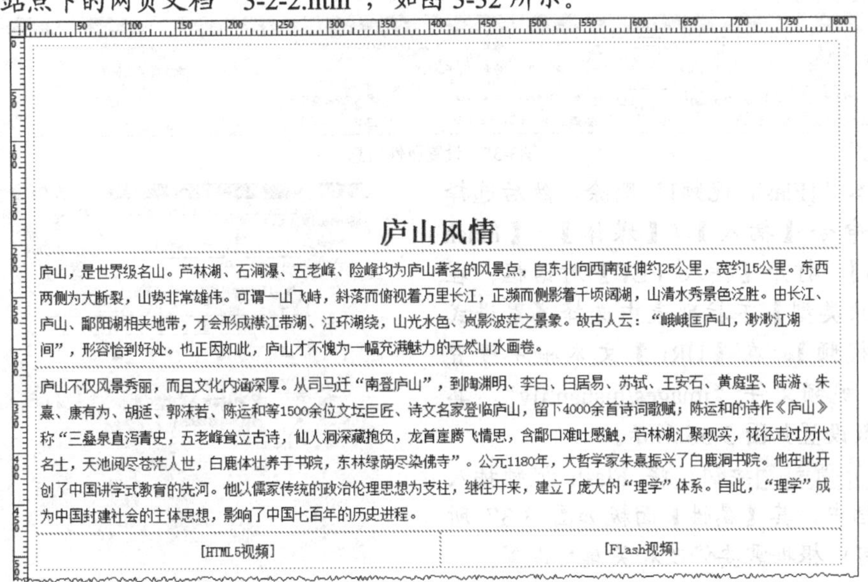

图3-32　打开文档

2. 选择菜单命令【修改】/【页面属性】，打开【页面属性】对话框，在【外观（CSS）】分类中设置背景图像为"images/bg.jpg"，重复方式为"no-repeat"，如图 3-33 所示。

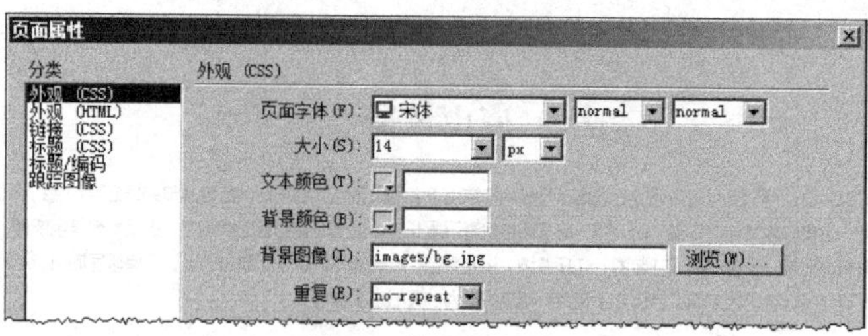

图3-33　设置背景图像

3. 将文本“[HTML5 视频]”删除，然后选择菜单命令【插入】/【媒体】/【HTML5 Video】，将 HTML5 视频占位符插入到文档中，如图 3-34 所示。

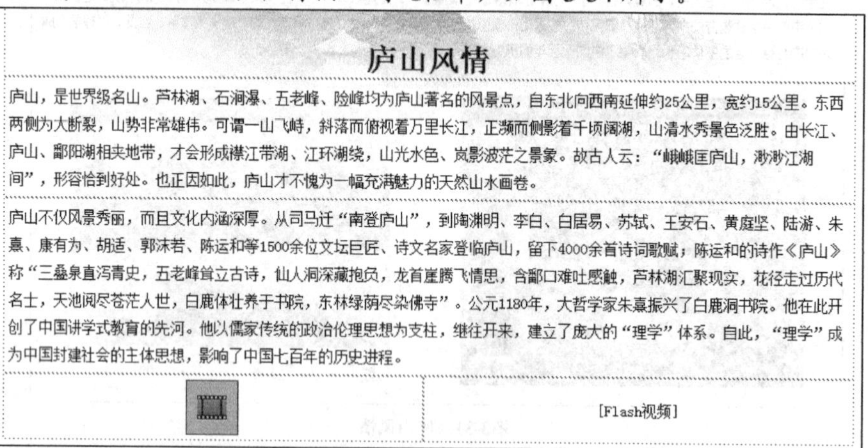

图3-34　插入 HTML5 视频

4. 确保 HTML5 视频占位符处于选中状态，然后在【属性】面板中设置相关属性参数，如图 3-35 所示。

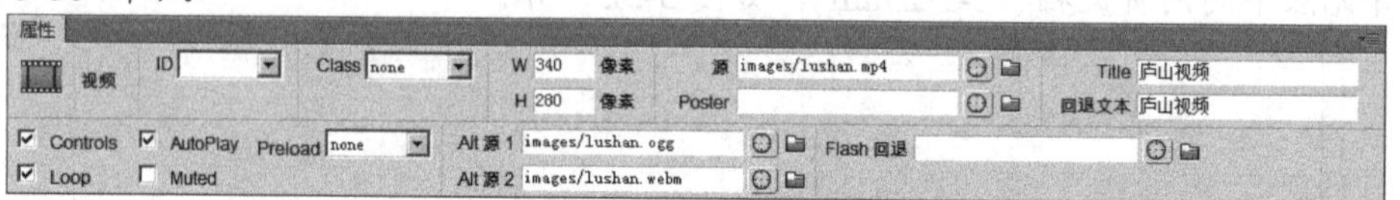

图3-35　设置属性信息

5. 将文本“[Flash 视频]”删除，然后选择菜单命令【插入】/【媒体】/【Flash Video】，打开【插入 FLV】对话框，在【视频类型】下拉列表中选择【累进式下载视频】，在【URL】文本框中设置 Flash 视频文件“images/lushan.flv”，其他参数设置如图 3-36 所示。

6. 单击 确定 按钮，将 Flash 视频插入到文档中，其【属性】面板如图 3-37 所示，可以根据需要修改相关属性设置。

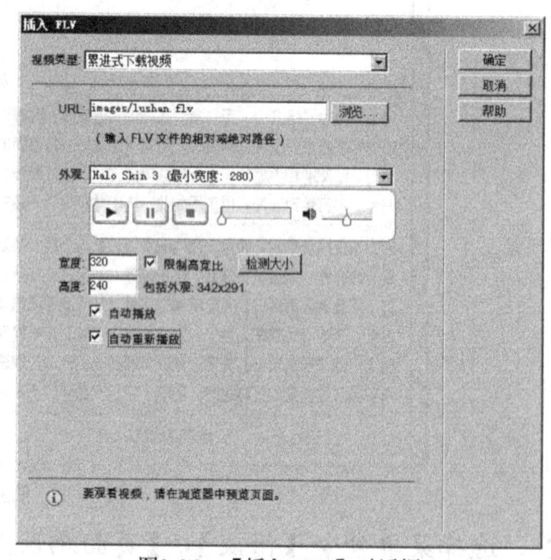

图3-36　【插入 FLV】对话框

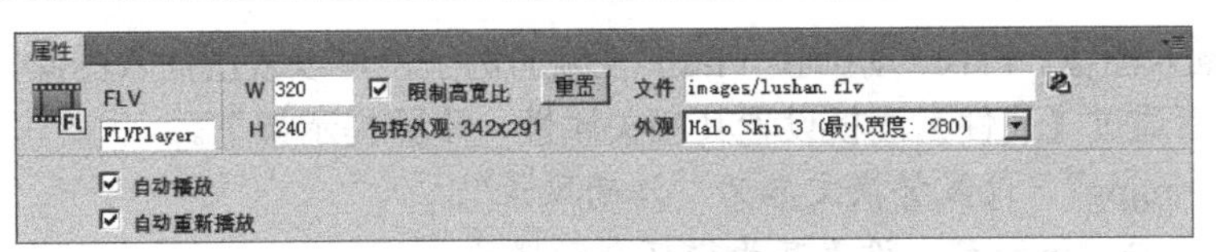

图3-37 【属性】面板

7. 最后保存文件，弹出【复制相关文件】对话框，如图 3-38 所示，单击 确定 按钮，在站点中自动添加文件夹“Scripts”，其中包含了对话框中提示的两个文件。

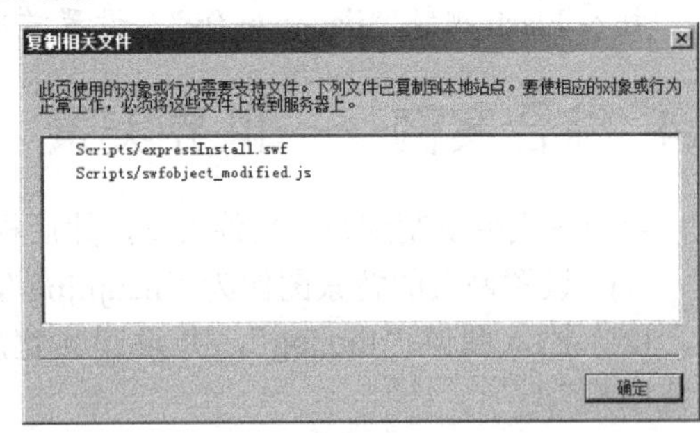

图3-38 【复制相关文件】对话框

3.3 实训——江南风貌

将附盘文件复制到站点文件夹下，然后根据图 3-39 所示插入图像、Flash 动画和 Flash 视频。

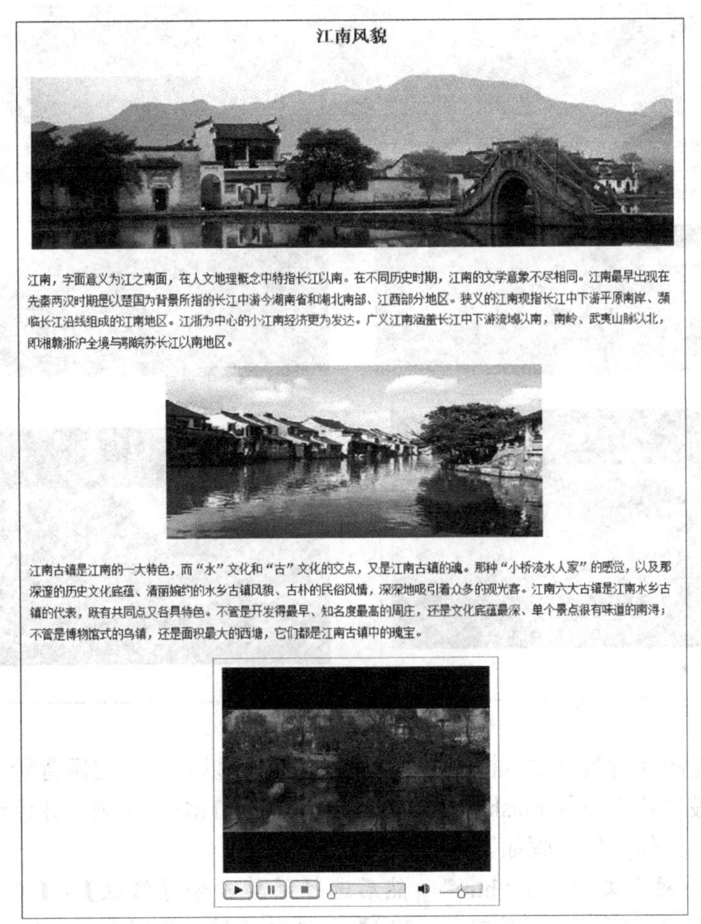

图3-39 江南风貌

这是一个插入图像、Flash 动画和 Flash 视频的例子，可以依次插入图像、Flash 动画和 Flash 视频，然后通过【属性】面板设置其相关属性，步骤提示如下。

1. 插入图像“jn.jpg”，设置替换文本为“江南风景”。
2. 插入 Flash 动画“jn.swf”，设置其为循环自动播放。
3. 插入 Flash 视频“jiangnan.flv”，设置首次加载自动播放 1 次，外观为“Halo Skin 3”。

3.4 综合案例——世界美景

将附盘文件复制到站点文件夹下，然后根据图 3-40 所示插入图像和 SWF 动画。

(1) 设置网页的背景图像为“nanji.jpg”，要求背景图像不重复。

(2) 插入图像“fpq.jpg”，并设置其宽度为“350px”，高度为“150px”，替换文本为“飞喷泉”。

(3) 插入 Flash 动画“fj.swf”，设置其为循环自动播放。

(4) 插入 Flash 视频“world.flv”，首次加载自动播放 1 次，外观为“Halo Skin 3”。

(5) 插入 HTML5 视频，将 3 个视频源依次设置为“world2.mp4”“world2.ogg”“world2.webm”，要求在 HTML 页面中显示视频控件，加载不自动循环播放。

图3-40　世界美景

这是一个设置图像背景并插入图像和媒体的例子，可以先设置图像背景，然后插入图像并设置其属性，最后依次插入 Flash 动画、Flash 视频和 HTML5 视频，并通过【属性】面板设置其相关属性，具体操作步骤如下。

1. 打开站点下的网页文档“3-4.htm”，然后选择菜单命令【修改】/【页面属性】，打开【页面属性】对话框，在【外观（CSS）】分类中设置背景图像为“images/nanji.jpg”，重复方式设置为“no-repeat”，如图 3-41 所示。

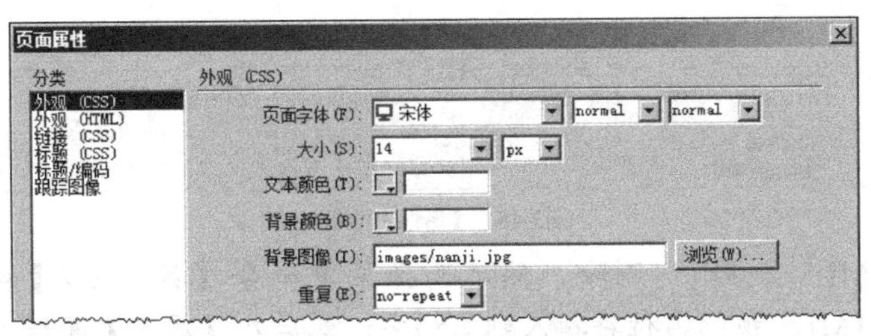

图3-41 设置背景图像

2. 将文本“[图像]”删除，然后选择菜单命令【插入】/【图像】/【图像】，弹出【选择图像源文件】对话框，选择图像“fpq.jpg”，单击 确定 按钮将图像插入到文档中。
3. 在【属性】中将图像的宽度设置为“350px”，高度设置为“150px”，将图像的替换文本设置为“飞喷泉”，如图 3-42 所示。

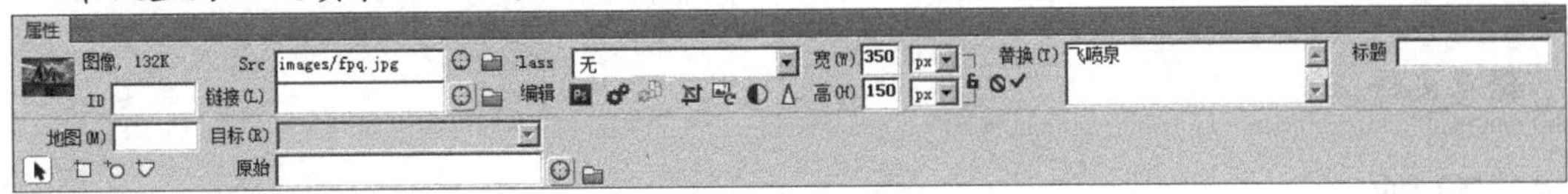

图3-42 设置图像属性

4. 将文本“[Flash 动画]”删除，然后选择菜单命令【插入】/【媒体】/【Flash SWF】，打开【选择 SWF】对话框，选择要插入的 Flash 动画文件“fj.swf”，单击 确定 按钮将 Flash 动画插入到文档中。
5. 在【属性】面板中选择【自动播放】和【循环】复选框，如图 3-43 所示。

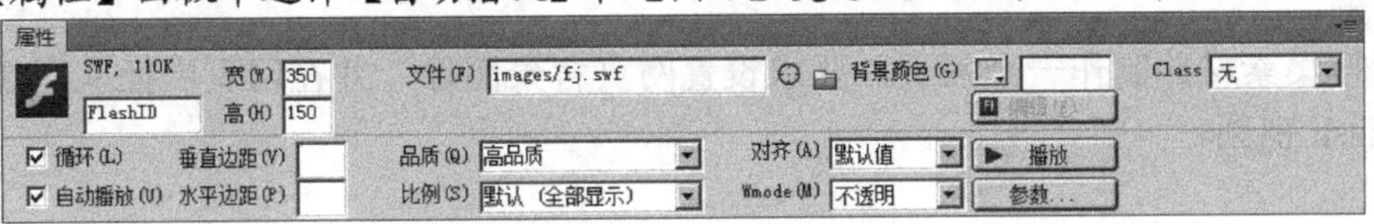

图3-43 设置 Flash 动画属性

6. 将文本“[Flash 视频]”删除，然后选择菜单命令【插入】/【媒体】/【Flash Video】，打开【插入 FLV】对话框，在【视频类型】下拉列表中选择【累进式下载视频】选项，在【URL】文本框中设置 Flash 视频文件“images/world.flv”，其他参数设置如图 3-44 所示。

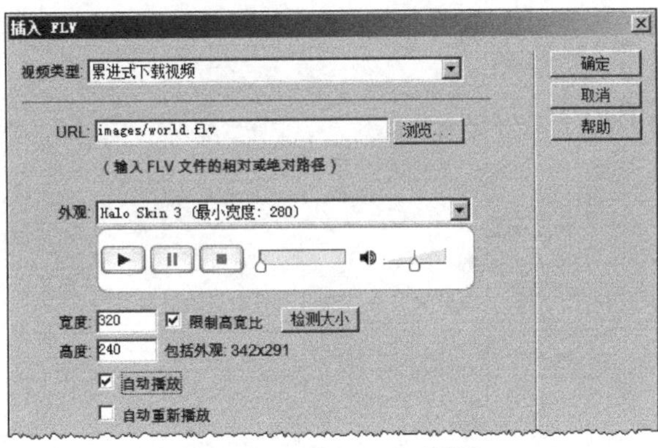

图3-44 【插入 FLV】对话框

7. 单击 确定 按钮，将 Flash 视频插入到文档中，其【属性】面板如图 3-45 所示，可以根据需要修改相关属性设置。

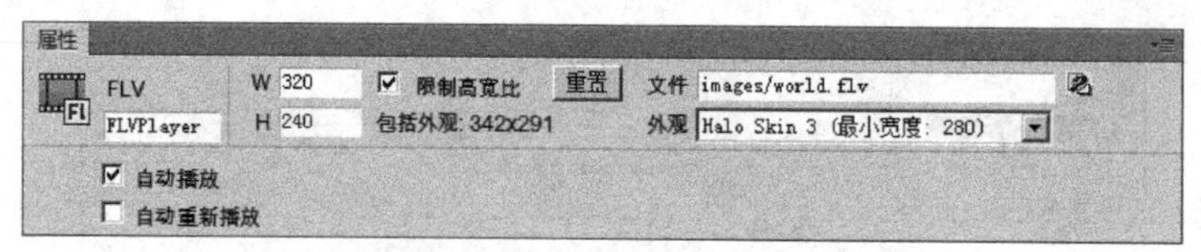

图3-45　【属性】面板

8. 将文本“[HTML5 视频]”删除，然后选择菜单命令【插入】/【媒体】/【HTML5 Video】，将 HTML5 视频占位符插入到文档中，然后在【属性】面板中设置相关属性参数，如图 3-46 所示。

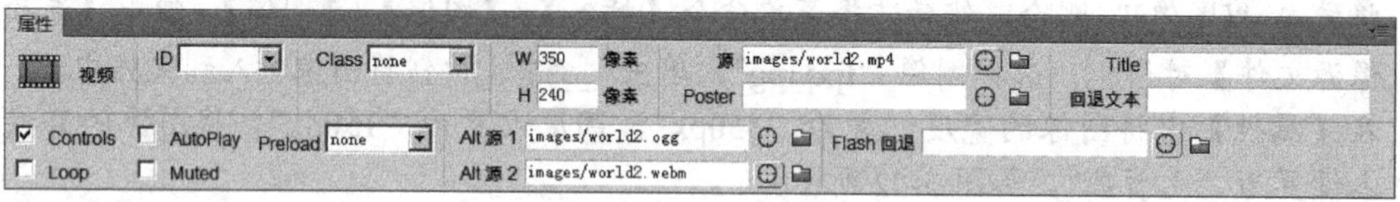

图3-46　设置属性信息

9. 保存文件。

3.5 习题

1. 思考题

(1) 网页中常用的图像格式有哪些？

(2) 在 Dreamweaver CC 中，媒体的类型包括哪些？

2. 操作题

自行搜集素材并制作一个网页，要求设置网页背景图像，并在网页中插入图像、Flash 动画和 Flash 视频。

第4章 设置超级链接

【学习目标】

- 掌握超级链接的类型和设置方法。
- 掌握文本超级链接状态的设置方法。
- 掌握图像超级链接和热点超级链接的区别与联系。

超级链接使互联网形成了一个内容翔实而丰富的立体结构。本章将介绍在网页中创建和设置超级链接的基本方法。

4.1 功能讲解

下面介绍超级链接的基本知识和设置方法。

4.1.1 超级链接的概念

超级链接是指从一个网页指向一个目标的连接关系，这个目标可以是另一个网页，也可以是相同网页上的不同位置，还可以是一张图片、一个电子邮件地址、一个文件，甚至是一个应用程序。超级链接由网页上的文本、图像等元素赋予了可以链接到其他网页的 Web 地址而形成，让网页之间形成一种互相关联的关系。Dreamweaver CC 提供了多种创建超级链接的方法，可创建到文档、图像、多媒体文件或可下载软件的超级链接，可以建立到文档内任意位置的任何文本或图像的超级链接。

在 Internet 中，每个网页都有唯一的地址，通常称为 URL（Uniform Resource Locator，统一资源定位符）。URL 的书写格式通常为“协议://主机名/路径/文件名”，例如，“http://www.wyx.net/bbs/index.htm”便是网站论坛的 URL，而“http://www.wyx.net”省略了路径和文件名，但服务器会将首页文件回传给浏览器。由此可以看出，URL 主要用来指明通信协议和地址，以便获得网络上的各种服务，它包括以下几个组成部分。

- 通信协议：包括 HTTP、FTP、Telnet 和 Mailto 等几种形式。
- 主机名：指服务器在网络中的 IP 地址或域名，在 Internet 中使用的多是域名。
- 路径和文件名：主机名与路径及文件名之间以“/”分隔。

在创建到同一站点内文档的链接时，通常不指定作为链接目标的文档的完整 URL，而是指定一个始于当前文档或站点根文件夹的相对路径。通常有以下 3 种类型的链接路径。

(1) 绝对路径。

绝对路径提供所链接文档的完整的 URL，其中包括所使用的协议，例如，“http://www.adobe.com/support/dreamweaver/contents.html”。对于图像文件，完整的 URL 可能会类似于“http://www.adobe.com/support/dreamweaver/images/image1.jpg”。一个站点链接

其他站点上的文档时，通常使用绝对路径。

(2) 文档相对路径。

文档相对路径的基本思想是省略对于当前文档和所链接的文档都相同的绝对路径部分，而只提供不同的路径部分，例如，“dreamweaver/contents.html”。对于大多数站点的本地链接来说，文档相对路径通常是最合适的路径。

(3) 站点根目录相对路径。

站点根目录相对路径描述从站点的根文件夹到文档的路径，站点根目录相对路径以“/”开始，“/”表示站点根文件夹。例如，“/support/dreamweaver/contents.html”是文件“contents.html”的站点根目录相对路径。在处理使用多个服务器的大型站点或在使用承载多个站点的服务器时，可能需要使用这种路径。如果需要经常在站点的不同文件夹之间移动 HTML 文件，那么使用站点根目录相对路径通常也是最佳的方法。

在 Dreamweaver CC 中，单击【属性（HTML）】面板的【链接】列表框后面的按钮，可打开【选择文件】对话框，通过【相对于】下拉列表设置链接的路径类型，如图 4-1 所示。

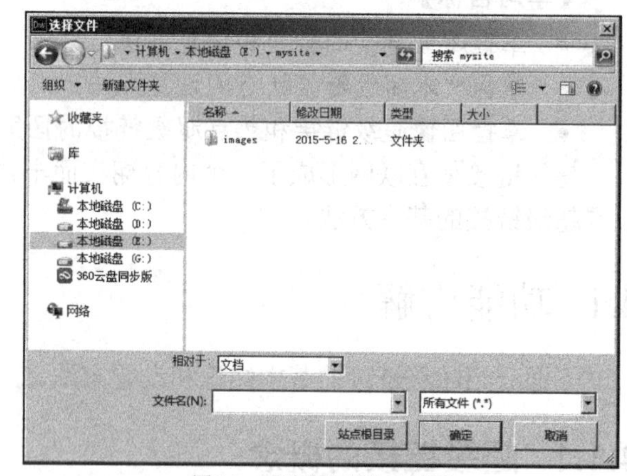

图4-1　【选择文件】对话框

4.1.2 超级链接的分类

根据链接载体形式的不同，超级链接可分为以下 3 种。

- 文本超级链接：以文本作为超级链接载体。
- 图像超级链接：以图像作为超级链接形体。
- 表单超级链接：当填写完表单后，单击相应按钮会自动跳转到目标页。

根据链接目标位置的不同，超级链接可分为以下两种。

- 内部超级链接：链接目标位于同一站点内的超级链接形式。
- 外部超级链接：链接目标位于站点外的超级链接形式。外部超级链接可以实现网站之间的跳转，从而将浏览范围扩大到整个网络。

根据链接目标形式的不同，超级链接可分为以下 5 种。

- 网页超级链接：链接到 HTML、ASP、PHP 等格式的网页文档的链接，这是网站中最常见的超级链接形式。
- 下载超级链接：链接到图像、影片、音频、DOC、PPT、PDF 等资源文件或 RAR、ZIP 等压缩文件的链接。
- 电子邮件超级链接：将会启动邮件客户端程序，可以写邮件并发送到链接的邮箱中。
- 空链接：链接目标形式上为“#”，主要用于在对象上附加行为等。
- 脚本链接：用于创建执行 JavaScript 代码的链接。

4.1.3 设置默认的链接相对路径

默认情况下，Dreamweaver CC 使用文档相对路径创建指向站点中其他页面的链接。在创建超级链接时，如果是新建文件，最好先保存，然后再创建文档相对路径的超级链接。如果在保存文件之前创建文档相对路径的超级链接，Dreamweaver CC 将临时使用以“file://”开头的绝对路径，当保存文件时自动将“file://”路径转换为文档相对路径。

如果要使用站点根目录相对路径创建超级链接，必须首先在 Dreamweaver CC 中定义一个本地文件夹，作为 Web 服务器上文档根目录的等效目录，Dreamweaver CC 使用该文件夹确定文件的站点根目录相对路径。同时，在【管理站点】对话框中双击打开要设置的站点，展开【高级设置】选项，然后在【本地信息】类别中选择【站点根目录】单选按钮，如图 4-2 所示。

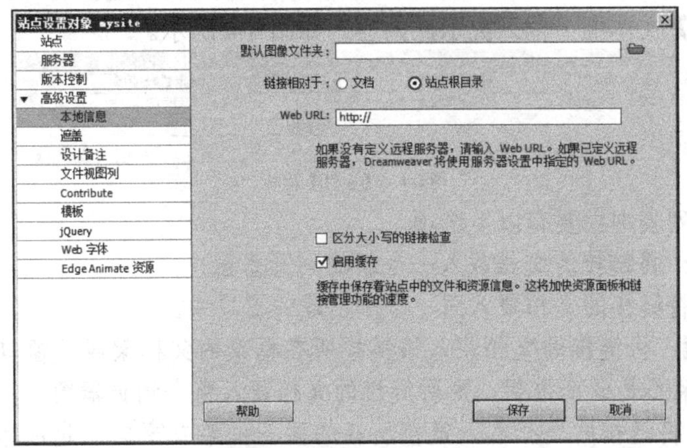

图4-2　设置链接的相对路径

更改此处设置将不会转换现有链接的路径，该设置只影响使用 Dreamweaver CC 创建的新链接的默认相对路径。而且此处设置并不影响其他站点，其他站点如果也需要使用站点根目录相对路径创建超级链接，需要单独再进行设置。

使用本地浏览器预览文档时，除非指定了测试服务器，或在【编辑】/【首选项】/【在浏览器中预览】中勾选【使用临时文件预览】复选框，如图 4-3 所示，否则文档中用站点根目录相对路径链接的内容将不会被显示。这是因为浏览器无法识别站点根目录，而服务器能够识别。预览站点根目录相对路径所链接内容的快速方法是：将文件上传到远程服务器上，然后选择【文件】/【在浏览器中预览】中的相应命令。

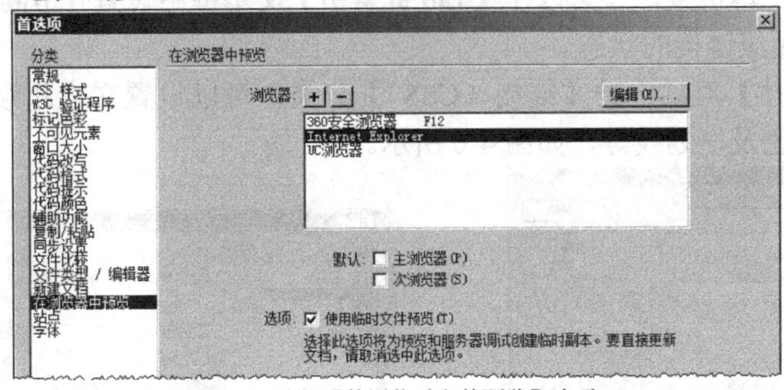

图4-3　选择【使用临时文件预览】选项

4.1.4　文本超级链接

在浏览网页的过程中，当鼠标指针经过某些文本时，这些文本会出现下划线，或文本的颜色、字体会发生改变，这通常意味着它们是带链接的文本。用文本做链接载体，这就是通常意义上的文本超级链接，它是最常见的超级链接类型。

创建文本超级链接及设置其状态的方法如下。

(1) 通过【属性（HTML）】面板创建超级链接。

首先选中文本，然后在【属性（HTML）】面板的【链接】文本框中输入链接目标地址，如果是同一站点内的文件，可以单击文本框后的按钮，在弹出的【选择文件】对话框中选择目标文件，也可以将【链接】文本框右侧的图标拖曳到【文件】面板中的目标文件上，最后在【属性（HTML）】面板的【目标】下拉列表中选择窗口打开方式，还可以根据需要在【标题】文本框中输入提示性内容，如图 4-4 所示。

图4-4　【属性】面板

【目标】下拉列表中主要有以下选项。

- 【_blank】: 将链接的文档载入一个新的浏览器窗口。
- 【new】: 将链接的文档载入同一个刚创建的窗口中。
- 【_parent】: 将链接的文档载入该链接所在框架的父框架或父窗口。如果包含链接的框架不是嵌套框架，则所链接的文档载入整个浏览器窗口。
- 【_self】: 将链接的文档载入链接所在的同一框架或窗口。此目标是默认的，因此通常不需要特别指定。
- 【_top】: 将链接的文档载入整个浏览器窗口，从而删除所有框架。

(2) 通过【超级链接】对话框创建超级链接。

将鼠标光标置于要插入超级链接的位置，然后选择菜单命令【插入】/【Hyperlink（超级链接)】，或者在【插入】面板的【常用】类别中单击 Hyperlink 按钮，弹出【超级链接】对话框。在【文本】文本框中输入链接文本，在【链接】下拉列表中设置目标地址，在【目标】下拉列表中选择目标窗口打开方式，在【标题】文本框中输入提示性文本，如图 4-5 所示。可以在【访问键】文本框中设置链接的快捷键，也就是按 Alt+26 个字母键的其中一个，将焦点切换至文本链接，还可以在【Tab 键索引】文本框中设置 Tab 键切换顺序。

(3) 设置文本超级链接的状态。

通过【页面属性】对话框的【链接（CSS)】分类，可以设置文本超级链接的状态，包括字体、大小、颜色及下划线等，如图 4-6 所示。

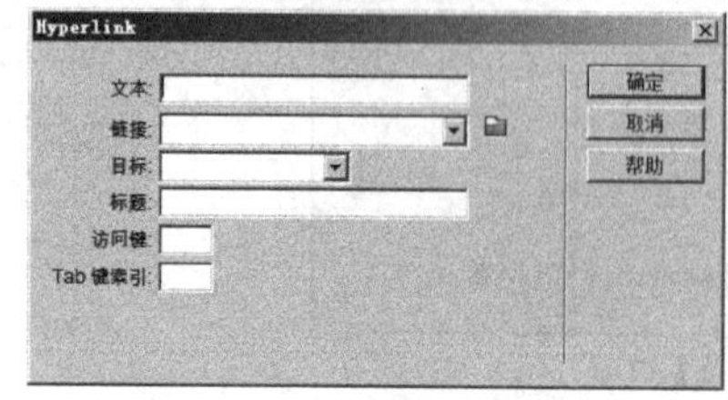

图4-5　【超级链接】对话框

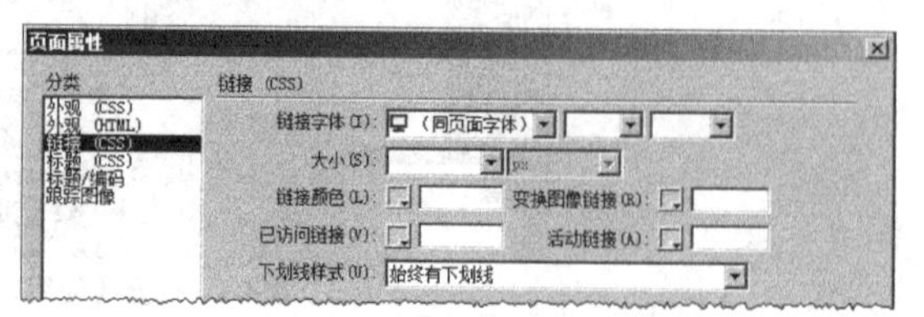

图4-6　【链接（CSS)】分类

【链接】分类中的相关选项说明如下。

- 【链接字体】：设置链接文本的字体、字体样式和字体粗细。
- 【大小】：设置链接文本的大小。
- 【链接颜色】：设置链接没有被单击时的静态文本颜色。
- 【已访问链接】：设置已被单击过的链接文本颜色。
- 【变换图像链接】：设置将鼠标指针移到链接上时文本的颜色。
- 【活动链接】：设置对链接文本进行单击时的颜色。
- 【下划线样式】：共有 4 种下划线样式，如果不希望链接中有下划线，可以选择【始终无下划线】选项。

4.1.5 图像超级链接

用图像作为链接载体，这就是通常意义上的图像超级链接。最简单的设置方法仍然是通过【属性】面板的【链接】文本框进行设置。实际上，了解了创建文本超级链接的方法，也就等于掌握了创建图像超级链接的方法，只是链接载体由文本变成了图像。

4.1.6 图像热点

图像热点（或称图像地图、图像热区）实际上就是为一幅图像绘制一个或几个独立区域，并为这些区域添加超级链接。创建图像热点超级链接必须使用图像热点工具，它位于图像【属性】面板的左下方，包括（矩形热点工具）、（椭圆形热点工具）和（多边形热点工具）3 种形式。

创建图像热点超级链接的方法是：选中图像，然后单击【属性】面板左下方的热点工具按钮，如（矩形热点工具）按钮，并将鼠标指针移到图像上，按住鼠标左键并拖曳，绘制一个区域，接着在【属性】面板中设置链接地址、目标窗口和替换文本，如图 4-7 所示。

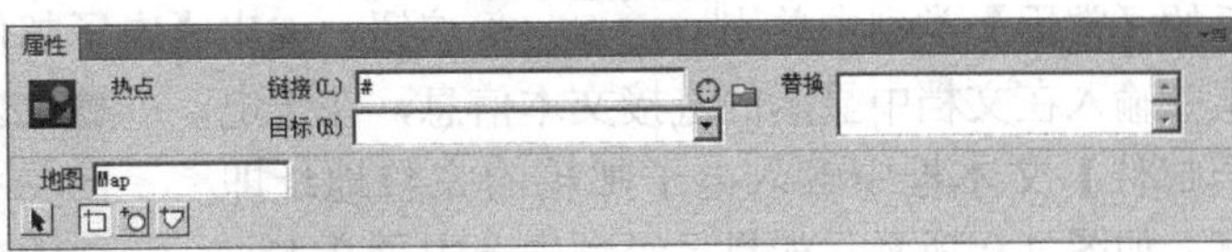

图4-7 图像热点超级链接

要编辑图像热点，可以单击【属性】面板中的（指针热点工具）按钮。该工具可以对已经创建好的图像热点进行移动和调整大小等操作。

4.1.7 鼠标经过图像

鼠标经过图像是指在网页中，当鼠标指针经过图像或单击图像时，图像的形状、颜色等属性会随之发生变化，如发光、变形或出现阴影，使网页变得生动活泼。鼠标经过图像是基于图像的比较特殊的链接形式，属于图像对象的范畴。

创建鼠标经过图像的方法是：选择菜单命令【插入】/【图像】/【鼠标经过图像】，或在【插入】面板的【常用】类别的图像按钮组中单击 鼠标经过图像 按钮，弹出【插入鼠标经过图像】对话框，在其中进行参数设置即可，如图 4-8 所示。

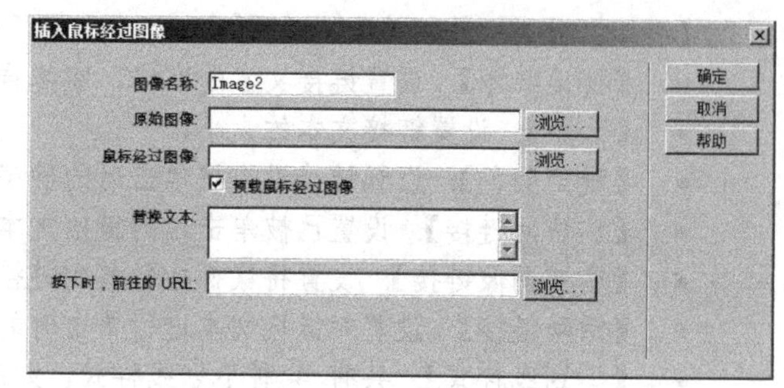

图4-8　【插入鼠标经过图像】对话框

通常使用两幅图像来创建鼠标经过图像。

- 主图像：首次加载页面时显示的图像，即原始图像。
- 次图像：鼠标指针移过主图像时显示的图像，即鼠标经过图像。

在设置鼠标经过图像时，为了保证显示效果，建议两幅图像的尺寸保持一致。如果这两幅图像大小不同，Dreamweaver CC 将调整第 2 幅图像的大小，以与第 1 幅图像的属性匹配。

4.1.8　空链接和下载超级链接

空链接是一个未指派目标的链接。空链接用于向页面上的对象或文本附加行为。例如，可向空链接附加一个行为，以便在鼠标指针滑过该链接时会交换图像等。设置空链接的方法是，选中文本等链接载体后，在【属性】面板的【链接】文本框中输入“#”即可。

在实际应用中，链接目标也可以是其他类型的文件，如压缩文件、Word 文件或 PDF 文件等。如果要在网站中提供资料下载，就需要为文件提供下载超级链接。下载超级链接并不是一种特殊的链接，只是下载超级链接所指向的文件是特殊的。

4.1.9　电子邮件超级链接

电子邮件超级链接与一般的文本和图像链接不同，因为电子邮件链接要将浏览者的本地电子邮件管理软件（如 Outlook Express、Foxmail 等）打开，而不是向服务器发出请求。创建电子邮件超级链接的方法是：选择菜单命令【插入】/【电子邮件链接】，或在【插入】面板的【常用】类别中单击 电子邮件链接 按钮，弹出【电子邮件链接】对话框，在【文本】文本框中输入在文档中显示的链接文本信息，在【电子邮件】文本框中输入电子邮箱的完整地址即可，如图 4-9 所示。如果已经预先选中了文本，在【电子邮件链接】对话框的【文本】文本框中会自动出现该文本，这时只需在【电子邮件】文本框中填写电子邮件地址即可。

图4-9　电子邮件超级链接

如果要修改已经设置的电子邮件链接的 E-mail，可以通过【属性】面板进行重新设置。同时，通过【属性】面板也可以看出，“mailto:”“@”和“.”这 3 个元素在电子邮件链接中是必不可少的。有了它们，才能构成一个正确的电子邮件链接。在创建电子邮件超级链接时，为了更快捷，可以先选中需要添加链接的文本或图像，然后在【属性】面板的【链接】文本框中直接输入电子邮件地址，并在其前面加一个前缀“mailto:”，最后按 Enter 键确认即可，如图 4-10 所示。

图4-10 【属性】面板

4.1.10 脚本链接

脚本链接用于执行 JavaScript 代码或调用 JavaScript 函数。它非常有用，能够在不离开当前页面的情况下为访问者提供有关某项的附加信息。脚本链接还可用于在访问者单击特定项时，执行计算、验证表单和完成其他处理任务。

创建脚本链接的方法是：首先选定文本或图像，然后在【属性（HTML）】面板的【链接】文本框中输入“JavaScript:”，后面跟一些 JavaScript 代码或函数调用即可（在冒号与代码或调用之间不能键入空格）。下面对经常用到的 JavaScript 代码进行简要说明。

- JavaScript:alert('字符串')：弹出一个只包含 确定 按钮的对话框，显示“字符串”的内容，整个文档的读取、Script 的运行都会暂停，直到用户单击 确定 按钮为止。
- JavaScript:history.go(1)：前进，与浏览器窗口上的（前进）按钮是等效的。
- JavaScript:history.go(-1)：后退，与浏览器窗口上的（后退）按钮是等效的。
- JavaScript:history.forward(1)：前进，与浏览器窗口上的（前进）按钮是等效的。
- JavaScript:history.back(1)：后退，与浏览器窗口上的（后退）按钮是等效的。
- JavaScript:history.print()：打印，与选择菜单命令【文件】/【打印】是一样的。
- JavaScript:window.external.AddFavorite('http://www.163.com','网易')：收藏指定的网页。
- JavaScript:window.close()：关闭窗口。如果该窗口有状态栏，调用该方法后浏览器会警告“网页正在试图关闭窗口，是否关闭？”，然后等待用户选择是否关闭；如果没有状态栏，调用该方法将直接关闭窗口。

4.1.11 更新和测试超级链接

下面简要介绍在 Dreamweaver CC 中更新和测试超级链接的主要方法。

一、自动更新链接

每当在本地站点内移动或重命名文档时，Dreamweaver CC 都可自动更新与该文档有关的超级链接。在将整个站点或其中完全独立的一个部分存储在本地磁盘上时，此项功能最适用。Dreamweaver CC 不会更改远程文件夹中的文件，除非将这些本地文件放在或存回到远程服务器上。设置自动更新链接的方法如下。

(1) 选择菜单命令【编辑】/【首选项】，打开【首选项】对话框。

(2) 在【常规】分类的【文档选项】部分，从【移动文件时更新链接】下拉列表中根据需要选择一个选项即可，如图 4-11 所示。

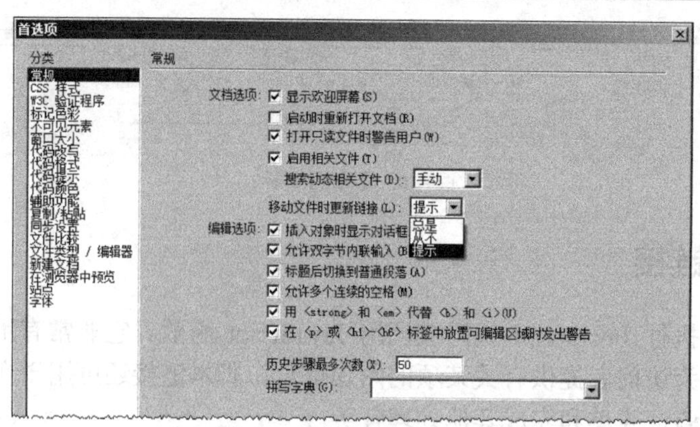

图4-11　移动文件时更新链接

- 【总是】：当移动或重命名选定文档时，自动更新与该文档有关的链接。
- 【从不】：当移动或重命名选定文档时，不自动更新与该文档有关的链接。
- 【提示】：显示一个提示对话框询问是否需要更新与该文档有关的链接，同时列出此更改影响到的所有文件。

为了加快链接更新过程，在 Dreamweaver CC 中可创建一个缓存文件，用以存储有关本地文件夹中所有链接的信息。在添加、更改或删除本地站点上的链接时，该缓存文件以不可见的方式进行更新。创建缓存文件的方法如下。

(1) 选择菜单命令【站点】/【管理站点】，打开【管理站点】对话框，选择并打开一个站点。

(2) 在【站点设置】对话框中，展开【高级设置】并选择【本地信息】类别，然后选择【启用缓存】选项即可。

启动 Dreamweaver CC 之后，第一次更改或删除指向本地文件夹中文件的链接时，Dreamweaver 会提示是否加载缓存。如果用户同意，则 Dreamweaver CC 会加载缓存，并更新指向刚刚更改的文件的所有链接。如果用户不同意，则所做更改会记入缓存中，但 Dreamweaver CC 并不加载该缓存，也不更新链接。

在较大型的站点上，加载此缓存可能需要几分钟的时间，因为 Dreamweaver CC 必须将本地站点上文件的时间戳与缓存中记录的时间戳进行比较，从而确定缓存中的信息是否是最新的。重新创建缓存的方法是：在【文件】面板中切换到要重新创建缓存的站点，然后选择菜单命令【站点】/【高级】/【重建站点缓存】即可。

二、 手工更改链接

除每次移动或重命名文件时让 Dreamweaver CC 自动更新链接外，用户还可以手动更改所有链接（包括电子邮件链接、FTP 链接、空链接和脚本链接），使它们指向其他位置。在整个站点范围内手动更改链接的操作方法如下。

(1) 在【文件】面板的【本地视图】中选择一个文件（如果更改的是电子邮件链接、FTP 链接、空链接或脚本链接，则不需要选择文件）。

(2) 选择菜单命令【站点】/【改变站点范围的链接】，打开【更改整个站点链接】对话框，如图 4-12 所示。

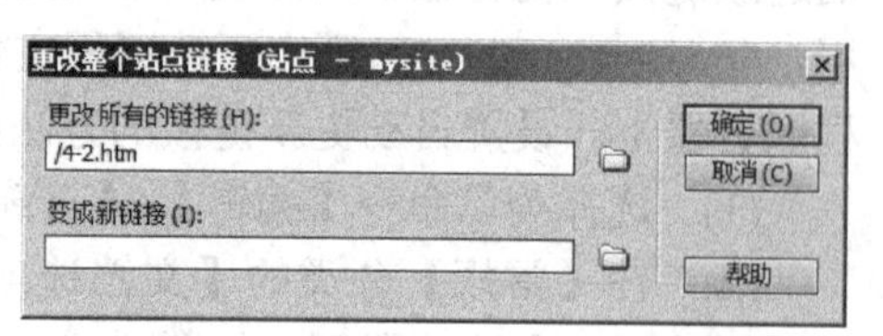

图4-12　【更改整个站点链接】对话框

(3) 利用【更改所有的链接】文本框浏览并选择要取消链接的目标文件，利用【变成新链接】文本框浏览并选择要链接到的新文件。如果更改的是电子邮件链接、FTP 链接、空链接或脚本链接，需要键入要更改链接的完整路径。

Dreamweaver CC 更新链接到选定文件的所有文档，使这些文档指向新文件，并沿用文档已经使用的路径格式（例如，如果旧路径为文档相对路径，则新路径也为文档相对路径）。在整个站点范围内更改某个链接后，所选文件就成为独立文件（即本地硬盘上没有任何文件指向该文件）。这时可安全地删除此文件，而不会破坏本地 Dreamweaver CC 站点中的任何链接。

三、 测试超级链接

在 Dreamweaver CC 中，无法通过在文档窗口中直接单击超级链接打开其所指向的文档，但是可以通过以下方法来测试链接。

- 在文档窗口中选中超级链接，然后选择菜单命令【修改】/【打开链接页面】，此时将在窗口中打开超级链接所指向的文档。
- 按住 Ctrl 键的同时双击选中的超级链接，也将在窗口中打开超级链接所指向的文档。

当然，通过上述方法打开超级链接所指向的文档，必须保证该文档是在本地磁盘上。

4.2 范例解析——千里马

将附盘文件复制到站点文件夹下，然后根据要求设置超级链接，效果如图 4-13 所示。

千里马

有一匹年轻的千里马，在等待着伯乐来发现它。商人来了，说：“你愿意跟我走吗？”马摇摇头说：“我是千里马，怎么可能驮运货物呢？”士兵来了，说：“你愿意跟我走吗？”马摇摇头说：“我是千里马，怎么可能为普通士兵效力呢？”猎人来了，说：“你愿意跟我走吗？”马摇摇头说：“我是千里马，怎么可能去当苦力呢？”日复一日，年复一年，这匹马一直没有找到理想的机会。
一天，钦差大臣奉命来民间寻找千里马。千里马找到钦差大臣，说：“我就是你要找的千里马啊！”钦差大臣问：“你熟悉我们国家的路线吗？”马摇了摇头。钦差大臣又问：“你上过战场、有作战经验吗？”马摇了摇头。钦差大臣说：“那我要你有什么用呢？”马说：“我能日行千里，夜行八百。”钦差大臣让它跑一段路看看。马用力地向前跑去，但只跑了几步，它就气喘吁吁、汗流浃背了。“你老了，不行！”钦差大臣说完，转身离去。
读《千里马》有感……
如果您有更好的故事，可发给我们【发邮件】，以便与大家分享！

图4-13 千里马

(1) 设置网页中第 1 幅图像“horse.jpg”的链接目标文件为“horse.htm”，打开目标窗口的方式为在新窗口中打开，替换文本为“千里马”。

(2) 在第 2 幅图像“horse2.jpg”中设置矩形热点超级链接，链接目标为“horse2.htm”，打开目标窗口的方式为在新窗口中打开，替换文本为“千里马图”。

(3) 设置文本“读《千里马》有感……”的链接地址为“yougan.htm”，打开目标窗口的方式为在新窗口中打开，提示文本为“读后感”。

(4) 给文本“发邮件”添加电子邮件超级链接，链接地址为“us@163.com”。

(5) 设置链接颜色和已访问链接颜色均为“#003366”，变换图像链接颜色为“#FF0000”，且仅在变换图像时显示下划线。

这是一个设置超级链接的例子，可以通过【属性】面板、菜单命令及【页面属性】对话框进行设置，具体操作步骤如下。

1. 打开站点下的网页文档“4-2.htm”，选中第 1 幅图像“horse.jpg”，接着在【属性】面板中单击【链接】文本框后面的按钮，打开【选择文件】对话框，选择目标文件，如图 4-14 所示，然后单击 确定 按钮，关闭对话框，此时链接目标文件显示在【链接】文本框中。

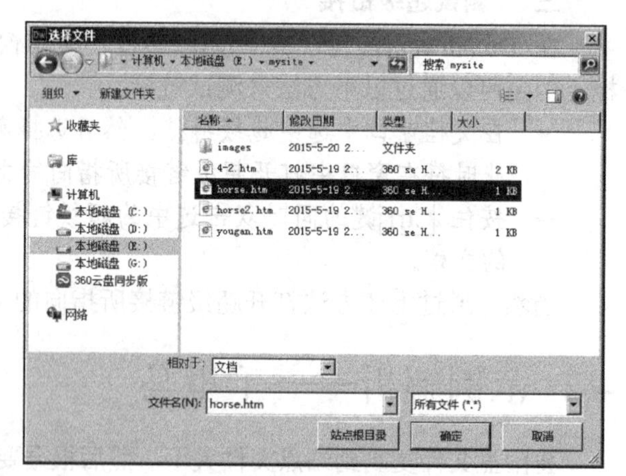

图4-14　【选择文件】对话框

2. 在【目标】下拉列表中选择【_blank】选项，在【替换】列表框中输入文本“千里马”，在【标题】文本框中输入文本“单击查看原图”，如图 4-15 所示。

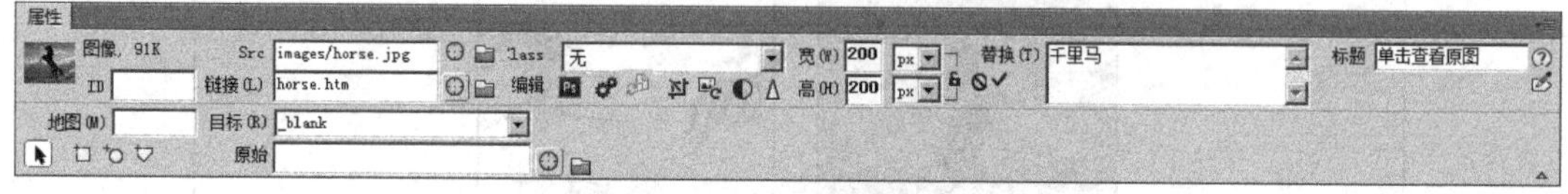

图4-15　设置图像超级链接

3. 选中第 2 幅图像“horse2.jpg”，然后在【属性】面板中单击左下方的（矩形热点工具）按钮，并将鼠标指针移到图像上，按住鼠标左键并拖曳绘制一个矩形区域，如图 4-16 所示。

图4-16　绘制矩形区域

4. 在【属性】面板的【链接】文本框中设置链接目标文件为“horse2.htm”，在【目标】下拉列表中选择【_blank】选项，在【替换】文本框中输入“千里马图”，如图 4-17 所示。

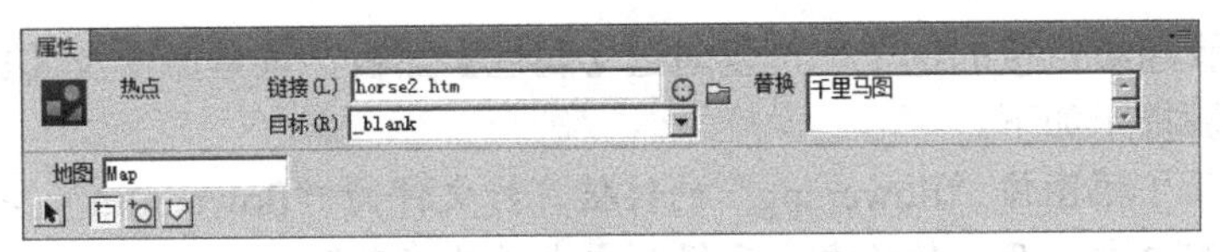

图4-17　设置图像热点的属性参数

5. 选中文本“读《千里马》有感……”，在【属性（HTML）】面板的【链接】文本框中设置链接目标文件为“yougan.htm”，在【目标】下拉列表中选择【_blank】选项，在【标题】文本框中输入文本“读后感”，如图 4-18 所示。

图4-18　设置文本超级链接

6. 选中最后一行文本中的“发邮件”，然后选择菜单命令【插入】/【电子邮件链接】，打开【电子邮件链接】对话框，在【电子邮件】文本框中输入电子邮件地址“us@163.com”，如图 4-19 所示，单击 确定 按钮关闭对话框。
7. 选择菜单命令【修改】/【页面属性】，打开【页面属性】对话框，切换到【链接（CSS）】分类，设置链接颜色和已访问链接颜色均为“#003366”，变换图像链接颜色为“#FF0000”，在【下划线样式】下拉列表中选择【仅在变换图像时显示下划线】选项，如图 4-20 所示。

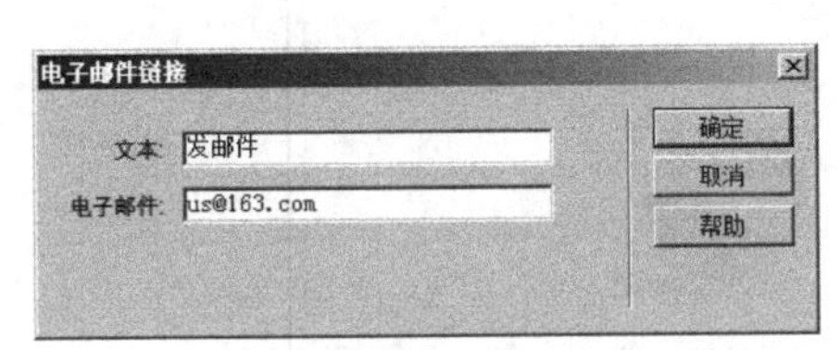

图4-19　创建电子邮件链接

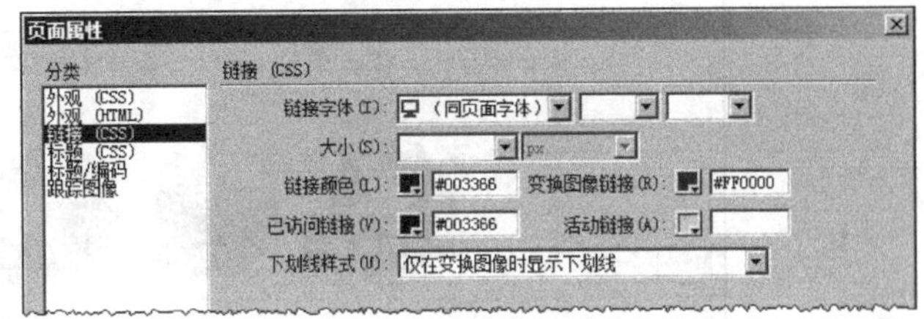

图4-20　设置超级链接状态

8. 单击 确定 按钮关闭对话框，最后保存文件。

4.3 实训——人生感悟

将附盘文件复制到站点文件夹下，然后根据要求设置超级链接，效果如图 4-21 所示。

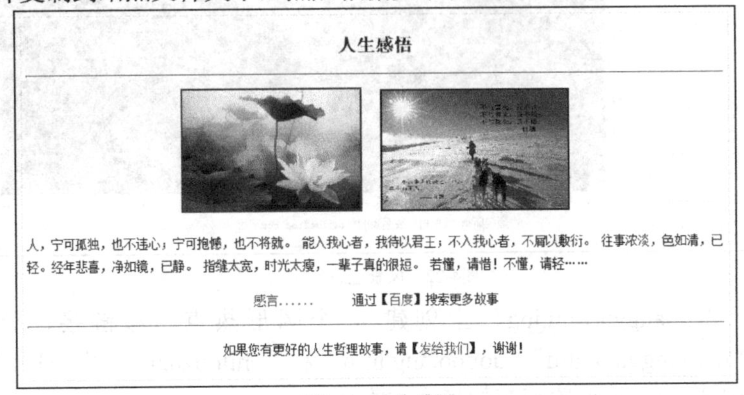

图4-21　人生感悟

这是一个设置超级链接的例子，可以通过【属性】面板、菜单命令及【页面属性】对话框进行设置，步骤提示如下。

1. 设置网页中第 1 幅图像“flower.jpg”的链接目标文件为“flower.htm”，打开目标窗口的方式为在新窗口中打开，替换文本和提示文本均为“花”。
2. 在第 2 幅图像“dog.jpg”中设置椭圆形热点超级链接，链接目标为“dog.htm”，打开目标窗口的方式为在新窗口中打开，替换文本为“狗”。
3. 设置文本“感言……”的链接地址为“ganyan.htm”，打开目标窗口的方式为在新窗口中打开，提示文本为“读后感”。
4. 设置文本“百度”的链接地址为“http://www.baidu.com”，打开目标窗口的方式为在新窗口中打开，提示文本为“到百度搜索”。
5. 给文本“发给我们”添加电子邮件超级链接，链接地址为“giveme@163.com”。
6. 设置链接颜色和已访问链接颜色均为“#009900”，变换图像链接颜色为“#FF0000”，且仅在变换图像时显示下划线。

4.4 综合案例——风景这边独好

将附盘文件复制到站点文件夹下，然后根据要求设置网页中的超级链接，最终效果如图 4-22 所示。

图4-22　风景这边独好

(1) 在图像“huangguoshu.jpg”上创建 4 个圆形热点超级链接，分别指向文件“dapubu.htm”“tianxingqiao.htm”“doupotang.htm”和“shitouzhai.htm”，打开目标窗口的方式均为在新窗口中打开，并设置相应的替换文本。

(2) 给“黄果树瀑布群”等导航文本添加超级链接，分别指向文件“dapubu.htm”“tianxingqiao.htm”“doupotang.htm”和“shitouzhai.htm”，打开目标窗口的方式均为在新窗口中打开，并设置相应的提示文本。

(3) 给图像“hgshu.jpg”添加超级链接，目标文件为“hgshu.htm”，打开目标窗口的方式为在新窗口中打开，替换文本和提示文本均为“黄果树”。

(4) 在文本“联系我们：”后添加电子邮件超级链接，链接文本和地址均为“mailme@tom.com”。

(5) 设置链接颜色和已访问链接颜色均为“#000000”，变换图像链接颜色为“#FF0000”，且仅在变换图像时显示下划线。

这是一个设置超级链接的例子，可以通过【属性】面板、菜单命令及【页面属性】对话框进行设置，具体操作步骤如下。

1. 打开网页文档“4-4.htm”，然后单击鼠标左键选中页面顶部的图像“huangguoshu.jpg”。
2. 单击【属性】面板左下方的热点工具按钮，并将鼠标指针移到图像上，按住鼠标左键并拖曳，绘制一个圆形区域，如图 4-23 所示。

图4-23 创建圆形区域

3. 接着在【属性】面板中设置链接地址、目标窗口和替换文本，如图 4-24 所示。

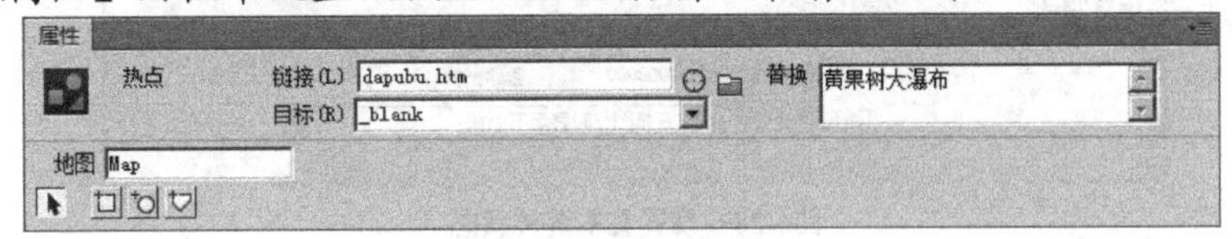

图4-24 设置热点超级链接

4. 利用同样的方法依次创建其他 3 个热点超级链接，分别指向文件“tianxingqiao.htm”“doupotang.htm”和“shitouzhai.htm”，并设置相应的替换文本。
5. 选中文本“黄果树瀑布群”，在【属性（HTML）】面板的【链接】下拉列表框中定义链接地址“dapubu.htm”，在【目标】下拉列表中选择【_blank】选项，在【标题】文本框中输入文本“黄果树瀑布群”，如图 4-25 所示。

图4-25 设置文本超级链接

6. 利用同样的方法给其他导航文本创建超级链接，分别指向文件“tianxingqiao.htm”“doupotang.htm”和“shitouzhai.htm”，并设置相应的提示文本。
7. 选中图像“hgshu.jpg”，在【属性】面板的【链接】下拉列表框中定义链接地址“hgshu.htm”，在【目标】下拉列表中选择【_blank】选项，在【替换】列表框和【标题】文本中均输入文本“黄果树”，如图 4-26 所示。

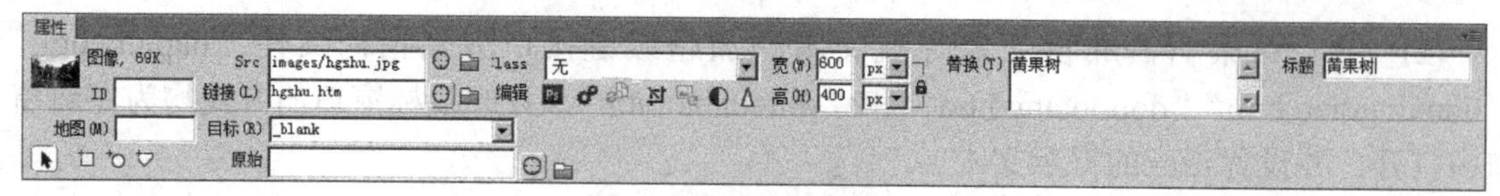

图4-26　设置图像超级链接

8. 将鼠标光标置于文本“联系我们:”的后面，然后选择菜单命令【插入】/【电子邮件链接】，打开【电子邮件链接】对话框，在【文本】和【电子邮件】文本框中均输入电子邮箱地址“mailme@tom.com”，如图 4-27 所示。

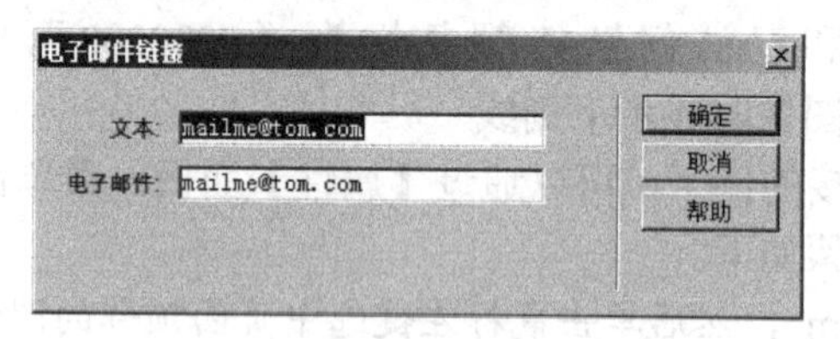

图4-27　创建电子邮件超级链接

9. 选择菜单命令【修改】/【页面属性】，打开【页面属性】对话框，在【链接（CSS）】分类的【链接颜色】和【已访问链接】文本框中均输入颜色代码“#000000”，在【变换图像链接】文本框中输入颜色代码“#FF0000”，在【下划线样式】下拉列表中选择【仅在变换图像时显示下划线】选项，如图 4-28 所示。

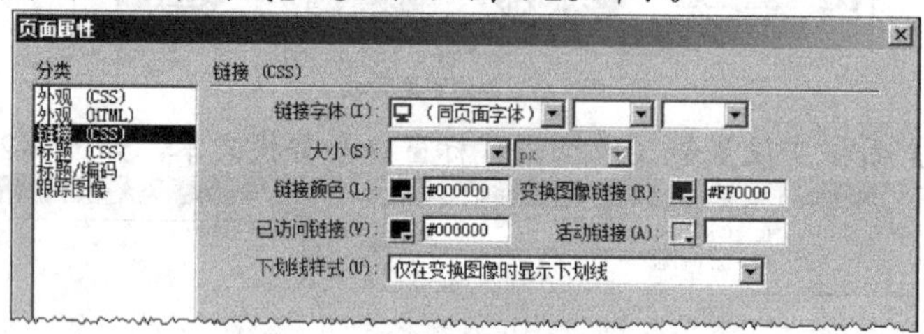

图4-28　设置文本链接状态

10. 最后保存文件。

4.5　习题

1. 思考题

   (1) 超级链接的路径通常有哪 3 种类型？

   (2) 简要说明超级链接的类型。

2. 操作题

自行搜集素材并制作一个网页，要求使用文本超级链接、图像超级链接、图像热点超级链接，并设置文本超级链接的状态。

第5章 使用表格

【学习目标】

- 掌握插入表格的方法。
- 掌握设置表格属性的方法。
- 掌握编辑表格的方法。
- 掌握使用表格布局网页的方法。

使用表格不仅可以制作数据列表，还可以精确地定位图像等网页元素，也就是传统的网页布局。本章将介绍有关表格的基本知识及使用表格布局网页的基本方法。

5.1 功能讲解

下面介绍创建、编辑和设置表格的基本方法。

5.1.1 表格结构

表格是用于在网页上显示表格式数据及对文本和图形进行布局的强有力的工具。表格可以将文本等内容按特定的行、列规则进行排列。表格是由行和列组成的，行和列又是由单元格组成的，因此单元格是组成表格的最基本单位。图 5-1 所示为一个 4 行 4 列的表格。要真正理解表格的概念，必须掌握以下几个关于表格的常用术语。

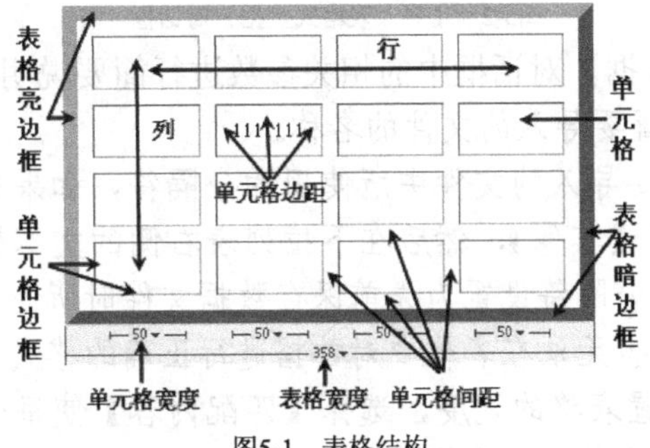

图5-1 表格结构

- 行：水平方向的一组单元格。
- 列：垂直方向的一组单元格。
- 单元格：表格中一行与一列相交的、单元格边框及以内的区域。
- 单元格间距：单元格之间的间隔。
- 单元格边距（也称填充）：单元格内容与单元格边框之间的间隔。
- 表格边框：由两部分组成，一部分是亮边框，另一部分是暗边框，可以设置边框的粗细、颜色等属性。

- 单元格边框：包括亮边框和暗边框两部分，粗细不可设置（默认 1px），颜色可以设置。

在网页制作中，表格不仅可以组织数据，还可以定位网页元素，甚至还可以用来制作一些特殊效果。组织数据是表格最基本的作用，如成绩单、工资表、销售表等。页面布局是表格组织数据作用的延伸，由简单地组织一些数据发展成定位网页元素，进行版面布局。制作特殊效果，如制作细线边框等，若结合 CSS 样式会制作出更多的效果。

5.1.2 数据表格

Dreamweaver 能够与外部软件交换数据，以便用户快速导入或导出数据，同时还可以对数据表格进行排序。

一、 导入表格数据

可以将 Excel 表格和以分隔文本的格式（其中的项以制表符、逗号、分号或其他分隔符）保存的表格式数据导入到 Dreamweaver CC 中。方法是：选择菜单命令【文件】/【导入】/【表格式数据】或【Excel 文档】。导入 Excel 文档与导入 Word 文档打开的对话框是相似的，而导入表格式数据打开的对话框如图 5-2 所示。在导入表格式数据时，数据中的定界符必须是半角。另外，【导入表格式数据】对话框中的定界符指的是要导入的数据文件中使用的定界符。

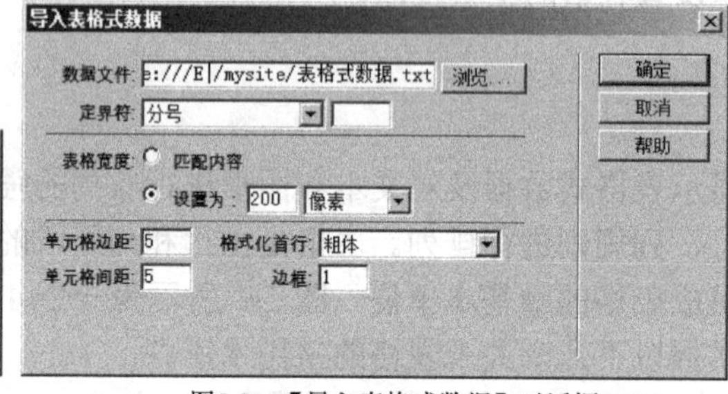

姓名	性别	电话
王佳	女	565872
李东	男	663562

图5-2　【导入表格式数据】对话框

下面对【导入表格式数据】对话框中的相关参数进行简要说明。

- 【数据文件】：设置要导入的文件的名称。
- 【定界符】：设置要导入的文件中所使用的分隔符，如果列表中没有适合的选项，这时需要选择【其他】，然后在下拉列表右侧的文本框内输入导入文件中使用的分隔符。将分隔符设置为先前保存数据文件时所使用的分隔符，否则无法正确导入文件，也无法在表格中对数据进行正确的格式设置。
- 【表格宽度】：设置表格的宽度，选择【匹配内容】使每个列足够宽，以适应该列中最长的文本字符串，选择【设置为】以“像素”为单位指定固定的表格宽度，或按占浏览器窗口宽度的“百分比”指定表格宽度。
- 【单元格边距】：设置单元格内容与单元格边框之间的像素数。
- 【单元格间距】：设置相邻的表格单元格之间的像素数。
- 【格式化首行】：确定应用于表格首行的格式设置（如果存在），从 4 个格式设置选项中进行选择：无格式、粗体、斜体或加粗斜体。
- 【边框】：设置表格边框的宽度，以“像素”为单位。

二、 导出表格数据

在 Dreamweaver CC 中的表格数据也可以进行导出。方法是：将鼠标光标置于表格中，然后选择菜单命令【文件】/【导出】/【表格】，打开【导出表格】对话框，如图 5-3 所示，在【定界符】下拉列表中选择要在导出的结果文件中使用的分隔符类型（包括“Tab”“空白键”“逗点”“分号”和“引号”），在【换行符】下拉列表中选择打开文件的操作系统（包括“Windows”“Mac”和“UNIX”），最后单击 导出 按钮，打开【表格导出为】对话框，设置文件的保存位置和名称即可。

三、 排序表格数据

利用 Dreamweaver 的【排序表格】命令可以对表格指定列的内容进行排序。方法是：先选中整个表格，然后选择菜单命令【命令】/【排序表格】，打开【排序表格】对话框，在该对话框中进行参数设置即可，如图 5-4 所示。表格排序主要针对具有格式数据的表格，是根据表格列中的数据来排序的。如果表格中含有经过合并生成的单元格，则表格将无法使用排序功能。

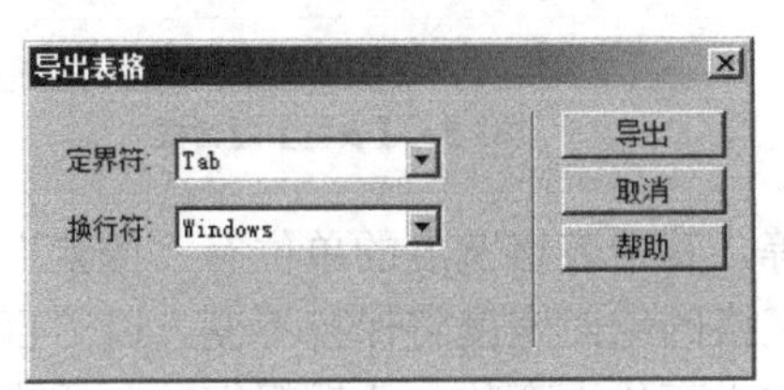

图5-3 【导出表格】对话框

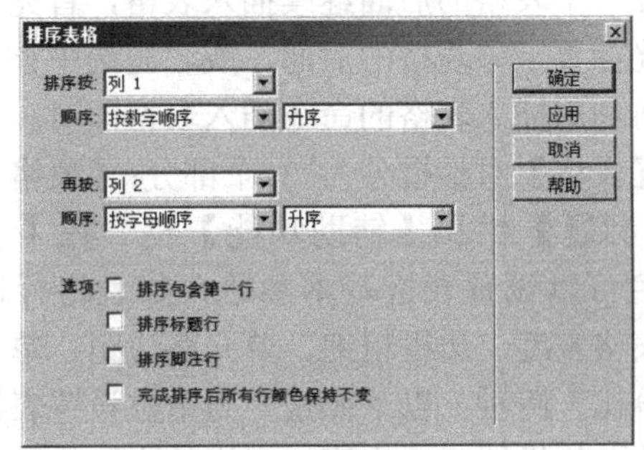

图5-4 【排序表格】对话框

下面对【排序表格】对话框中的相关参数进行简要说明。

- 【排序按】：设置使用哪个列的值对表格的行进行排序。
- 【顺序】：设置是按字母还是按数字顺序，以及是以升序（A 到 Z，数字从小到大）还是以降序对列进行排序。当列的内容是数字时，选择【按数字顺序】。如果按字母顺序对一组由一位或两位数组成的数字进行排序，则会将这些数字作为单词进行排序（排序结果如 1、10、2、20、3、30），而不是将它们作为数字进行排序（排序结果如 1、2、3、10、20、30）。
- 【再按】和【顺序】：设置将在另一列上应用的第 2 种排序方法的排序顺序。在【再按】中指定将应用第 2 种排序方法的列，并在【顺序】中指定第 2 种排序方法的排序顺序。
- 【选项】：共有 4 个复选框，【排序包含第一行】用于设置将表格的第一行包括在排序中，如果第一行是标题类型则不选择此选项。【排序标题行】用于设置使用与主体行相同的条件对表格的 thead 部分（如果有）中的所有行进行排序。不过，即使在排序后，thead 行也将保留在 thead 部分并仍显示在表格的顶部。【排序脚注行】用于设置按照与主体行相同的条件对表格的 tfoot 部分（如果有）中的所有行进行排序。不过，即使在排序后，tfoot 行仍将保留在 tfoot 部分并仍显示在表格的底部。【完成排序后所有行颜色保持不变】用于设置排序之后表格行属性（如颜色）应该与同一内容保持关联。如果表格行使用两种交替的颜色，则不要选择此选项以确保排序后的表格仍具有颜色交替的行。如果行属性特定于每行的内容，则选择此选项以确保这些属性保持与排序后表格中正确的行关联在一起。

5.1.3　插入表格

在网页文档中，将鼠标光标置于要插入表格的位置，然后选择菜单命令【插入】/【表格】或在【插入】面板的【常用】类别中单击 表格 按钮，打开【表格】对话框进行参数设置即可，如图 5-5 所示。【表格】对话框中显示的各项参数值是最近一次所设置的数值大小，系统会将最近一次设置的参数保存到下一次打开这个对话框时为止。如果要在一个表格的后面继续插入表格，首先需要将鼠标光标置于该表格的后面，或者先选中该表格，然后再利用插入表格的命令插入表格即可。

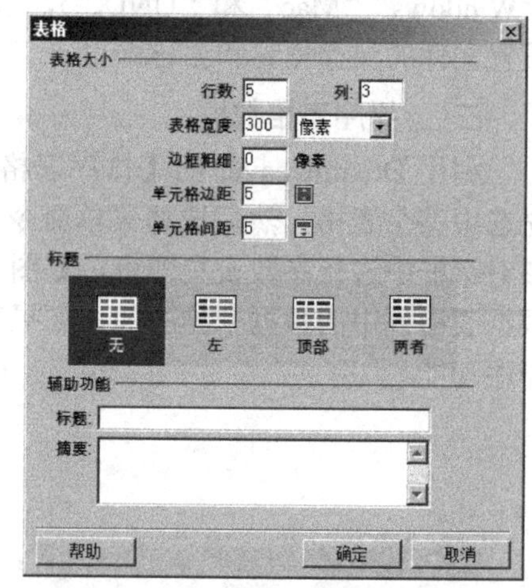

图5-5　【表格】对话框

【表格】对话框分为 3 个部分：【表格大小】栏、【标题】栏和【辅助功能】栏。在【表格大小】栏可以设置表格基本参数，如表格行数、列数、表格宽度、边框粗细、单元格边距、单元格间距等。其中表格宽度的单位有“像素”和“百分比”两种。以“像素”为单位设置表格宽度，表格的绝对宽度将保持不变。以“百分比”为单位设置表格宽度，表格的宽度将随浏览器的大小变化而变化。边框粗细、单元格边距和单元格间距均以“像素”为单位。在【标题】栏中可以设置表格的标题行或列的格式，因为在组织数据表格时，通常有一行或一列是标题文字，然后才是相应的数据。在【辅助功能】栏中可以设置整个表格的标题文字和表格内容的描述性文字。

在【表格】对话框中如果没有明确设置边框粗细、单元格间距和单元格边距的值，则大多数浏览器都默认按边框粗细和单元格边距为“1”，单元格间距为“2”来显示表格。如果要确保浏览器显示表格时不显示边距或间距，应该将单元格边距和单元格间距设置为“0”，如果不显示边框，同样需要将边框设置为“0”。

在网页布局中经常使用嵌套表格，嵌套表格是指在表格的单元格内再插入表格，表格的边框粗细通常设置为“0”。在使用表格布局页面时，建议从上到下使用多个表格布局页面，而不主张将整个页面全部使用一个表格套起来。因为网页在显示时，需要将表格内的所有内容下载完毕才能显示。

5.1.4　表格属性

创建表格后，在其【属性】面板中会显示所创建表格的基本属性，如行数、列数、宽度、填充、间距、边框及对齐方式等，此时可以进一步修改这些属性使表格更完美。插入表格后会自动显示表格【属性】面板，如图 5-6 所示。

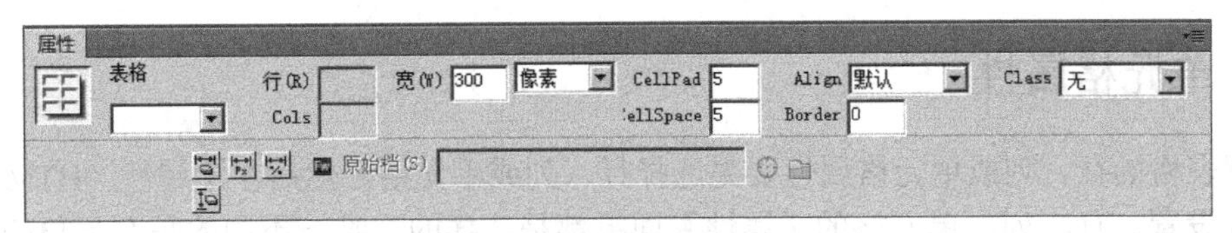

图5-6 表格【属性】面板

下面对表格【属性】面板中的参数作简要说明。

- 【表格】(Table)：设置表格ID名称，在创建表格高级CSS样式时会用到。
- 【行】(Rows)：设置表格的行数。
- 【Cols】(列)：设置表格的列数。
- 【宽】(Width)：设置表格的宽度，以"%"或"像素"为单位。
- 【CellPad】(填充)：也称边距，设置单元格内容与单元格边框之间的距离。
- 【CellSpace】(间距)：设置相邻的表格单元格之间的距离。
- 【Align】(对齐)：设置表格的对齐方式，如"左对齐""右对齐"和"居中对齐"。
- 【Border】(边框)：设置表格边框的宽度，以"像素"为单位。
- 【Class】(类)：设置表格所引用的类CSS样式。
- 和按钮：清除表格的行高和列宽。
- 和按钮：根据当前值将表格宽度转换成像素或百分比。

如果表格外有文本，在表格【属性】面板的【对齐（Align）】下拉列表中选择不同的选项，其效果是不一样的。选择【左对齐】，表示沿文本等元素的左侧对齐表格；选择【右对齐】，表示沿文本等元素的右侧对齐表格，如图5-7所示。

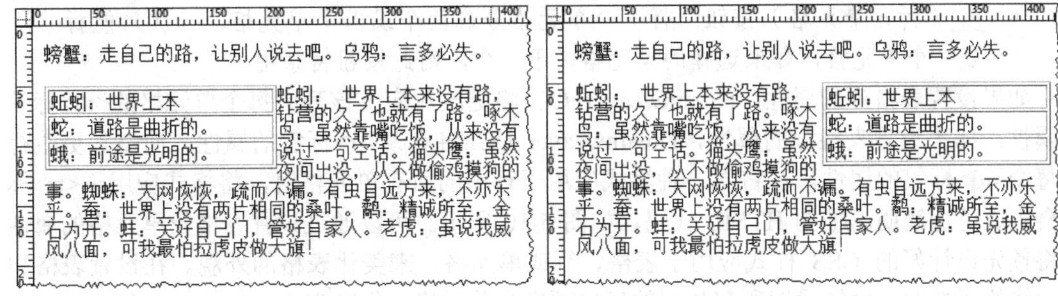
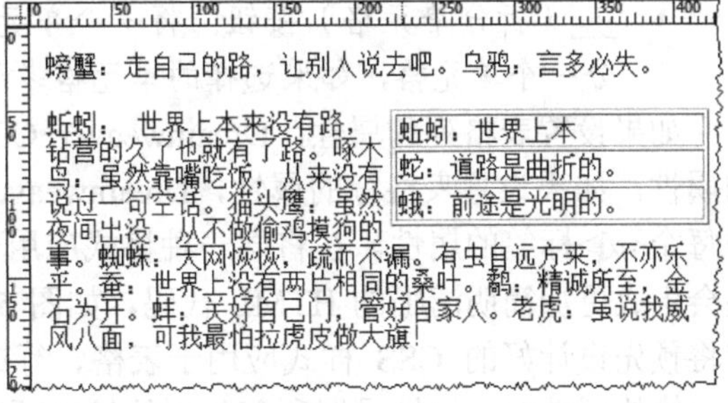

图5-7 左对齐和右对齐状态

如果选择【居中对齐】，则表格将居中显示，而文本将显示在表格的上方和下方；如果选择【默认】，文本不会显示在表格的两侧，如图5-8所示。

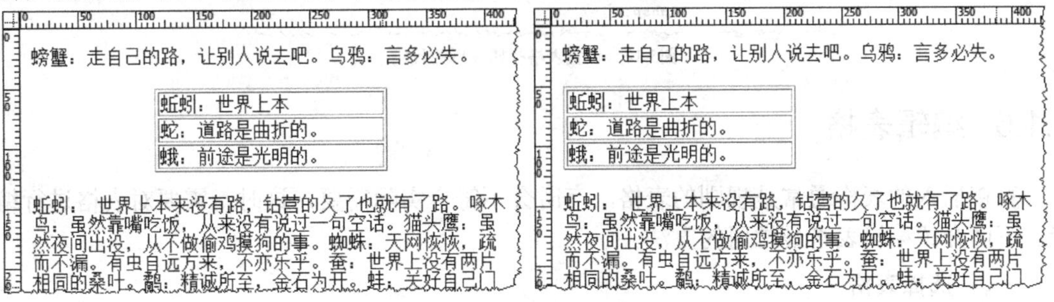
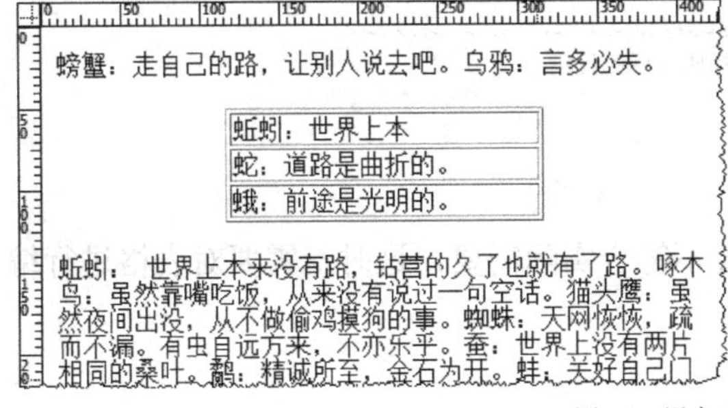

图5-8 居中对齐和默认状态

5.1.5　单元格属性

设置表格的行、列或单元格属性要先选择行、列或单元格，然后在【属性（HTML）】面板中进行设置。行、列、单元格的【属性】面板都是一样的，唯一不同的是左下角的名称。图 5-9 所示为单元格的【属性】面板。

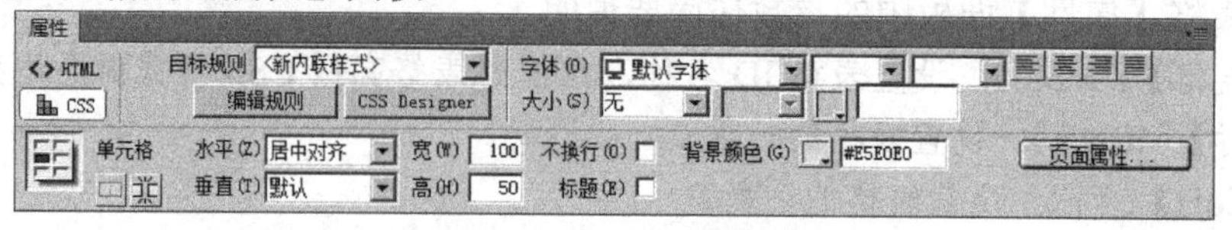

图5-9　单元格【属性】面板

单元格的【属性】面板主要分为上下两个部分，上面部分主要用于设置单元格中文本的属性，下面部分主要用于设置行、列或单元格本身的属性。下面对单元格【属性】面板中下半部分的相关参数说明如下。

- 【水平】：设置单元格的内容在水平方向上的对齐方式。
- 【垂直】：设置单元格的内容在垂直方向上的对齐方式。
- 【宽】和【高】：设置被选择单元格的宽度和高度。
- 【不换行】：防止换行，从而使给定单元格中的所有文本都在一行上。
- 【标题】：将单元格设置为表格标题单元格，标题文本呈粗体并居中显示。
- 【背景颜色】：设置单元格的背景色。
- （合并单元格）按钮：将所选的单元格、行或列合并为一个单元格。只有当单元格形成矩形或直线的块时才可以合并这些单元格。
- （拆分单元格）按钮：将一个单元格分成两个或多个单元格。一次只能拆分一个单元格，如果选择的单元格多于一个，则此按钮将禁用。

如果设置表格列的属性，Dreamweaver CC 将更改对应于该列中每个单元格的<td>标签的属性。如果设置表格行的属性，Dreamweaver CC 将更改<tr>标签的属性，而不是更改行中每个<td>标签的属性。在将同一种格式应用于行中的所有单元格时，将格式应用于<tr>标签会生成更加简明清晰的 HTML 代码，如图 5-10 所示。可以通过设置表格及单元格的属性或将预先设计好的 CSS 样式应用于表格、行或单元格，来美化表格的外观。在设置表格和单元格的属性时，属性设置所起作用的优先顺序为单元格、行和表格。

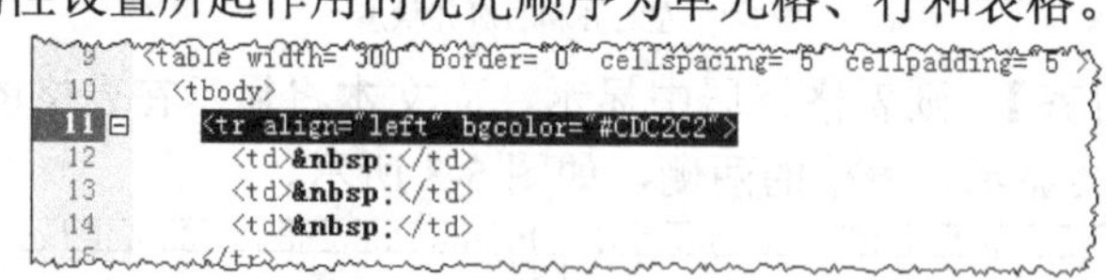

图5-10　设置表格行属性后的代码

5.1.6　编辑表格

直接插入的表格通常是规则的表格，有时会不符合实际需要，这时就需要对表格进行编辑。下面介绍编辑表格最常用的方法。

一、　选择表格

要对表格进行编辑，首先必须选定表格。因为表格包括行、列和单元格，所以选择表格的操作通常包括选择整个表格、选择行或列、选择单元格 3 个方面。

(1) 选择整个表格。

选择整个表格最常用的方法有以下几种。

- 单击表格左上角或单击表格中任何一个单元格的边框线。
- 将鼠标光标置于表格内，选择菜单命令【修改】/【表格】/【选择表格】，或在鼠标右键快捷菜单中选择【表格】/【选择表格】命令。
- 将鼠标光标置于表格内，表格上端或下端弹出绿线的标志，单击绿线中的▾按钮，从弹出的下拉菜单中选择【选择表格】命令。
- 将鼠标光标置于表格内，单击文档窗口左下角相应的<table>标签。

(2) 选择行或列。

选择表格的行或列最常用的方法有以下几种。

- 当鼠标指针位于欲选择的行首或列顶时，变成黑色箭头形状，这时单击鼠标左键，便可选择行或列，如图 5-11 所示。如果按住鼠标左键并拖曳，可以选择连续的行或列，也可以按住 Ctrl 键依次单击欲选择的行或列，这样可以选择不连续的多行或多列。

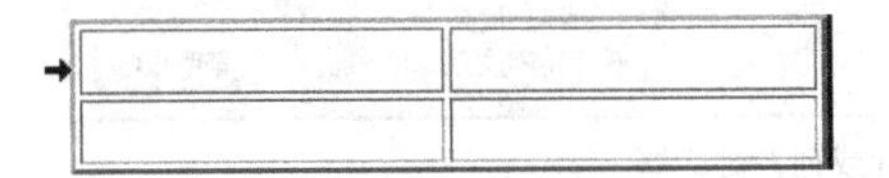
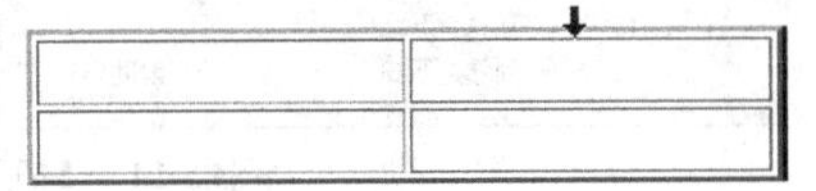

图5-11 通过单击选择行或列

- 按住鼠标左键从左至右或从上至下拖曳，将选择相应的列或行，如图 5-12 所示。

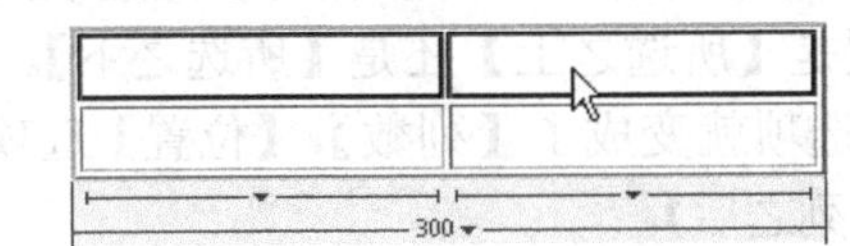

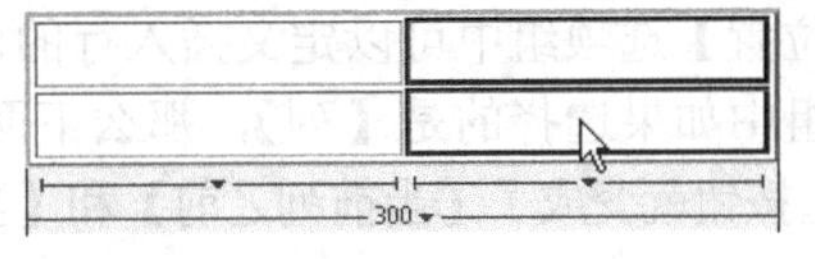

图5-12 通过拖曳选择行或列

- 将鼠标光标置于欲选择的行中，单击文档窗口左下角的<tr>标签选择该行，如图 5-13 所示。

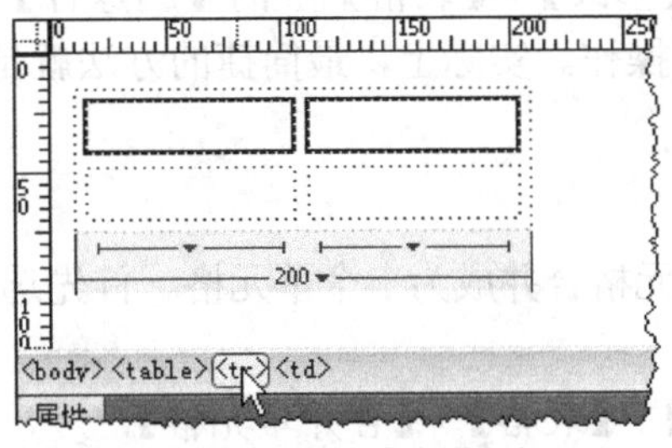

图5-13 通过<tr>标签选择行

(3) 选择单元格。

选择单个单元格的方法有以下两种。

- 将鼠标光标置于单元格内，然后按住 Ctrl 键，单击单元格可以将其选择。
- 将鼠标光标置于单元格内，然后单击文档窗口左下角的<td>标签将其选择。

选择相邻单元格的方法有以下两种。

- 在开始的单元格中按住鼠标左键并拖曳到最后的单元格。
- 将鼠标光标置于开始的单元格内，然后按住 Shift 键不放并单击最后的单元格。

选择不相邻单元格的方法有以下两种。

- 按住Ctrl键，依次单击欲选择的单元格。
- 按住Ctrl键，在已选择的连续单元格中依次单击欲去除的单元格。

二、 增加行或列

首先将鼠标光标置于欲插入行或列的单元格内，然后采取以下最常用的方法进行操作。

- 选择菜单命令【修改】/【表格】/【插入行】，则在鼠标光标所在单元格的上面增加 1 行。同样，选择菜单命令【修改】/【表格】/【插入列】，则在鼠标光标所在单元格的左侧增加 1 列。也可使用右键快捷菜单命令【表格】/【插入行】或【表格】/【插入列】进行操作。
- 选择菜单命令【修改】/【表格】/【插入行或列】，在弹出的【插入行或列】对话框中进行设置，如图 5-14 所示，加以确认后即可完成插入操作。也可在右键快捷菜单命令中选择【表格】/【插入行或列】，弹出该对话框。

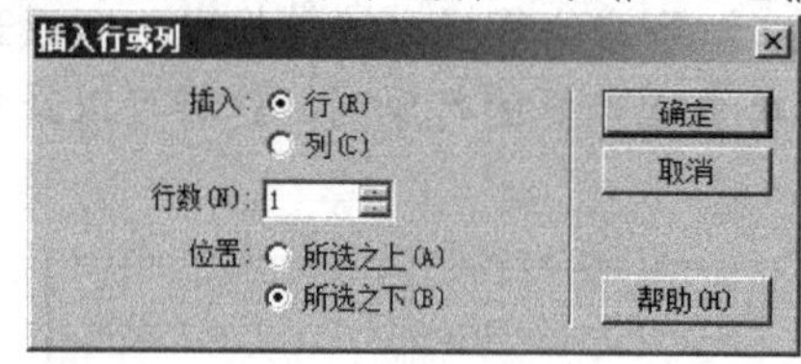

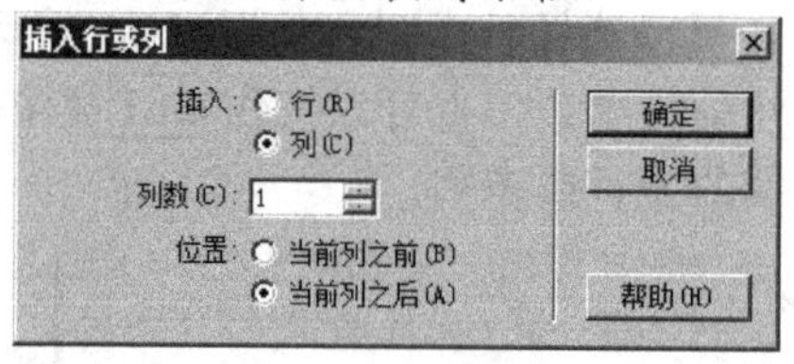

图5-14　【插入行或列】对话框

在图 5-14 所示的对话框中，【插入】选项组包括【行】和【列】两个选项，其默认选择的是【行】，因此下面的选项就是【行数】，在【行数】选项的文本框内可以定义预插入的行数，在【位置】选项组中可以定义插入行的位置是【所选之上】还是【所选之下】。在【插入】选项组中如果选择的是【列】，那么下面的选项就变成了【列数】，【位置】选项组后面的两个单选按钮就变成了【当前列之前】和【当前列之后】。

三、 删除行或列

如果要删除行或列，首先需要将鼠标光标置于要删除的行或列中，或者将要删除的行或列选中，然后选择菜单命令【修改】/【表格】中的【删除行】或【删除列】进行删除。也可使用右键快捷菜单命令进行操作。实际上，最简捷的方法就是先选定要删除的行或列，然后按Delete键。

四、 合并单元格

合并单元格是指将多个单元格合并成为一个单元格。首先选择欲合并的单元格，然后可采取以下方法进行操作。

- 选择菜单命令【修改】/【表格】/【合并单元格】。
- 单击鼠标右键，在弹出的快捷菜单中选择【表格】/【合并单元格】命令。
- 单击【属性】面板左下角的按钮。

合并单元格后的效果如图 5-15 所示。

1	2	3
4	5	6
7	8	9
10	11	12

<table>
<tr><td colspan="3">123</td></tr>
<tr><td rowspan="3">4710</td><td>5</td><td>6</td></tr>
<tr><td colspan="2">89</td></tr>
<tr><td>11</td><td>12</td></tr>
</table>

图5-15　合并单元格

五、 拆分单元格

拆分单元格是针对单个单元格而言的，可看成是合并单元格的逆操作。首先需要将鼠标光标定位到要拆分的单元格中，然后采取以下方法进行操作。

- 选择菜单命令【修改】/【表格】/【拆分单元格】。
- 单击鼠标右键，在弹出的快捷菜单中选择【表格】/【拆分单元格】命令。
- 单击【属性】面板左下角的按钮，弹出【拆分单元格】对话框。

拆分单元格的效果如图 5-16 所示。

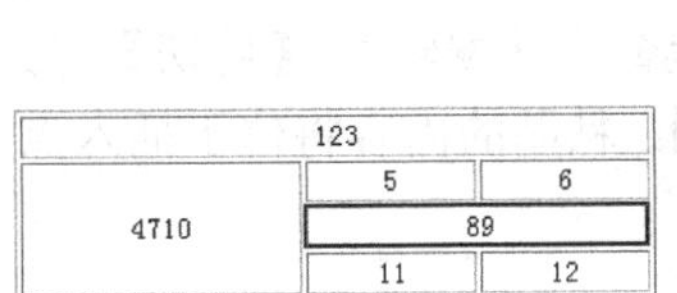

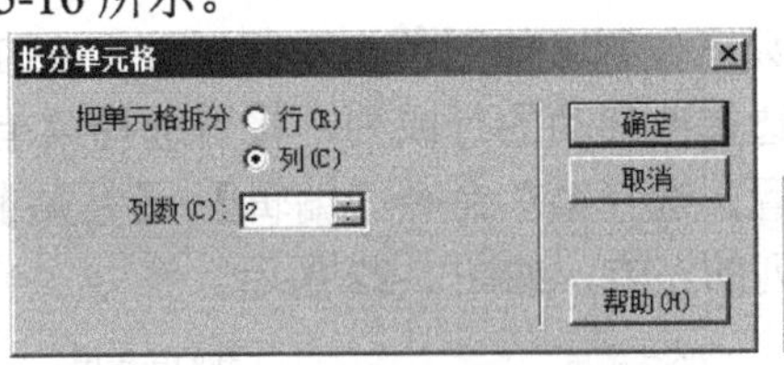

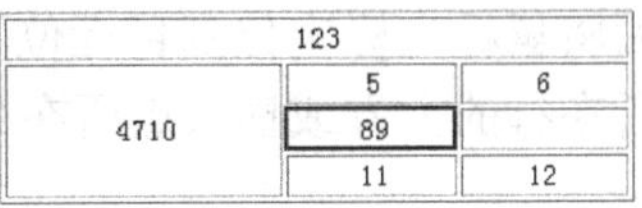

图5-16 拆分单元格

在【拆分单元格】对话框中，【把单元格拆分】选项组包括【行】和【列】两个单选按钮，这表明可以将单元格纵向拆分或横向拆分。在【行数】或【列数】文本框中可以定义要拆分的行数或列数。

六、 复制粘贴移动操作

选择了整个表格、某行、某列或单元格后，选择【编辑】菜单中的【拷贝】命令，可以将其中的内容复制或剪切。将鼠标光标置于要粘贴表格的位置，然后选择【编辑】/【粘贴】命令，便可将所复制或剪切的表格、行、列或单元格等粘贴到鼠标光标所在的位置。

(1) 复制/粘贴表格。

当鼠标光标位于单个单元格内时，粘贴整个表格后，将在单元格内插入一个嵌套的表格。如果鼠标光标位于表格外，那么将粘贴一个新的表格。

(2) 复制/粘贴行或列。

选择与所复制内容结构相同的行或列，然后使用粘贴命令，复制的内容将取代行或列中原有的内容，如图 5-17 所示。若不选择行或列，将鼠标光标置于单元格内，粘贴后将自动添加 1 行或 1 列，如图 5-18 所示。若鼠标光标位于表格外，粘贴后将自动生成一个新的表格，如图 5-19 所示。

我的成绩单

语文	100
数学	90
语文	100
总分	285

200

图5-17 粘贴相同结构的行或列

我的成绩单

语文	100
数学	90
语文	100
英语	95
总分	285

200

图5-18 不选择行或列并粘贴

我的成绩单

语文	100
数学	90
英语	95
总分	285

我的成绩单

语文	100

图5-19 在表格外粘贴

(3) 复制/粘贴单元格。

若被复制的内容是一部分单元格，并将其粘贴到被选择的单元格上，则被选择的单元格内容将被复制的内容替换，前提是复制和粘贴前后的单元格结构要相同，如图 5-20 所示。若鼠标光标在表格外，则粘贴后将生成一个新的表格，如图 5-21 所示。

我的成绩单

语文	100
数学	90
英语	100
总分	285

200

图5-20　粘贴单元格

我的成绩单

语文	100
数学	90
英语	95
总分	285

我的成绩单

100

图5-21　在表格外粘贴单元格

(4)　移动行或列。

有时需要移动表格中的数据位置才能更符合实际需要。在 Dreamweaver 中可以整行或整列地移动数据。首先需要选择要移动的行或列，接着选择菜单命令【编辑】/【剪切】，然后将鼠标光标定位到目标位置，选择菜单命令【编辑】/【粘贴】。粘贴的内容将位于插入点所在行的上方或插入点所在列的左方，如图 5-22 所示。

我的成绩单

语文	100
数学	90
英语	95
总分	285

200

我的成绩单

数学	90
语文	100
英语	95
总分	285

200

图5-22　移动表格内容

5.2　范例解析——仓库盘存月报表

使用表格制作一个仓库盘存月报表，最终效果如图 5-23 所示。

仓库盘存月报表

品名	来源	上月结存			本月入库			本月出库			本月结存		
		数量	单价	金额	数量	单价	金额	数量	单价	金额	数量	单价	金额

仓库保管员：　　财务：　　清点日期：

图5-23　仓库盘存月报表

这是一个设置数据表格的例子，可以先插入表格，然后通过【属性】面板设置属性使其更美观，最后输入相应的文本。具体操作步骤如下。

1. 创建一个新文档并保存为“5-2-1.htm”。
2. 选择菜单命令【插入】/【表格】，打开【表格】对话框，参数设置如图 5-24 所示。

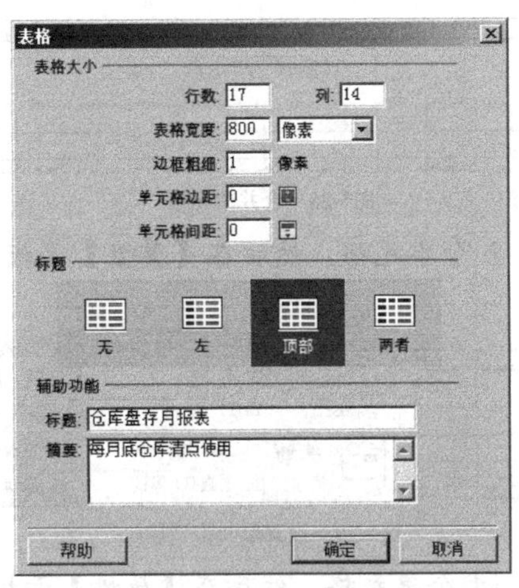

图5-24 【表格】对话框

3. 单击 确定 按钮，插入一个17行14列的表格，如图5-25所示。

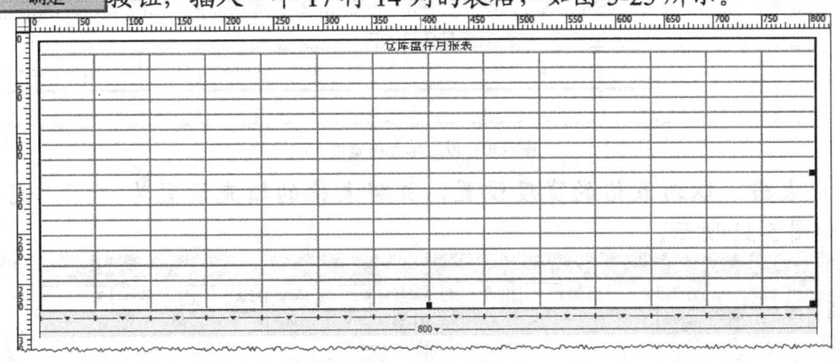

图5-25 插入表格

4. 在【属性】面板中单击 页面属性... 按钮，打开【页面属性】对话框，在【外观（CSS）】分类中将页面字体设置为“宋体”，字体样式和字体粗细均设置为“normal”，文本大小设置为“16 px”，如图5-26所示。

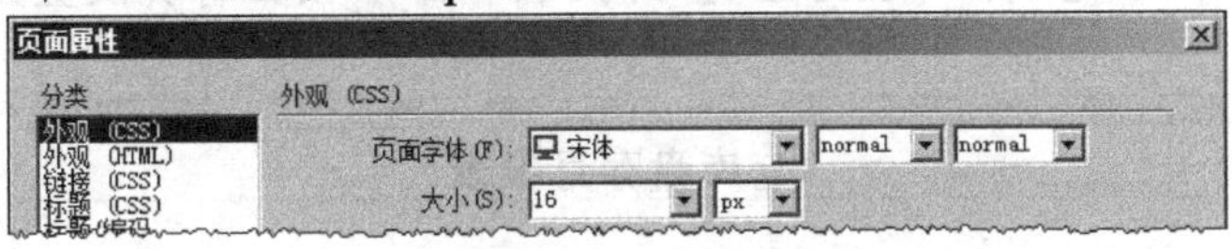

图5-26 设置页面字体

5. 选中第2行所有单元格，然后在【属性】面板中选择【标题】选项，如图5-27所示。

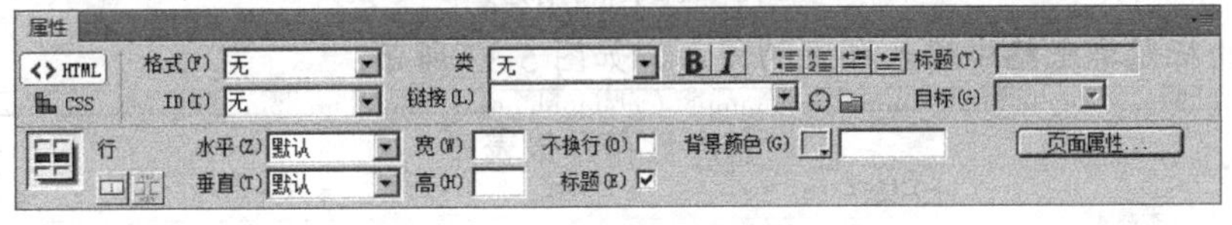

图5-27 选择【标题】选项

6. 选中第1行的第3至第5个单元格，然后在【属性】面板中单击按钮将单元格进行合并，运用同样的方法分别将第1行的第6至第8个单元格、第9至第11个单元格、第12至第14个单元格，以及第1列的第1至第2个单元格、第2列的第1至第2个单元格进行合并，如图5-28所示。

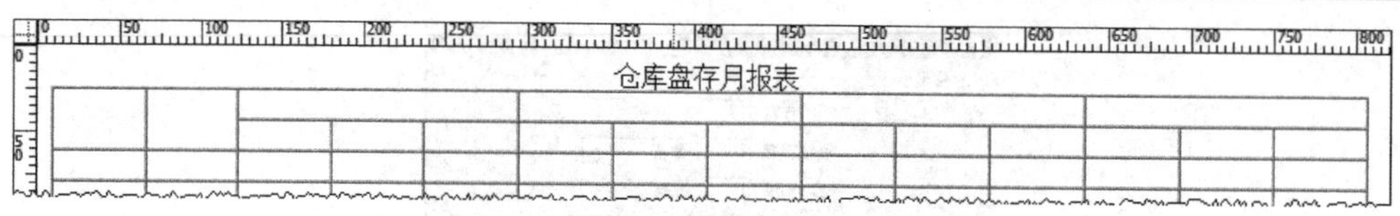

图5-28　合并单元格

7. 选中第 1 行的第 1 至第 2 个单元格，然后在【属性】面板中将其宽度设置为“100”，如图 5-29 所示。

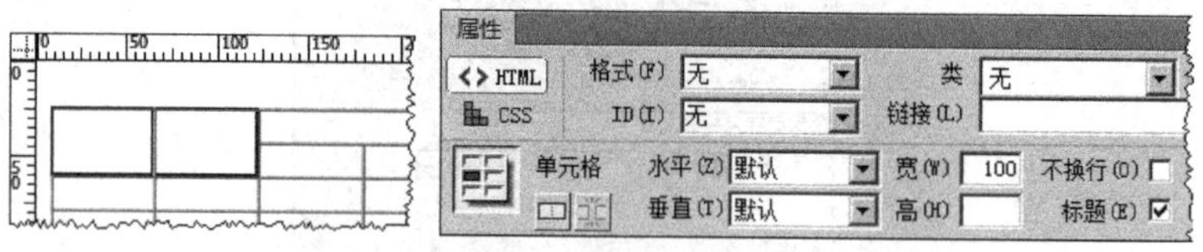

图5-29　设置单元格宽度

8. 选中第 2 行的第 3 至第 14 个单元格，然后在【属性】面板中将其宽度设置为“50”，如图 5-30 所示。

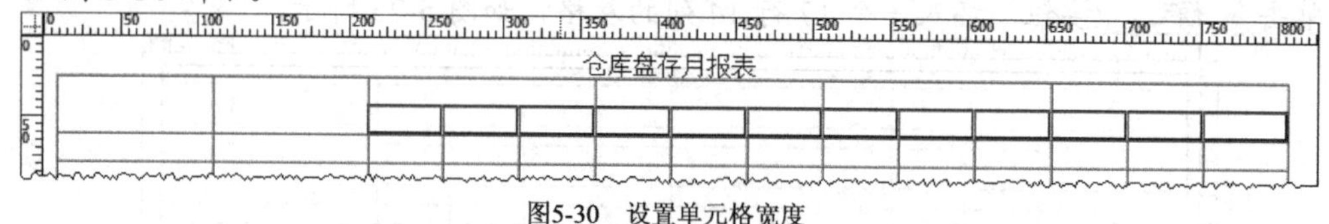

图5-30　设置单元格宽度

9. 选中整个表格，取消表格的宽度设置，并将表格的填充设置为“5”，间距设置为“1”，如图 5-31 所示。

图5-31　修改表格属性

10. 选中整个表格的标题文本“仓库盘存月报表”，然后在【属性（CSS）】面板中将其大小设置为“24px”，在【属性（HTML）】面板中单击 **B** 按钮将其设置为粗体显示，如图 5-32 所示。

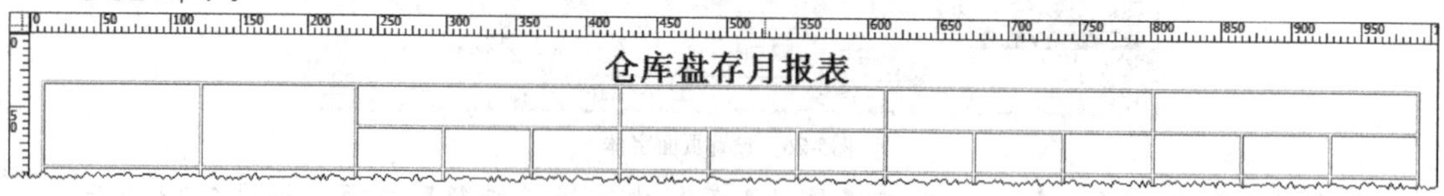

图5-32　设置表格的标题文本

11. 在表格的标题单元格中输入相应的文本，如图 5-33 所示。

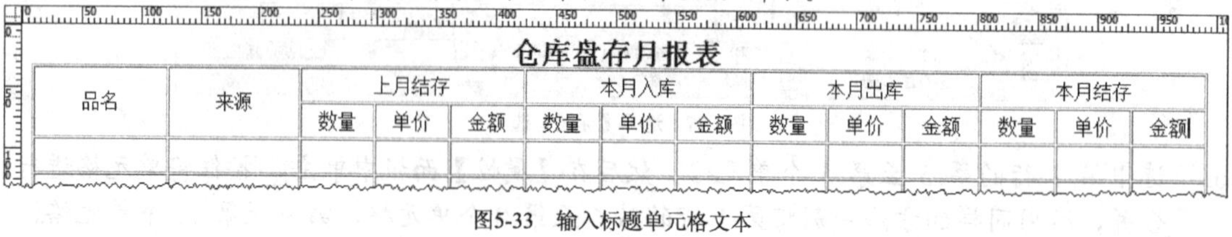

仓库盘存月报表

品名	来源	上月结存			本月入库			本月出库			本月结存		
		数量	单价	金额	数量	单价	金额	数量	单价	金额	数量	单价	金额

图5-33　输入标题单元格文本

12. 将鼠标光标置于表格的后面，然后按 Enter 键另起一行，并输入相应的文本，如图 5-34 所示。

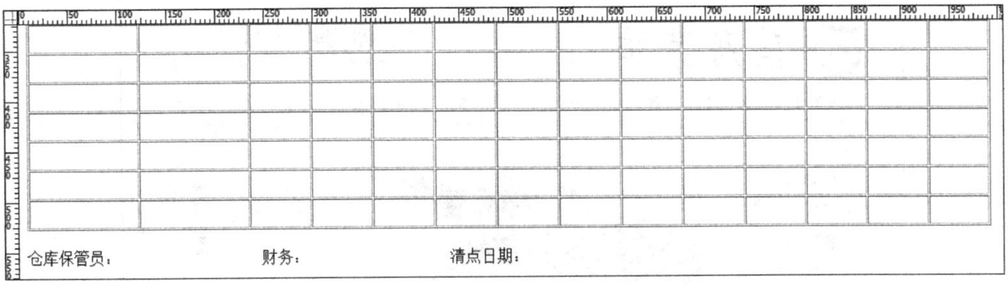

仓库保管员： 财务： 清点日期：

图5-34 输入文本

13. 最后保存文档。

5.3 实训——日历表

使用表格制作一个日历表，最终效果如图 5-35 所示。

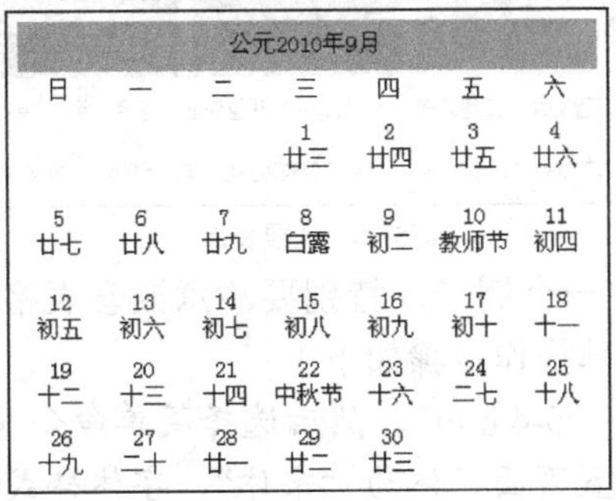

公元2010年9月						
日	一	二	三	四	五	六
			1 廿三	2 廿四	3 廿五	4 廿六
5 廿七	6 廿八	7 廿九	8 白露	9 初二	10 教师节	11 初四
12 初五	13 初六	14 初七	15 初八	16 初九	17 初十	18 十一
19 十二	20 十三	21 十四	22 中秋节	23 十六	24 二七	25 十八
26 十九	27 二十	28 廿一	29 廿二	30 廿三		

图5-35 日历表

这是使用表格组织数据的一个例子，步骤提示如下。

1. 创建文档并保存为“5-3-2.htm”，然后设置页面字体为“宋体”，字体样式和字体粗细均为“normal”，大小为“14px”。
2. 插入一个 7 行 7 列的表格，设置宽度为“350 像素”，填充、间距和边框均为“0”，标题行格式为“无”。
3. 对第 1 行所有单元格进行合并，然后设置单元格水平对齐方式为“居中对齐”，垂直对齐方式为“居中”，高度为“30”，背景颜色为“#99CCCC”，并输入文本“公元 2010 年 9 月”。
4. 设置第 2 行所有单元格的水平对齐方式为“居中对齐”，宽度为“50”，高度为“25”，并在单元格中输入文本“日”～“六”。
5. 设置第 3 行至第 7 行所有单元格水平对齐方式为“居中对齐”，垂直对齐方式为“居中”，高度为“40”。
6. 在第 3 行第 4 个单元格中输入“1”，然后按 Shift+Enter 组合键换行，接着输入“廿三”，按照同样的方法依次在其他单元格中输入文本。
7. 保存文件。

5.4 综合案例——佳居装饰

将附盘文件复制到站点文件夹下，然后使用表格布局网页，最终效果如图 5-36 所示。

图5-36　佳居装饰

这是使用表格布局网页的一个例子，特别要注意嵌套表格的使用。使用表格布局网页时，边框通常设置为“0”，具体操作步骤如下。

1. 创建一个新文档并保存为“5-4.htm”，然后选择菜单命令【修改】/【页面属性】，打开【页面属性】对话框，设置页面字体为“宋体”，字体样式和字体粗细均为“normal”，大小为“14px”，上边距为“0”。

   下面设置页眉部分。

2. 选择菜单命令【插入】/【表格】，插入一个 1 行 1 列的表格，设置宽度为“780 像素”，边距、间距和边框均为“0”。
3. 在表格【属性】面板中设置表格的对齐方式为“居中对齐”，然后在单元格【属性】面板中设置单元格的水平对齐方式为“居中对齐”，高度为“80”。
4. 将鼠标光标置于单元格中，然后选择菜单命令【插入】/【图像】，插入图像“logo.jpg”，如图 5-37 所示。

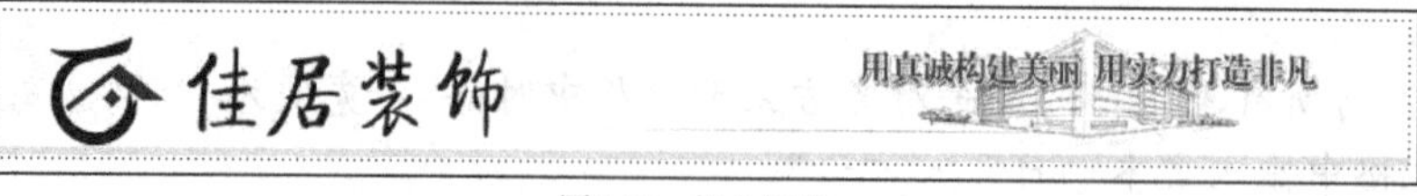

图5-37　插入图像

5. 将鼠标光标置于上一个表格的后面，然后继续插入一个 2 行 1 列的表格，属性设置如图 5-38 所示。

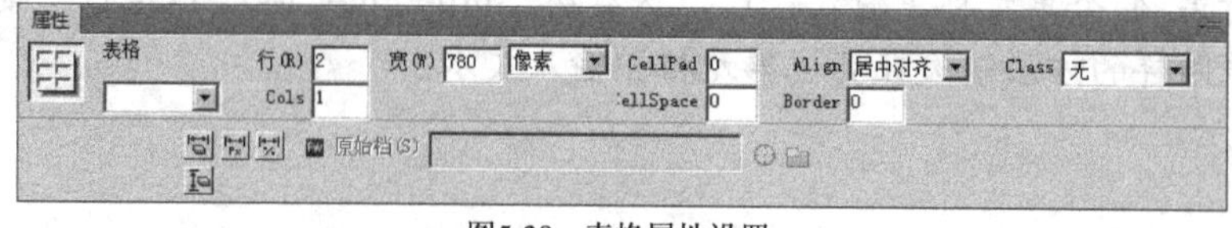

图5-38　表格属性设置

6. 将第 1 行单元格的水平对齐方式设置为“居中对齐”，高度设置为“45”，然后在单元格中插入导航图像“navigate.jpg”。

7. 将第 2 行单元格的水平对齐方式设置为“居中对齐”，高度设置为“30”，然后选择菜单命令【插入】/【水平线】，在单元格中插入水平线，如图 5-39 所示。

图5-39　插入水平线

下面设置主体部分。

8. 在页眉表格的外面继续插入一个 1 行 2 列的表格，设置宽度为“780 像素”，边距、间距和边框均为“0”，对齐方式为“居中对齐”。

9. 设置左侧单元格的水平对齐方式为“居中对齐”，垂直对齐方式为“顶端”，宽度为“180”，然后在其中插入一个 9 行 1 列的表格，属性设置如图 5-40 所示。

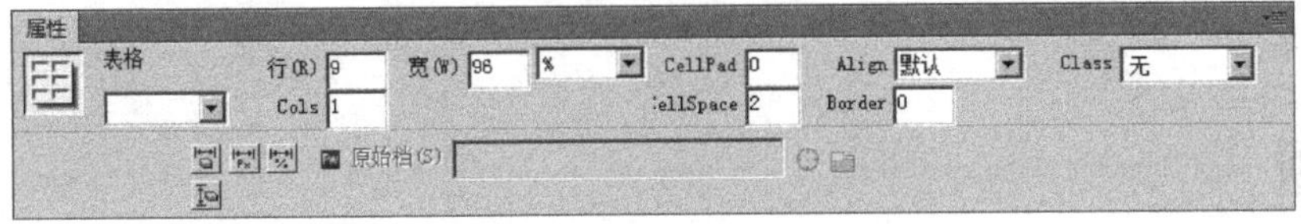

图5-40　表格属性设置

10. 设置所有单元格的水平对齐方式均为“居中对齐”，垂直对齐方式均为“居中”，高度为“30”，背景颜色为“#CCCCCC”，然后输入文本。

11. 设置右侧单元格的水平对齐方式为“居中对齐”，垂直对齐方式为“顶端”，宽度为“600”，然后在其中插入一个 3 行 4 列的表格，属性设置如图 5-41 所示。

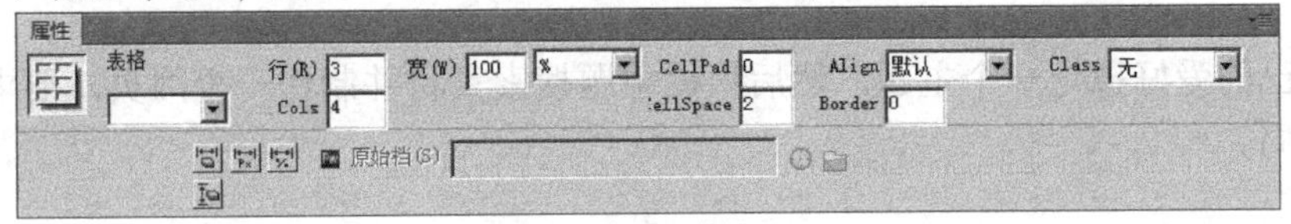

图5-41　表格属性设置

12. 将第 1 行单元格进行合并，设置其水平对齐方式为“居中对齐”，高度为“150”，然后选择菜单命令【插入】/【媒体】/【Flash SWF】，在其中插入 Flash 动画“jujia.swf”。

13. 设置第 2 行和第 3 行的所有单元格的水平对齐方式为“居中对齐”，垂直对齐方式为“居中”，宽度为“25%”，高度为“120”，然后在单元格中依次插入图像“01.jpg”~“08.jpg”，如图 5-42 所示。

图5-42　插入图像

下面设置页脚部分。

14. 在主体部分表格的外面继续插入一个 3 行 1 列的表格，设置宽度为“780 像素”，边距、间距和边框均为“0”，对齐方式为“居中对齐”。
15. 设置第 1 行和第 3 行单元格的水平对齐方式为“居中对齐”，高度为“30 像素”，然后在第 1 行和第 3 行单元格中输入相应的文本。
16. 设置第 2 行单元格的水平对齐方式为“居中对齐”，高度为“10 像素”，然后在单元格中插入图像“line.jpg”，如图 5-43 所示。

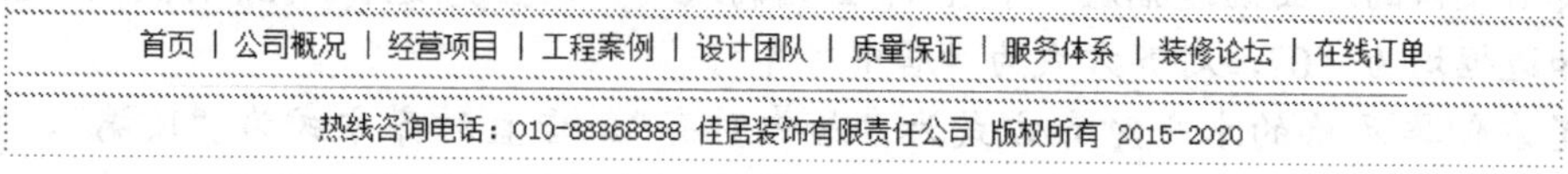

首页 | 公司概况 | 经营项目 | 工程案例 | 设计团队 | 质量保证 | 服务体系 | 装修论坛 | 在线订单

热线咨询电话：010-88868888 佳居装饰有限责任公司 版权所有 2015-2020

图5-43　设置页脚

17. 保存文件。

5.5　习题

1. 思考题
   (1) 表格的作用是什么？
   (2) 创建表格的常用方法有哪些？
   (3) 合并和拆分单元格的常用方法有哪些？
2. 操作题

根据自己的爱好拟定一个主题，然后根据主题搜索素材并制作一个网页，要求使用表格进行页面布局。

第6章　使用 CSS 样式

【学习目标】

- 了解 CSS 样式的基本类型。
- 熟悉 CSS 样式的基本属性。
- 掌握创建 CSS 样式的方法。
- 掌握应用 CSS 样式的方法。

CSS 样式表技术是当前网页设计中非常流行的样式定义技术，主要用于控制网页中的元素或区域的外观格式。本章将介绍 CSS 样式的基本知识。

6.1 功能讲解

CSS（Cascading Style Sheet，“层叠样式表”或“级联样式表”）用于控制 Web 页面的外观。下面介绍创建和应用 CSS 样式的基本方法。

6.1.1 关于 CSS 样式

下面首先对 CSS 的产生背景、层叠次序、CSS 速记格式等作简要介绍。

一、 CSS 产生背景

HTML 的初衷是用于定义网页内容，即通过使用<h1>、<p>、<table>等标签来表达“这是标题”“这是段落”“这是表格”等信息。至于网页布局由浏览器来完成，而不使用任何的格式化标签。由于当时盛行的两种浏览器 Netscape 和 Internet Explorer 不断将新的 HTML 标签和属性（如字体标签和颜色属性）添加到 HTML 规范中，致使创建网页内容清晰地独立于网页表现层的站点变得越来越困难。

为了解决这个问题，非营利的标准化联盟 W3C（万维网联盟）肩负起了 HTML 标准化的使命，并在 HTML 4.0 之外创造出了样式（Style）。使用 CSS 样式，不仅方便网页设计人员管理和维护网页源文件，还可以加快网页的读取速度。目前所有的主流浏览器都支持 CSS 层叠样式表。

二、 CSS 层叠次序

CSS 允许以多种方式设置样式信息。CSS 样式可以设置在单个的 HTML 标签元素中，也可以设置在 HTML 页的头元素内，或者设置在外部 CSS 文件中，甚至可以在同一个网页文档内引用多个外部样式表。当同一个 HTML 元素被不止一个样式定义时，会使用哪个样式呢？一般而言，所有的样式会根据下面的规则层叠于一个新的虚拟样式表中，其中内联样式（在 HTML 元素内部）拥有最高的优先权，然后依次是内部样式表（位于<head>标签内部）、外部样式表、浏览器默认设置。因此，这意味着内联样式（在 HTML 元素内部）将优先于以下的样式声明：<head>标签中的样式声明，外部样式表中的样式声明或浏览器中的样式声明（默认值）。

三、 CSS 速记格式

CSS 规范支持使用速记 CSS 的简略语法格式创建 CSS 样式，可以用一个声明指定多个属性的值。例如，font 属性可以在同一行中设置 font-style、font-variant、font-weight、font-size、line-height 及 font-family 等多个属性。但使用速记 CSS 的问题是速记 CSS 属性省略的值会被指定为属性的默认值。当两个或多个 CSS 规则指定给同一标签时，这可能会导致页面无法正确显示。例如，下面显示的 h1 规则使用了普通的 CSS 语法格式，其中已经为 font-variant、font-style、font-stretch 和 font-size-adjust 属性分配了默认值。

```
h1 {
font-weight: bold;
font-size: 16pt;
line-height: 18pt;
font-family: Arial;
font-variant: normal;
font-style: normal;
font-stretch: normal;
font-size-adjust: none
}
```

下面使用一个速记属性重写这一规则，可能的形式为：

```
h1 { font: bold 16pt/18pt Arial }
```

上述速记示例省略了 font-variant、font-style、font-stretch 和 font-size-adjust 标签，CSS 会自动将省略的值指定为它们的默认值。在 Dreamweaver CC 中，通过【首选项】对话框可以设置在定义 CSS 规则时是否使用速记的形式，如图 6-1 所示。

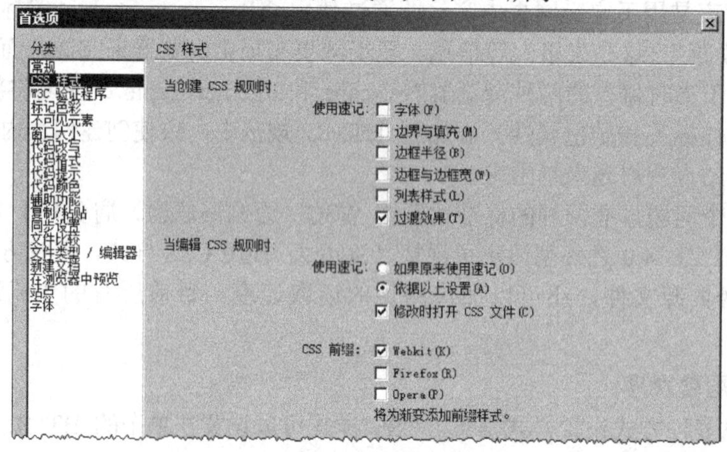

图6-1 【首选项】对话框

如果需要使用 CSS 速记可以直接在【首选项】对话框中选择要应用的 CSS 样式选项。

- 在【当创建 CSS 规则时】选项中，可以设置【使用速记】的几种情形，包括字体、边界与填充、边框半径、边框与边框宽、列表样式、过渡效果，当选择相应选项后，Dreamweaver CC 将以速记形式编写 CSS 样式属性。

- 在【当编辑 CSS 规则时】选项中，可以设置重新编写现有样式时【使用速记】的几种情形。选择【如果原来使用速记】单选按钮，在重新编写现有样式时仍然保留原样。选择【根据以上设置】单选按钮，将根据在【使用速记】中选择的属性重新编写样式。当选中【修改时打开 CSS 文件】复选框时，如果使用的是外部样式表文件，在修改 CSS 样式时将打开该样式表文件，否则不打开。

如果使用 CSS 语法的速记格式和普通格式在多个位置定义了样式，例如，在 HTML 页面中嵌入样式并从外部样式表中导入了样式，那么速记规则中省略的属性可能会覆盖其他规则中明确设置的属性。同时，速记这种形式使用起来虽然感觉比较方便，但某些较旧版本的浏览器通常不能正确解释。因此，Dreamweaver CC 默认情况下使用 CSS 语法的普通格式，同时也建议读者在初学时使用 CSS 语法的普通格式创建 CSS 样式。如果读者喜欢速记格式，可以在对 CSS 非常熟悉后再使用也未尝不可。

要点提示 建议读者在一个站点中设计 CSS 样式时要么使用速记格式要么使用普通格式，做到 CSS 样式的格式统一，同时尽量不要在多个位置定义 CSS 样式并同时加以引用。

6.1.2 创建和附加 CSS 样式表

使用 CSS 样式，可将页面的内容与表现形式分离。页面内容存放在 HTML 文档中，而用于定义表现形式的 CSS 规则存放在另一个独立的样式表文件中，也可以放在网页文档中的某一位置，通常为文件头部分。通过【CSS 设计器】面板可以可视化地创建 CSS 样式，并设置属性和媒体查询。下面对通过【CSS 设计器】面板创建和附加 CSS 样式表的基本过程进行简要说明。

首先创建一个网页文档并保存，也可打开一个现有的网页文档，因为只有在这种情况下，【CSS 设计器】面板才处于可用状态。然后选择菜单命令【窗口】/【CSS 设计器】，打开【CSS 设计器】面板，如图 6-2 所示。

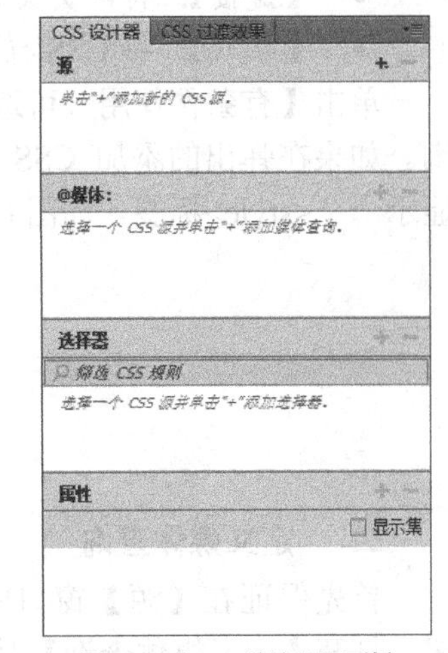

图6-2 【CSS 设计器】面板

【CSS 设计器】面板由以下 4 个部分组成。

- 【源】：列出与文档相关的所有 CSS 样式表。使用此窗口还可以创建新的 CSS 文件，附加现有的 CSS 文件，也可以在文档中定义 CSS 样式。
- 【@媒体】：在窗口中列出所选源中的全部媒体查询。如果不选择特定 CSS，则此窗口将显示与文档关联的所有媒体查询。
- 【选择器】：在窗口中列出所选源中的全部选择器。如果同时还选择了一个媒体查询，则此窗口会为该媒体查询缩小选择器列表范围。如果没有选择 CSS 或媒体查询，则此窗口将显示文档中的所有选择器。
- 【属性】：显示可为指定的选择器设置的相关属性。

【CSS 设计器】面板各部分是上下相关的。这意味着，对于任何给定的上下文或选定的页面元素，都可以查看关联的选择器和属性。而且，在【CSS 设计器】面板中选择某选择器时，关联的源和媒体查询将在各自的窗口中高亮显示。

一、定义 CSS 源

在【源】窗口中单击 + 按钮，在弹出的添加 CSS 源下拉菜单中根据需要选择相应的选项，以设置新建 CSS 语句的保存位置，如图 6-3 所示。

创建新的 CSS 文件
附加现有的 CSS 文件
在页面中定义

图6-3　添加 CSS 源下拉菜单

- 【创建新的 CSS 文件】：创建新 CSS 文件并将其附加到文档。
- 【附加现有的 CSS 文件】：将现有 CSS 文件附加到文档。
- 【在页面中定义】：在文档内定义 CSS。

选择【创建新的 CSS 文件】或【附加现有的 CSS 文件】选项，将显示【创建新的 CSS 文件】或【使用现有的 CSS 文件】对话框。单击 浏览... 按钮以指定 CSS 文件的名称，如果要创建 CSS，则还要指定保存新文件的位置，如图 6-4 所示。

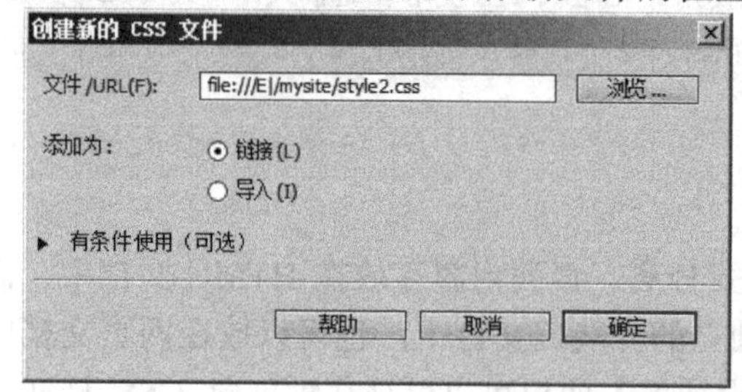

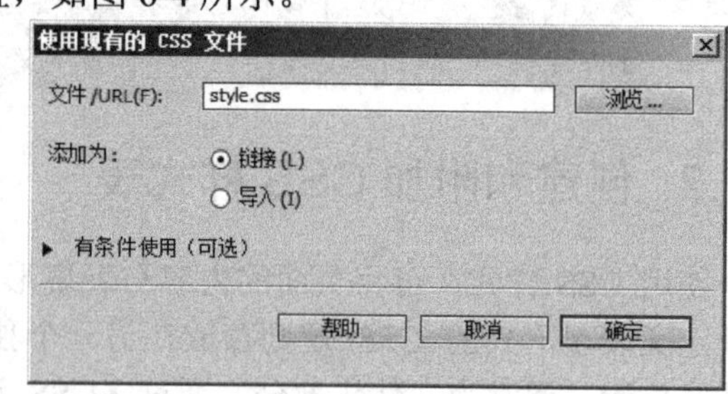

图6-4　【创建新的 CSS 文件】和【使用现有的 CSS 文件】对话框

在【添加为】选项组中根据需要选择【链接】或【导入】选项。

- 【链接】：将网页文档链接到 CSS 样式表文件。
- 【导入】：将 CSS 样式表文件导入到网页文档中。

单击【有条件使用（可选）】左侧的 ▸ 按钮，根据需要指定要与 CSS 文件关联的媒体查询。如果在弹出的添加 CSS 源下拉菜单中选择【在页面中定义】选项，在【源】窗口中将显示一个<style>标签，如图 6-5 所示，如果单击 - 按钮将删除选中的 CSS 源。

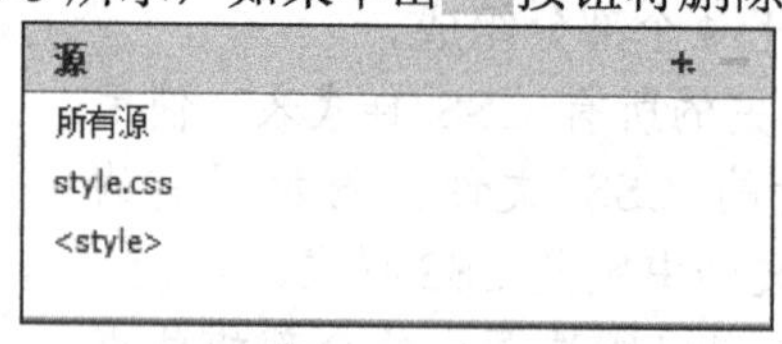

图6-5　【源】窗口中的<style>标签

二、定义媒体查询

首先保证在【源】窗口中已选择了某个 CSS 源，然后单击【@媒体】窗口中的 + 按钮，打开【定义媒体查询】对话框，如图 6-6 左图所示，其中列出 Dreamweaver CC 支持的所有媒体查询条件。根据需要选择设置【条件】选项，确保选择的所有条件指定有效值，否则无法成功创建相应的媒体查询。如果在【设计】或【实时视图】状态下选择某个媒体查询，则编辑窗口切换以便与选定的媒体查询相匹配，如图 6-6 右图所示。如果要查看全尺寸的窗口，要在【@媒体】窗口中选择【全局】选项。

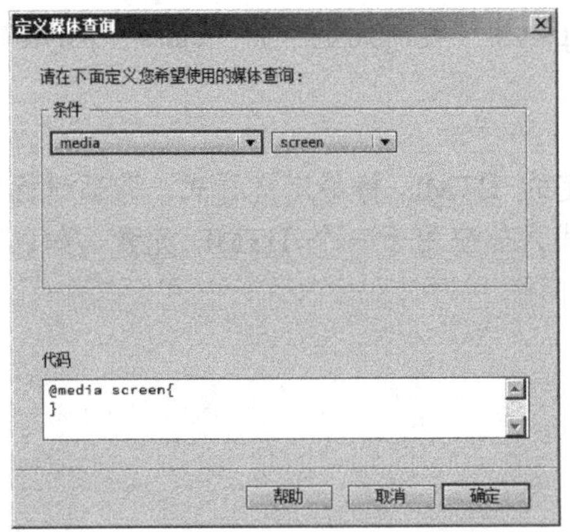

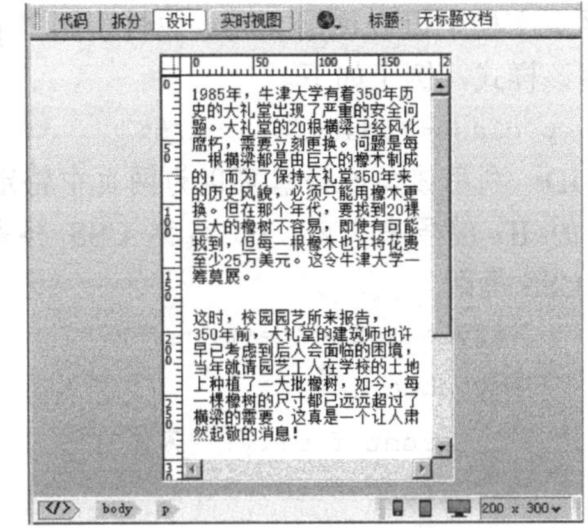

图6-6　媒体查询

三、 设置选择器

保证在【源】窗口中已选择了某个 CSS 源或在【@媒体】窗口中已选择了某个媒体查询。在文档中选择相应的文本或其他对象，然后在【选择器】窗口中单击+按钮，CSS 设计器会智能地确定并提示使用相关选择器，也可根据需要进行修改，如图 6-7 所示。

图6-7　【选择器】窗口

常用的选择器有类、ID、标签和复合内容等类型。如果要指定 ID 名称样式，在选择器名称之前需要添加前缀“#”。如果已经给对象命名了 ID 名称，在对象选中的状态下创建 CSS 样式，选择器名称前会自动添加前缀“#”，如“#mytable”。如果要指定类名称样式，在选择器名称之前需要添加前缀“.”，即英文状态下的点，如“.pstyle”。标签名称样式直接在文本框中输入即可，如 HTML 段落标签“p”。复合内容样式名称在选择内容后将自动出现在文本框中，也可手动输入，如“body p”。

CSS 指令以规则的方式给出，样式表是这些规则的集合。规则是组成 HTML 或被称为“选择器”的自定义标识的语句，同时它被定义的属性称之为“声明”。选择器用来定义样式类型，并将其运用到特定的部分。下面对常用的选择器类型进行简要说明。

- 类：利用该类选择器可创建自定义名称的 CSS 样式，能够应用在网页中的任何 HTML 标签上。例如，可以在样式表中加入名为“.pstyle”的类样式，代码如下。

```
<style type="text/css">
.pstyle {
    font-family: "宋体";
    font-size: 14px;
    line-height: 20px;
    margin-top: 5px;
    margin-bottom: 5px;
}
</style>
```

在网页文档中可以使用 class 属性引用“.pstyle”类，凡是含有“class=".pstyle"”的标签都应用该样式，例子如下。

```
<p class=".pstyle">…</p>
```

- ID：利用该类选择器可以为网页中特定的 HTML 标签定义样式，即通过标签的 ID 编号来实现，ID 名称 CSS 样式只能应用于一个 HTML 元素，如以下 CSS 规则。

```
<style type="text/css">
#mytable {
    font-family: "宋体";
    font-size: 14px;
    color: #F00;
}
</style>
```

可以通过 ID 属性应用到 HTML 中。

```
<table width="180" id="mytable">…</table >
```

- 标签：利用该类选择器可对 HTML 标签进行重新定义、规范或扩展其属性。例如，当创建或修改“h2”标签（标题 2）的 CSS 样式时，所有用“h2”标签进行格式化的文本都将被立即更新，如下面的代码。

```
<style type="text/css">
h2 {
    font-family: "黑体";
    font-size: 24px;
    color: #FF0000;
    text-align: center;
}
</style>
```

因此，重定义标签时应多加小心，因为这样做有可能会改变许多页面的布局。例如，对“table”标签进行重新定义，就会影响到其他使用表格的页面布局。

- 复合内容（基于选择的内容）：利用该类选择器可以创建复杂的选择器，如“td h2”表示所有在单元格中出现“h2”的标题。而“#myStyle1 a:visited, #myStyle2 a:link, #myStyle3…”表示可以一次性定义相同属性的多个 CSS 样式。具体示例如下。

```
<style type="text/css">
#mytable tr td hr {
    color: #F00;
}
</style>
```

在【选择器】窗口可以进行以下操作。

- 在 CSS 样式名称非常多的情况下要搜索特定选择器，可使用搜索框。
- 如果要重命名选择器，可双击该选择器，然后输入所需的名称。

- 如果要重新整理选择器，可将选择器拖至所需位置。
- 如果要将选择器从一个源移至另一个源，可将该选择器拖至所需的源上。
- 如果要复制选择器，可单击鼠标右键，在弹出的快捷菜单中选择【直接复制】命令，这时将出现一个与复制对象同名的选择器，进行修改即可。
- 复制粘贴样式：通过鼠标右键快捷菜单可以将一个选择器中的样式复制粘贴到其他选择器中，也可以复制所有样式或仅复制布局、文本和边框等特定类别的样式，如图 6-8 所示，如果选择器没有设置样式，则【复制样式】和【复制所有样式】处于禁用状态。

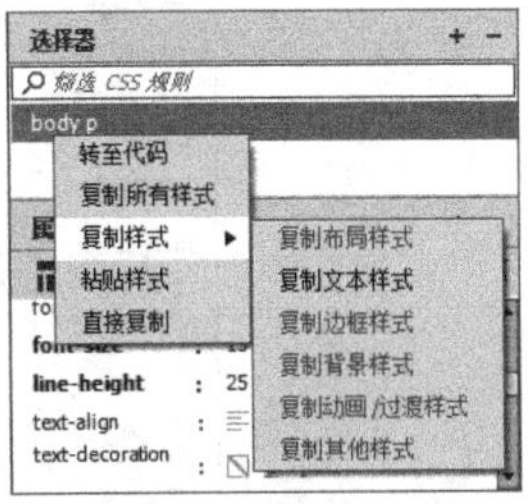

图6-8　复制粘贴样式菜单

四、 设置 CSS 属性

在【选择器】窗口设置好选择器后，就可以在【属性】窗口设置 CSS 属性。在【CSS 设计器】面板中，Dreamweaver CC 将 CSS 属性分为布局、文本、边框、背景和自定义 5 个类别，分别用、、、、按钮显示在【属性】窗口顶部。单击按钮可以在列表框中设置相应的文本属性，如图 6-9 左图所示。当将鼠标指针置于某个设置了属性值的属性上时，在其后面会显示和两个按钮。单击按钮将禁用该项 CSS 属性，即使其不起作用。单击按钮将删除用户设置的 CSS 属性值，即将属性恢复成默认值。自定义类别是“仅文本”属性而非具有可视控件的属性的列表。选择【显示集合】复选框可只显示已设置的属性。如果要查看可为选择器指定的所有属性，需要取消选择【显示集合】复选框，如图 6-9 右图所示。

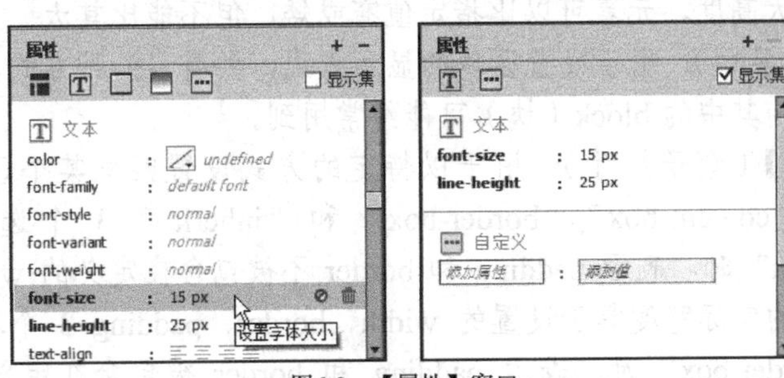

图6-9　【属性】窗口

6.1.3 CSS 属性

【CSS 设计器】面板将常用的 CSS 属性划分成了布局、文本、边框和背景等类别，下面进行简要介绍。

一、 布局属性

布局是指将某个对象（如图像和文字），放入一个容器盒子（如一个一行一列的表格），通过控制这个盒子的位置达到控制对象的目的。W3C 组织建议把所有的网页上的对象都放在一个盒子中，在定义盒子宽度和高度的时候，要考虑到内填充、边框、边界的存在。通过 CSS 还可以控制包含对象的盒子的外观和位置。在【CSS 设计器】面板的【属性】窗口中，单击按钮可以显示布局的相关属性，如图 6-10 所示。下面对其中的各个选项进行简要介绍。

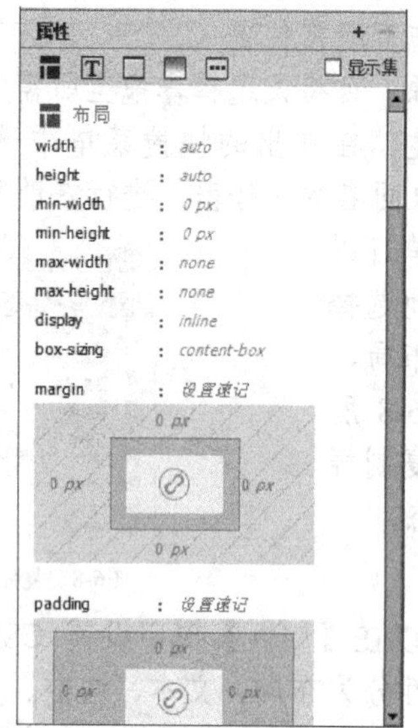

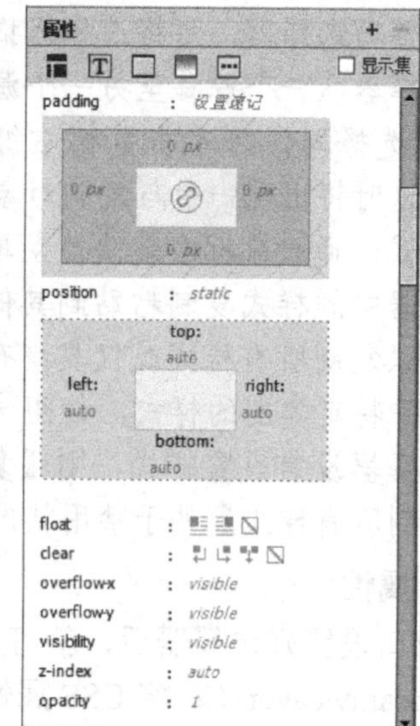

图6-10　布局属性

- 【width】（宽度）和【height】（高度）：用于设置元素的宽度和高度，可以选择【auto】（自动）选项让浏览器自行控制，也可以直接输入数值进行设置。
- 【min-width】（最小宽度）和【min-height】（最小高度）：用于设置元素的最小宽度和最小高度，元素可以比指定值宽或高，但不能比其小。
- 【max-width】（最大宽度）和【max-height】（最大高度）：用于设置元素的最大宽度和最大高度，元素可以比指定值窄或矮，但不能比其大。
- 【display】（显示）：用于设置区块的显示方式，共有 19 种方式，初学者在使用该选项时，其中的 block（块）可能经常用到。
- 【box-sizing】（盒子尺寸）：用于以特定的方式设置匹配某个区域的特定元素，包括“content-box”“border-box”和“inherit ”3 个选项。当选择“content-box”时，表示 padding 和 border 不被包含在定义的 width 和 height 之内，对象的实际宽度等于设置的 width、border、padding 3 个参数值之和。当选择“border-box”时，表示 padding 和 border 被包含在定义的 width 和 height 之内，对象的实际宽度等于设置的 width 值，即使定义有 border 和 padding 也不会改变对象的实际宽度。当选择“inherit”时，表示应从父元素继承 box-sizing 属性的值。
- 【margin】（边界）：用于设置围绕边框的外边距大小，包含了“margin-top”（上，控制上边距的宽度）、“margin-right”（右，控制右边距的宽度）、“margin-bottom”（下，控制下边距的宽度）、“margin-left”（左，控制左边距的宽度）4 个选项，如果将对象的左右边界均设置为“auto”（自动），可使对象居中显示，例如即将要学习的 Div 等。
- 【padding】（填充）：用于设置围绕内容到边框的空白大小，包括“padding-top”（上，控制上空白的宽度）、“padding-right”（右，控制右空白的宽度）、“padding-bottom”（下，控制下空白的宽度）和“padding-left”（左，控制左空白的宽度）4 个选项。

- 【position】（位置）：用于确定定位的类型，有 static（静态）（HTML 元素的默认值，即没有定位，元素出现在正常的流中，静态定位的元素不会受到 top、bottom、left 和 right 影响）、absolute（绝对）（相对于最近的已定位父元素，如果元素没有已定位的父元素，那么它的位置相对于页面左上角）、fixed（固定）（元素的位置相对于浏览器窗口是固定位置，即使窗口是滚动的它也不会移动，Fixed 定位在 IE7 和 IE8 下需要描述“!DOCTYPE”才能支持，fixed 定位使元素的位置与文档流无关，因此不占据空间，Fixed 定位的元素和其他元素重叠）和【相对】（relative，相对其正常位置，相对定位元素经常被用来作为绝对定位元素的容器块）4 个选项。在为元素确定了绝对和相对定位类型后，可以设置元素在网页中的具体位置，包括“top”（上）、“right”（右）、“bottom”（下）、“left”（左）4 个选项。
- 【float】（浮动）：用于设置块元素的对齐方式。
- 【clear】（清除）：用于设置清除浮动效果，让父容器知道其中的浮动内容在哪里结束，从而使父容器能完全容纳它们。在网页布局中，此功能会经常使用，届时读者就会明白其真正的作用。
- 【overflow-x】（水平溢出）和【overflow-y】（垂直溢出）：用于设置如果内容溢出元素内容区域是否对内容的左右或上下边缘进行裁剪。这两个属性无法在 IE8 及更早的浏览器正确地工作。该属性共有“visible”（可见，不裁剪内容，可能会显示在内容框之外）、“hidden”（隐藏，只显示内容框内的内容，超出内容框的内容隐藏，不提供滚动机制）、“scroll”（滚动，显示内容框内的内容，超出内容框的内容通过移动滚动条显示）和“auto”（自动，当内容超出内容框时，自动显示滚动条）、“no-content”（如果内容不适合内容框，则隐藏整个内容）和“no-display”（如果内容不适合内容框，则删除整个框）等 6 个选项。
- 【visibility】（显示）：用于设置网页中的元素显示方式，共有“inherit”（继承母体要素的可视性设置）、“visible”（可见）和“hidden”（隐藏）和“collapse”（合并）（当在表格元素中使用时，此值可删除一行或一列，但是它不会影响表格的布局，被行或列占据的空间会留给其他内容使用，如果此值被用在其他的元素上，会呈现为“hidden”）4 个选项。
- 【z-index】（叠放顺序）：用于控制网页中块元素的叠放顺序，可以为元素设置重叠效果。该属性的参数值使用纯整数，数值大的在上，数值小的在下。
- 【opacity】（不透明级别）：用于设置元素的不透明级别，取值范围从 0.0（完全透明）到 1.0（完全不透明），默认值为 1，如果将其值设置为 inherit，表示应该从父元素继承 opacity 属性的值。IE8 及更早的版本支持替代的 filter 属性，例如：filter:Alpha(opacity=50)。

二、 文本属性

文本属性主要用于定义网页中文本的字体、大小、颜色、样式、行高，以及文本阴影效果、元素间距、列表属性等。在【CSS 设计器】面板的【属性】窗口中，单击T按钮可以显示文本的相关属性，如图 6-11 所示。下面对其中的各个选项进行简要介绍。

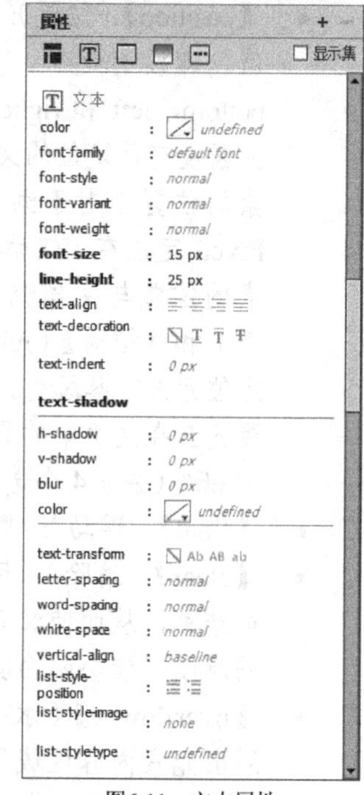

图6-11 文本属性

- 【color】(颜色): 用于设置文本的颜色。这个属性设置了一个元素的前景色，在 HTML 表现中，就是元素文本的颜色。光栅图像不受 color 属性影响。这个颜色还会应用到元素的所有边框，除非被 border-color 或另外某个边框颜色属性覆盖。要设置一个元素的前景色，最容易的方法是使用 color 属性。
- 【font-family】(字体系列): 用于设置文本的字体系列。
- 【font-style】(字体样式): 用于设置文本的字体样式，包括“normal”(默认值，浏览器显示一个标准的字体样式)、“italic”(浏览器会显示一个斜体的字体样式)和“oblique”(浏览器会显示一个倾斜的字体样式)3 个选项。
- 【font-variant】(字体变形): 用于设置英文文本的字体变形，即规定是否以小型大写字母的字体显示文本。包括“normal”(默认值，浏览器会显示一个标准的字体)和“small-caps”(浏览器会显示小型大写字母的字体)两个选项。
- 【font-weight】(字体粗细): 用于设置文本的粗细，包括 13 个选项，其中“normal”表示标准字符，“bold”表示粗体字符，“bolder”表示更粗的字符，“lighter”表示更细的字符。还可以通过选择 100、200、300 直至最大值 900 来定义文本由细到粗，400 等同于“normal”，而 700 等同于“bold”。
- 【font-size】(字体大小): 用于设置文本的字体大小，实际上它设置的是字体中字符框的高度，实际的字符字形可能比这些框高或矮(通常会矮)。
- 【line-height】(行高): 用于设置行间的距离(行高)，值可设为 normal(默认，设置合理的行间距)或具体的值，常用单位为 px(像素)。
- 【text-align】(文本对齐): 用于设置文本的水平对齐方式，包括“left”(左对齐)、“right”(右对齐)、“center”(居中对齐)和“justify”(两端对齐)4 个选项。
- 【text-decoration】(文本修饰): 用于设置添加到文本的装饰效果，有“underline”(下划线)、“overline”(上划线)、“line-through”(删除线)和“none”(无)4 种修饰方式可供选择。
- 【text-indent】(首行缩进): 用于设置文本首行的缩进，允许使用负值。如果使用负值，那么首行会被缩进到左边。
- 【text-shadow】(文本阴影): 用于设置文本的阴影效果，可向文本添加一个或多个阴影，阴影列表用逗号分隔，每个阴影有 2 个或 3 个长度值和 1 个可选的颜色值进行规定，省略的长度是 0。该属性有“h-shadow”(水平阴影的位置，必需，允许负值)、“v-shadow”(垂直阴影的位置，必需，允许负值)、“blur”(模糊的距离，可选)和“color”(阴影的颜色，可选)4 个属性参数。
- 【text-transform】(文本大小写): 用于设置文本的大小写，有“none”(无)、

"capitalize"（文本中的每个单词以大写字母开头）、"uppercase"（文本中的每个单词全部使用大写字母）和 "lowercase"（文本中的每个单词全部使用小写字母）4 个选项。

- 【letter-spacing】（字符间距）：用于设置字符间距，增加或减少字符间的空白。该属性定义了在文本字符框之间插入多少空间，由于字符字形通常比其字符框要窄，指定长度值时，会调整字母之间通常的间隔。因此，值为 "normal" 就相当于值为 0。允许使用负值，这会让字母之间挤得更紧。
- 【word-spacing】（字间距）：用于设置单词间距，增加或减少单词间的空白。CSS 把 "字（word）" 定义为任何非空白符字符组成的串，并由某种空白字符包围。这个定义没有实际的语义，它只是假设一个文档包含由一个或多个空白字符包围的字。支持 CSS 的用户代理不一定能确定一个给定语言中哪些是合法的字，而哪些不是。尽管这个定义没有多大价值，不过它意味着采用象形文字的语言或非罗马书写体往往无法指定字间隔。
- 【white-space】（空格）：用于设置如何处理元素内的空格，有 "normal"（默认，空白会被浏览器忽略）、"pre"（空白会被浏览器保留，其行为方式类似 HTML 中的<pre>标签）、"nowrap"（文本不会换行，文本会在在同一行上继续，直到遇到
标签为止）、"pre-wrap"（保留空白符序列，但是正常地进行换行）和 "pre-line"（合并空白符序列，但是保留换行符）5 个选项。
- 【vertical-align】（垂直对齐）：用于设置元素的垂直对齐方式，该属性定义行内元素的基线相对于该元素所在行的基线的垂直对齐。允许指定负长度值和百分比值。这会使元素降低而不是升高。在表格单元格中，这个属性会设置单元格中内容的对齐方式。
- 【list-style-position】（列表标记位置）：用于设置列表项标记的放置位置，包括 Inside（列表项目标记放置在文本以内，环绕文本与标记对齐）和 outside（默认值，保持标记位于文本的左侧。列表项目标记放置在文本以外，且环绕文本不与标记对齐）两个选项。
- 【list-style-image】（图像列表）：用于设置将图象作为列表项标记，图像相对于列表项内容的放置位置通常使用 list-style-position 属性控制，建议设置一个 list-style-type 属性以防图像不可用。
- 【list-style-type】（列表标记）：用于设置列表项标记的类型，共有 21 个选项，其中比较常用的有 Disc（默认，实心圆）、circle（空心圆）、square（实心方块）、decimal（数字）、decimal-leading-zero（0 开头的数字，如 01、02、03 等）、lower-roman（小写罗马数字 i、ii、iii、iv、v 等）、upper-roman（大写罗马数字 I、II、III、IV、V 等）、lower-alpha（小写英文字母 a、b、c 等）、upper-alpha（大写英文字母 A、B、C 等）。

三、 边框属性

【边框】属性主要用于设置一个元素边框的宽度、式样和颜色等。在【CSS 设计器】面板的【属性】窗口中，单击▢按钮可以显示边框的相关属性，如图 6-12 所示。下面对其中的属性选项进行简要介绍。

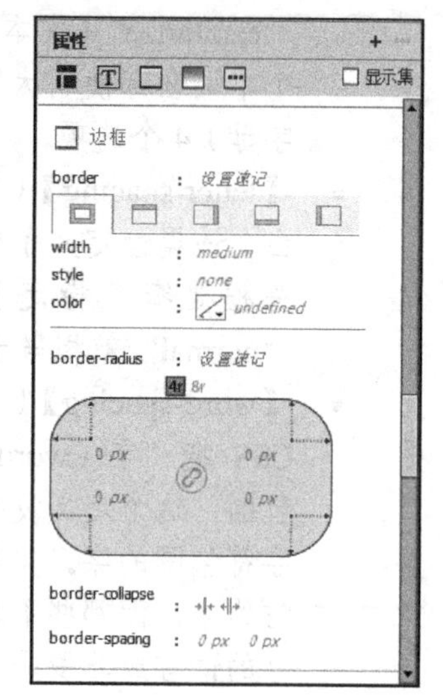

图6-12　边框属性

- 【border】(边框): 用于设置以速记的方式定义所有的边框属性，如可以输入“3px dotted red”。
- 按钮: 单击该按钮表示设置上、右、下和左 4 个边框的属性。
- 按钮: 单击该按钮表示仅设置上边框的宽度、样式和颜色属性。
- 按钮: 单击该按钮表示仅设置右边框的宽度、样式和颜色属性。
- 按钮: 单击该按钮表示仅设置下边框的宽度、样式和颜色属性。
- 按钮: 单击该按钮表示仅设置左边框的宽度、样式和颜色属性。
- 【width】(宽度): 用于设置边框的宽度，可以把边框粗细设置成“thin”(细)、“medium”(默认，中)、“thick”(粗)，也可以设置为具体的数值。
- 【style】(样式): 用于设置边框样式，包括“none”(无边框)、“hidden”(与 none 相同，不过应用于表时，hidden 用于解决边框冲突)、“dotted”(点状线，在大多数浏览器中呈现为实线)、“dashed”(虚线，在大多数浏览器中呈现为实线)、“solid”(实线)、“double”(双线，双线的宽度等于 border-width 的值)、“groove”(凹槽线，效果取决于 border-color 的值)、“ridge”(垄状线，效果取决于 border-color 的值)、“inset”(凹陷，效果取决于 border-color 的值)、“outset”(凸出，效果取决于 border-color 的值)等 10 个选项。
- 【color】(颜色): 用于设置边框的颜色。
- 【border-radius】(边框半径): 用于设置以速记的方式定义边框半径(用 r 表示)，如可以输入“25px”，表示所有的边框半径均是 25px，也可以按 4r 方式输入“25px 20px 20px 15px”，表示上左角、上右角、下右角和下左角的边框半径分别是 25px、20px、20px、5px，如果按 8r 方式可以输入“2em 1em 4em/0.5em 3em”。在定义边框半径时，如果省略 bottom-left，则与 top-right 相同。如果省略 bottom-right，则与 top-left 相同。如果省略 top-right，则与 top-left 相同。
- 4r按钮和8r按钮: 用于选择是按 4r 方式设置边框半径还是按 8r 方式设置边框半径，选择后可以在 4 个边角的位置设置相应的半径大小，如图 6-13 所示。

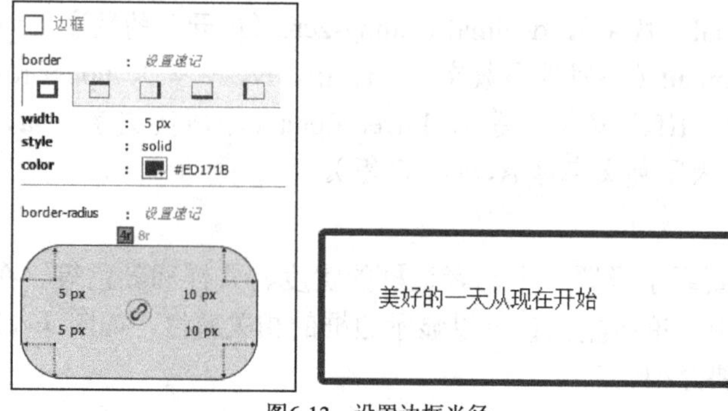

图6-13　设置边框半径

- 【border-collapse】（边框折叠）：用于设置边框是否被合并为一个单一的边框，还是像在标准的 HTML 中那样分开显示。表示 separate（默认值，边框会被分开，不会忽略 border-spacing 和 empty-cells 属性），表示 collapse（如果可能，边框会合并为一个单一的边框，会忽略 border-spacing 和 empty-cells 属性）。
- 【border-spacing】（边框空间）：用于设置相邻边框间的距离，仅用于【border-collapse】属性设置为 Separate 的情况）。第 1 个选项用于设置水平间距，第 2 个选项用于设置垂直间距。

四、背景属性

【背景】属性主要用于定义网页的背景颜色或背景图像等。在【CSS 设计器】面板的【属性】窗口中，单击按钮可以显示背景的相关属性，如图 6-14 所示。下面对其中的属性选项进行简要介绍。

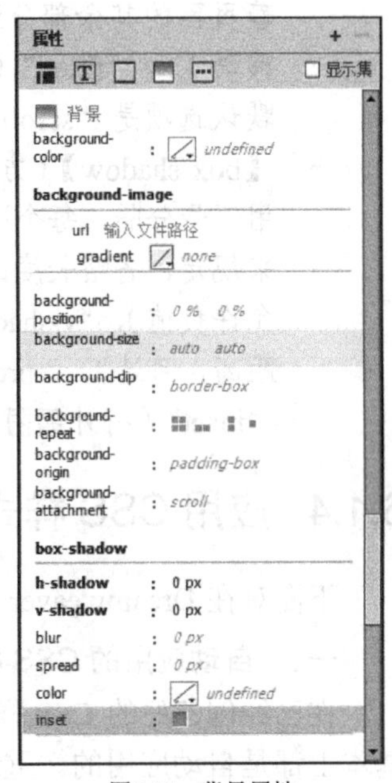

图6-14　背景属性

- 【background-color】（背景颜色）：用于设置元素的背景颜色，这种颜色会填充元素的内容、内边距和边框区域，扩展到元素边框的外边界（但不包括外边距）。如果边框有透明部分（如虚线边框），会透过这些透明部分显示出背景色。
- 【background-image】（背景图像）：用于设置元素的背景图像，元素的背景占据了元素的全部尺寸，包括内边距和边框，但不包括外边距。默认情况下，背景图像位于元素的左上角，并在水平和垂直方向上重复。建议设置一种可用的背景颜色，如果背景图像不可用，页面也可获得良好的视觉效果。其中 url 用于定义背景图像的位置，gradient 用于设置背景图像渐变。
- 【background-position】（背景位置）：用来确定背景图像的水平和垂直位置。需要把 background-attachment 属性设置为 fixed，才能保证该属性在 Firefox 和 Opera 中正常工作。
- 【background-size】（背景尺寸）：用于设置背景图像的大小，可以设置背景图像的宽度和高度，第 1 个值设置宽度，第 2 个值设置高度，也可以把 background-size 的值设置为 cover（表示把背景图像扩展至足够大，以使背景图像完全覆盖背景区域。背景图像的某些部分也许无法显示在背景定位区域中）或 contain（表示把图像扩展至最大尺寸，以使其宽度和高度完全适应内容区域）。
- 【background-clip】（背景剪辑）：用于设置背景的绘制区域，包括“padding-box”（背景被裁剪到内边距框）、“border-box”（背景被裁剪到边框盒）和“content-box”（背景被裁剪到内容框）3 个选项。
- 【background-repeat】（背景重复）：用于设置背景图像的平铺方式，有

"repeat"（图像沿水平、垂直方向平铺）、"repeat-x"（图像沿水平方向平铺）、"repeat-y"（图像沿垂直方向平铺）和"no-repeat"（不重复）4个选项，默认选项是repeat。

- 【background-origin】（背景起源）：用于设置【background-position】属性相对于什么位置来定位，包括"padding-box"（背景图像相对于内边距框来定位）、"border-box"（背景图像相对于边框盒来定位）和"content-box"（背景图像相对于内容框来定位）3个选项。如果背景图像的【background-attachment】属性设置为"fixed"，则该属性没有效果。
- 【background-attachment】（背景滚动模式）：用来设置背景图像是否固定或随着页面的其余部分滚动，有"scroll"（背景图像会随着页面其余部分的滚动而移动）和"fixed"（当页面的其余部分滚动时背景图像不会移动）两个选项，默认选项是"scroll"。
- 【box-shadow】（方框阴影）：用于设置向方框添加一个或多个阴影，阴影列表用逗号分隔，每个阴影有2~4个长度值、可选的颜色值及可选的inset关键词来规定，省略长度的值是0。该属性有"h-shadow"（水平阴影的位置，必需，允许负值）、"v-shadow"（垂直阴影的位置，必需，允许负值）、"blur"（模糊的距离，可选）、"spread"（阴影的尺寸，可选）、"color"（阴影的颜色，可选）和"inset"（将外部阴影（outset）改为内部阴影，可选）6个属性参数。

6.1.4 应用CSS样式

下面对在Dreamweaver CC中应用CSS样式的方法作简要介绍。

一、 自动应用的CSS样式

在已经创建好的CSS样式中，标签CSS样式、ID名称CSS样式和复合内容CSS样式基本上都是自动应用的。重新定义了标签的CSS样式，凡是使用该标签的内容将自动应用该标签CSS样式。例如，重新定义了段落标签<p>的CSS样式，凡是使用标签<p>的内容都将应用其样式。定义了ID名称CSS样式，拥有该ID名称的对象将应用该样式。复合内容CSS样式将自动应用到所选择的内容上。

二、 单个类CSS样式的应用

通常所说的类CSS样式的应用，主要是指单个类CSS样式的应用，需要进行手动设置，方法通常有以下两种。

(1) 通过【属性】面板。

首先选中要应用类CSS样式的内容，然后在【属性（HTML）】面板的【类】下拉列表中选择已经创建好的样式，或者在【属性（CSS）】面板的【目标规则】下拉列表中选择已经创建好的样式，如图6-15所示。

图6-15　通过【属性】面板应用样式

(2) 通过菜单命令【格式】/【CSS 样式】。

首先选中要应用类 CSS 样式的内容，然后选择菜单命令【格式】/【CSS 样式】，从下拉菜单中选择预先设置好的类 CSS 样式名称，这样就可以将被选择的样式应用到所选的内容上，如图 6-16 所示。

图6-16 通过菜单命令应用类 CSS 样式

三、 多个类 CSS 样式的应用

在 Dreamweaver CC 中，可以将多个 CSS 类应用于单个元素，方法如下。

(1) 首先选择一个要应用多个类的 HTML 标签元素，如<p>。

(2) 使用以下任意一种方法打开【多类选区】对话框，并选择需要应用的类，如图 6-17 所示。

- 在【属性（HTML）】面板的【类】下拉列表或【属性（CSS）】面板的【目标规则】下拉列表中选择【应用多个类】选项。
- 用鼠标右键单击文档窗口底部要应用类的标签选择器，在弹出的快捷菜单中选择【设置类】/【应用多个类】命令。

(3) 单击 确定(O) 按钮，将对所选择的 HTML 标签<p>应用多个类，此时的文档编辑窗口底部的<p>变成了<p.pcolor.pstyle>，如图 6-18 所示。

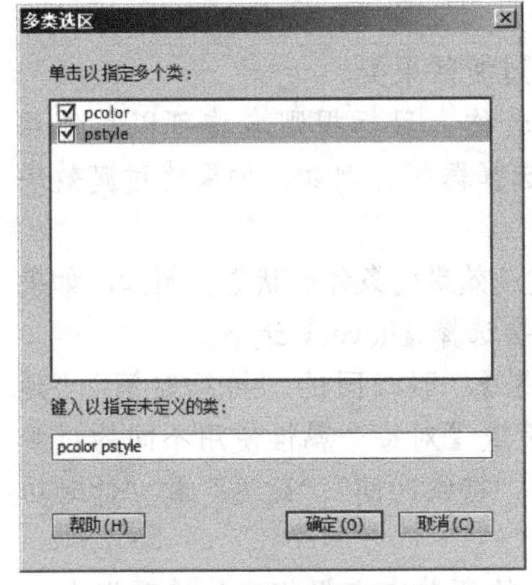

图6-17 【多类选区】对话框

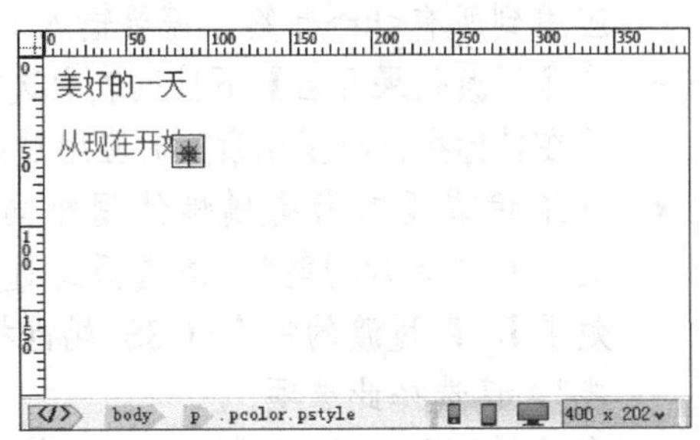

图6-18 应用多个类

6.1.5 CSS 过渡效果

可以使用【CSS 过渡效果】面板，将平滑属性变化更改应用于基于 CSS 的页面元素，以响应触发器事件，如悬停、单击和聚焦。比较常见的实例是，当用户悬停在一个菜单栏项上时，它会逐渐从一种颜色变成另一种颜色。

通过【CSS 过渡效果】面板可以创建、修改和删除 CSS 过渡效果。要创建 CSS 过渡效果，需要通过为元素的过渡效果属性指定值来创建过渡效果类。如果在创建过渡效果类之前已选择元素，则过渡效果类会自动应用于选定的元素。可以选择将生成的 CSS 代码添加到当前文档中，也可保存到指定的外部 CSS 文件中。创建并应用 CSS 过渡效果的基本操作过程如下。

(1) 选择要应用过渡效果的元素，如段落、标题等（也可以先创建过渡效果稍后将其应用到元素上）。

(2) 选择菜单命令【窗口】/【CSS 过渡效果】，打开【CSS 过渡效果】面板，利用该面板来创建和编辑 CSS 过渡效果，如图 6-19 所示。

(3) 在【CSS 过渡效果】面板中，单击按钮，打开【新建过渡效果】对话框，如图 6-20 所示。

图6-19　【CSS 过渡效果】面板

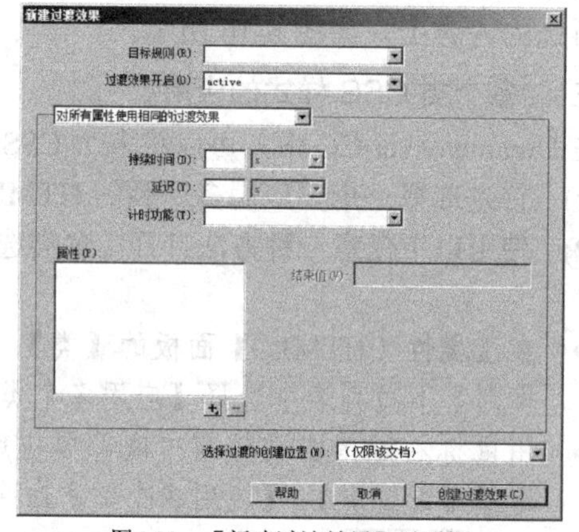

图6-20　【新建过渡效果】对话框

CSS 过渡效果是 HTML 5 的一个重要特色，在使用该功能时，建议创建的网页文档类型为 HTML 5，以保证功能的完美应用。

(4) 使用【新建过渡效果】对话框中的选项创建过渡效果类。

- 在【目标规则】下拉列表中输入目标规则名称。目标规则名称可以是任意 CSS 选择器，包括标签、规则、ID 或复合选择器等。例如，如果将过渡效果应用到所有<hr>标签，需要输入“hr”。
- 在【过渡效果开启】下拉列表中选择要应用过渡效果的条件或状态。例如，如果要在鼠标指针移至元素上时应用过渡效果，需要选择【hover】选项。
- 如果希望【对所有属性使用相同的过渡效果】，即相同的“持续时间”“延迟”和“计时功能”，请选择此选项。如果希望【对每个属性使用不同的过渡效果】，即过渡的每个 CSS 属性指定不同的“持续时间”“延迟”和“计时功能”，请选择此选项。
- 在【属性】列表框下侧单击按钮，在打开的菜单中选择相应的选项以向过渡效果添加 CSS 属性。持续时间和延迟时间以 s（秒）或 ms（毫秒）为单位。过渡效果的结束值是指过渡效果结束后的属性值。例如，如果想要字体大小在过渡效果的结尾增加到 40px，需要在【属性】列表框中添加“font-size”，在【结束值】文本框中输入“40px”。
- 如果要在当前文档中嵌入样式，需要在【选择过渡的创建位置】下拉列表中选择【(仅限该文档)】选项。如果要为 CSS 代码创建外部样式表，需要选择【(新建样式表文件)】选项。单击 创建过渡效果(C) 按钮，系统会提示提供一个位置来保存新的 CSS 文件。在创建样式表之后，它将被添加到“选择过渡的创建位置”菜单中。

在【CSS 过渡效果】面板中编辑 CSS 过渡效果的方法是，选择想要编辑的过渡效果，单击按钮，打开【编辑过渡效果】对话框，利用该对话框来更改以前为过渡效果输入的值即可。

6.2 范例解析——什么叫责任

将附盘文件复制到站点文件夹下，然后使用 CSS 样式控制网页外观，最终效果如图 6-21 所示。

图6-21　什么叫责任

这是使用 CSS 样式控制网页外观的一个例子，通过【CSS 设计器】面板创建标签 CSS 样式“body”来设置网页的背景图像，创建类 CSS 样式“.title”来设置第 1 行单元格的文本字体、大小和颜色，创建 ID 名称 CSS 样式“#mytable”来设置表格的边框样式、宽度、颜色和居中显示，创建复合内容的 CSS 样式“#mytable tr td p”来设置第 3 行单元格文本的字体、大小、行距和段前段后距离。具体操作步骤如下。

1. 打开站点下的网页文档“6-2.htm”，然后选择菜单命令【窗口】/【CSS 设计器】，打开【CSS 设计器】面板，在【源】窗口中单击+按钮，在弹出的添加 CSS 源下拉菜单中选择【在页面中定义】选项，此时在【源】列表框中添加了<style>标签，如图 6-22 所示。
2. 在【选择器】窗口中单击+按钮，在文本框中输入标签选择器名称“body”，如图 6-23 所示，然后按 Enter 键确认。

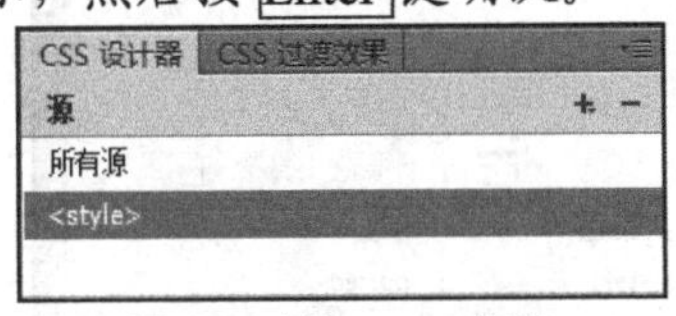

图6-22　添加<style>标签

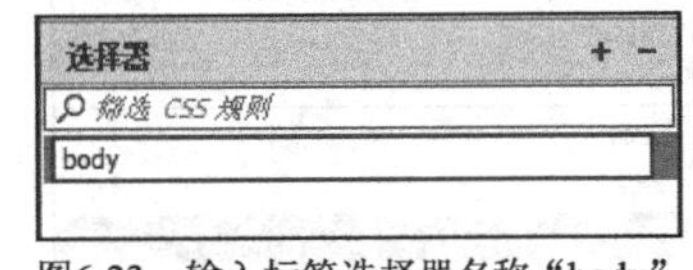

图6-23　输入标签选择器名称“body”

3. 在【属性】窗口中，单击按钮显示背景属性，将背景图像的【url】设置为“images/bg.jpg”，将背景图像的【background-position】设置为“8px”和“0px”，单击【background-repeat】后面的按钮将背景图像的重复方式设置为“no-repeat”，如图 6-24 所示。
4. 在【选择器】窗口中单击+按钮，在文本框中输入类选择器名称“.title”，如图 6-25 所示，然后按 Enter 键确认。
5. 在【属性】窗口中，单击按钮显示文本属性，将文本颜色【color】设置为

"#FFFFFF"，将文本字体【font-family】设置为"黑体"，将文本大小【font-size】设置为"36px"，如图 6-26 所示。

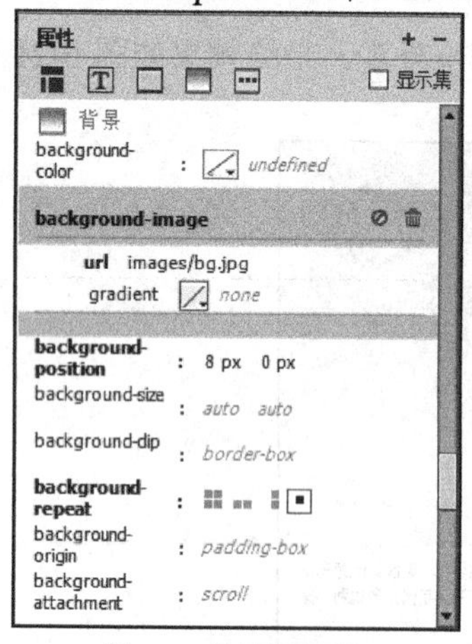

图6-24　设置背景属性

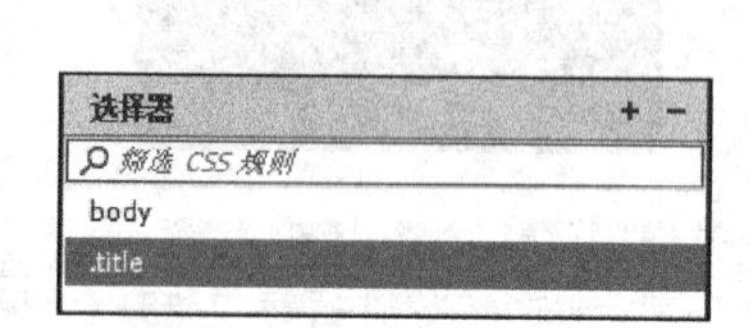

图6-25　输入类选择器名称

图6-26　设置文本属性

6. 选中标题文本"什么叫责任"，然后在【属性（HTML）】面板的【类】下拉列表中选择类名称"title"，如图 6-27 所示。

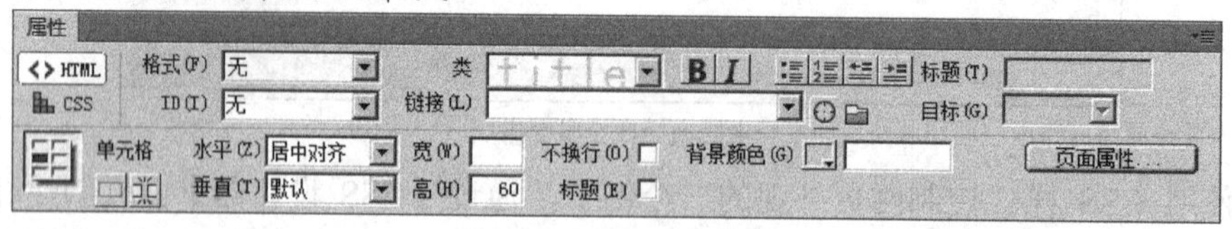

图6-27　应用类样式

7. 选中文档中的表格，在【属性】面板中设置表格的 ID 名称为"mytable"。
8. 在【选择器】窗口中单击 + 按钮，在文本框中输入 ID 选择器名称"#mytable"，如图 6-28 所示，然后按 Enter 键确认。
9. 在【属性】窗口中，单击按钮显示边框属性，将方框上边框宽度【width】设置为"5px"，边框样式【style】设置为"dotted"，方框颜色【color】设置为"#FFFFFF"，如图 6-29 所示。

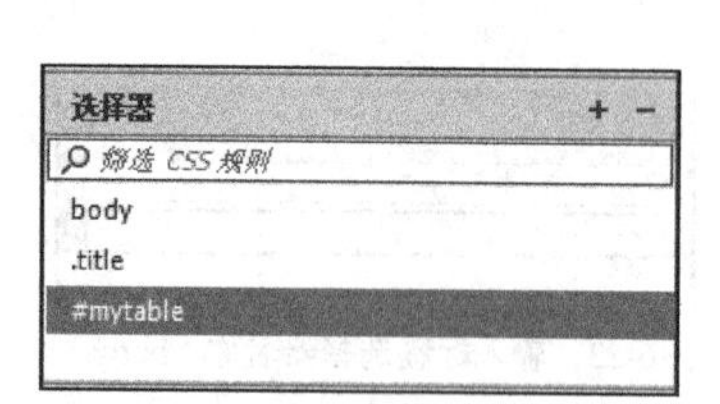

图6-28　输入 ID 选择器名称

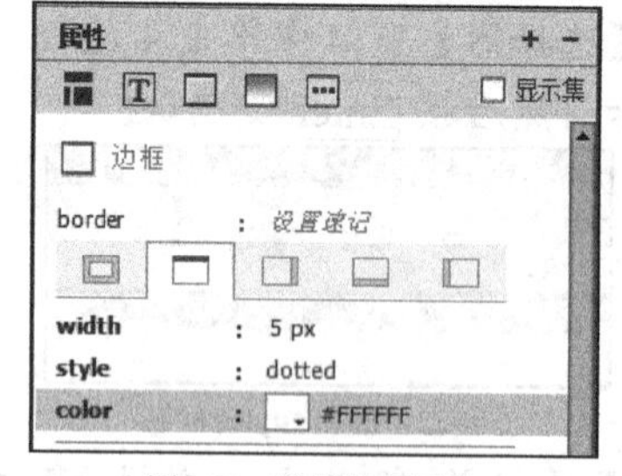

图6-29　设置边框属性

10. 在【选择器】窗口中单击 + 按钮，在文本框中输入复合内容选择器名称"#mytable tr td p"，如图 6-30 所示，然后按 Enter 键确认。
11. 在【属性】窗口中，单击按钮显示文本属性，将文本字体【font-family】设置为"宋体"，将文本大小【font-size】设置为"14px"，将行高【line-height】设置为"20px"，如图 6-31 所示。

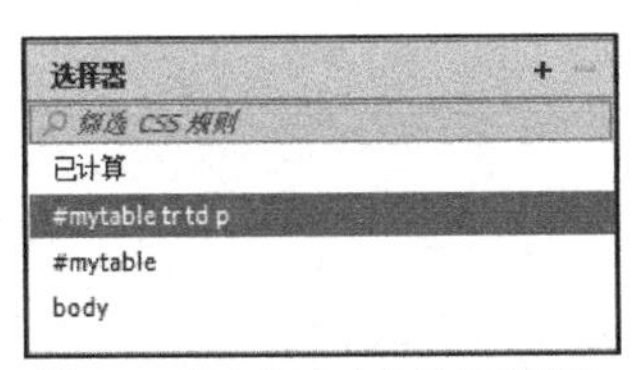

图6-30 输入复合内容选择器名称

图6-31 设置文本属性

12. 保存文件。

6.3 实训——有缘就该珍惜

将附盘文件复制到站点文件夹下，然后使用 CSS 样式控制网页外观，最终效果如图 6-32 所示。

图6-32 有缘就该珍惜

这是使用 CSS 样式控制网页外观的一个例子，步骤提示如下。

1. 在【CSS 设计器】面板的【源】窗口中添加 CSS 源“yuan.css”。
2. 创建类 CSS 样式“.title”来设置标题“有缘就该珍惜”的文本样式。

(1) 在【选择器】窗口中添加类选择器名称“.title”。

(2) 在【属性】窗口的【文本】属性中设置字体为“黑体”，大小为“20px”。

(3) 选中标题文本，在【属性（HTML）】面板的【类】下拉列表中选择【title】选项。

3. 创建 ID 名称 CSS 样式“#line”来设置水平线的外观。

(1) 在水平线【属性】面板中将水平线的 ID 名称设置为“line”。

(2) 在【CSS 设计器】面板的【选择器】窗口中添加 ID 选择器名称“#line”。

(3) 在【CSS 设计器】面板【属性】窗口的【边框】属性中，设置上边框宽度为“5px”，样式为“dotted”，颜色为“#189239”。

4. 创建复合内容 CSS 样式“#mytab”来设置表格单元格文本样式。

(1) 在表格【属性】面板中将表格的 ID 名称设置为“mytab”。

(2) 在【CSS 设计器】面板的【选择器】窗口中添加复合内容选择器名称“#mytab p”。

(3) 在【CSS 设计器】面板【属性】窗口的【文本】属性中设置字体为“宋体”，大小为“14px”，行高为“20 px”。

5. 保存文件。

6.4 综合案例——心灵驿站

将附盘文件复制到站点文件夹下，然后使用 CSS 设置网页外观，最终效果如图 6-33 所示。

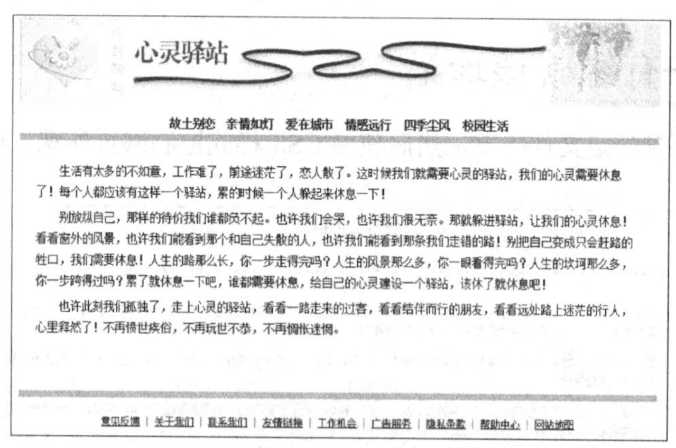

图6-33　心灵驿站

这是使用 CSS 样式控制网页外观的一个例子，通过【CSS 设计器】面板创建标签 CSS 样式“body”来设置网页文本默认的字体和大小，创建 ID 名称 CSS 样式“#navigate”来设置页眉导航表格的背景图像，创建复合内容的 CSS 样式“#navigate tr td a:link, #navigate tr td a:visited”和“#navigate tr td a:hover”来设置页眉导航链接文本的样式，创建复合内容的 CSS 样式“#main tr td p”来设置表格内文本的行距和段前段后距离，创建类 CSS 样式“.bg”来设置页脚单元格的背景颜色和文本大小。具体操作步骤如下。

1. 打开站点下的网页文档“6-4.htm”，在【CSS 设计器】面板的【源】窗口中单击 + 按钮，在弹出的添加 CSS 源下拉菜单中选择【在页面中定义】选项，在【源】列表框中添加<style>标签。
2. 在【选择器】窗口中单击 + 按钮，在文本框中输入标签选择器名称“body”，然后按 Enter 键确认。
3. 在【属性】窗口中，单击 T 按钮显示文本属性，将文本字体【font-family】设置为“宋体”，将文本大小【font-size】设置为“14px”，如图 6-34 所示。
4. 保证页眉导航表格的 ID 名称已设置为“navigate”，然后在【选择器】窗口中单击 + 按钮，在文本框中输入标签 ID 选择器名称“#navigate”，最后按 Enter 键确认。

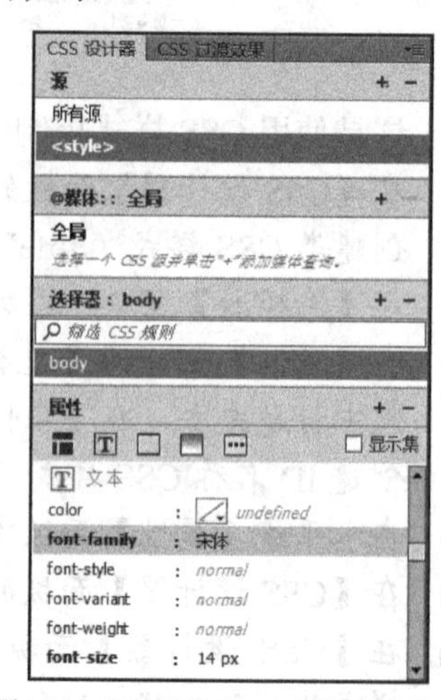

图6-34　定义标签“body”的 CSS 样式

5. 在【属性】窗口中，单击▣按钮显示背景属性，将背景图像的【url】设置为“images/line1.jpg”，将背景图像的【background-position】设置为“0%”和“bottom”，单击【background-repeat】后面的▣按钮将背景图像的重复方式设置为“no-repeat”，如图6-35所示。
6. 在【选择器】窗口中单击+按钮，在文本框中输入复合内容选择器名称“#navigate tr td a:link, #navigate tr td a:visited”，然后按Enter键确认。
7. 在【属性】窗口中，单击T按钮显示文本属性，将文本颜色【color】设置为“#006600”，将文本粗细【font-weight】设置为“bold”，将文本修饰【font-decoration】设置为“none”，如图6-36所示。

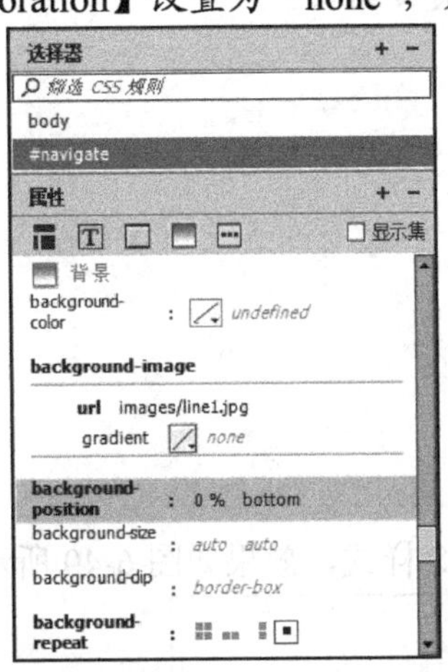

图6-35 创建ID名称CSS样式“#navigate”

图6-36 创建样式“#navigate tr td a:link, #navigate tr td a:visited”

8. 运用同样的方法创建复合内容的CSS样式“#navigate tr td a:hover”来控制超级链接文本的鼠标悬停样式，其中文本颜色【color】为“#FF0000”，文本粗细【font-weight】为“bold”，文本修饰【font-decoration】为“underline”，如图6-37所示。
9. 保证正文文本所在表格的ID名称已设置为“main”，然后在【选择器】窗口中单击+按钮，在文本框中输入复合内容选择器名称“#main tr td p”，最后按Enter键确认。
10. 在【属性】窗口中，单击T按钮显示文本属性，将文本行高【line-height】设置为“25px”，单击▣按钮显示布局属性，将上下边界均设置为“5px”，如图6-38所示。

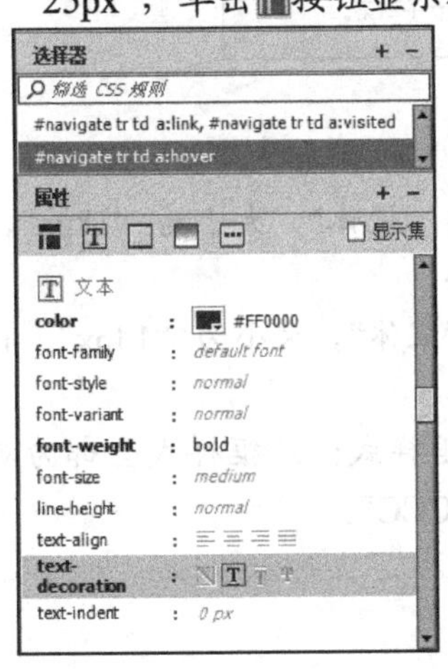

图6-37 创建样式“#navigate tr td a:hover”

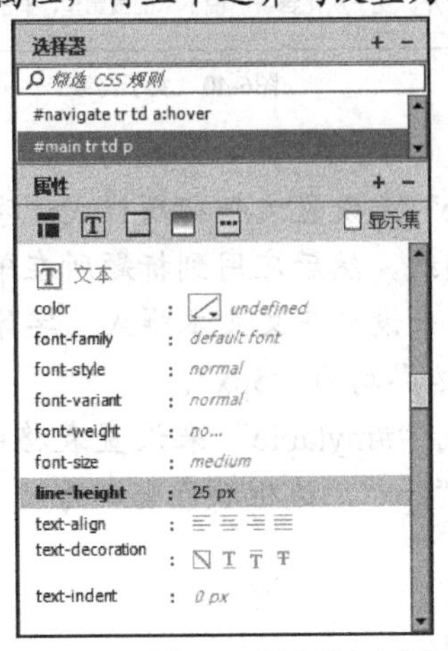

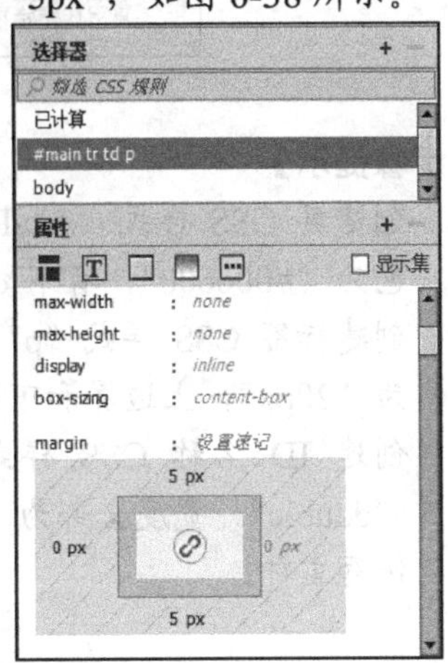

图6-38 创建复合内容的CSS样式“#main tr td p”

11. 在【选择器】窗口中单击 + 按钮，在文本框中输入类选择器名称“.bg”，然后按 Enter 键确认。
12. 在【属性】窗口中，单击 T 按钮显示文本属性，将文本大小【font-size】设置为“12px”。
13. 选中页脚链接文本所在单元格，然后在【属性（HTML）】面板的【类】下拉列表中选择【bg】选项，如图 6-39 所示。

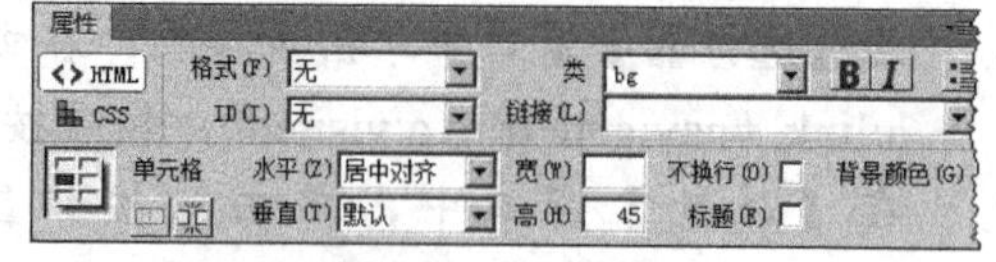

图6-39　应用类样式

14. 在每段正文文本的开头分别添加 4 个空格，然后在【文档】工具栏将浏览器标题设置为“心灵驿站”。
15. 保存文件。

6.5　习题

1. 思考题
   (1) CSS 样式通常有哪几种类型？
   (2) 打开【多类选区】对话框的方式有哪几种？
   (3) 对新建网页如何附加样式表文件？
2. 操作题

   将附盘文件复制到站点文件夹下，并根据提示设置 CSS 样式，效果如图 6-40 所示。

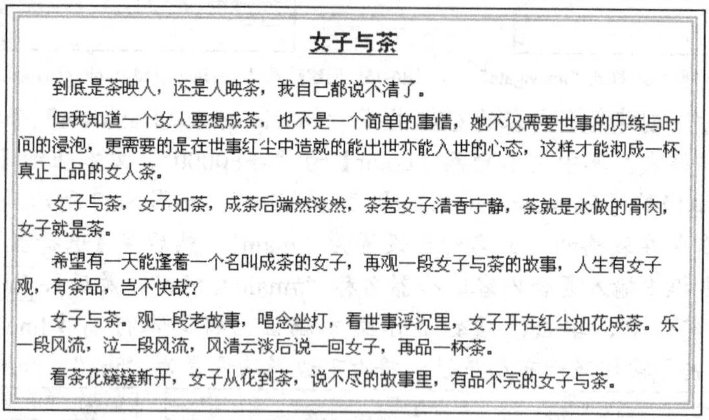

女子与茶

　　到底是茶映人，还是人映茶，我自己都说不清了。

　　但我知道一个女人要想成茶，也不是一个简单的事情，她不仅需要世事的历练与时间的浸泡，更需要的是在世事红尘中造就的能出世亦能入世的心态，这样才能沏成一杯真正上品的女人茶。

　　女子与茶，女子如茶，成茶后端然淡然，茶若女子清香宁静，茶就是水做的骨肉，女子就是茶。

　　希望有一天能逢着一个名叫成茶的女子，再观一段女子与茶的故事，人生有女子观，有茶品，岂不快哉？

　　女子与茶。观一段老故事，唱念坐打，看世事浮沉里，女子开在红尘如花成茶。乐一段风流，泣一段风流，风清云淡后说一回女子，再品一杯茶。

　　看茶花簇簇新开，女子从花到茶，说不尽的故事里，有品不完的女子与茶。

图6-40　女子与茶

【步骤提示】

1. 创建类 CSS 样式“.tstyle”来设置文档标题样式：字体为“黑体”，大小为“18px”，颜色为“#006600”，有下划线，然后应用到标题所在单元格。
2. 创建标签 CSS 样式“p”来设置正文文本样式：字体为“宋体”，大小为“14px”，行高为“20px”，上边界和下边界均为“5px”。
3. 创建 ID 名称 CSS 样式“#mytable”来设置表格的边框样式：边框样式全部为双线“double”，宽度全部为“2px”，边框颜色全部为“#CCCCCC”。
4. 保存文件。

第7章 使用 Div

【学习目标】

- 掌握页面布局的基本类型。
- 理解 CSS 盒子模型的含义。
- 掌握插入 HTML5 结构元素的方法。
- 掌握插入 Div 类型的 jQuery UI 的方法。
- 掌握使用 Div+CSS 技术布局网页的方法。

Div 是网页设计中一种重要的页面布局工具。本章将介绍 Div 的基本知识及使用 Div+CSS 进行网页布局的基本方法。

7.1 功能讲解

下面介绍页面布局类型及 Div+CSS 布局技术的基本知识。

7.1.1 页面布局类型

下面简要介绍最为常用的页面布局类型。

一、 一字型结构

一字型结构是最简单的网页布局类型，即无论是从纵向上看还是从横向上看都只有一栏，通常居中显示，它是其他布局类型的基础。

二、 左右结构

左右结构将网页分割为左右两栏，左栏小右栏大或左栏大右栏小，如图 7-1 所示。

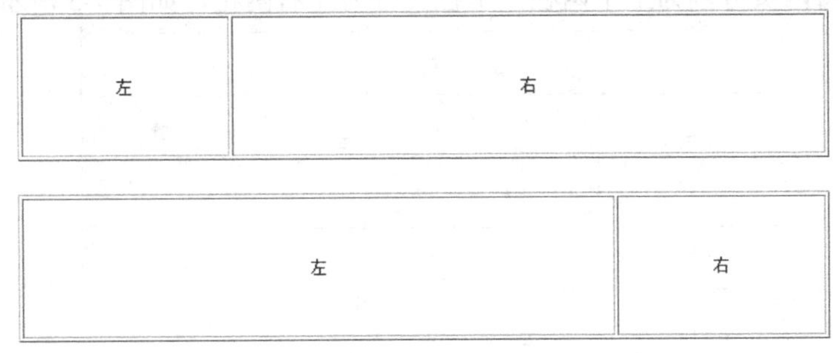

图7-1 左右结构

三、 川字型结构

川字型结构将网页分割为左中右 3 栏，左右两栏小中栏大，如图 7-2 所示。

图7-2　左中右结构

四、　二字型结构

二字型结构将网页分割为上下两栏，上栏小下栏大或上栏大下栏小，如图 7-3 所示。

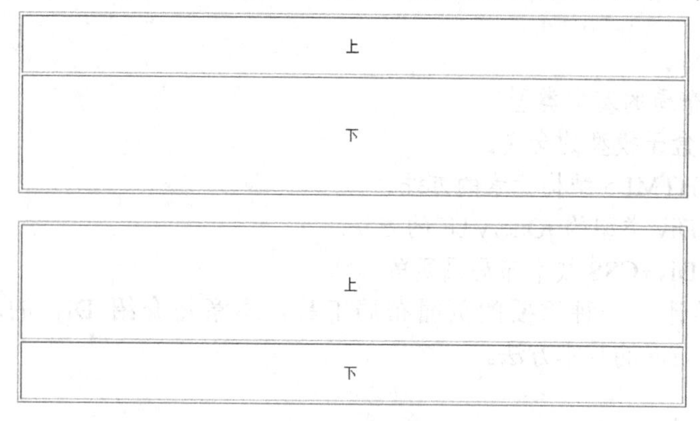

图7-3　上下结构

五、　三字型结构

三字型结构将网页分割为上中下 3 栏，上下栏小中栏大，如图 7-4 所示。

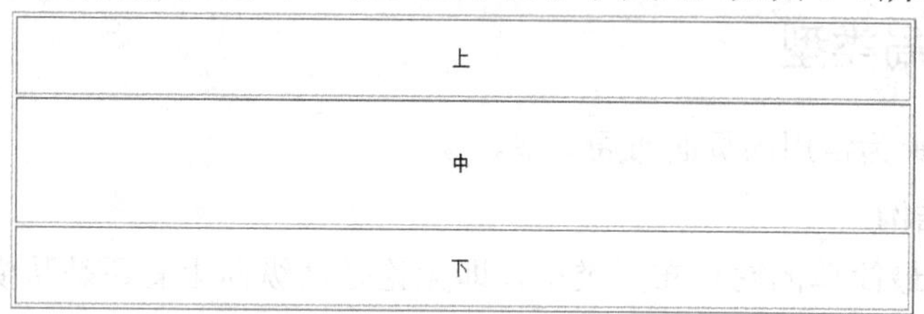

图7-4　上中下结构

六、　厂字型结构

厂字型结构将网页分割为上下两栏，下栏又分为左右两栏，如图 7-5 所示。

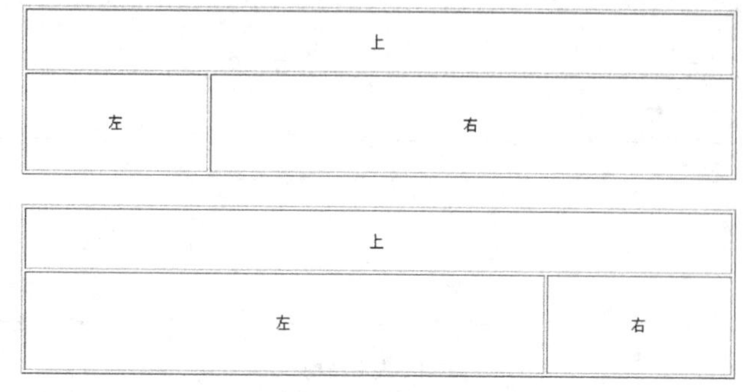

图7-5　厂字型结构

七、　匡字型结构

匡字型结构将网页分割为上中下 3 栏，中栏又分为左右两栏，如图 7-6 所示。

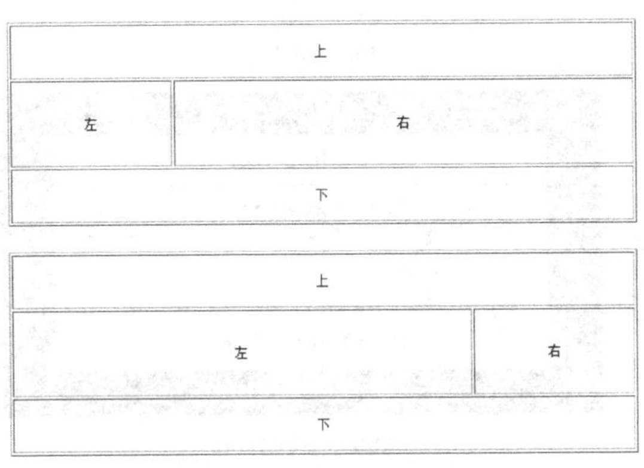

图7-6 匡字型结构

八、 同字型结构

同字型结构将网页分割为上下两栏，下栏又分为左中右 3 栏，如图 7-7 所示。

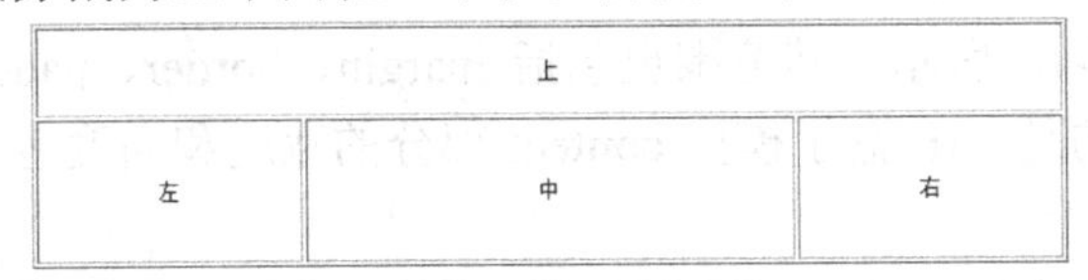

图7-7 同字型结构

九、 回字型结构

回字型结构将网页分割为上中下 3 栏，中栏又分为左中右 3 栏，如图 7-8 所示。

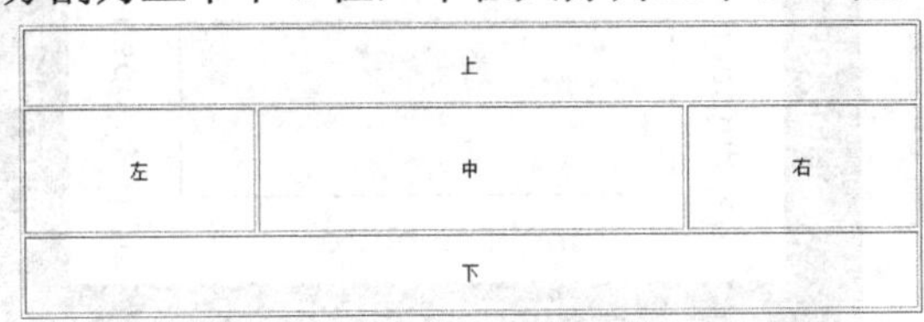

图7-8 回字型结构

平时上网经常发现许多网页很长，实际上不管网页多长，其结构大多是以上几种结构类型的综合应用，万变不离其宗。另外需要说明的是，上面介绍的只是页面的大致区域结构，在每个小区域内通常还需要继续使用布局技术进行布局。

7.1.2 CSS 盒子模型

CSS 盒子模型：W3C 组织建议把所有的网页上的对象都放在一个盒子中，一个盒子通常是由盒子中的内容 content（包括宽度 width 和高度 height）、盒子的边框 border、盒子边框与内容之间的距离 padding（称为填充或内边距）、盒子与盒子之间的距离 margin（称为边界或外边距）构成的。在定义盒子宽度和高度的时候，要考虑到填充、边框和边界的存在。这样，整个盒子模型在网页中所占的宽度是：左边界+左边框+左填充+内容+右填充+右边框+右边界。

盒子模型有两种，分别是标准 W3C 盒子模型和 IE 盒子模型。标准 W3C 盒子模型如图 7-9 所示，其范围包括 margin、border、padding、content，并且 content 部分的宽度和高度不包含 border 和 padding 部分。

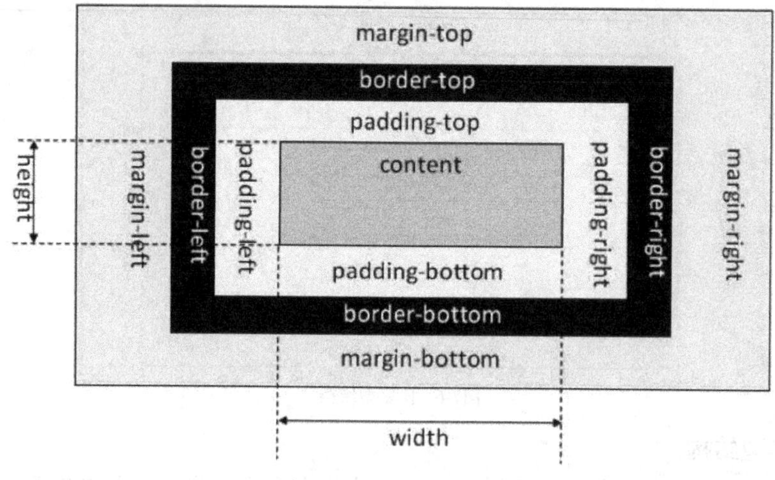

图7-9　标准 W3C 盒子模型

IE 盒子模型如图 7-10 所示，其范围也包括 margin、border、padding、content，但与标准 W3C 盒子模型不同的是，IE 盒子模型 content 部分的宽度和高度包含了 border 和 padding 部分。

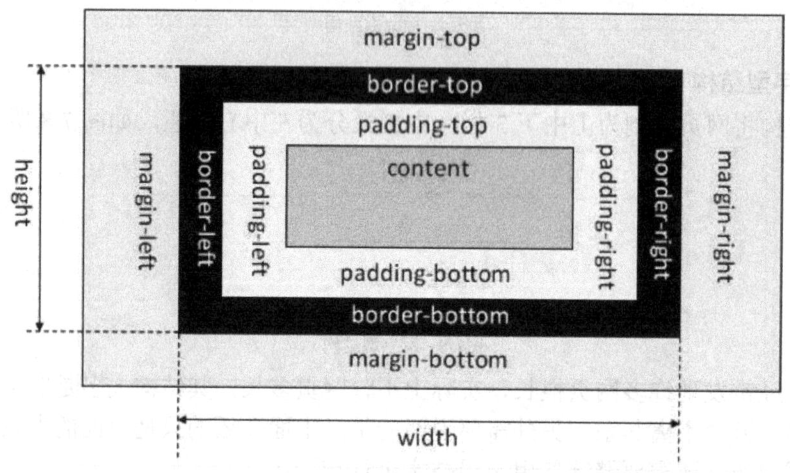

图7-10　IE 盒子模型

例如，一个盒子的 margin 为 20px，border 为 1px，padding 为 10px，content 的宽为 200px、高为 50px，如果用标准 W3C 盒子模型解释，那么这个盒子需要占据的位置为：宽度是 20*2+1*2+10*2+200=262px，高度是 20*2+1*2*10*2+50=112px。盒子的实际大小为：宽度是 1*2+10*2+200=222px，高度是 1*2+10*2+50=72px。

如果用 IE 盒子模型计算，那么这个盒子需要占据的位置为：宽度是 20*2+200=240px，高度是 20*2+50=70px。盒子的实际大小为：宽度是 200px，高度是 50px。

那么在设计网页时应该选择哪种盒子模型呢？当然是标准 W3C 盒子模型。如何做才算是选择了标准 W3C 盒子模型呢？方法是，在网页的顶部加上 DOCTYPE 声明。如果不加 DOCTYPE 声明，那么各个浏览器会根据自己的行为去理解网页，即 IE 浏览器会采用 IE 盒子模型去解释盒子，而 Firefox 会采用标准 W3C 盒子模型解释盒子，所以网页在不同的浏览器中就显示的不一样了。反之，如果加上了 DOCTYPE 声明，那么所有浏览器都会采用标准 W3C 盒子模型去解释盒子，网页就能在各个浏览器中显示一致了。为了让网页能兼容各个浏览器，建议用标准 W3C 盒子模型。

7.1.3 Div+CSS 布局技术

Div＋CSS 是网站标准（或称 Web 标准）中常用的术语之一，因为在网站设计标准中，不再使用传统的表格定位技术而是采用 Div＋CSS 的方式实现各种定位。现在 Div+CSS 技术在网站建设中已经应用很普遍。

CSS 布局的基本构造块是 Div（即<div>…</div>），它是一个 HTML 标签，在大多数情况下用作文本、图像或其他页面元素的容器。当创建 CSS 布局时，会将 Div 标签放在页面上，向这些标签中添加内容，然后将它们放在不同的位置上。可以用相对方式（指定与其他页面元素的距离）或绝对方式（指定 x 和 y 坐标）来定位 Div 标签，还可通过指定浮动、填充和边距（当今 Web 标准的首选方法）放置 Div 标签。也就是说，Div 是用来为 HTML 文档内大块（block-level）的内容提供结构和背景的元素。Div 的起始标签<div>和结束标签</div>之间的所有内容都是用来构成这个块的，其中所包含元素的特性由 Div 标签的属性或 Div 标签所使用的样式表来控制。

使用 Div+CSS 进行页面布局是一种很新的排版理念，首先要将页面使用 Div 标签整体划分为几个版块，然后对各个版块进行 CSS 定位，最后在各个版块中添加相应的内容。在使用 Div+CSS 布局网页时，经常会用 id 和 class 来选择调用 CSS 样式属性。对初学者来说，什么时候用 id，什么时候用 class，可能比较模糊。

class 在 CSS 中叫“类”，在同一个页面可以无数次调用相同的类样式。id 表示标签的身份，是标签的唯一标识。在 CSS 里 id 在页面里只能出现一次，即使在同一个页面里调用相同的 id 多次仍然没有出现页面混乱错误，但为了 W3C 及各个标准，大家也要遵循 id 在一个页面里的唯一性，以免出现浏览器兼容问题。例如，在文件头定义了一个 id 名称样式“#tstyle”，在正文中通过 id 引用了一次，除了这一次，不能再继续引用了。

因此，在页面中凡是需要多次引用的样式，需要定义成类样式，通过 class 进行多次调用，凡是只用一次的样式，可以定义成 id 名称样式，当然也可以定义为类样式。一个元素上可以有一个类和一个 id，如<div class="sidebar1" id="leftbar">，一个元素还可以有多个类，如<div class="sidebar1 pstyle fontstyle">，这个新的类命名结构带来了更高的灵活性。

Div+CSS 是目前网页页面布局的主流技术，它具有诸多优点。

(1) 页面载入速度更快。由于将大部分页面代码写在了 CSS 中，使得页面体积容量变得更小。Div+CSS 将页面独立成更多的区域，在打开页面的时候，逐层加载，使得加载速度加快。

(2) 修改设计更有效率。由于使用了 Div+CSS 方法，将页面内容和表现形式分离，使得在修改页面的时候，直接到 CSS 里修改相应的样式即可，这样更有效率也更方便，同时也不会破坏页面其他部分的布局样式。

(3) 保持视觉的一致性。Div+CSS 最重要的优势之一就是保持视觉的一致性，它将所有页面或所有区域统一用 CSS 控制，避免了不同区域或不同页面体现出的效果偏差。

(4) 更好地被搜索引擎收录。由于将大部分的 HTML 代码和内容样式写入了 CSS 中，这就使得网页中正文部分更为突出明显，便于被搜索引擎采集收录。

(5) 对浏览者和浏览器更具亲和力。网站做出来是给浏览者使用的，对浏览者和浏览器更具亲和力，Div+CSS 在这方面更具优势。由于 CSS 富含丰富的样式，使页面更具灵活性，它可以根据不同的浏览器，而达到显示效果的统一和不变形。

7.1.4 插入 Div 标签

可以通过手动插入 Div 标签并对它们应用 CSS 样式来创建页面布局。Div 标签是用来定义页面内容的逻辑区域的标签。可以使用 Div 标签将内容块居中、创建列效果及创建不同颜色区域等。使用 Dreamweaver CC 可快速插入 Div 标签，并对它应用 CSS 样式。

在页面中插入 Div 标签的方法是，选择菜单命令【插入】/【Div】或在【插入】面板的【常用】类别中单击 Div 按钮，打开【插入 Div】对话框，在【插入】下拉列表中定义插入 Div 的位置，如果此时不定义 CSS 样式，可以单击 确定 按钮直接插入 Div，如图 7-11 所示。当然，之后可根据需要通过【CSS 设计器】面板来定义 CSS 样式。

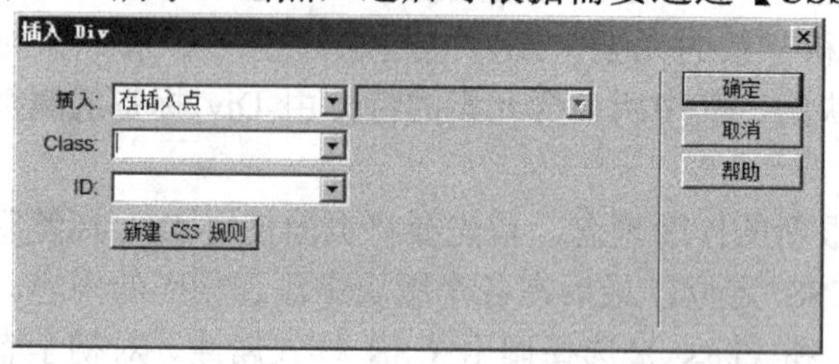

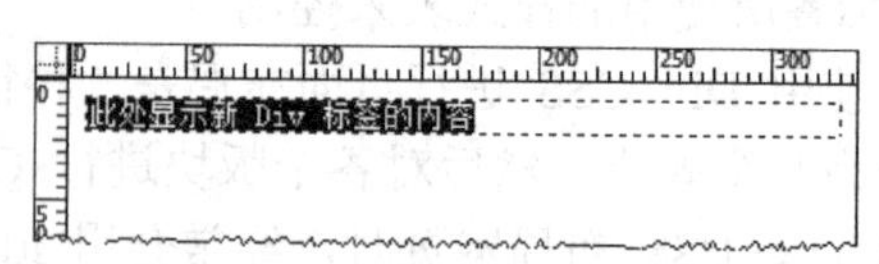

图7-11　插入 Div

如果此时要接着定义 ID 名称 CSS 样式，可以在【ID】下拉列表中输入 Div 的 ID 名称，然后单击 新建 CSS 规则 按钮，打开【新建 CSS 规则】对话框，如图 7-12 所示。

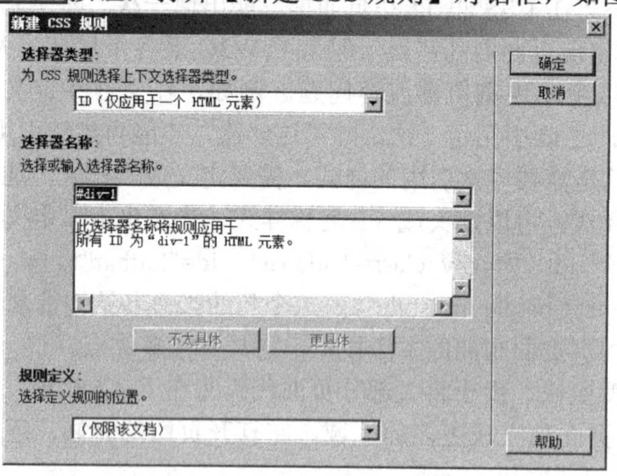

图7-12　【新建 CSS 规则】对话框

在【选择器类型】列表框中自动选择了“ID（仅应用于一个 HTML 元素）”选项，在【选择器名称】文本框中自动显示了样式名称“#div-1”，在【规则定义】列表框中还可以选择规则的保存位置。设置完毕后单击 确定 按钮将打开相应的 CSS 规则定义对话框，如图 7-13 所示。在这个对话框中，CSS 属性被分为 9 大类：类型、背景、区块、方框、边框、列表、定位、扩展和过渡，用户可以根据需要进行设置。实际上，在这个对话框中各个大类的属性参数与【CSS 设计器】面板中布局、文本、边框和背景等类别中的属性参数基本是一致的，只是形式不同而已。

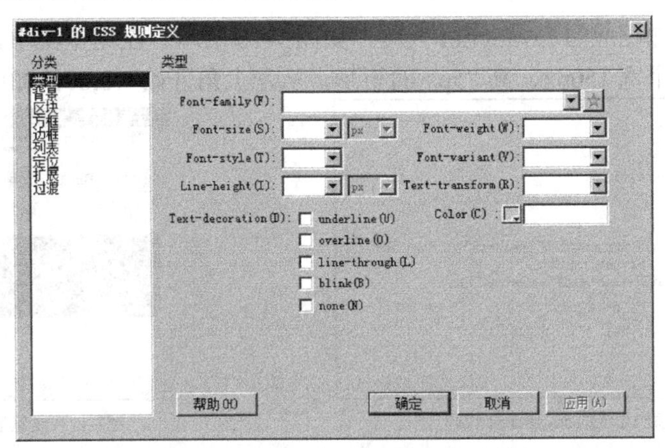

图7-13 【#div-1 的 CSS 规则定义】对话框

当然也可以在图 7-11 所示的【Class】(类)下拉列表中输入类选择器名称，再单击 新建 CSS 规则 按钮创建类 CSS 样式。不管使用哪种形式的 CSS 样式，建议都要对 Div 进行 ID 命名，以方便后续 Div 的插入和管理。

在插入 Div 后，可以通过选择【查看】/【可视化助理】中的相应子菜单命令来显示 CSS 布局外框、CSS 布局背景（临时指定的背景颜色，并隐藏页面上其他背景颜色和背景图像）和 CSS 布局框模型（即填充和边距）等，如图 7-14 所示。

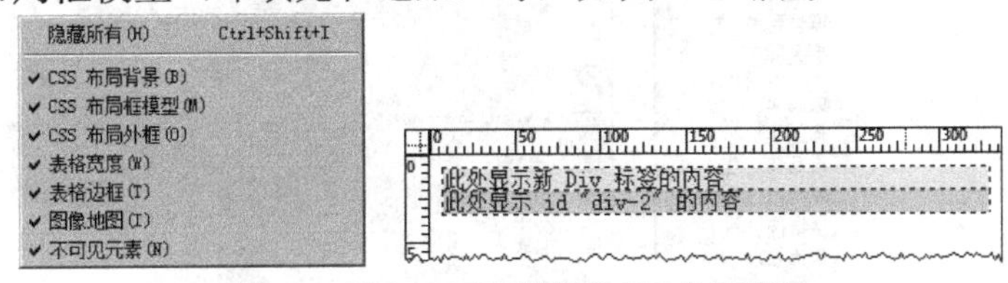

图7-14 显示 CSS 布局外框和 CSS 布局背景

7.1.5 插入 HTML5 结构元素

HTML5 增添了多个与布局相关的标签，包括画布、页眉、标题、段落、Navigation、侧边、文章、章节、页脚、图等。

HTML5 中的画布（canvas）元素是动态生成的图形的容器，它是一个矩形区域，可以控制其每一像素。这些图形是在运行时使用 JavaScript 等脚本语言创建的。画布拥有多种绘制路径、矩形、圆形、字符及添加图像的方法。在向 HTML5 页面添加画布元素后，要设置素的 id、宽度和高度。画布元素本身是没有绘图能力的，所有的绘制工作必须在 JavaScript 内部完成，JavaScript 使用 id 来寻找画布元素。

在页面中插入画布的方法是，选择菜单命令【插入】/【画布】或在【插入】面板的【常用】类别中单击 画布 按钮即可，然后在【属性】面板中设置相关属性，如图 7-15 所示。

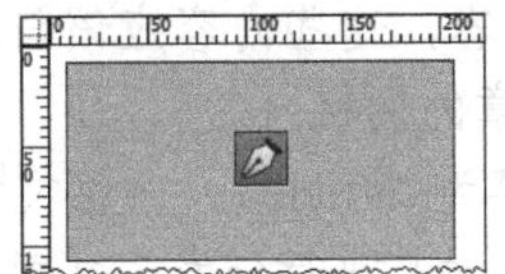

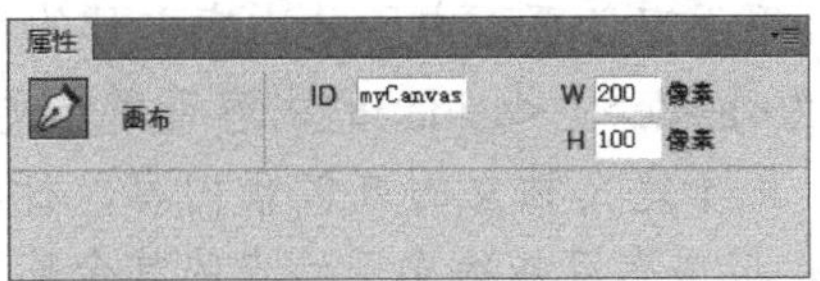

图7-15 插入画布

在源代码中添加相应的 JavaScript 代码，如图 7-16 所示。在浏览器中预览，将在规定的画布范围内绘制一个宽 150px、高 75px 的矩形，从左上角开始（0,0），如图 7-17 所示。

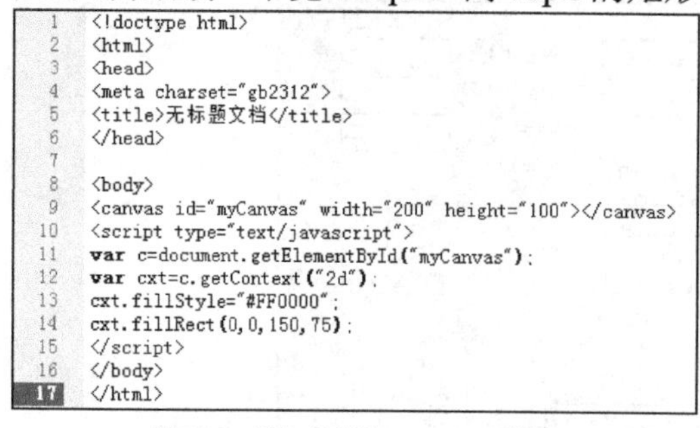

```
1  <!doctype html>
2  <html>
3  <head>
4  <meta charset="gb2312">
5  <title>无标题文档</title>
6  </head>
7
8  <body>
9  <canvas id="myCanvas" width="200" height="100"></canvas>
10 <script type="text/javascript">
11 var c=document.getElementById("myCanvas");
12 var cxt=c.getContext("2d");
13 cxt.fillStyle="#FF0000";
14 cxt.fillRect(0,0,150,75);
15 </script>
16 </body>
17 </html>
```

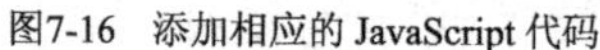

图7-16 添加相应的 JavaScript 代码

图7-17 浏览器中预览

除画布外，页眉、文章、章节、页脚等语义元素均放置在【插入】/【结构】的子菜单和【插入】面板的【结构】类别中，如图 7-18 所示。下面对其进行简要说明。

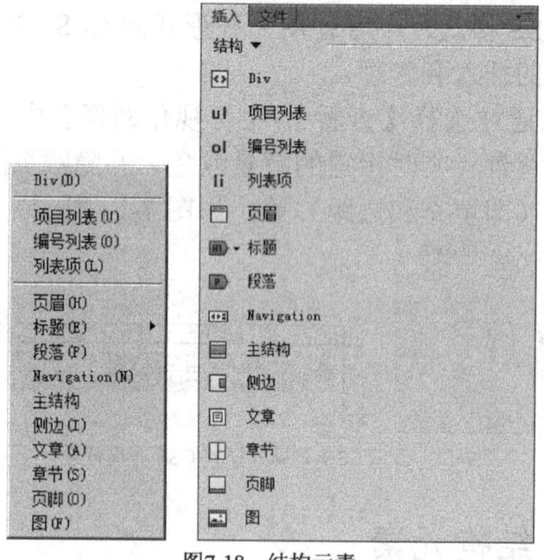

图7-18 结构元素

- 【页眉】：用于定义文档的页眉信息，标签为<header>。
- 【标题】：通常包含 h1-h6 或 hgroup，作为整个页面或一个内容块的标题。<hgroup>标签用于对网页或区段（section）的标题进行组合。
- 【段落】：用于定义页面中文本段落，标签为<p>。
- 【Navigation】：用于定义页面中导航链接的部分，标签为<nav>。
- 【主结构】：用于定义页面中文档的主要内容，标签为<main>。<main>元素中的内容对于文档来说应当是唯一的，它不应包含在文档中重复出现的内容，如侧栏、导航栏、版权信息、站点标志或搜索表单。在一个文档中，不能出现一个以上的<main>元素，<main>元素不能包含在<article>、<aside>、<footer>、<header>或<nav>元素之中。
- 【侧边】：用于定义页面中所处内容之外的内容，这些内容应该与所处内容相关，标签为<aside>。<aside>的内容可用作文章的侧栏。
- 【文章】：用于定义独立的自包含内容，标签为<article>。一篇文章应有其自身的意义，应该有可能独立于站点的其余部分对其进行分发。文章来源包括论坛帖子、报纸文章、博客条目、用户评论等。

- 【章节】: 用于定义文档中的节（section、区段），如章节、页眉、页脚或文档中的其他部分，标签为<section>，该标签可添加 cite 属性，其值为 URL，前提是 section 摘自 Web。
- 【页脚】: 用于定义文档或节的页脚，页脚通常包含文档的作者、版权信息、使用条款链接、联系信息等，标签为<footer>，可以在一个文档中使用多个<footer>元素。
- 【图】: 用于定义独立的流内容，如图像、图表、照片、代码等，标签为<figure>。figure 元素的内容应该与主内容相关，但如果被删除，则不应对文档流产生影响。在插入<figure>标签的同时会自动插入<figcaption>标签，其主要用于定义 figure 元素的标题（caption）。figcaption 元素应该被置于 figure 元素的第一个或最后一个子元素的位置。

图 7-19 所示是页眉等语义元素的使用源代码示意图，这些语义结构元素的使用，清楚地表明了网页文档的结构。在 CSS 样式的配合下，网页的布局、文字等将得到很好的控制和表现。结构和表现的分离是网页布局技术 Div+CSS 的一个重要特点。

```
8   <body>
9   <header>
10  <h1>浏览器网站</h1>
11  </header>
12  <main>
13   <h2>世界主要浏览器</h2>
14   <p>Google Chrome、Firefox 以及 Internet Explorer 是目前最流行的浏览器。</p>
15   <article>
16    <section>
17      <h1>Google Chrome</h1>
18      <p>Google Chrome 是由 Google 开发的一款免费的开源 web 浏览器，于 2008 年发布。</p>
19      <figure>
20        <figcaption>Google Chrome浏览器示意图</figcaption>
21        <img src="gc.jpg" alt="Google Chrome"/>
22      </figure>
23    </section>
24    <section>
25      <h1>Internet Explorer</h1>
26      <p>Internet Explorer 由微软开发的一款免费的 web 浏览器，发布于 1995 年。</p>
27      <figure>
28        <figcaption>Internet Explorer浏览器示意图</figcaption>
29        <img src=" ie.jpg" alt="Internet Explorer"/>
30      </figure>
31    </section>
32    <section>
33     <h1>Mozilla Firefox</h1>
34     <p>Firefox 是一款来自 Mozilla 的免费开源 web 浏览器，发布于 2004 年。</p>
35     <figure>
36       <figcaption>Mozilla Firefox浏览器示意图</figcaption>
37       <img src=" ff.jpg" alt="Internet Explorer"/>
38     </figure>
39    </section>
40   </article>
41   <aside>
42    <h4>国内浏览器</h4>
43      360浏览器是大家比较常用的由国内公司开发的浏览器，另外还有QQ浏览器、UC浏览器等。
44    </aside>
45  </main>
46  <footer>
47    <p>Posted by: W3School</p>
48    <p>Contact information: <a href="mailto:someone@example.com">someone@example.com</a>.</p>
49  </footer>
50  </body>
```

图7-19 语义结构元素的使用

7.1.6 插入 jQuery UI 布局小部件

jQuery UI 中有几个与布局有关的小部件，如 Accordion（折叠面板）、Tabs（选项卡面板）、Slider（滑块）、Dialog（对话框）、Progressbar（进度条）等。可以通过选择【插入】/

【jQuery UI】中的相应子菜单命令或在【插入】面板的【jQuery UI】类别中单击相应的按钮插入 jQuery UI 小部件，如图 7-20 所示。下面对其进行简要说明。

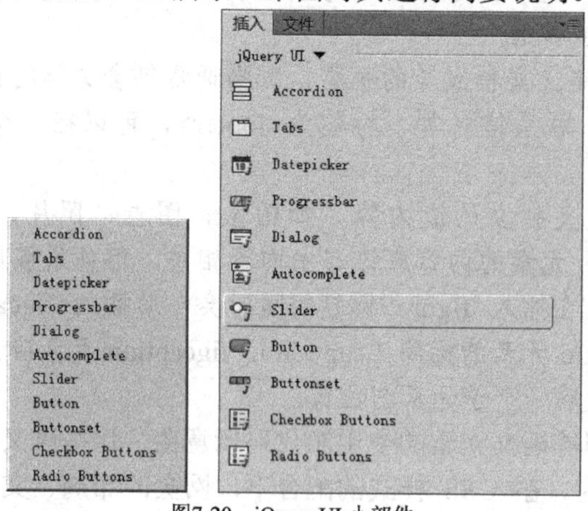

图7-20　jQuery UI 小部件

一、 Accordion（折叠面板）

通过 Accordion 可以创建一个折叠式面板，可以实现展开或折叠效果。当用户需要在一个固定大小的空间内实现多个内容展示时，这个效果非常有用。选择菜单命令【插入】/【jQuery UI】/【Accordion】，插入一个折叠面板，如图 7-21 所示。

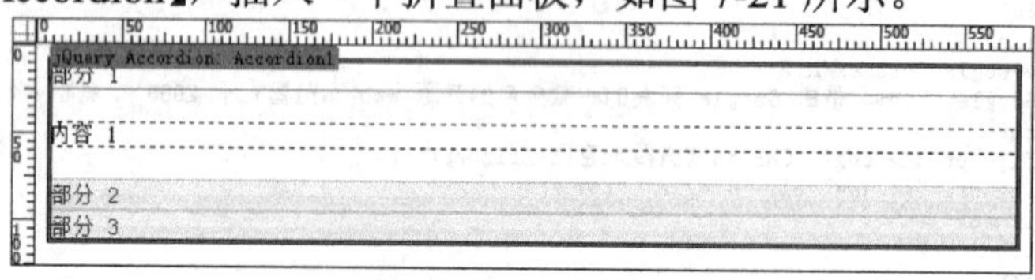

图7-21　插入折叠面板

单击顶部的【jQuery Accordion：Accordion1】选中折叠面板，其【属性】面板如图 7-22 所示，可以根据需要设置相应的属性参数。

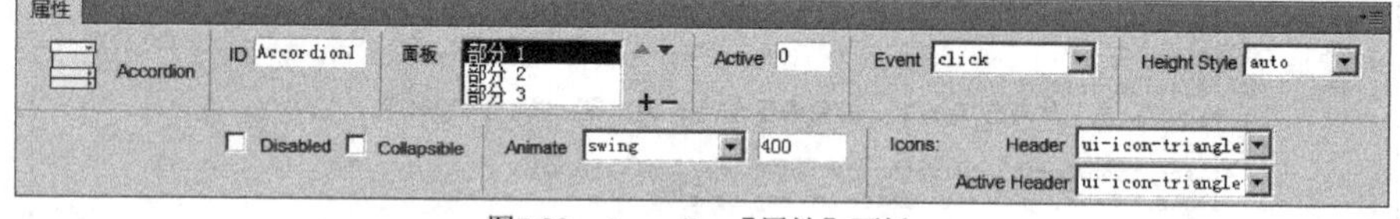

图7-22　Accordion【属性】面板

- 【ID】：用于设置 Accordion 的 ID 名称。
- 【面板】：用于添加或删除面板及上移或下移面板。
- 【Active】：用于设置默认情况下要显示的面板，默认值是“0”，即表示第 1 个面板，如果设置为“1”，即表示第 2 个面板，以此类推。
- 【Event】：用于设置动作的触发器，即如何展开面板，默认是“click”，也可以选择“mouseover”。
- 【Height Style】：用于设置折叠式及其面板的高度，包括“auto”“fill”和“content”3 个选项。默认为“auto”，即所有面板的显示高度均以具有最高内容的面板为准。“fill”表示每个面板显示时均以【Active】选项设置的默认面板内容的高度为准。“content”表示每个面板显示时均以自身面板内容的高度为准。

- 【Disable】：用于设置 Accordion 不可用，使之无效。
- 【collapsible】：用于设置是否默认折叠。
- 【Animate】：用于设置不同的动画效果及延迟时间。
- 【Icons】：用于设置针对【head】和【active head】的小图标，即在浏览器中显示时展开面板标题左侧的小图标和折叠面板标题左侧的小图标，如图 7-23 所示。

图7-23　折叠式面板

设置完毕保存文档时，将弹出【复制相关文件】对话框，如图 7-24 所示，单击 确定 按钮即可。

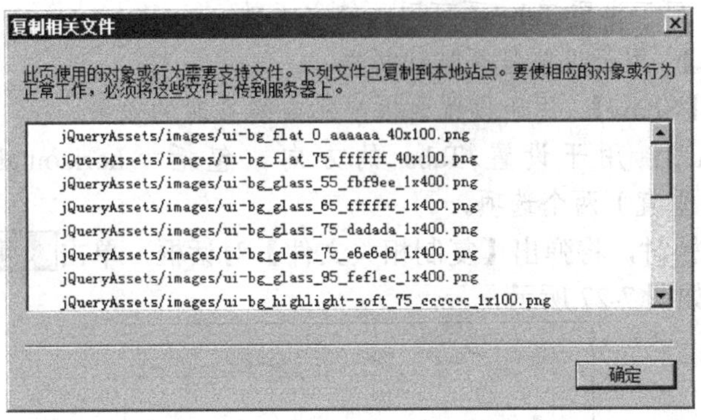

图7-24　【复制相关文件】对话框

如果要修改 Accordion 的外观，可通过【CSS 设计器】面板修改相应的 CSS 样式即可。

二、 Tabs（选项卡面板）

通过 Tabs 可以创建一个选项卡式面板，浏览者可以单击面板的标签来显示面板中的内容同时隐藏其他面板的内容。当用户需要在一个固定大小的空间内实现多个内容展示时，这个效果将非常有用。选择菜单命令【插入】/【jQuery UI】/【Tabs】，插入一个选项卡面板，如图 7-25 所示。

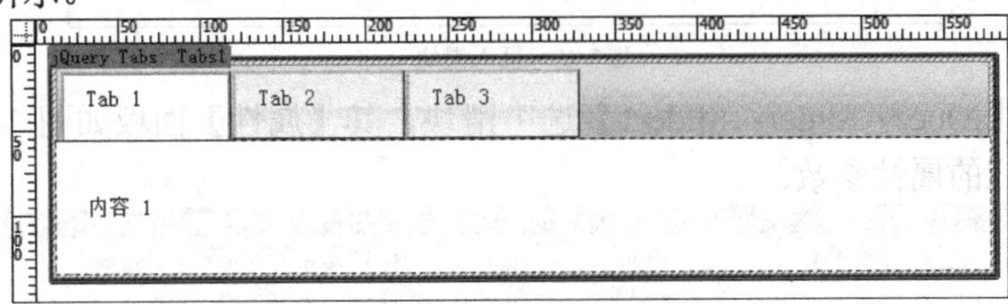

图7-25　插入选项卡面板

单击顶部的【jQuery Tabs：Tabs1】选中选项卡面板，其【属性】面板如图 7-26 所示，可以根据需要设置相应的属性参数。

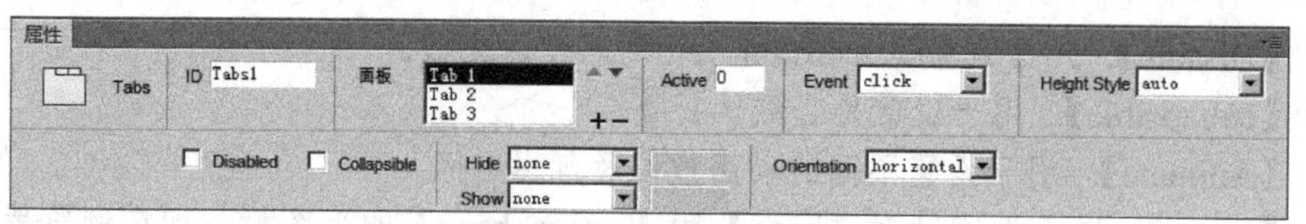

图7-26　Tabs【属性】面板

- 【ID】：用于设置 Tabs 的 ID 名称。
- 【面板】：用于添加或删除面板及上移或下移面板。
- 【Active】：用于设置默认情况下要显示的面板，默认值是“0”，即表示第 1 个面板，如果设置为“1”，即表示第 2 个面板，以此类推。
- 【Event】：用于设置动作的触发器，即如何展开面板，默认是“click”，也可以选择“mouseover”。
- 【Height Style】：用于设置折叠式及其面板的高度，包括“auto”“fill”和“content”3 个选项。默认为“auto”，即所有面板的显示高度均以具有最高内容的面板为准。“fill”表示每个面板显示时均以【Active】选项设置的默认面板内容的高度为准。“content”表示每个面板显示时均以自身面板内容的高度为准。
- 【Disable】：用于设置 Tabs 不可用，使之无效。
- 【collapsible】：用于设置是否默认折叠。
- 【Hide】和【Show】：用于设置面板显示或隐藏时的效果。
- 【Orientation】：用于设置 Tabs 的方向，包括“horizontal”（水平）和“vertical”（垂直）两个选项。

设置完毕保存文档时，将弹出【复制相关文件】对话框，单击 确定 按钮即可，在浏览器中的预览效果如图 7-27 所示。

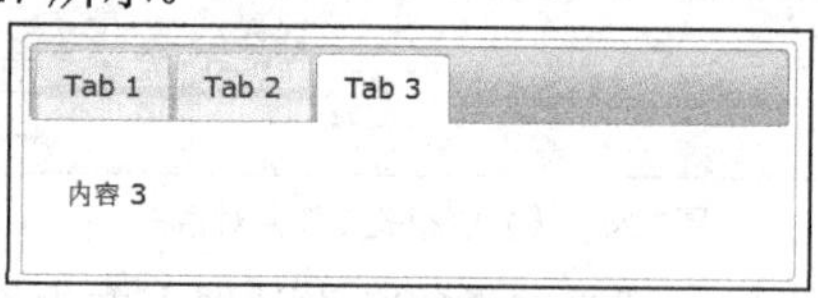

图7-27　选项卡式面板

三、 Slider（滑块）

通过 Slider 可以创建一个滑块，往往会用在调节字体等方面。选择菜单命令【插入】/【jQuery UI】/【Slider】，插入一个滑块，如图 7-28 所示。

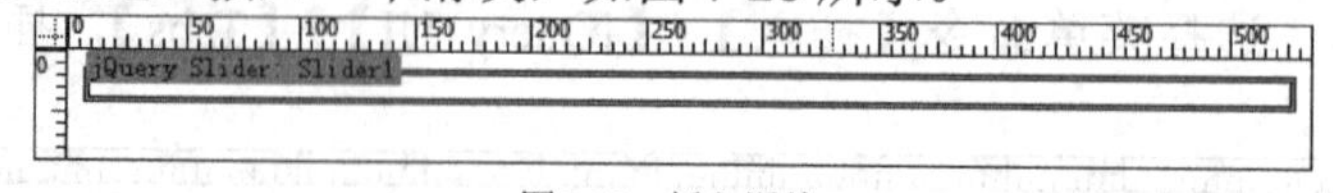

图7-28　插入滑块

单击顶部的【jQuery Slider：Slider1】选中滑块，其【属性】面板如图 7-29 所示，可以根据需要设置相应的属性参数。

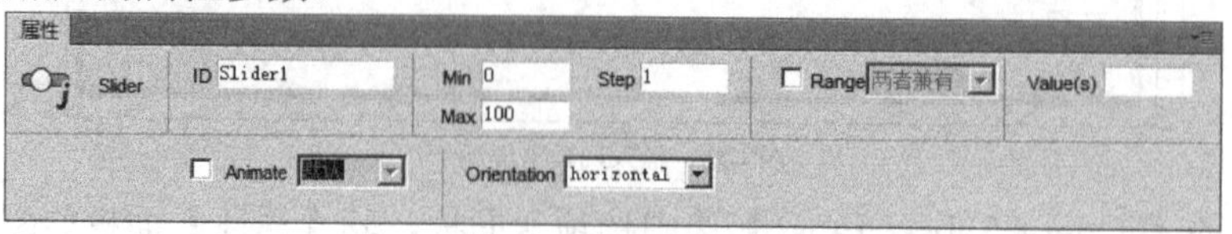

图7-29　Slider【属性】面板

- 【ID】：用于设置 Slider 的 ID 名称。
- 【Min】和【Max】：用于设置滑块的最小值和最大值。
- 【Step】：用于设置滑块在最小值和最大值采用的每个间隔或步长的大小。
- 【Range】：当指定两个控制点时，滑块创建可带样式的范围元素。
- 【Value(s)】：设置初始时滑块的值，如果有多个滑块，则设置第一个滑块。
- 【Animate】：用于设置滑块移动时的平滑度，以毫秒定义，包括“slow”“normal”和“fast”3 个选项。
- 【Orientation】：用于设置滑动条的方向，包括“horizontal”（水平）和“vertical”（垂直）两个选项。

设置完毕保存文档时，将弹出【复制相关文件】对话框，单击 确定 按钮即可，在浏览器中的预览效果如图 7-30 所示。

图7-30　滑动条

四、 Dialog（对话框）

通过 Dialog 可以实现客户端对话框效果。选择菜单命令【插入】/【jQuery UI】/【Dialog】，可插入一个对话框，如图 7-31 所示。

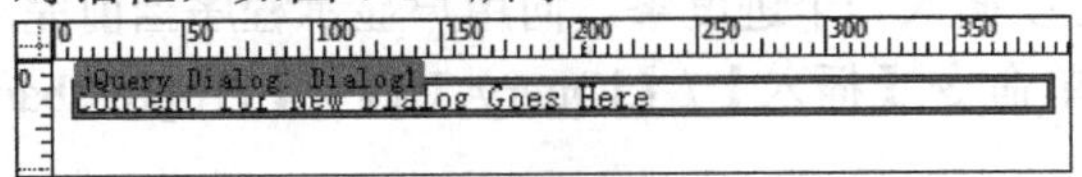

图7-31　插入对话框

单击顶部的【jQuery Dialog：Dialog1】选中对话框，其【属性】面板如图 7-32 所示，可以根据需要设置相应的属性参数。

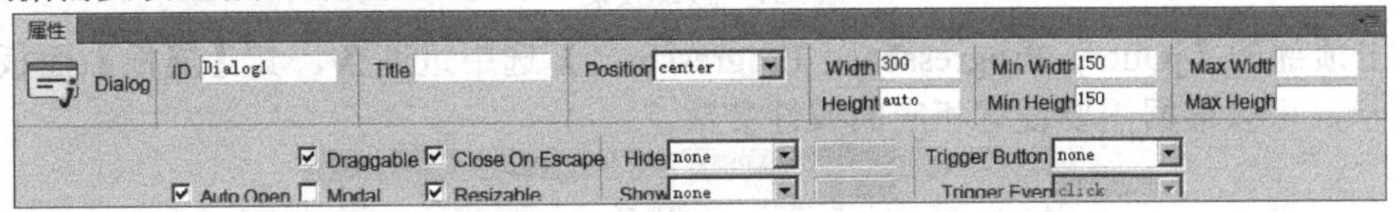

图7-32　Dialog【属性】面板

- 【ID】：用于设置 Dialog 的 ID 名称。
- 【Title】：用于设置对话框的标题。
- 【Position】：用于设置对话框在显示窗口中的位置，包括“center”“left”“right”“top”和“bottom”5 个选项。
- 【Width】和【Height】：用于设置对话框的宽度和高度。
- 【Min Width】和【Min Height】：用于设置对话框的最小宽度和最小高度。
- 【Max Width】和【Max Height】：用于设置对话框的最大宽度和最大高度。
- 【Auto Open】：用于设置在初始化时是否自动打开对话框，默认为打开。
- 【Draggable】：用于设置是否可以使用标题栏拖动对话框，默认为可以拖动。
- 【Modal】：用于设置在显示消息时，是否禁用页面上的其他元素。
- 【Close on Escape】：用于设置在用户按住 Esc 键时是否关闭对话框，默认为关闭。
- 【Resizable】：用于设置用户是否可以调整对话框的大小，默认为可以。

- 【Hide】：用于设置隐藏对话框时使用的动画形式及在关闭对话框之前的动画持续时间。
- 【Show】：用于设置打开对话框时使用的动画形式及在打开对话框之前的动画持续时间。
- 【Trigger Button】：用于设置触发对话框显示的按钮。
- 【Trigger Event】：用于设置触发对话框显示的事件。

设置完毕保存文档时，将弹出【复制相关文件】对话框，单击 确定 按钮即可，在浏览器中的预览效果如图 7-33 所示。

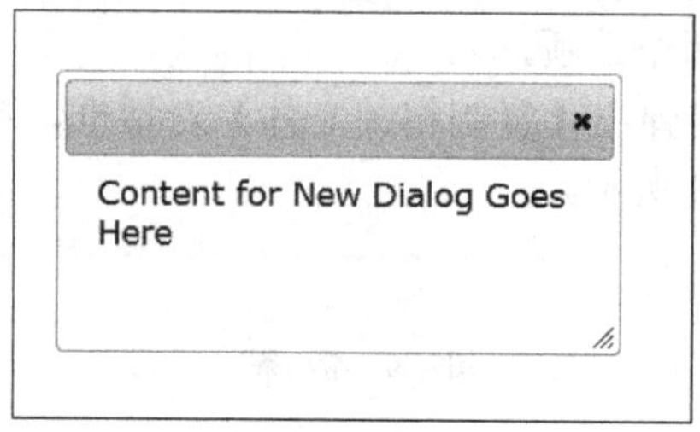

图7-33　对话框

五、 Progressbar（进度条）

通过 Progressbar 可以插入一个进度条，向用户显示程序当前完成的百分比，让用户知道程序的进度。选择菜单命令【插入】/【jQuery UI】/【Progressbar】，插入一个进度条，如图 7-34 所示。

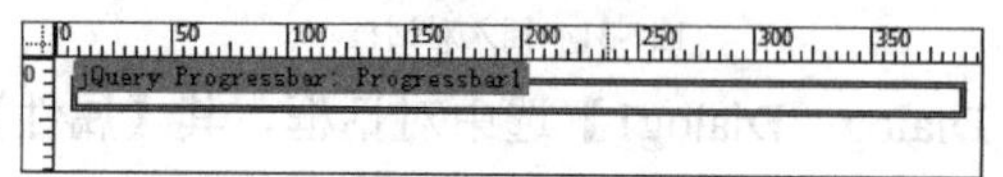

图7-34　插入进度条

单击顶部的【jQuery Progressbar：Progressbar1】选中进度条，其【属性】面板如图 7-35 所示，可以根据需要设置相应的属性参数。

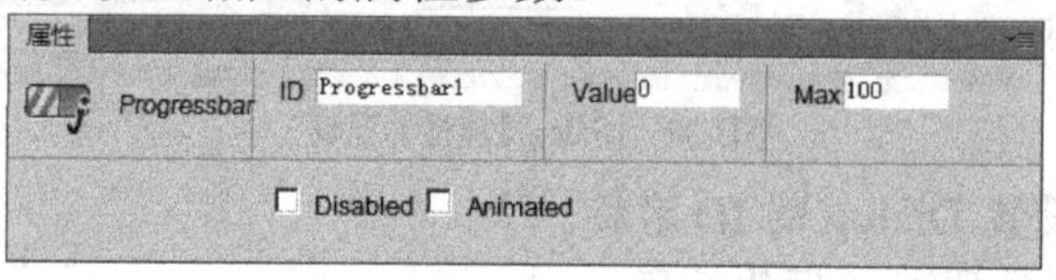

图7-35　Progressbar【属性】面板

- 【ID】：用于设置 Progressbar 的 ID 名称。
- 【Value】：用于设置进度条显示的度数（0~100）。
- 【Max】：用于设置进度条的最大值。
- 【Disable】：用于设置是否禁用进度条。
- 【Animated】：用于设置是否使用 Gif 动画来显示进度条。

设置完毕保存文档时，将弹出【复制相关文件】对话框，单击 确定 按钮即可，在浏览器中的预览效果如图 7-36 所示。

图7-36　进度条

7.1.7 使用预设计的 Div+CSS 布局

从头创建 Div+CSS 布局可能或多或少有些困难，因为有很多种实现方法，可以通过设置几乎无数种浮动、边距、填充和其他 CSS 属性的组合来创建简单的两列 Div+CSS 布局。另外，跨浏览器呈现的问题导致某些 Div+CSS 布局在一些浏览器中可以正确显示，而在另一些浏览器中则无法正确显示。Dreamweaver CC 通过提供两个可以在不同浏览器中工作的事先设计的布局，使读者可以轻松地使用 Div+CSS 布局构建页面。通过预设计的 Div+CSS 布局，也可以很好地学习 Div+CSS 布局的方法和技巧。

使用预设计的 Div+CSS 布局创建网页的方法是：选择菜单命令【文件】/【新建】，打开【新建文档】对话框，然后依次选择【空白页】/【HTML】选项，如图 7-37 所示。

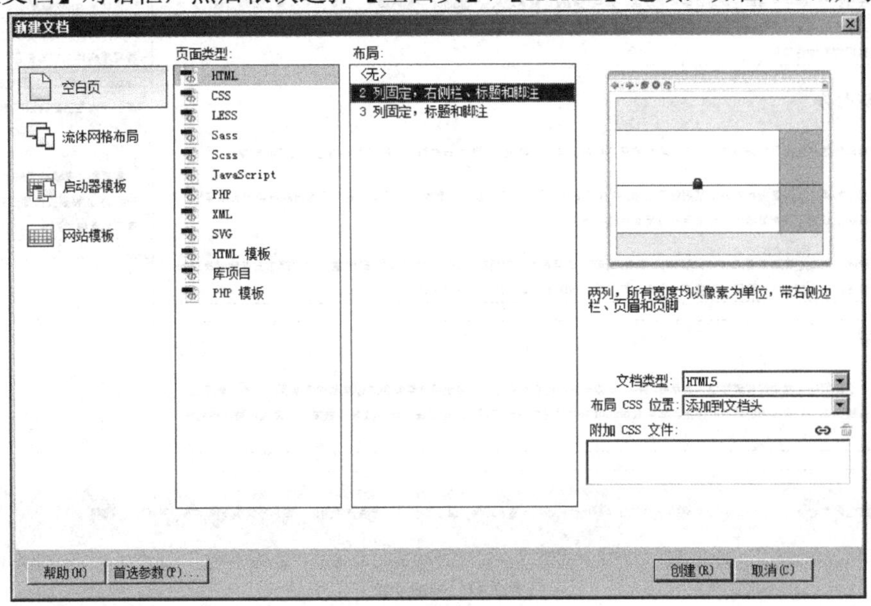

图7-37 【新建文档】对话框

在【布局】列表中，除了空白 HTML 文档（即“无”）外，2 列和 3 列各一个。固定表示列宽是以像素指定的，列的大小不会根据浏览器的大小或站点访问者的文本设置来调整。【布局 CSS 位置】下拉列表中有 3 个选项。

- 【添加到文档头】：将布局的 CSS 添加到要创建的页面文档头中。
- 【新建文件】：将布局的 CSS 添加到新的外部 CSS 样式表，并将这一新样式表附加到要创建的页面。
- 【链接到现有文件】：可以通过此选项指定已包含布局所需的 CSS 规则的现有 CSS 文件，当希望在多个文档上使用相同的 CSS 布局（CSS 布局的 CSS 规则包含在一个文件中）时，此选项特别有用。

如果需要同时附加 CSS 文件，可以单击按钮，打开【链接外部样式表】对话框链接样式表文件。如果在【布局】列表中选择【2 列固定，右侧栏、标题和脚注】，在【布局 CSS 位置】下拉列表中选择【添加到文档头】选项，单击 创建(R) 按钮，创建的文档如图 7-38 所示。

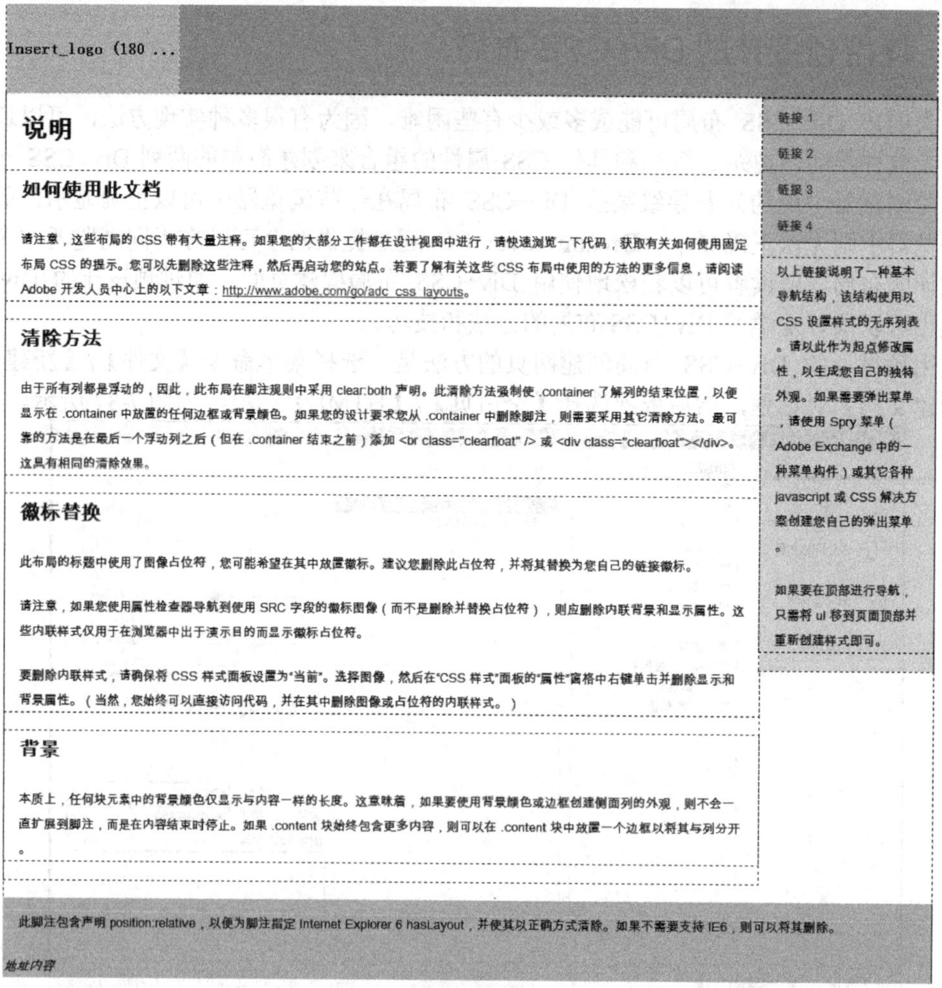

Insert_logo (180 ...

链接 1

链接 2

链接 3

链接 4

以上链接说明了一种基本导航结构，该结构使用以 CSS 设置样式的无序列表。请以此作为起点修改属性，以生成您自己的独特外观。如果需要弹出菜单，请使用 Spry 菜单（Adobe Exchange 中的一种菜单构件）或其它各种 javascript 或 CSS 解决方案创建您自己的弹出菜单。

如果要在顶部进行导航，只需将 ul 移到页面顶部并重新创建样式即可。

说明

如何使用此文档

请注意，这些布局的 CSS 带有大量注释。如果您的大部分工作都在设计视图中进行，请快速浏览一下代码，获取有关如何使用固定布局 CSS 的提示。您可以先删除这些注释，然后再启动您的站点。若要了解有关这些 CSS 布局中使用的方法的更多信息，请阅读 Adobe 开发人员中心上的以下文章：http://www.adobe.com/go/adc_css_layouts。

清除方法

由于所有列都是浮动的，因此，此布局在脚注规则中采用 clear:both 声明。此清除方法强制使 .container 了解列的结束位置，以便显示在 .container 中放置的任何边框或背景颜色。如果您的设计要求您从 .container 中删除脚注，则需要采用其它清除方法。最可靠的方法是在最后一个浮动列之后（但在 .container 结束之前）添加 <br class="clearfloat" /> 或 <div class="clearfloat"></div>。这具有相同的清除效果。

徽标替换

此布局的标题中使用了图像占位符，您可能希望在其中放置徽标。建议您删除此占位符，并将其替换为您自己的链接徽标。

请注意，如果您使用属性检查器导航到使用 SRC 字段的徽标图像（而不是删除并替换占位符），则应删除内联背景和显示属性。这些内联样式仅用于在浏览器中出于演示目的而显示徽标占位符。

要删除内联样式，请确保将 CSS 样式面板设置为"当前"。选择图像，然后在"CSS 样式"面板的"属性"窗格中右键单击并删除显示和背景属性。（当然，您始终可以直接访问代码，并在其中删除图像或占位符的内联样式。）

背景

本质上，任何块元素中的背景颜色仅显示与内容一样的长度。这意味着，如果要使用背景颜色或边框创建侧面列的外观，则不会一直扩展到脚注，而是在内容结束时停止。如果 .content 块始终包含更多内容，则可以在 .content 块中放置一个边框以将其与列分开。

此脚注包含声明 position:relative，以便为脚注指定 Internet Explorer 6 hasLayout，并使其以正确方式清除。如果不需要支持 IE6，则可以将其删除。

地址内容

图7-38　创建文档

如果将文档窗口切换到【代码】视图，可以发现创建的网页文档页面布局使用了 Div 标签和 HTML5 结构元素，并使用 CSS 样式控制页面外观。

为了使页面居中显示，在类样式“container”中将左右边界均设置为“auto”。在页面最底部，也就是页脚，为了让页脚的 footer 标签不再随其上面的 Div 浮动，在标签样式 footer 中将清除设置为“both”，这个技巧读者需要注意使用。

读者通过预设计的 CSS 布局来创建具有 Div+CSS 布局技术的网页，这样就省去了自行布局网页的麻烦。等到对 Div+CSS 技术熟悉后，可以尝试设计自己的 Div+CSS 网页。

7.1.8　使用流体网格布局

在 Dreamweaver CC 中，使用流体网格布局技术能创建应对不同屏幕尺寸的最合适的 Div+CSS 布局。在使用流体网格布局技术生成 Web 页时，无论用户使用的是移动设备、平板电脑还是台式机，页面布局及其内容都会自动适应用户的查看装置。创建流体网格布局的方法是：选择菜单命令【文件】/【新建】，打开【新建文档】对话框，选择【流体网格布局】类别，然后根据实际需要选择并设置即可，如图 7-39 所示。

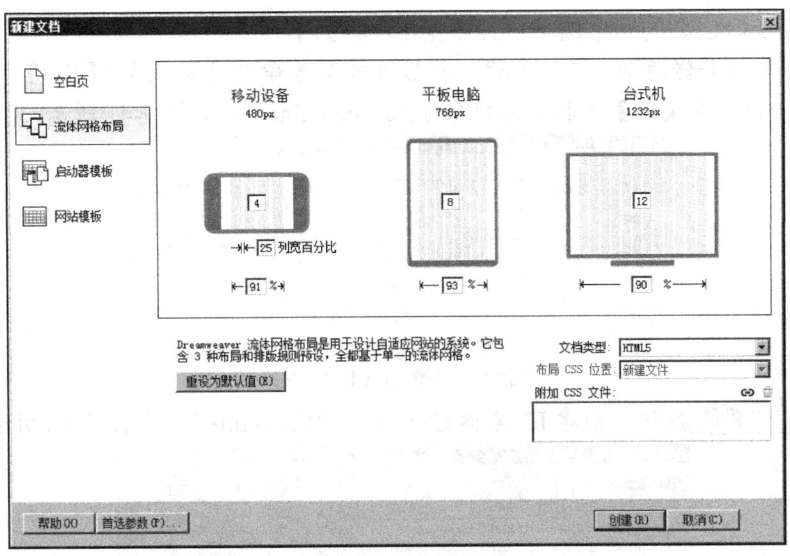

图7-39　流体网格布局

7.2　范例解析——品味人生

将附盘文件复制到站点文件夹下，然后使用 Div+CSS 布局页面，效果如图 7-40 所示。

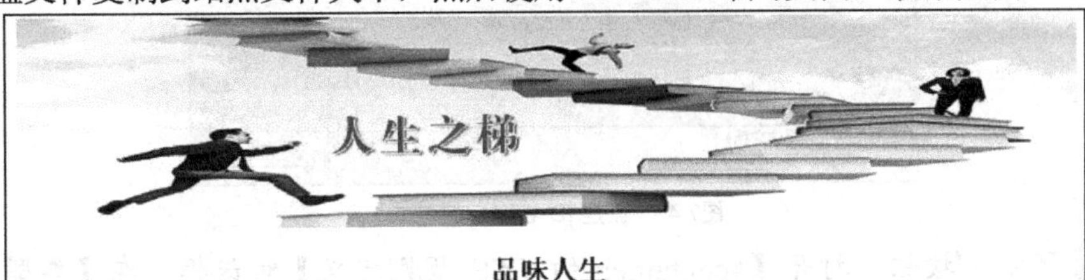

品味人生

味道

百货公司的香水，95%都是水，只有5%不同，那是各家秘方。人也是这样，95%的东西基本相似，差别就是其中很关键性的5%，包括人的修养特色，人的快乐痛苦欲望。香精要熬个五年、十年才加到香水里面去，人也是一样，要经过成长锻炼，才有自己独一无二的味道。

拥有自己

当玻璃杯中装满牛奶的时候，人们说：这是牛奶；当装满油的时候，人们又说：这是油。只有杯子空时，人们才看到杯子。同样，当我们心中装满学问、财富、权势、成就和偏见的时候，就不是自己了。往往拥有了一切，却不能拥有自己。

最大的打击

一个坏朋友对你最大的打击，不是破坏了友谊，而是让你不再投入真诚；失恋对你最大的打击，不是让你伤痕累累，而是让你再也不敢投入感情。挫败也好，伤害也罢，总会成为过去，可怕的是别人或许绑架了你的一段感情，你却绑架了自己剩余的时光。

学会给予

穷人问佛：“我为什么穷？”佛：“你没有学会给予。”穷人：“我一无所有如何给予？”佛：“一个人即使一无所有也可以给予别人七种东西——颜施：即微笑处世；言施：鼓励赞美安慰的话；心施：敞开心扉对人和蔼；眼施：善意眼光给予别人；身施：以行动帮助别人；座施：谦让座位；房施：有容人之心。”

您的意见和建议：us@163.com

图7-40　品味人生

这是使用 Div+CSS 的一个例子，具体操作步骤如下。

1. 创建一个文档并保存为“7-2.htm”，然后选择菜单命令【插入】/【Div】，打开【插入 Div】对话框，在【ID】下拉列表框中输入“container”，如图 7-41 所示。

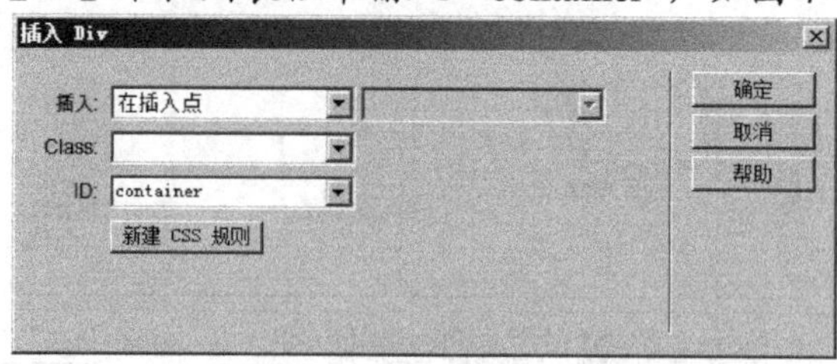

图7-41　【插入 Div】对话框

2. 单击 新建 CSS 规则 按钮，创建 ID 名称 CSS 样式“#container”，如图 7-42 所示。

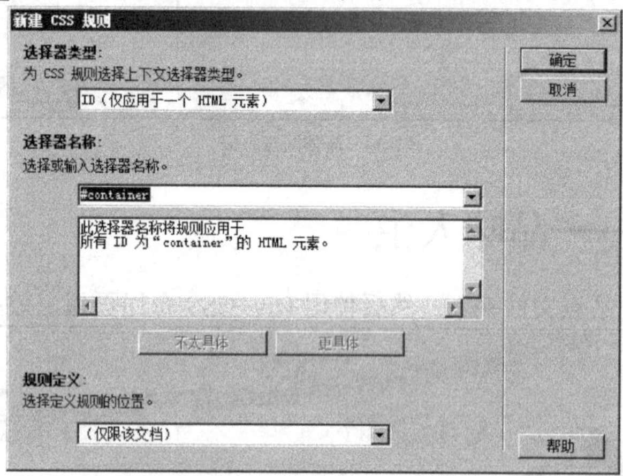

图7-42　创建 ID 名称 CSS 样式

3. 单击 确定 按钮，打开【#container 的 CSS 规则定义】对话框，在【类型】分类中设置字体为“宋体”，大小为“14px”，如图 7-43 所示。

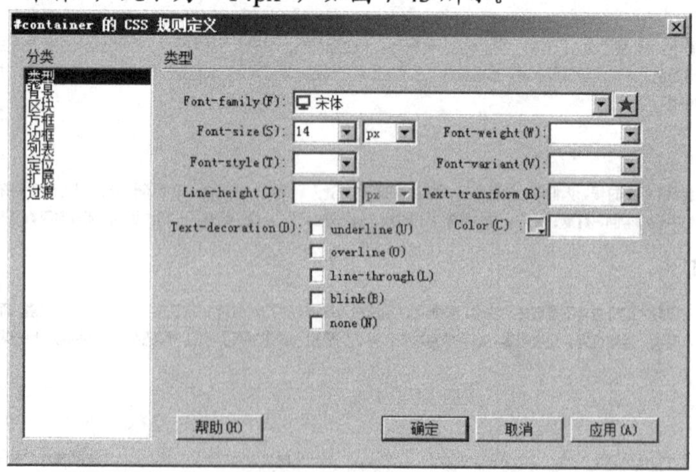

图7-43　【类型】分类

4. 在【方框】分类中设置宽度为“780px”，上边界为“0”、左右边界均为“auto”，如图 7-44 所示，然后单击 确定 按钮关闭对话框。

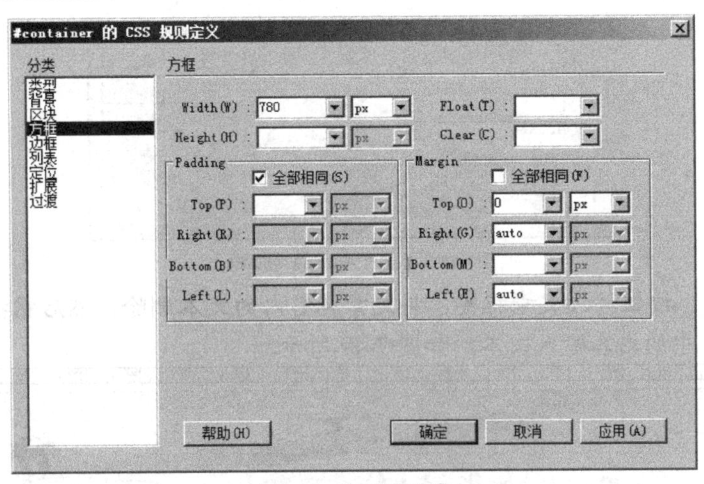

图7-44 【方框】分类

5. 在【插入 Div】对话框中单击 确定 按钮关闭【插入 Div】对话框，插入的 Div 如图 7-45 所示。

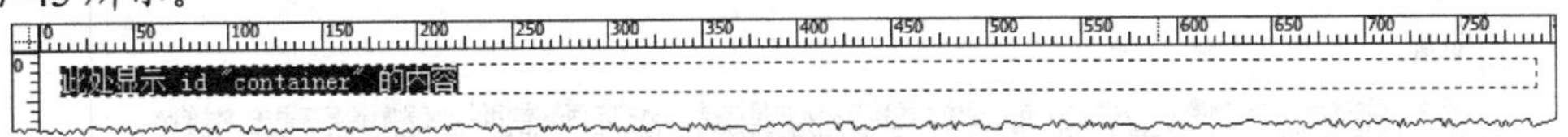

图7-45 插入 Div

6. 将 Div 内的文本删除，然后选择菜单命令【插入】/【结构】/【页眉】，打开【插入 header】对话框，参数设置如图 7-46 所示。

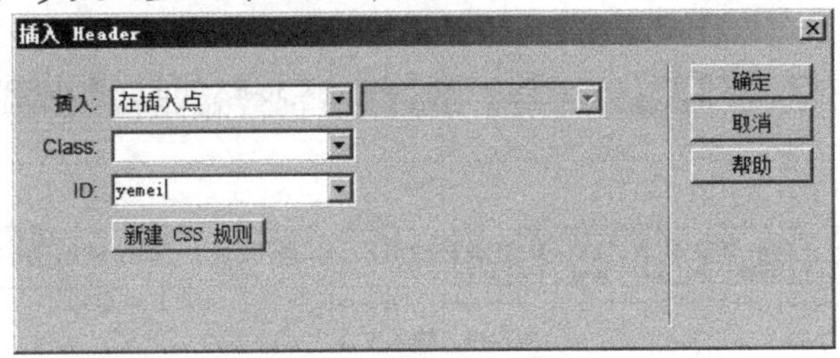

图7-46 【插入 header】对话框

7. 单击 确定 按钮插入页眉标签，然后将页眉标签内的文本删除，插入图像“logo.jpg”，如图 7-47 所示。

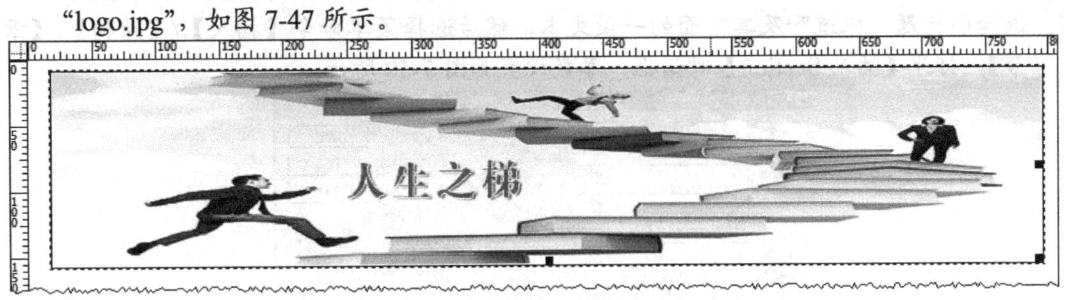

图7-47 插入图像

8. 选择菜单命令【插入】/【结构】/【文章】，打开【插入 Article】对话框，参数设置如图 7-48 所示。

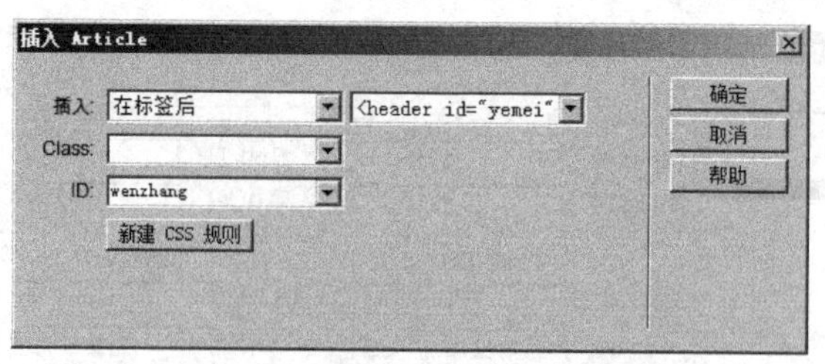

图7-48　【插入 Article】对话框

9. 单击 确定 按钮插入文章标签，将文章标签内的文本删除，然后根据素材文档“品味人生.doc”中的内容输入文本，如图 7-49 所示。

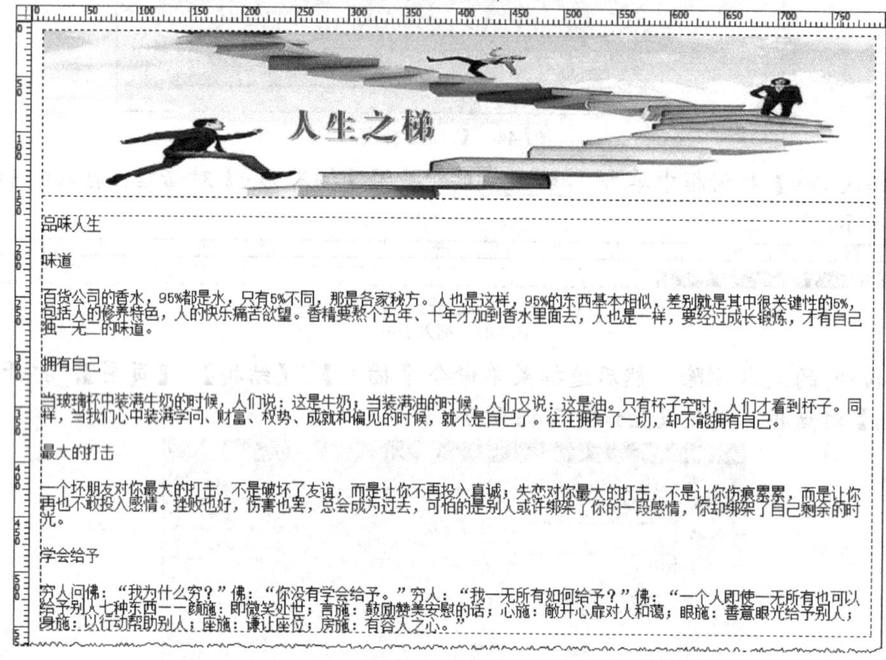

图7-49　输入文本

10. 接着选择菜单命令【插入】/【结构】/【标题】/【标题 1】，对文本“品味人生”应用“标题 1”格式，接着选择菜单命令【格式】/【对齐】/【居中对齐】使之居中显示。
11. 选择小标题“味道”及其下面的一段文本，然后选择菜单命令【插入】/【结构】/【章节】，打开【插入 Section】对话框，参数设置如图 7-50 所示。

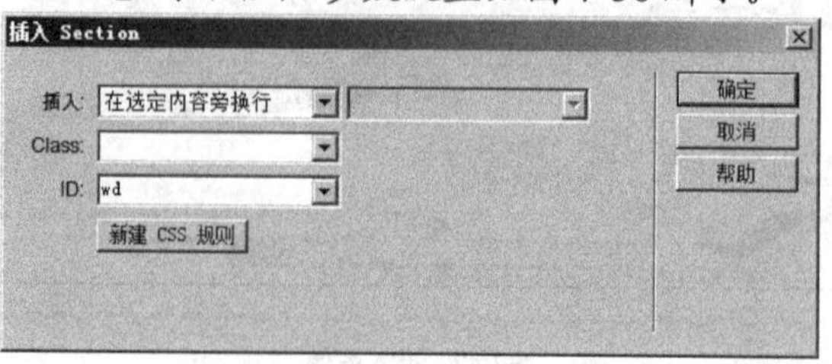

图7-50　【插入 Section】对话框

12. 单击 确定 按钮插入章节标签，运用同样的方法依次给其他文本插入章节标签，ID 名称分别为“yy”“dj”和“jy”。
13. 分别给 4 个小标题应用“标题 2”格式，如图 7-51 所示。

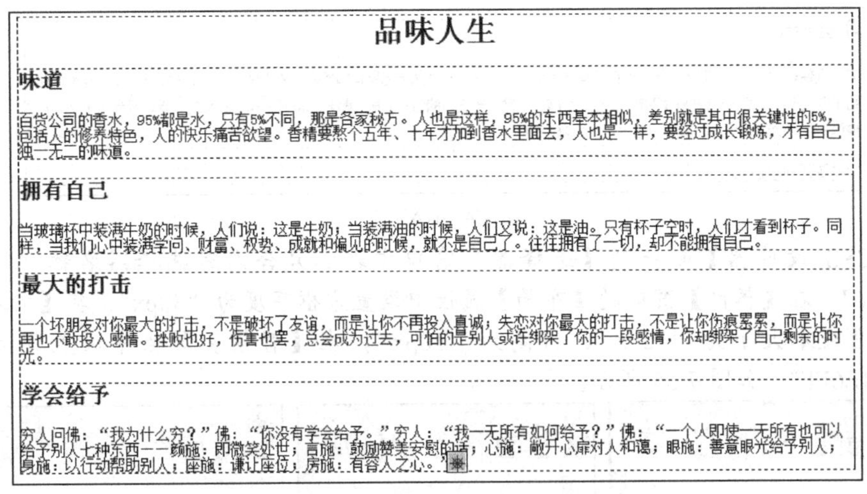

图7-51 格式设置

14. 打开【CSS 设计器】面板，在【选择器】窗口中添加复合内容选择器名称“#wenzhang p”，在【属性】窗口的【文本】属性中设置行高为“25px”，如图 7-52 所示。

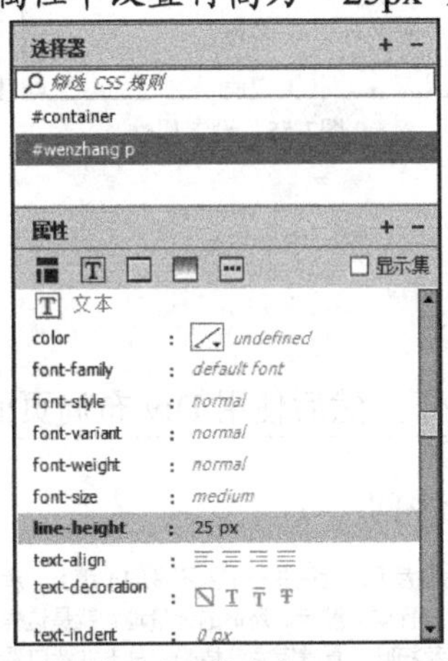

图7-52 设置复合内容样式“#wenzhang p”属性

15. 选择菜单命令【插入】/【结构】/【页脚】，打开【插入 footer】对话框，参数设置如图 7-53 所示。

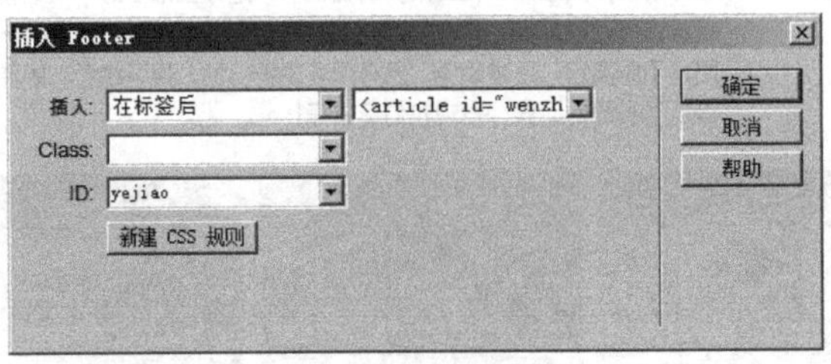

图7-53 【插入 footer】对话框

16. 单击 确定 按钮插入页脚标签，将文章标签内的文本删除，然后输入页脚信息，如图 7-54 所示。

学会给予

穷人问佛："我为什么穷？"佛："你没有学会给予。"穷人："我一无所有如何给予？"佛："一个人即使一无所有也可以给予别人七种东西——颜施：即微笑处世；言施：鼓励赞美安慰的话；心施：敞开心扉对人和蔼；眼施：善意眼光给予别人；身施：以行动帮助别人；座施：谦让座位；房施：有容人之心。"

您的意见和建议：us@163.com

图7-54　插入页脚

17. 在【CSS 设计器】面板的【选择器】窗口中添加复合内容选择器名称"#container #yejiao"，在【属性】窗口的【布局】属性中设置方框高度为"30px"，在【文本】属性中设置文本大小为"12px"、行高为"30px"，在【背景】属性中设置背景颜色为"#C4E6FF"，如图 7-55 所示。

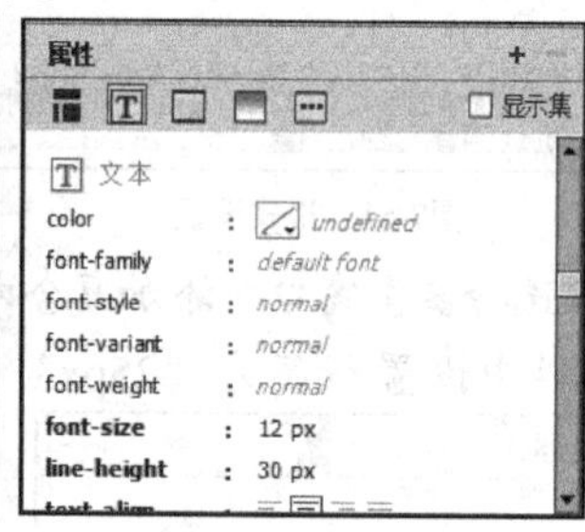

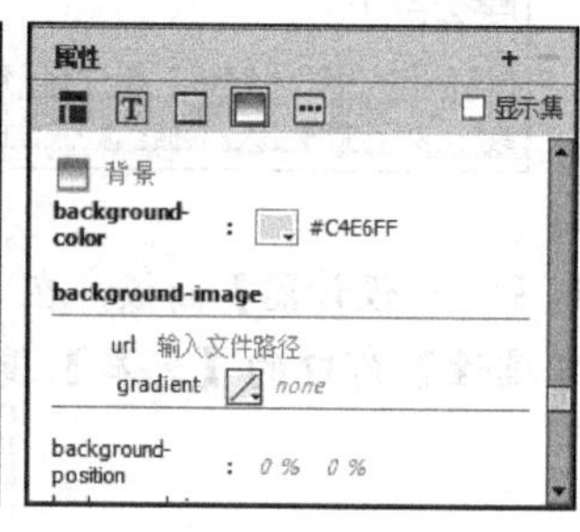

图7-55　设置属性

18. 保存文档。

7.3　实训——日光乡间

将附盘文件复制到站点文件夹下，然后使用 Div 布局页面，效果如图 7-56 所示。

日光乡间

等到我们老了，就住在一个人不多的小镇上。房前栽花屋后种菜，自己动手做饭，每天骑自行车、散步。所谓的天荒地老就是这样了。一茶、一饭、一粥、一菜。春看花，秋扫叶，夏养家禽冬烧柴。早上在巷口看太阳。去集市买蔬菜水果。烹煮打扫。午后读一本书。拄着拐棍敲夕阳。晚上杏花树下喝酒，直到月色和露水清凉。

当我们老了，自己也成了爷爷或者外婆，孩子带着他们的孩子来看你，在院子里和你养的狗打闹嬉戏。花丛簇拥的栅栏下，是你我渐老的年华。柳树罩阴的红屋旁，是深情白首的羁挂。你去打酱油，我在后面瞅。车辙三两条，一步一回首。人生夕阳，不盼高官，不求荣华，愿得闲心爱护一世，携手终老。顺便，种几棵向日葵，等瓜子长好的时候，发现我们没有牙！

图7-56　日光乡间

这是插入和设置 Div 的一个例子，步骤提示如下。

1. 首先创建一个文档并保存为"7-3.htm"，然后插入名称为"container"的 Div，并创建 ID 名称 CSS 样式"#container"，设置方框宽度为"800px"，高度为"500px"，上边界为“0”，左右边界均为“auto”。

2. 在 Div“container”中插入 Div“divimg”，并创建 ID 名称 CSS 样式“#divimg”，设置方框宽度为“200px”，高度为“auto”，上边界和左边界均为“0”，方框对齐方式为“左对齐”，文本对齐方式为“center”，然后插入图像“images/01.jpg”。
3. 在 Div“divimg”之后继续插入 Div“divtext”，设置方框宽度为“580px”，高度为“auto”，方框对齐方式为“左对齐”，填充均为“5px”，上边界为“0”，左边界为“10px”。
4. 根据素材文档“日光乡间.doc”中的内容，在 Div“divtext”中输入文本，将标题“日光乡间”应用“标题 2”格式，然后创建复合内容样式“#container #divtext p”，设置文本字体为“宋体”，文本大小为“16px”，行高为“25px”。
5. 在 Div“divtext”后面继续插入 Div“divimg2”，设置清除浮动的方式为“both”，然后在其中一个 1 行 3 列的表格，设置表格宽度为“630px”，边框、边距和填充均为“0”，表格对齐方式为“居中对齐”，单元格对齐方式为“居中对齐”，在单元格中依次插入图像“images/02.jpg”“images/03.jpg”和“images/04.jpg”。
6. 保存文档。

7.4 综合案例——励志故事

将附盘文件复制到站点文件夹下，然后使用 Div+CSS 布局网页，效果如图 7-57 所示。

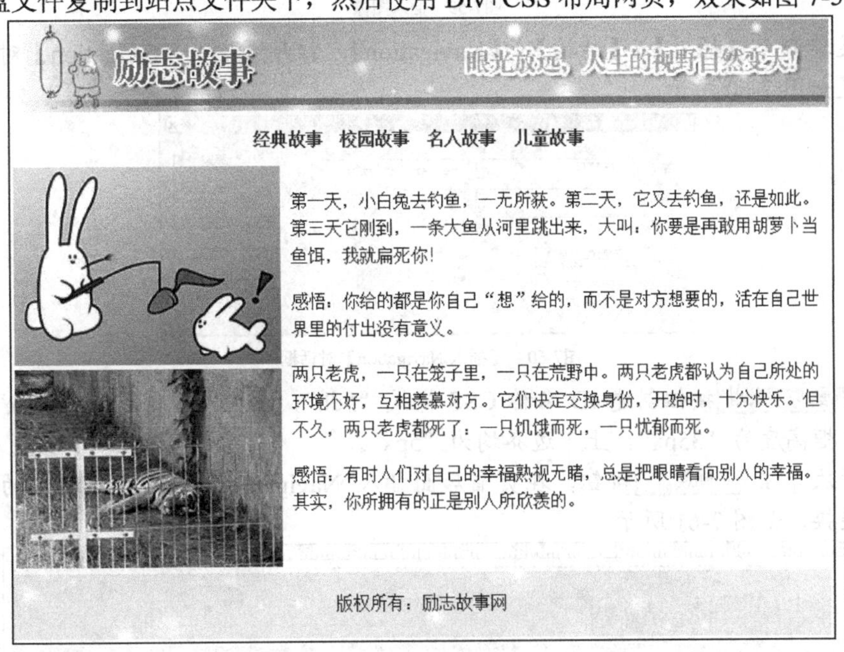

图7-57 励志故事

这是使用 Div+CSS 布局网页的一个例子，首先创建名称为“container”的 Div 来布局整个页面，在其中使用标签“header”来布局页眉部分，使用标签“nav”来布局导航栏部分，使用标签“main”来布局主体部分，在标签“main”中左侧使用名称为“divpic”的 Div 标签布局图像，右侧使用标签“article”布局文本内容，最后使用标签“fooer”来布局页脚部

分，并创建相应的 CSS 样式进行控制。具体操作步骤如下。

1. 创建一个文档并保存为“7-4.htm”，然后插入名称为“container”的 Div，并创建 ID 名称 CSS 样式“#container”，设置方框宽度为“770px”，上下边界均为“0”，左右边界均为“auto”。
2. 将 Div 内的文本删除，然后选择菜单命令【插入】/【结构】/【页眉】，打开【插入 header】对话框，参数设置如图 7-58 所示。

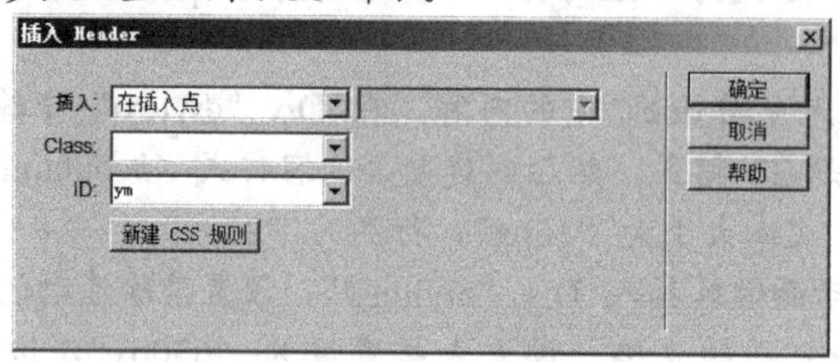

图7-58　【插入 header】对话框

3. 单击 确定 按钮在 Div 内插入页眉，将其中的文本删除，然后插入图像“images/logo.jpg”，如图 7-59 所示。

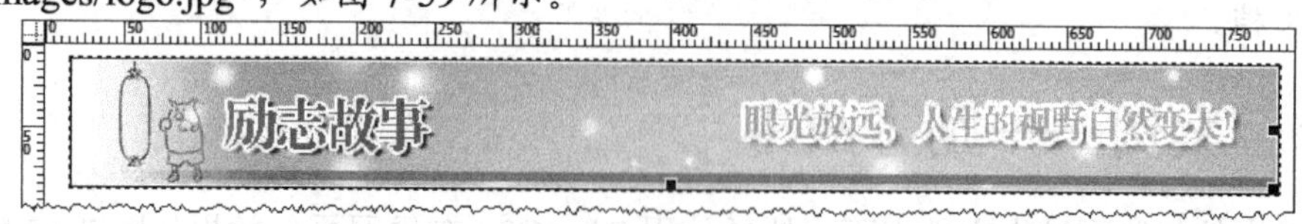

图7-59　插入图像

4. 选择菜单命令【插入】/【结构】/【Navigation】，打开【插入 Navigation】对话框，参数设置如图 7-60 所示。

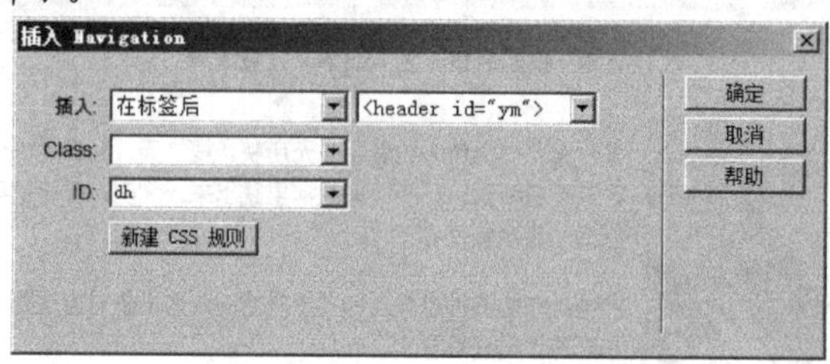

图7-60　【插入 Navigation】对话框

5. 单击 新建 CSS 规则 按钮创建 ID 名称 CSS 样式“#dh”，设置文本行高为“35px”，居中对齐，方框高度为“35px”，上下边界均为“5px”。
6. 连续两次单击 确定 按钮，在页眉后面插入 Navigation，然后输入相应的文本并添加空链接，如图 7-61 所示。

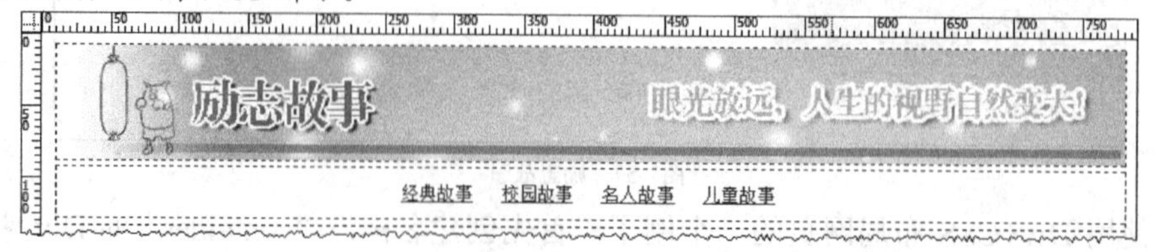

图7-61　输入文本

7. 打开【CSS 设计器】面板，在【选择器】窗口中单击 + 按钮，在文本框中输入复合内容选择器名称“#container #dh a:link, #container #dh a:visited”，然后按 Enter 键确认。
8. 在【属性】窗口中，单击 T 按钮显示文本属性，设置文本颜色为“#006600”，文本大小为“16px”，文本粗细为“bold”，文本修饰为“none”，如图 7-62 所示。

9. 运用同样的方法创建复合内容的 CSS 样式“#container #dh a:hover”来控制超级链接文本的鼠标悬停样式，设置文本颜色为“#FF0000”，文本粗细为“bold”，文本修饰为“underline”，如图 7-63 所示。

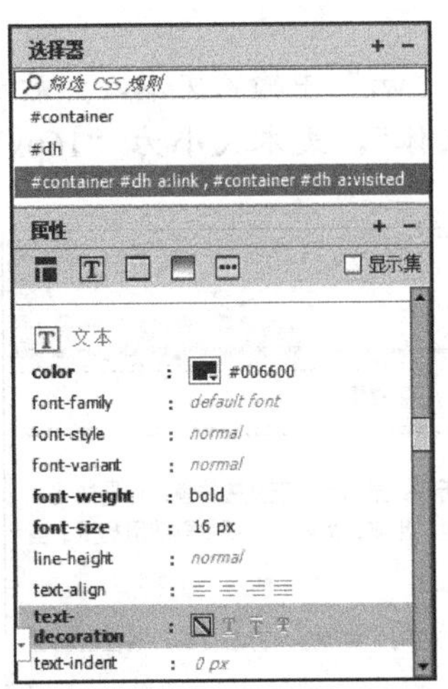

图7-62　创建样式“#container #dh a:link, #container #dh a:visited”

图7-63　创建样式“#container #dh a:hover”

10. 选择菜单命令【插入】/【结构】/【主结构】，打开【插入主要内容】对话框，参数设置如图 7-64 所示。

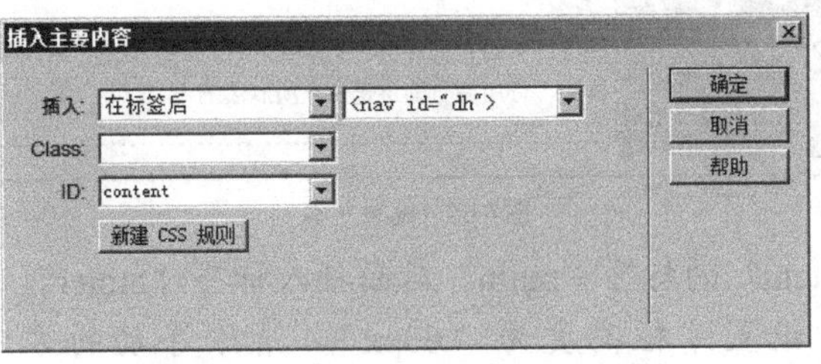

图7-64　【插入 header】对话框

11. 单击 确定 按钮在导航栏后面插入主要内容标签，将其中的文本删除，然后选择菜单命令【插入】/【Div】，打开【插入 Div】对话框，参数设置如图 7-65 所示。

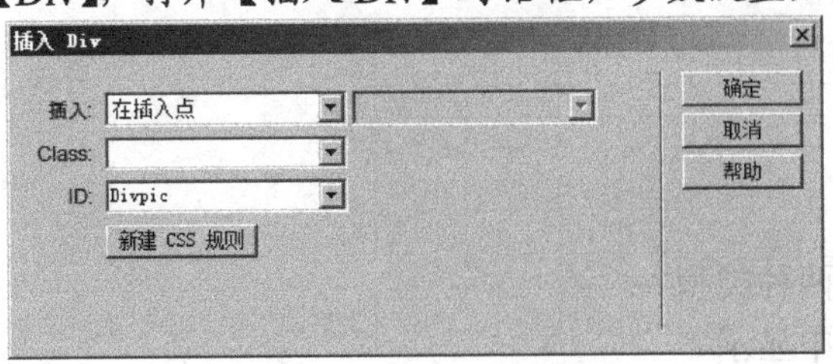

图7-65　【插入 Div】对话框

12. 单击 新建 CSS 规则 按钮创建 ID 名称 CSS 样式“#divpic”，设置方框宽度为“260px”，上边界和左边界均为“0”，方框对齐方式为“左对齐”，连续两次单击 确定 按钮插入一个名称为“divpic”的 Div。

13. 将其中的文本删除，插入一个 2 行 1 列的表格，设置表格宽度为“255px”，边框、边距和填充均为“0”，表格对齐方式和单元格对齐方式均为“居中对齐”，然后在单元格中依次插入图像“images/01.jpg”和“images/02.jpg”。

14. 选择菜单命令【插入】/【结构】/【文章】，在 Div“divipic”之后继续插入标签“article”，其 ID 名称为“wz”。
15. 创建 ID 名称 CSS 样式“#wz”，设置方框宽度为“500px”，方框对齐方式为“左对齐”，填充均为“5px”，上边界均为“0”。
16. 根据素材文档“励志故事.doc”中的内容，在 Div“wz”中输入文本，然后创建复合内容样式“#content #wz p”，设置文本字体为“宋体”，文本大小为“16px”，行高为“25px”，如图 7-66 所示。

图7-66　设置文本

17. 在 ID 名称为“content”的标签“main”后面插入标签“footer”，同时创建 ID 名称 CSS 样式“#footdiv”，设置方框高度为“60px”，清除浮动的方式为“both”，行高为“60px”，背景图像为“images/footbg.jpg”，文本对齐方式为“center”，最后输入相应的文本。
18. 保存文档。

7.5 习题

1. 思考题
   (1) 盒子模型有哪两种类型？
   (2) 如何使 Div 居中显示？
2. 操作题

   自行搜集素材并制作一个网页，要求使用 Div+CSS 进行页面布局。

第8章 使用库和模板

【学习目标】

- 了解库和模板的概念。
- 掌握创建和应用库的方法。
- 掌握创建和应用模板的方法。

使用库可以制作不同网页内容的相同部分，使用模板可以批量制作具有相同结构的网页。本章将介绍库和模板的基本知识，以及使用库和模板制作网页的基本方法。

8.1 功能讲解

下面介绍库和模板的基本知识。

8.1.1 认识库和模板

库是一种特殊的 Dreamweaver 文件，其中包含可放置到网页中的一组单个资源或资源副本。库中的这些资源称为库项目，也就是要在整个网站范围内反复使用或经常更新的元素。在网页制作实践中，经常遇到要将一些网页元素在多个页面内应用的情形。当修改这些重复使用的页面元素时如果逐页修改会相当费时，这时便可以使用库项目来解决这个问题。每当编辑某个库项目时，可以自动更新所有使用该项目的页面。例如，假设正在为某公司创建一个大型站点，公司希望在站点的每个页面上显示一个广告语。可以先创建一个包含该广告语的库项目，然后在每个页面上使用这个库项目。如果需要更改广告语，则可以更改该库项目，这样可以自动更新所有使用这个项目的页面。

使用库项目时，Dreamweaver 将在网页中插入该项目的链接，而不是项目本身。也就是说，Dreamweaver 向文档中插入该项目的 HTML 源代码副本，并添加一个包含对原始外部项目的引用的 HTML 注释。自动更新过程就是通过这个外部引用来实现的。

在 Dreamweaver 中，创建的库项目保存在站点的“Library”文件夹内，“Library”文件夹是自动生成的，不能对其名称进行修改。

模板是一种特殊类型的文档，用于设计固定的并可重复使用的页面布局结构，基于模板创建的网页文档会继承模板的布局结构。因此，在批量制作具有相同版式和风格的网页文档时，使用模板是一个不错的选择，它可使网站拥有统一的布局和外观，而且模板变化时可以同时更新基于该模板创建的网页文档，提高了站点管理和维护的效率。

在设计模板时，设计者可在模板中插入模板对象，从而指定在基于模板的网页文档中哪些区域是可以进行修改和编辑的。实际上在模板中操作时，模板的整个页面都可以进行编辑，这与平时设计网页没有差别。唯一不同的是最后一定要插入可编辑的模板对象，否则创

建的网页没有可编辑的区域，无法添加内容。在基于模板创建的网页文档中，只能在可编辑的模板对象中添加或更改内容，不能修改其他区域。在 Dreamweaver CC 中，常用的模板对象有可编辑区域、重复区域、重复表格和令属性可编辑等类型。

模板操作必须在 Dreamweaver 站点中进行，如果没有站点，在保存模板时系统会提示创建 Dreamweaver 站点。在 Dreamweaver 中，创建的模板文件保存在站点的“Templates”文件夹内，“Templates”文件夹是自动生成的，不能对其名称进行修改。

8.1.2 创建库项目

创建库项目既可以创建空白库项目，也可以创建基于选定内容的库项目。

一、 创建空白库项目

创建空白库项目的方法是：选择菜单命令【窗口】/【资源】，打开【资源】面板，单击（库）按钮切换至【库】分类，单击【资源】面板右下角的（新建库项目）按钮，新建一个库项目，然后在列表框中输入库项目的新名称并按 Enter 键确认，如图 8-1 所示。此时它还是一个空白库项目，还需要通过单击面板底部的（编辑）按钮或双击库项目名称来打开库项目并添加内容，这样库项目才有实际意义。也可以选择菜单命令【文件】/【新建】，打开【新建文档】对话框，选择【空白页】/【库项目】选项来创建空白库项目。此时的库项目是打开的，添加内容后保存即可。

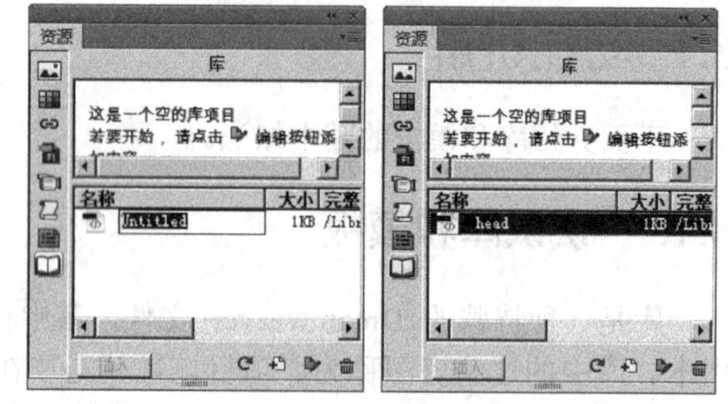

图8-1　创建空白库项目

二、 创建基于选定内容的库项目

用户也可以将网页中现有的对象元素转换为库项目。方法是：在页面中选择要转换的内容，然后选择菜单命令【修改】/【库】/【增加对象到库】，即可将选中的内容转换为库项目，并显示在【库】列表中，最后输入库名称并确认即可，如图 8-2 所示。

图8-2　创建基于选定内容的库项目

8.1.3 应用库项目

库项目是可以在多个页面中重复使用的页面元素。在网页中插入库项目的方法是：在【资源】面板中选中库项目，然后单击底部的 插入 按钮（或者单击鼠标右键，在弹出的快捷菜单中选择【插入】命令），将库项目插入到当前网页文档中。在使用库项目时，Dreamweaver 不是向网页中直接插入库项目，而是插入一个库项目链接，通过【属性】面板中的“源文件/Library/pic.lbi”可以清楚地说明这一点，如图 8-3 所示。

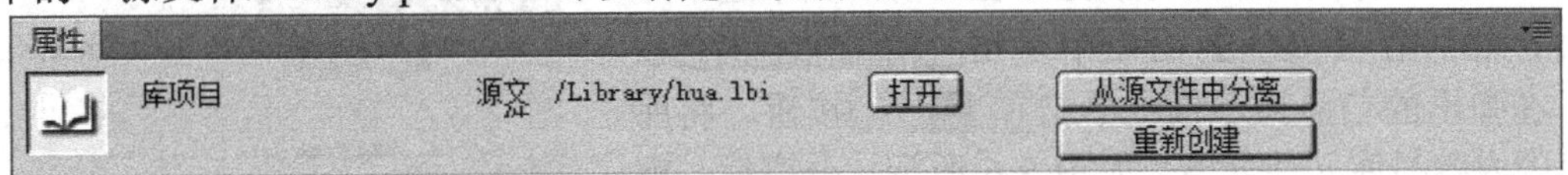

图8-3　库项目【属性】面板

8.1.4　维护库项目

下面介绍维护库项目的基本方法。

一、 快速打开库项目

在引用库项目的当前网页中，选择库项目后，在【属性】面板中单击打开按钮，可打开库项目的源文件进行编辑，这等同于在【资源】面板中双击打开库项目进行编辑。其中，【源文件】显示库项目源文件的文件名和位置，不能编辑此信息。

二、 重命名库项目

重命名模板的方法是：在【资源】面板的【库】类别中选择库项目暂停，再次单击库项目的名称，然后输入一个新名称，按 Enter 键使更改生效。在弹出的【更新文件】对话框中选择是否更新使用该项目的文档。

三、 修改库项目

库项目创建以后，根据需要适时地修改其内容是不可避免的。如果要修改库项目，需要直接打开库项目进行修改。方法是：在【资源】面板的库项目列表中双击库项目，或先选中库项目，然后单击面板底部的按钮打开库项目；也可以在引用库项目的网页中选中库项目，然后在【属性】面板中单击打开按钮打开库项目。

四、更新库项目

在库项目被修改保存后，引用该库项目的网页会进行自动更新。如果没有进行自动更新，可以选择菜单命令【修改】/【库】/【更新当前页】，对应用库项目的当前页进行更新。

也可选择菜单命令【修改】/【库】/【更新页面】，打开【更新页面】对话框，进行参数设置后更新相关页面。如果在【更新页面】对话框的【查看】下拉列表中选择【整个站点】选项，然后从其右侧的下拉列表中选择站点的名称，将会使用当前版本的库项目更新所选站点中的所有页面，如图 8-4 所示。如果选择【文件使用…】选项，然后从其右侧的下拉列表中选择库项目名称，将会更新当前站点中所有应用了该库项目的文档，如图 8-5 所示。

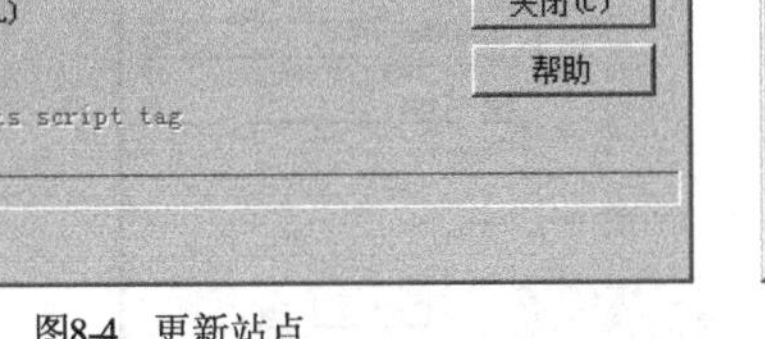

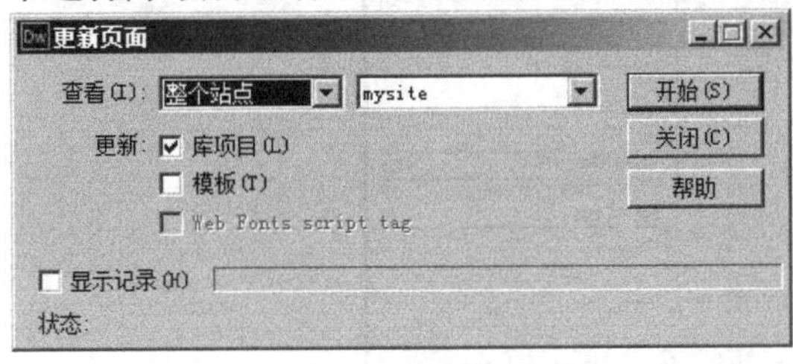

图8-4　更新站点

图8-5　更新页面

五、　分离库项目

一旦在网页文档中应用了库项目，如果希望其成为网页文档的一部分，这就需要将库项目从源文件中分离出来。方法是：在当前网页中选中库项目，然后在【属性】面板中单击 从源文件中分离 按钮，在弹出的信息提示框中单击 确定 按钮，将库项目的内容与库文件分离，如图 8-6 所示。分离后，就可以对这部分内容进行编辑了，因为它已经是网页的一部分，与库项目再没有联系。

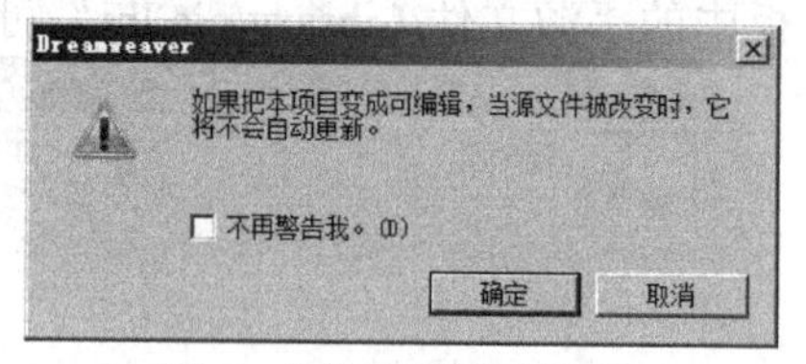

图8-6　分离库项目信息提示框

六、　删除库项目

删除库项目的方法是：打开【资源】面板并切换至【库】分类，在库项目列表中选中要删除的库项目，单击【资源】面板右下角的 按钮或直接在键盘上按 Delete 键即可。一旦删除了一个库项目，将无法进行恢复，因此应特别小心。

8.1.5　创建模板

下面介绍创建模板的基本方法。

一、　创建模板文件

创建模板文件通常有直接创建模板和将现有网页另存为模板两种方式。

(1)　直接创建模板。

在【资源】面板中单击 按钮，切换到【模板】分类，单击底部的 按钮，在“Untitled”处输入新的模板名称，并按 Enter 键确认即可，如图 8-7 所示。此时的模板还是一个空文件，需要通过单击面板底部的 （编辑）按钮打开模板文件，添加模板对象才有实际意义。

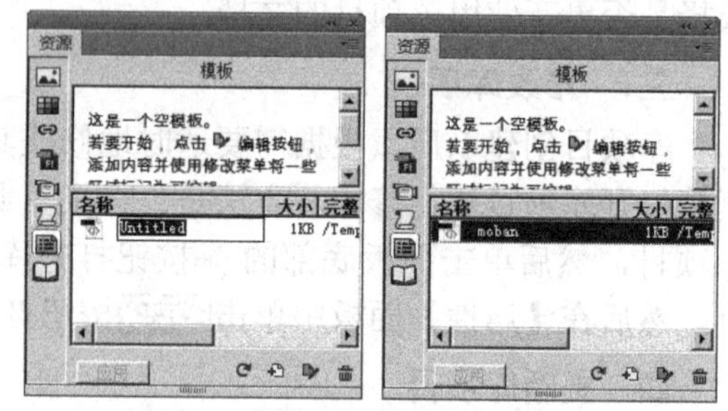

图8-7　通过【资源】面板创建模板

也可以选择菜单命令【文件】/【新建】，打开【新建文档】对话框，然后选择【空模板】/【HTML 模板】/【无】来创建空白模板文档，如图 8-8 所示。

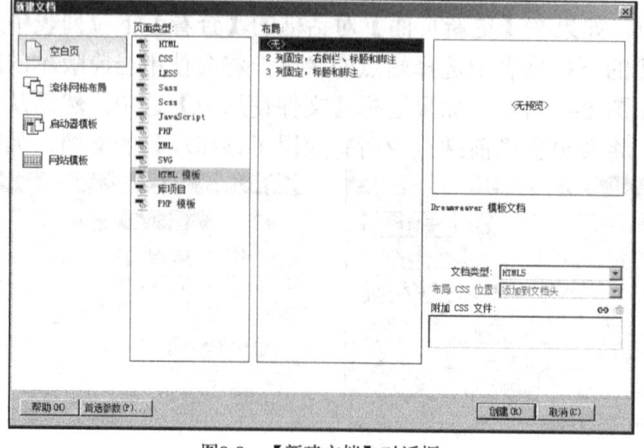

图8-8　【新建文档】对话框

(2) 将现有网页另存为模板。

将现有网页保存为模板是一种比较快捷的方式。方法是：打开一个现有的网页，删除其中不需要的内容，并设置模板对象，然后选择菜单命令【文件】/【另存为模板】，打开【另存模板】对话框，将当前的文档保存为模板文件，如图 8-9 所示。

图8-9 【另存模板】对话框

二、 添加模板对象

比较常用的模板对象有可编辑区域、重复区域和重复表格，下面进行简要介绍。

(1) 可编辑区域。

可编辑区域是指可以进行添加、修改和删除网页元素等操作的区域。选择菜单命令【插入】/【模板对象】/【可编辑区域】，打开【新建可编辑区域】对话框，在【名称】文本框中输入可编辑区域名称，单击 确定 按钮即可，如图 8-10 所示。可编辑区域左上角的选项卡显示可编辑区域的名称。

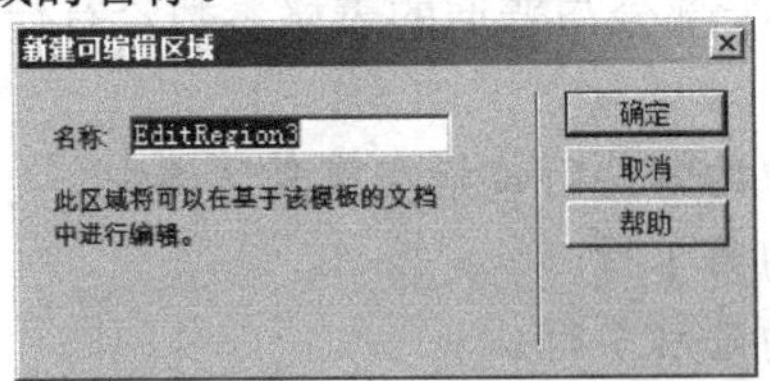

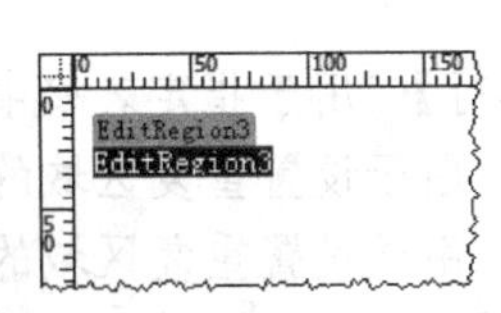

图8-10 插入可编辑区域

修改模板对象名称的方法是：单击模板对象的名称将其选中，然后在【属性】面板的【名称】文本框中修改模板对象名称即可，如图 8-11 所示。

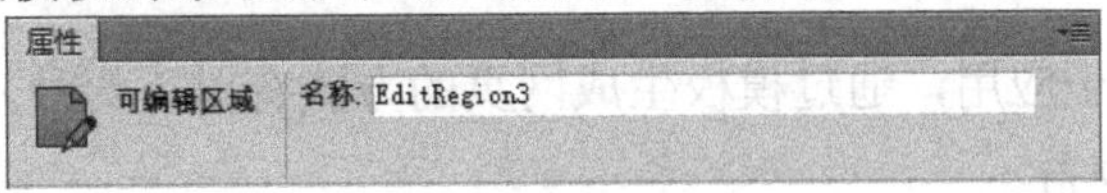

图8-11 【属性】面板

(2) 重复区域。

重复区域是指可以复制任意次数的指定区域。选择菜单命令【插入】/【模板对象】/【重复区域】，打开【新建重复区域】对话框，在【名称】文本框中输入重复区域名称并单击 确定 按钮，即可插入重复区域，如图 8-12 所示。重复区域不是可编辑区域，若要使重复区域中的内容可编辑，必须在重复区域内插入可编辑区域或重复表格。

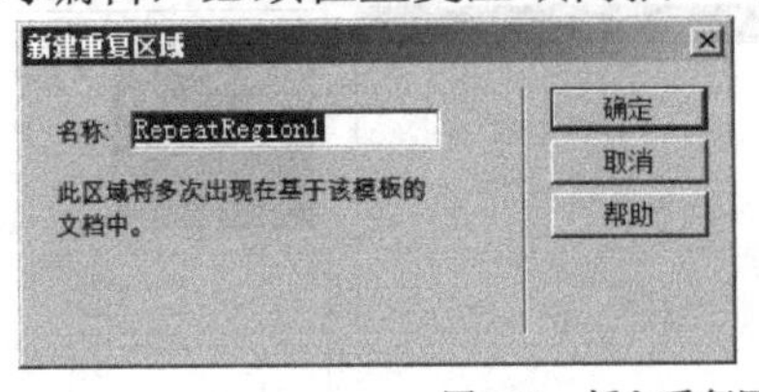

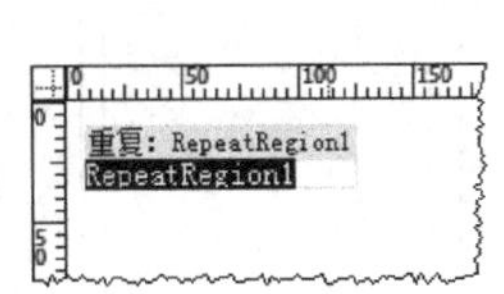

图8-12 插入重复区域

(3) 重复表格。

重复表格是指包含重复行的表格格式的可编辑区域，用户可以定义表格的属性并设置哪些单元格可编辑。选择菜单命令【插入】/【模板对象】/【重复表格】，打开【插入重复表格】对话框，进行参数设置后单击 确定 按钮，即可插入重复表格，如图 8-13 所示。

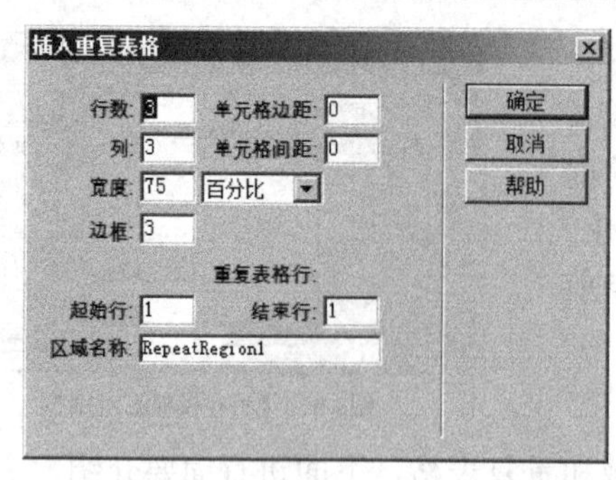

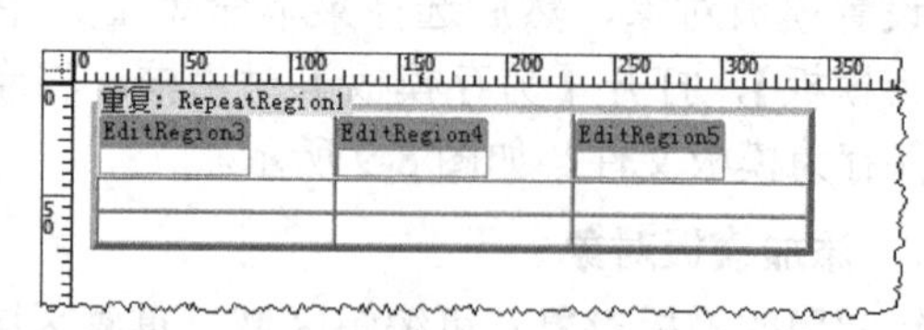

图8-13　插入重复表格

重复表格可以被包含在重复区域内，但不能被包含在可编辑区域内。另外，在将现有网页保存为模板时，不能将选定的区域变成重复表格，只能插入重复表格。

如果在【插入重复表格】对话框中不设置【单元格边距】、【单元格间距】和【边框】的值，则大多数浏览器按【单元格边距】为“1”、【单元格间距】为“2”和【边框】为“1”显示表格。【插入重复表格】对话框的上半部分与普通的表格参数没有什么不同，重要的是下半部分的参数。

- 【重复表格行】: 用于指定表格中的哪些行包括在重复区域中。
- 【起始行】: 用于设置重复区域的第 1 行。
- 【结束行】: 用于设置重复区域的最后 1 行。
- 【区域名称】: 用于设置重复表格的名称。

8.1.6 应用模板

创建模板的目的在于应用，通过模板生成网页的方式有以下两种。

一、 从模板新建网页

选择菜单命令【文件】/【新建】，打开【新建文档】对话框，选择【模板中的页】选项，然后在【站点】列表框中选择站点，在模板列表框中选择模板，并选择【当模板改变时更新页面】复选框，以确保模板改变时更新基于该模板的页面，如图 8-14 所示，然后单击 创建(R) 按钮来创建基于模板的网页文档。

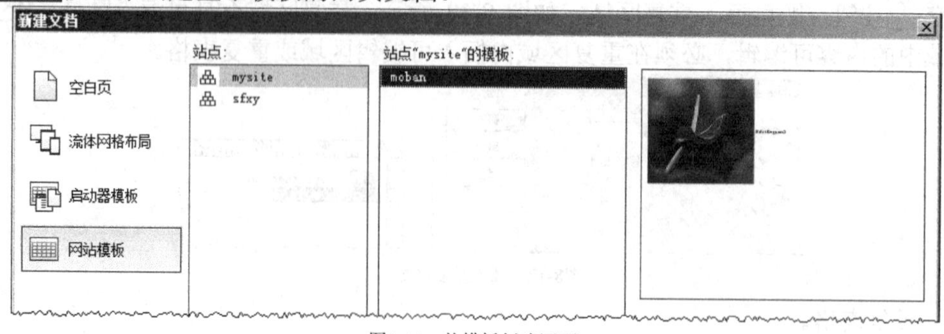

图8-14　从模板创建网页

二、 将现有页面应用模板

首先打开要应用模板的网页文档，然后选择菜单命令【修改】/【模板】/【应用模板到页】，或在【资源】面板的模板列表框中选中要应用的模板，再单击面板底部的 应用 按钮，即可应用模板。如果已打开的文档是一个空白文档，文档将直接应用模板；如果打开的文档是一个有内容的文档，这时通常会打开一个【不一致的区域名称】对话框，该对话框会提示用户将文档中的已有内容移到模板的相应区域。

8.1.7 维护模板

下面介绍维护模板的方法。

一、 打开附加模板

在一个网站中，在模板较少的情况下，在【资源】面板中就可方便地打开模板进行编辑。但是如果模板很多，使用模板的网页也很多，该如何快速地打开当前网页文档所使用的模板呢？

打开网页文档所使用的模板的快速方法是：首先打开使用模板的网页文档，然后选择菜单命令【修改】/【模板】/【打开附加模板离】，这样就可根据需要快速地编辑模板了。

二、 重命名模板

重命名模板的方法是：在【资源】面板的【模板】类别中单击模板的名称，以选择该模板，再次单击模板的名称，以便使文本可选，然后输入一个新名称，按Enter键使更改生效。这种重命名方式与在 Windows 资源管理器中对文件进行重命名的方式相同。对于 Windows 资源管理器，请确保在前后两次单击之间稍微暂停一下。不要双击该名称，因为这样会打开模板进行编辑。

三、 删除模板

对于站点中不需要的模板文件可以删除，方法是：在【资源】面板的【模板】类别中选择要删除的模板，单击面板底部的按钮或按Delete键，然后确认要删除该模板。

删除模板后，该模板文件将被从站点中删除。基于已删除模板的文档不会与此模板分离，它们仍保留该模板文件在被删除前所具有的结构和可编辑区域。可以将这样的文档转换为没有可编辑区域或锁定区域的网页文档。

四、 更新应用了模板的文档

从模板创建的文档与该模板保持连接状态（除非以后分离该文档），可以修改模板并立即更新基于该模板的所有文档中的设计。修改模板后，Dreamweaver CC 会提示更新基于该模板的文档，用户可以根据需要手动更新当前文档或整个站点。手动更新基于模板的文档与重新应用模板相同。将模板更改应用于基于模板的当前文档的方法是：在文档窗口中打开要更新的网页文档，然后选择菜单命令【修改】/【模板】/【更新当前页】，Dreamweaver CC 基于模板的更改来更新该网页文档。用户可以更新站点的所有页面，也可以只更新特定模板的页面。选择菜单命令【修改】/【模板】/【更新页面】，打开【更新页面】对话框。在【查看】下拉列表中根据需要执行下列操作之一：如果要按相应模板更新所选站点中的所有文件，请选择【整个站点】，然后从后面的下拉列表中选择站点名称，如图 8-15 所示；如果要针对特定模板更新文件，请选择【文件使用…】，然后从后面的下拉列表中选择模板名称，如图 8-16 所示。

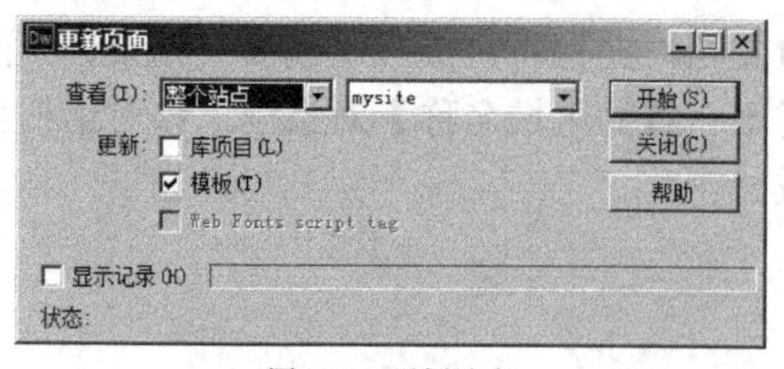

图8-15　更新站点

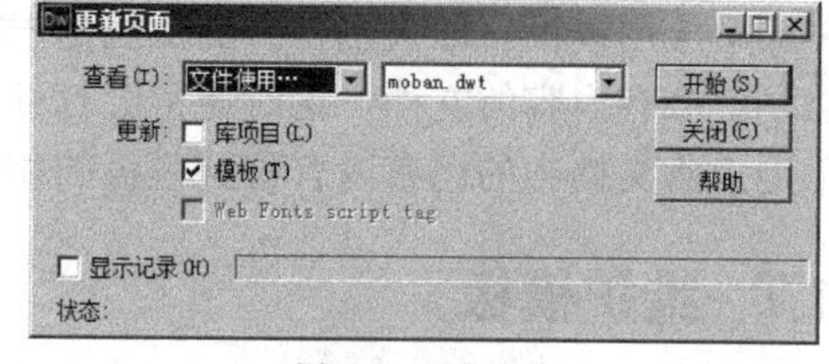

图8-16　更新文件

确保在【更新】选项中选中了【模板】。如果不想查看更新文件的记录，可取消选择【显示记录】复选框。否则，可让该复选框处于选中状态。单击 开始(S) 按钮更新文件，如果选择了【显示记录】复选框，将提供关于它试图更新的文件的信息，包括它们是否成功更新的信息。

五、　将网页从模板中分离

若要更改基于模板的文档的锁定区域，必须将该文档从模板分离。将文档分离之后，整个文档都将变为可编辑的。将网页从模板中分离的方法是：首先打开想要分离的基于模板的文档，然后选择菜单命令【修改】/【模板】/【从模板中分离】。

文档被从模板分离，所有模板代码都被删除。网页文档脱离模板后，模板中的内容将自动变成网页中的内容，网页与模板不再有关联，用户可以在文档中的任意区域进行编辑。

8.2　范例解析——天鹅湖

将附盘文件复制到站点文件夹下，然后使用库和模板制作网页，效果如图 8-17 所示。

图8-17　天鹅湖

这是一个使用库和模板制作网页的例子，页眉部分可以制作成库项目，然后创建模板，将库项目插入到网页中。在模板文档中，左侧插入可编辑区域，右侧插入重复区域，在重复区域中再插入可编辑区域。具体操作步骤如下。

1. 选择菜单命令【窗口】/【资源】，打开【资源】面板，单击📖按钮，切换至【库】分类，单击⊞按钮，新建一个库项目，然后输入库项目名称“logo”，并按 Enter 键确认。

2. 单击按钮打开库项目，选择菜单命令【插入】/【图像】/【图像】插入图像“logo.jpg”，并保存文件，如图 8-18 所示。

图8-18 插入图像“logo.jpg”

下面创建模板文件。

3. 将【资源】面板切换至【模板】分类，单击按钮新建模板，名称为“8-2”。
4. 双击打开模板文件，然后设置页面属性，文本字体为“宋体”，文本大小为“14px”。
5. 选择菜单命令【插入】/【表格】，插入一个 1 行 1 列的表格，属性参数设置如图 8-19 所示。

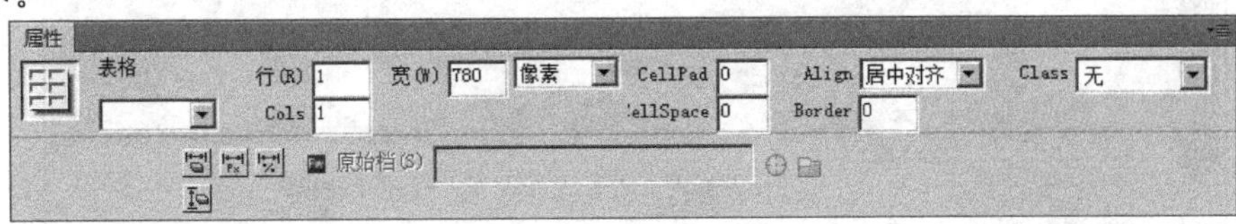

图8-19 表格【属性】面板

6. 将鼠标光标置于单元格中，在【资源】面板的【库】分类中选中库项目“logo”，单击插入按钮，将库项目插入到单元格中。
7. 在库项目所在表格的后面继续插入一个 1 行 2 列的表格，宽度为“780 像素”，填充、间距和边框均为“0”，表格的对齐方式为“居中对齐”。
8. 在【属性】面板中，设置左侧单元格的水平对齐方式为“左对齐”、垂直对齐方式为“顶端”、宽度为“180 像素”、单元格背景颜色为“#AAE2F7”，右侧单元格的水平对齐方式为“居中对齐”、垂直对齐方式为“顶端”，宽度“600 像素”。
9. 将鼠标光标置于左侧单元格中，然后选择菜单命令【插入】/【模板对象】/【可编辑区域】，打开【新建可编辑区域】对话框，在【名称】文本框中输入可编辑区域名称，如图 8-20 所示，单击确定按钮插入可编辑区域。
10. 将鼠标光标置于右侧单元格中，然后选择菜单命令【插入】/【模板对象】/【重复区域】，打开【新建重复区域】对话框，在【名称】文本框中输入重复区域名称，如图 8-21 所示，单击确定按钮，插入重复区域。

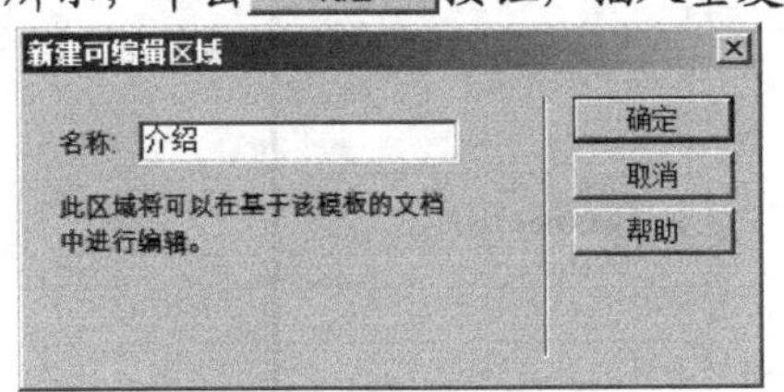

图8-20 插入可编辑区域

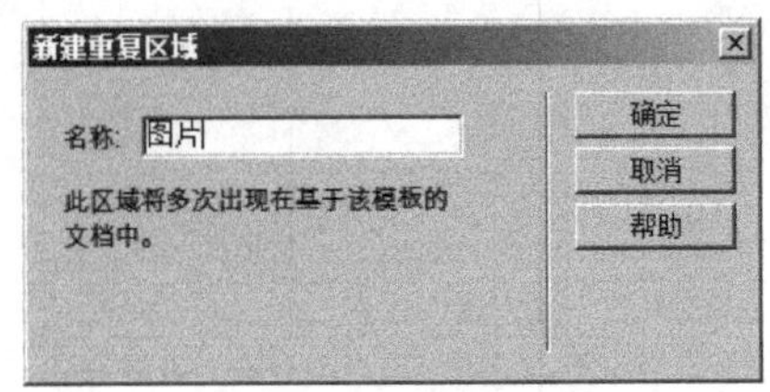

图8-21 插入重复区域

11. 将重复区域中的文本删除，插入一个 1 行 2 列的表格，宽度为“520px”，填充和边框均为“0”，间距为“5”，表格的对齐方式为“居中对齐”。
12. 在【属性】面板中设置两个单元格的水平对齐方式均为“居中对齐”，宽度均为“50%”。

13. 在两个单元格中分别插入一个可编辑区域，名称分别为“图片 1”和“图片 2”，如图 8-22 所示。

图8-22　插入可编辑区域

14. 在最外层表格的后面再插入一个 1 行 1 列的表格，宽度为“780px”，填充、间距和边框均为“0”，表格的对齐方式为“居中对齐”，同时设置单元格的水平对齐方式为“居中对齐”，高度为“50px”，背景颜色为“#5ECAF1”，最后在单元格中输入相应的文本，如图 8-23 所示。

图8-23　输入文本

15. 创建标签 CSS 样式“P”，设置行高为“25px”，上下边界均为“0”。
16. 保存模板文档。

下面使用模板创建网页文档。

17. 选择菜单命令【文件】/【新建】，打开【新建文档】对话框，选择【网站模板】选项，然后在【站点】列表框中选择站点，在模板列表框中选择模板，并选择【当模板改变时更新页面】复选框，如图 8-24 所示。

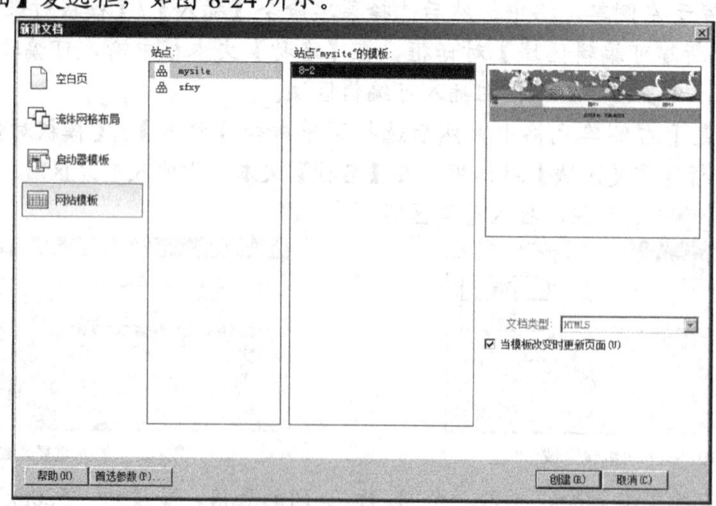

图8-24　【新建文档】对话框

18. 单击 创建(R) 按钮，创建基于模板的网页文档并保存为“8-2.htm”，如图 8-25 所示。
19. 将左侧可编辑区域中的文本删除，然后插入一个 1 行 1 列的表格，表格宽度为

"100%"，填充和边框均为"0"，间距为"5"，单元格水平对齐方式为"左对齐"，并根据素材文档"天鹅湖.doc"输入相应的文本。

图8-25 创建文档

20. 将右侧可编辑区域"图片 1"和"图片 2"中的文本删除，分别插入图像"01.jpg"和"02.jpg"，然后单击"重复：左侧导航"文本右侧的+按钮，添加重复区域，将可编辑区域中的文本删除，分别插入图像"03.jpg"和"04.jpg"。
21. 保存文档，效果如图 8-26 所示。

图8-26 使用库和模板制作网页

8.3 实训——音乐吧

将附盘文件复制到站点文件夹下，然后创建模板文档，最终效果如图 8-27 所示。

图8-27 音乐吧

这是使用库和模板制作网页的一个例子，步骤提示如下。

1. 创建模板文件“8-3.dwt”，打开【页面属性】对话框，设置文本大小为“12px”，页边距为“0”，然后插入库项目“logo.lbi”。
2. 在页眉和页脚中间插入一个 1 行 2 列、宽为“780 像素”的表格，填充、间距和边框均为“0”，表格对齐方式为“居中对齐”。
3. 设置左侧单元格的水平对齐方式为“居中对齐”，垂直对齐方式为“顶端”，宽度为“160 像素”，然后在左侧单元格中插入名称为“导航栏”的重复区域。将重复区域中的文本删除，然后插入一个 1 行 1 列、宽度为“90%”的表格，填充、边框均为“0”，间距为“5”，在单元格中再插入一个名称为“导航名称”的可编辑区域。
4. 设置右侧单元格的水平对齐方式为“居中对齐”，垂直对齐方式为“顶端”，然后在其中插入名称为“内容”的重复表格：行数为“2”，列数为“1”，边距为“0”，间距为“5”，宽度为“90%”，边框为“0”，起始行为“1”，结束行为“2”，区域名称为“内容”。最后把重复表格两个单元格中的可编辑区域的名称分别修改为“标题行”和“内容行”。
5. 最后在页脚位置插入库项目“foot.lbi”。
6. 保存模板。

8.4 综合案例——名师培养

将附盘文件复制到站点文件夹下，然后使用库和模板制作网页，效果如图 8-28 所示。

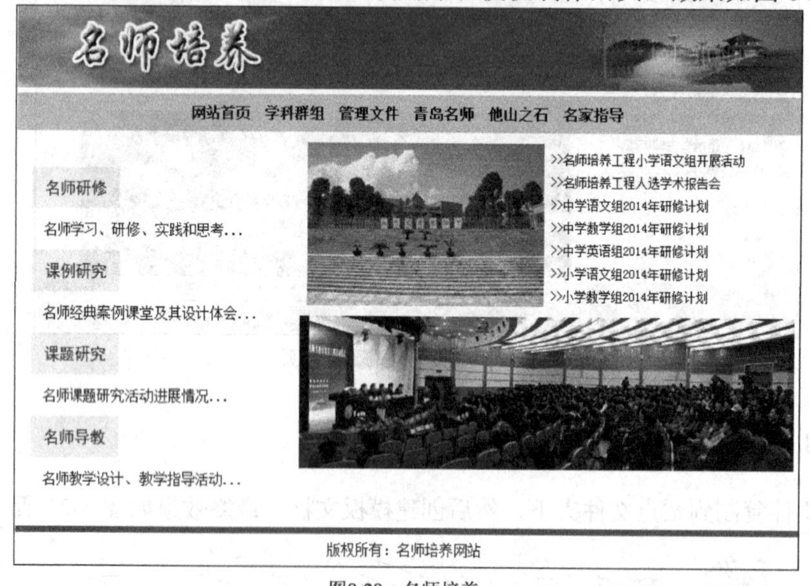

图8-28　名师培养

这是使用库和模板制作网页的一个例子，页眉和页脚分别做成两个库项目，然后在模板文件中引用它们，主体部分根据需要分别使用重复表格、可编辑区域或重复区域等模板对象。具体操作步骤如下。

1. 新建库项目“head”，在其中插入一个 1 行 1 列的表格，设置表格宽度为“780 像素”，填充、间距和边框均为“0”，表格对齐方式为“居中对齐”，然后在单元格中插入图像“logo.jpg”并保存，如图 8-29 所示。

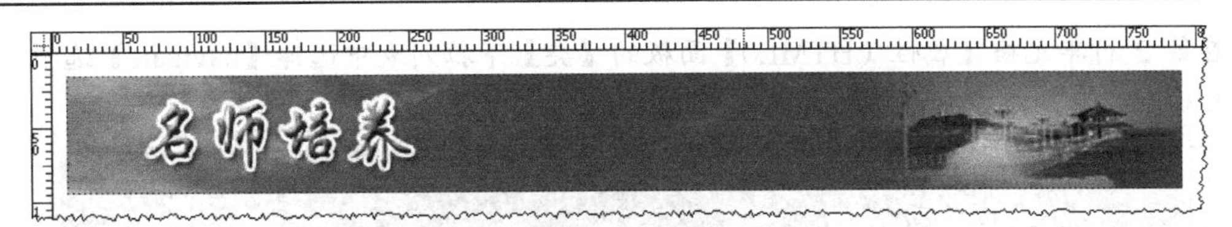

图8-29 插入图像

2. 新建库项目“foot”，在其中插入一个 2 行 1 列的表格，设置表格宽度为“780 像素”，填充、间距和边框均为“0”，表格的对齐方式为“居中对齐”。设置第 1 行单元格的水平对齐方式为“居中对齐”，高度为“6”，背景颜色为“#0099FF”，并将单元格源代码中的不换行空格符“ ”删除；设置第 2 行单元格的水平对齐方式为“居中对齐”，高度为“30”，并输入相应的文本，如图 8-30 所示。

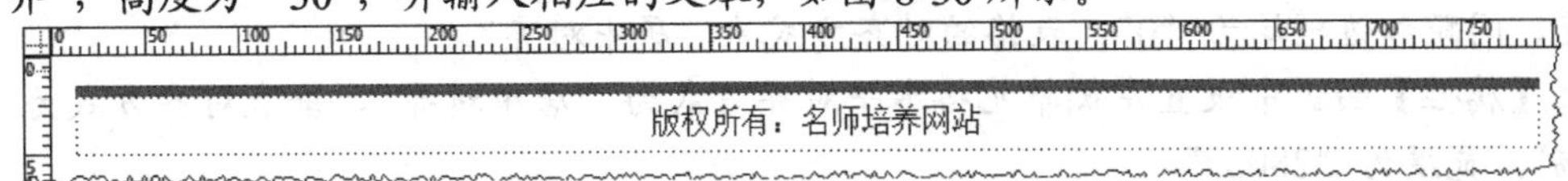

图8-30 创建库项目

3. 新建模板“8-4.dwt”，打开【页面属性】对话框，设置页面字体为“宋体”，大小为“14 像素”，上边距为“0”。
4. 将库项目“head”插入到当前网页中。
   下面制作导航栏。
5. 在页眉库项目“head”的下面继续插入一个 3 行 1 列的表格，设置表格宽度为“780 像素”，填充、间距和边框均为“0”，表格的对齐方式为“居中对齐”。
6. 设置第 1 行和第 3 行单元格的高度均为“5px”，并将单元格源代码中的不换行空格符“ ”删除，设置第 2 行单元格水平对齐方式为“居中对齐”，垂直对齐方式为“居中”，单元格高度为“36px”，背景颜色为“#B9D3F4”。
7. 创建复合内容的 CSS 样式“.navigate a:link,.navigate a:visited”，设置文本粗细为“bold”，文本修饰效果为“none”，颜色为“#000000”，接着创建复合内容的 CSS 样式“.navigate a:hover”，设置文本粗细为“bold”，文本修饰效果为“underline”，颜色为“#FF0000”，如图 8-31 所示。

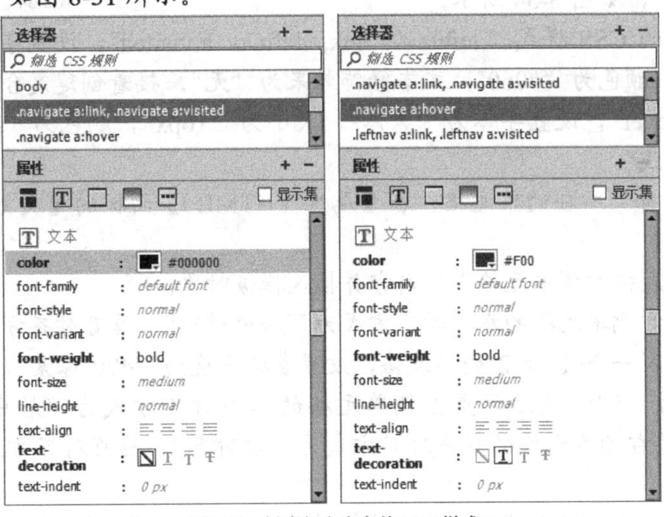

图8-31 创建复合内容的 CSS 样式

8. 在第 2 行单元格【属性（HTML）】面板的【类】下拉列表中选择【navigate】选项，然后输入文本并添加空链接，如图 8-32 所示。

图8-32　输入文本并添加空链接

下面插入主体内容表格。

9. 在导航表格的后面继续插入一个 1 行 2 列的表格，设置表格宽度为“780 像素”，填充、间距和边框均为“0”，表格的对齐方式为“居中对齐”。
10. 在【属性】面板中设置左侧单元格水平对齐方式为“居中对齐”，垂直对齐方式为“顶端”，宽度为“280px”。

下面在左侧单元格中插入模板对象重复表格并创建超级链接样式。

11. 将鼠标光标置于左侧单元格内，然后选择菜单命令【插入】/【模板对象】/【重复表格】，插入重复表格，参数设置如图 8-33 所示。

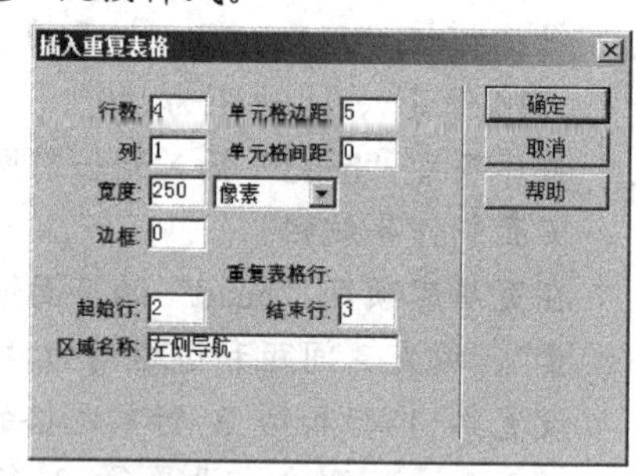

图8-33　插入重复表格

12. 将第 1 行单元格高度设置为“20px”；将第 2 行单元格拆分为左右两个单元格，设置左侧单元格宽度为“80px”，高度为“30px”，背景颜色为“#E7F1FD”，水平对齐方式为“居中对齐”，右侧单元格宽度为“150px”；将第 3 行单元格高度设置为“30px”，水平对齐方式设置为“左对齐”。
13. 单击“EditRegion3”，在【属性】面板中将其修改为“导航名称”，同样将“EditRegion4”修改为“导航说明”，如图 8-34 所示。

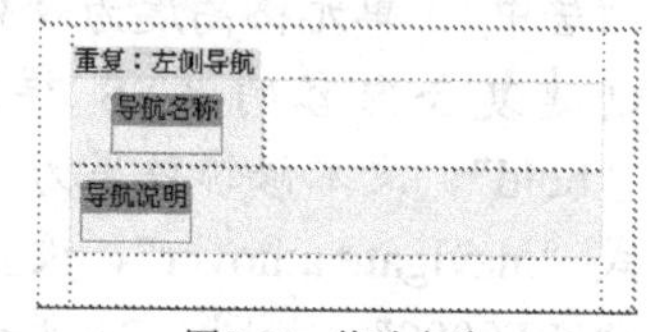

图8-34　修改名称

14. 创建复合内容的 CSS 样式“.leftnav a:link, .leftnav a:visited”，设置字体为“黑体”，大小为“16px”，颜色为“#060”，文本修饰效果为“无”。接着创建复合内容的 CSS 样式“.leftnav a:hover”，设置字体为“黑体”，大小为“16px”，颜色为“#F00”，文本修饰效果为“下划线”。
15. 选中“导航名称”所在的单元格，在【属性（HTML）】面板的【类】下拉列表中选择【leftnav】。

下面设置主体表格右侧单元格中的内容并插入模板对象。

16. 设置主体表格右侧单元格的水平对齐方式为“居中对齐”，垂直对齐方式为“顶端”。
17. 在单元格中插入一个 1 行 2 列的表格，设置表格宽度为“490 像素”，填充和边框均为“0”，间距为“5”，然后设置左侧单元格的水平对齐方式为“居中对齐”，宽度为“50%”，设置右侧单元格的水平对齐方式为“左对齐”，垂直对齐方式为“顶端”，宽度为“50%”。
18. 将鼠标光标置于左侧单元格中，然后选择菜单命令【插入】/【模板对象】/【可编辑区域】，插入一个可编辑区域，名称为“图片”，然后在右侧单元格中也插入可编辑区域，名称为“消息”，如图 8-35 所示。

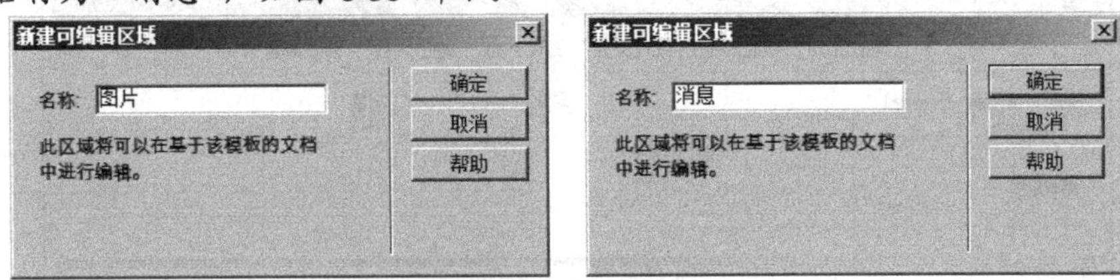

图8-35　插入可编辑区域

19. 创建标签 CSS 样式“P”，设置文本大小为“12 像素”，上边界为“8 像素”，下边界为“0”。
20. 在表格的后面继续插入一个 1 行 1 列的表格，设置表格宽度为“490 像素”，填充和边框均为“0”，间距为“5”，然后在单元格中也插入可编辑区域，名称为“其他内容”。下面插入页脚库项目。
21. 将鼠标光标置于主体表格后面，插入库项目“foot.lbi”并保存文档，如图 8-36 所示。

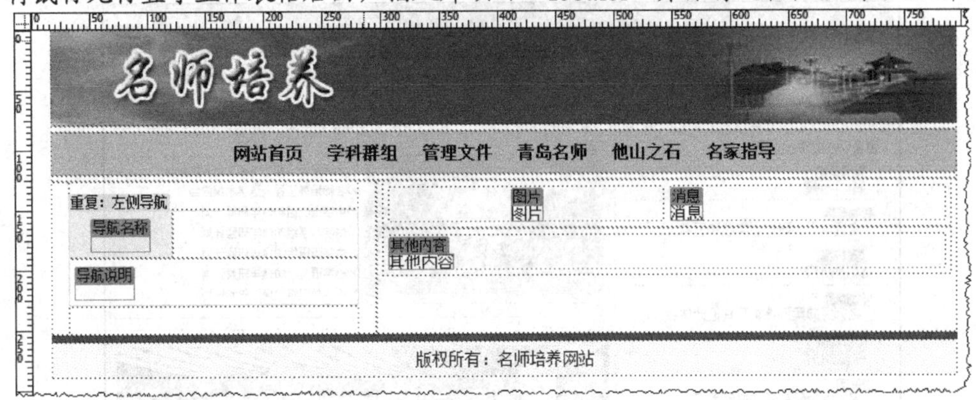

图8-36　模板效果

下面使用模板创建文档。

22. 选择菜单命令【文件】/【新建】，打开【新建文档】对话框，选择【模板中的页】选项，然后在【站点】列表框中选择站点，在模板列表框中选择模板，并选择【当模板改变时更新页面】复选框，如图 8-37 所示。

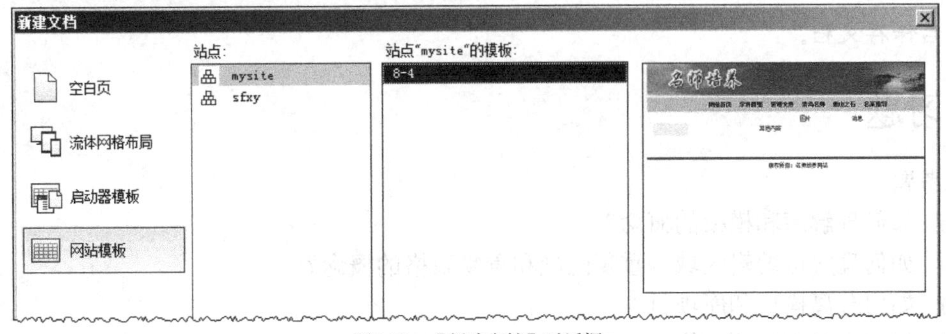

图8-37　【新建文档】对话框

23. 单击 创建(R) 按钮，创建基于模板的网页文档并保存为“8-4.htm”，如图 8-38 所示。

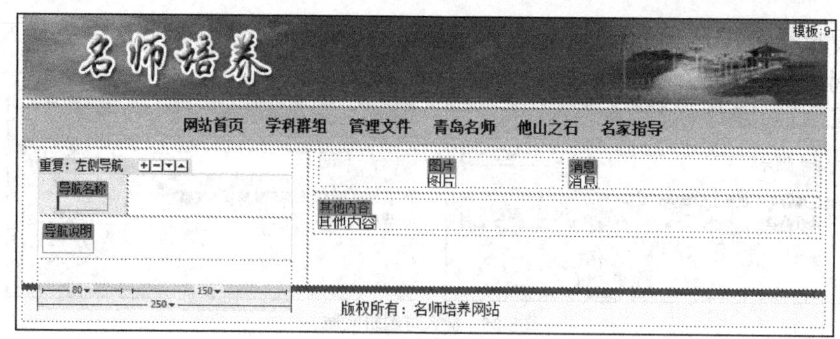

图8-38　创建文档

24. 连续单击“重复：左侧导航”文本右侧的+按钮 4 次，添加重复表格，然后输入相应的文本，并给“导航名称”中的文本添加空链接。
25. 将可编辑区域“图片”中的文本删除，然后添加图像“school.jpg”；将可编辑区域“消息”中的文本删除，然后添加相应文本；将可编辑区域“其他内容”中的文本删除，然后添加图像“mingshi.jpg”，如图 8-39 所示。

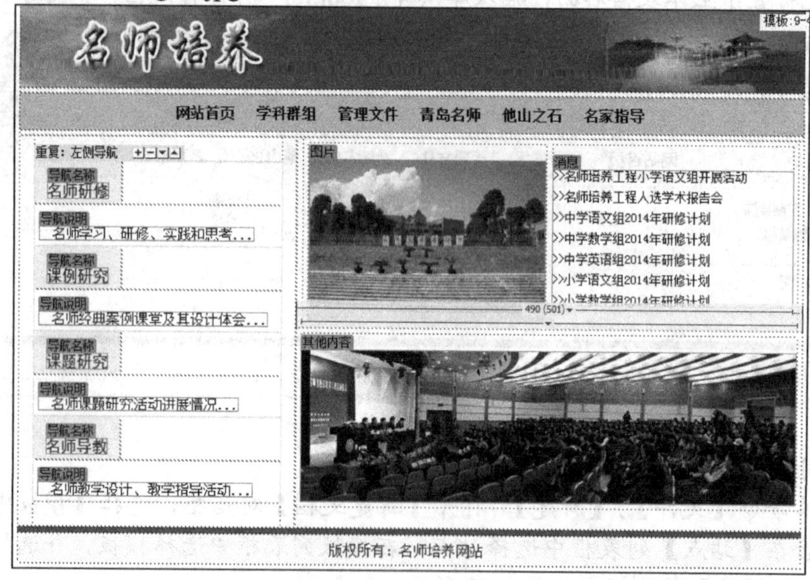

图8-39　添加内容

26. 最后保存文档。

8.5 习题

1. 思考题
   (1) 如何理解库和模板的概念？
   (2) 如何理解可编辑区域、重复区域和重复表格的概念？
   (3) 如何分离模板和库项目？
   (4) 如何在当前网页中快速打开应用的模板和库项目？
2. 操作题

   制作一个网页，要求使用库和模板功能。

第9章　使用行为

【教学目标】

- 了解行为的基本概念。
- 了解常用事件和常用行为。
- 掌握添加和设置常用行为的基本方法。

行为能够为网页增添许多动态效果，提高了网站的可交互性。本章将介绍在网页中添加行为的基本方法。

9.1　功能讲解

下面介绍行为的基本知识。

9.1.1　关于行为

行为是某个事件和事件触发的动作的组合，是用来动态响应用户操作、改变当前页面效果或是执行特定任务的一种方法。行为的基本元素有两个：事件和动作。事件是触发动作的原因，动作是事件触发后要实现的效果。

实际上事件是由浏览器生成的消息，它提示该页的浏览者已执行了某种操作。例如，当浏览者将鼠标指针移到某个链接上时，浏览器将为该链接生成一个“onMouseOver”事件，然后浏览器检查在当前页面中是否应该调用某段 JavaScript 代码进行响应。不同的页面元素定义不同的事件。例如，在大多数浏览器中，“onMouseOver”和“onClick”是与超级链接关联的事件，而“onLoad”是与图像和文档的 body 部分关联的事件。

动作是一段预先编写的 JavaScript 代码，可用于执行诸如以下的任务：打开浏览器窗口、显示或隐藏 AP 元素、转到 URL 等。在将行为附加到某个页面元素后，当该元素的某个事件发生时，行为即会调用与这一事件关联的动作。例如，如果将“弹出信息”动作附加到一个链接上，并指定它将由“onMouseOver”事件触发，则只要某人将鼠标指针放到该链接上，就会弹出相应的信息。一个事件也可以触发许多动作，用户可以定义它们执行的顺序。

9.1.2　【行为】面板

Dreamweaver CC 提供了一个专门管理和编辑行为的工具，即【行为】面板。通过【行为】面板，用户可以方便地为对象添加行为，还可以修改以前设置过的行为参数。在 Dreamweaver CC 中，行为的添加和管理主要通过【行为】面板来实现。选择菜单命令【窗口】/【行为】，即可打开【行为】面板，如图 9-1 所示。

使用【行为】面板可将行为附加到页面元素，即附加到 HTML 标签。已附加到当前所

选页面元素的行为显示在行为列表中，并按事件以字母顺序列出。如果同一事件引发不同的行为，这个行为将按执行顺序在【行为】面板中显示。如果行为列表中没有显示任何行为，则表示没有行为附加到当前所选的页面元素。下面对【行为】面板中的选项进行简要说明。

- （显示设置事件）按钮：列表中只显示附加到当前对象的那些事件，【行为】面板默认显示的视图就是【显示设置事件】视图，如图 9-2 所示。
- （显示所有事件）按钮：列表中按字母顺序显示适合当前对象的所有事件，已经设置行为动作的将在事件名称后面显示动作名称，如图 9-3 所示。

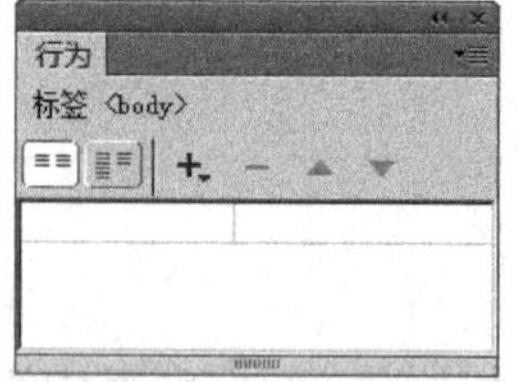

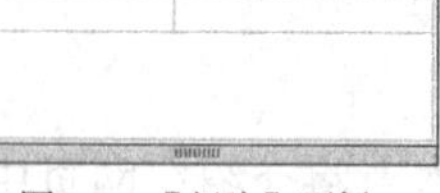

图9-1　【行为】面板

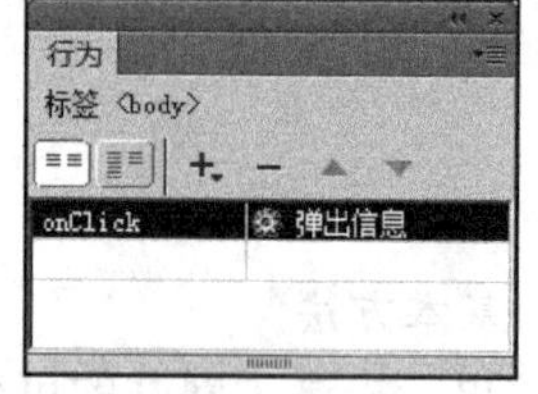

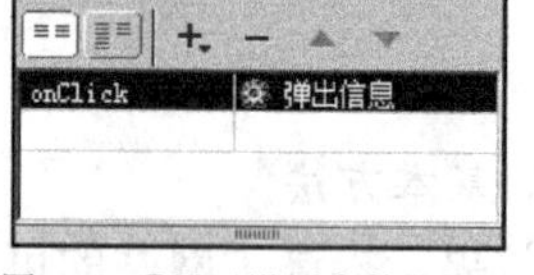

图9-2　【显示设置事件】视图

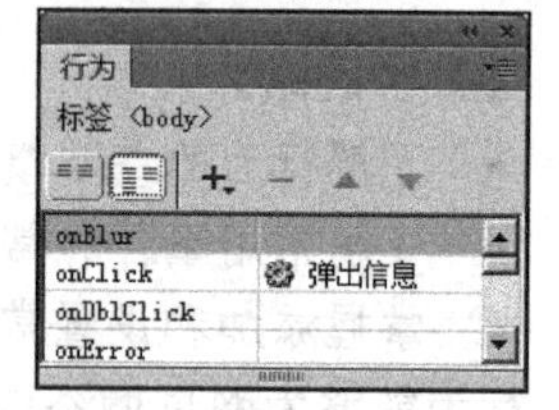

图9-3　【显示设置所有事件】视图

- （添加行为）按钮：单击该按钮将会弹出一个下拉菜单，其中包含可以附加到当前选定元素的动作。当从该列表中选择一个动作时，将出现一个对话框，用户可以在此对话框中设置该动作的参数。如果菜单上的所有动作都处于灰色显示状态，则表示选定的元素无法生成任何行为。
- （删除事件）按钮：单击该按钮可在行为列表中删除所选的事件和动作。
- 或 按钮：可在行为列表中上下移动特定事件的选定动作。只能更改特定事件的动作顺序，如可以更改“onLoad”事件中发生的几个动作的顺序，但是所有“onLoad”动作在行为列表中都会放置在一起。对于不能在列表中上下移动的动作，箭头按钮将处于禁用状态。
- 【事件】下拉列表：其中包含可以触发该动作的所有事件，此下拉列表仅在选中某个事件时可见，当单击所选事件名称旁边的箭头时显示此下拉列表。根据所选对象的不同，显示的事件也有所不同。如果未显示预期的事件，需要确认是否选择了正确的页面元素或标签。如果要选择特定的标签，可使用文档窗口左下角的标签选择器。

下面通过表 9-1 对行为中比较常用的事件进行简要说明。

表 9-1　　常用事件

事件	说明
【onFocus】	当指定的元素成为交互的中心时产生该事件。例如，在一个文本区域中单击将产生一个 onFocus 事件
【onBlur】	当指定的元素不再是交互的中心时产生该事件。例如，当在文本区域内单击后再在文本区域外单击，浏览器将为这个文本区域产生一个 onBlur 事件
【onChange】	当浏览者改变页面的参数时产生。例如，当浏览者从菜单中选择一个命令或改变一个文本区域的参数值，然后在页面的其他地方单击时，会产生一个 OnChange 事件
【onClick】	当浏览者单击指定的元素时产生。单击直到浏览者释放鼠标按键时才完成，只要按下鼠标按键便会令某些现象发生
【onLoad】	当图像或页面结束载入时产生
【onUnload】	当浏览者离开页面时产生

续表

事件	说明
【onMouseMove】	当浏览者指向一个特定元素并移动鼠标指针时产生（鼠标指针停留在元素的边界以内）
【onMouseDown】	当在特定元素上按下鼠标按键时产生该事件
【onMouseOut】	当鼠标指针从特定的元素移走时产生（鼠标指针移至元素的边界以外）。这个事件经常被用来与【恢复交换图像】动作关联，当浏览者不再指向一个图像时，即鼠标指针离开时它将返回到初始状态
【onMouseOver】	当鼠标指针首次指向特定元素时产生（鼠标指针从没有指向元素到指向元素），该特定元素通常是一个链接
【onSelect】	当浏览者在一个文本区域内选择文本时产生
【onSubmit】	当浏览者提交表格时产生

Dreamweaver CC 内置了许多行为动作，下面通过表 9-2 对这些行为动作的功能进行简要说明。

表 9-2　　行为动作

动作	说明
【交换图像】	发生设置的事件后，用其他图像来取代选定的图像
【弹出信息】	设置事件发生后，显示警告信息
【恢复交换图像】	用来恢复设置了交换图像，却又因某种原因而失去交换效果的图像
【打开浏览器窗口】	在新窗口中打开 URL，可以定制新窗口的大小
【拖动 AP 元素】	可让浏览者拖曳绝对定位的 AP 元素。使用此行为可创建拼板游戏、滑块控件和其他可移动的界面元素
【改变属性】	使用此行为可更改对象某个属性的值
【效果】	包括 12 种效果样式，能够增强网页的视觉效果，几乎可以将它们应用于使用 JavaScript 的页面的所有元素上
【显示-隐藏元素】	可显示、隐藏或恢复一个或多个页面元素的默认可见性
【检查插件】	确认是否设有运行网页的插件
【检查表单】	能够检测用户填写的表单内容是否符合预先设定的规范
【设置文本】	包括 4 个选项，各个选项的含义分别是：在选定的容器上显示指定的内容、在选定的框架上显示指定的内容、在文本字段区域显示指定的内容、在状态栏中显示指定的内容
【调用 JavaScript】	事件发生时，调用指定的 JavaScript 函数
【跳转菜单】	制作一次可以建立若干个链接的跳转菜单
【跳转菜单开始】	在跳转菜单中选定要移动的站点后，只有单击 开始 按钮才可以移动到链接的站点上
【转到 URL】	选定的事件发生时，可以跳转到指定的站点或者网页文档上
【预先载入图像】	为了在浏览器中快速显示图像，事先下载图像之后显示出来

9.1.3 添加行为

在【行为】面板中如何添加行为呢？可以先添加一个动作，然后设置触发该动作的事件，以此将行为添加到页面所选的对象上。具体操作过程说明如下。

(1) 在页面上选择一个对象，如一个图像或一个链接。如果要将行为附加到整个文档，可在文档窗口左下角的标签选择器中单击选中<body>标签。

(2) 选择菜单命令【窗口】/【行为】，打开【行为】面板。

(3) 单击 + 按钮并从下拉菜单中选择一个要添加的行为动作。下拉菜单中灰色显示的行为动作不可选择。它们呈灰色显示的原因可能是当前文档中缺少某个所需的对象。当选择某个动作时，将出现一个对话框，显示该动作的参数和说明。

(4) 在对话框中为动作设置参数，然后单击 确定 按钮，关闭对话框。

Dreamweaver CC 中提供的所有动作都适用于新型浏览器。一些动作不适用于较旧的浏览器，但它们不会产生错误。目标元素需要唯一的 ID。例如，如果要对图像应用“交换图像”行为，则此图像需要一个 ID。如果没有为元素指定一个 ID，Dreamweaver CC 将自动为其指定一个 ID。

(5) 触发该动作的默认事件显示在【事件】列中。如果这不是所需要的触发事件，可从【事件】下拉列表中选择需要的事件。

实际上，用户既可以将行为附加到整个文档（即附加到<body>标签），也可以附加到超级链接、图像、表单元素和多种其他 HTML 页面元素。

9.1.4 常用行为

下面对常用行为的使用方法进行具体介绍。

一、 弹出信息

【弹出信息】行为显示一个包含指定消息的提示框。当从一个文档切换到另一个文档或单击特定链接时，如果想给用户传达特定信息，可以使用此功能。添加【弹出信息】行为的方法是：在文档中选择要触发行为的对象，然后从行为菜单中选择【弹出信息】命令，在弹出的【弹出信息】对话框中进行参数设置，如图 9-4 所示。

图9-4　设置弹出信息行为

可以在输入的文本中嵌入任何有效的 JavaScript 函数调用、属性、全局变量或其他表达式。如果要嵌入一个 JavaScript 表达式，需要将其放置在大括号“{}”中。如果要在浏览器中显示大括号，需要在它前面加一个反斜杠“\{}”。

如果在【弹出信息】对话框中输入文本“本图像不允许下载!”，然后在【行为】面板中将事件设置为“onMouseDown”，即鼠标按下时触发该事件。在浏览网页时，当浏览者单击鼠标右键时，将显示“本图像不允许下载!”的提示框，这样就达到了限制用户使用鼠标右键来下载图像的目的，并在试图下载时进行了提醒。

二、 调用 JavaScript

【调用 JavaScript】行为能够在事件发生时执行自定义的函数或 JavaScript 代码行。用户可以自己编写 JavaScript，也可以使用 Web 上各种免费的 JavaScript 库中提供的代码。添加【调用 JavaScript】行为的方法是：在文档中选择要触发行为的对象，如带有空链接的“关闭窗口”文本，然后从行为菜单中选择【调用 JavaScript】命令，弹出【调用 JavaScript】对话框，在文本框中输入 JavaScript 代码，如“window.close()”，用来关闭窗口，如图 9-5 所示。在【行为】面板中确认触发事件为“onClick”。预览网页，当单击“关闭窗口”超级链接文本时，就会弹出提示对话框，询问用户是否关闭窗口，如图 9-6 所示。

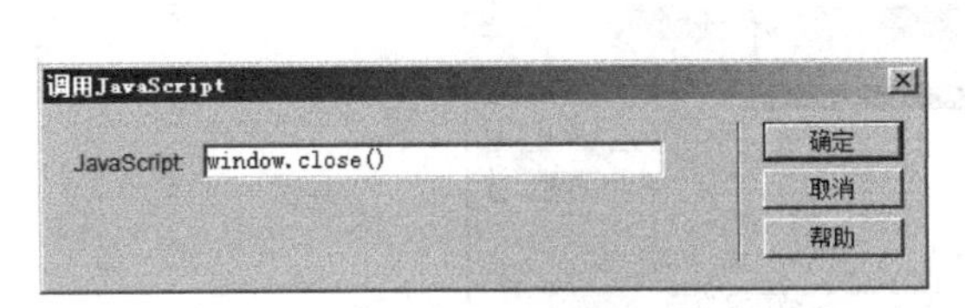

图9-5 【调用 JavaScript】对话框

图9-6 预览网页

在【JavaScript】文本框中必须准确输入要执行的 JavaScript 或输入函数的名称。例如，如果要创建一个“后退”按钮，可以键入“if(history.length>0){history.back()}”。如果已将代码封装在一个函数中，则只需键入该函数的名称，如“hGoBack()”。

三、 改变属性

【改变属性】行为用来改变网页元素的属性值，如文本的大小和字体、层的可见性、背景色、图片的来源及表单的执行等。

例如，在文档中插入一个 Div 标签“Div_1”并创建 ID 名称 CSS 样式“#Div_1”，设置宽度为“205px”，边框样式为“实线”，粗细为“5px”，颜色为“#00F”，并在其中插入一幅图像，宽度也调整为“205px”，然后选中 Div 标签并从【行为】菜单中选择【改变属性】命令，弹出【改变属性】对话框并设置参数，在【行为】面板中确认触发事件为“onMouseOver”，运用相同的方法再添加一个“onMouseOut”事件及相应的动作，如图 9-7 所示。

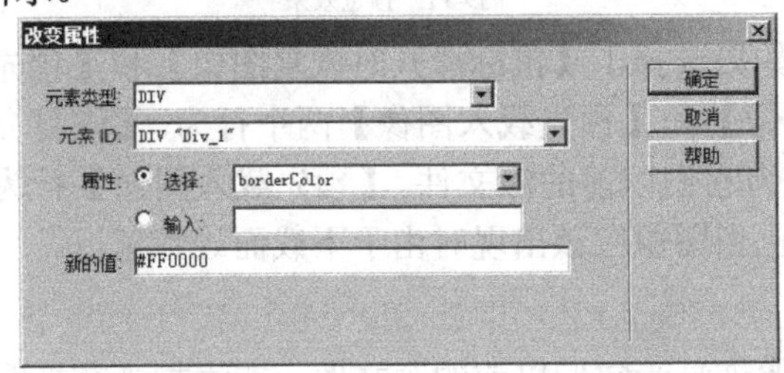

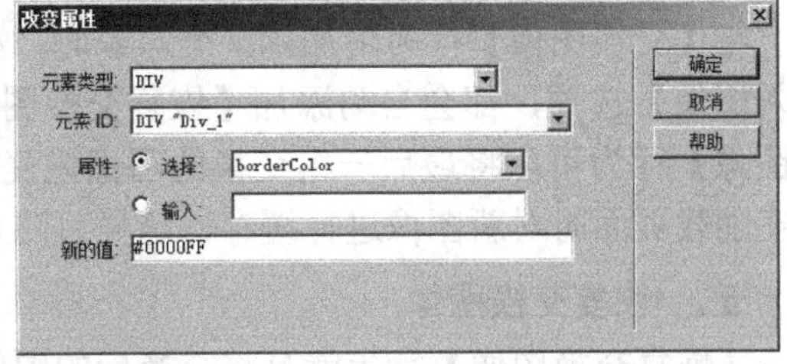

图9-7 【改变属性】对话框

预览网页，当鼠标指针经过含有图像的 Div 标签时，其边框会变成红色，鼠标指针离开时便恢复为原来的蓝色，如图 9-8 所示。

图9-8 预览效果

四、 交换图像

【交换图像】行为可以将一个图像替换为另一个图像，这是通过改变图像的“src”属性来实现的。虽然也可以通过为图像添加【改变属性】行为来改变图像的“src”属性，但是【交换图像】行为更加复杂一些，可以使用这个行为来创建翻转的按钮及其他图像效果（包括同时替换多个图像）。

例如，在文档中插入一幅图像并命名，然后在【行为】面板中单击 + 按钮，从弹出的【行为】菜单中选择【交换图像】命令，弹出【交换图像】对话框。在【图像】列表框中选择要改变的图像，然后设置其【设定原始档为】选项，并选择【预先载入图像】和【鼠标滑开时恢复图像】复选框，如图 9-9 所示。如果希望鼠标指针在经过同一个图像时，文档中其他图像也产生【交换图像】行为，可在该对话框的【图像】列表框中继续选择其他的图像进行设置。

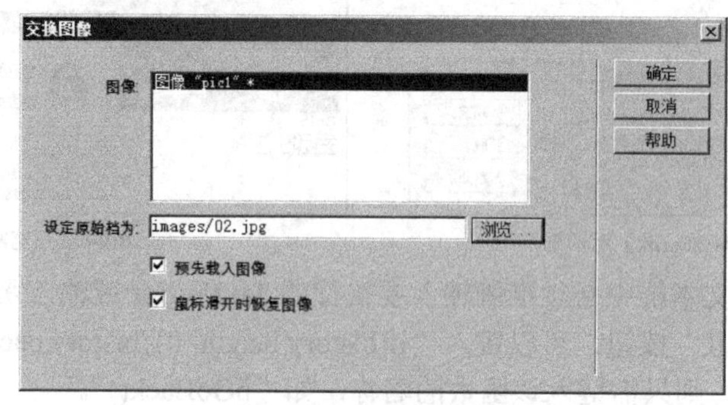

图9-9　【交换图像】对话框

单击 确定 按钮，关闭对话框，在【行为】面板中自动添加了 3 个行为，其触发事件已进行自动设置，不需要更改，如图 9-10 所示。预览网页，当鼠标指针滑过图像时，图像会发生变化，如图 9-11 所示。

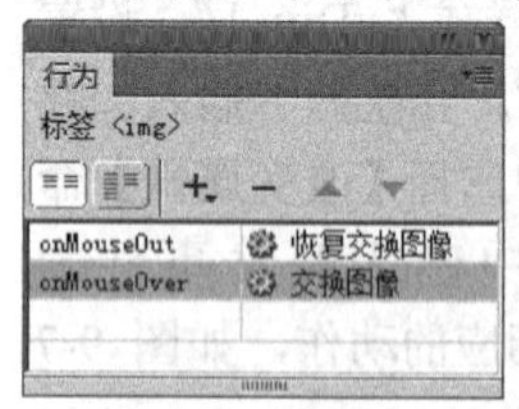

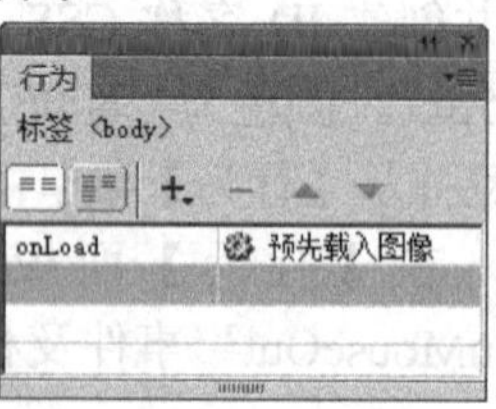

图9-10　在【行为】面板中自动添加了 3 个行为

图9-11　预览效果

将【交换图像】行为附加到某个对象时，如果选择了【鼠标滑开时恢复图像】和【预先载入图像】选项，都会自动添加【恢复交换图像】和【预先载入图像】两个行为。【恢复交换图像】行为可以将最后一组交换的图像恢复为它们以前的源文件。【预先载入图像】行为可在加载页面时对新图像进行缓存，这样可防止当图像应该出现时由于下载而导致延迟。

五、　恢复交换图像

【恢复交换图像】行为就是将交换后的图像恢复为它们以前的源文件。在添加【交换图像】行为时，如果没有选择【鼠标滑开时恢复图像】选项，以后可以通过添加【恢复交换图像】行为达到这一目的。

添加【恢复交换图像】行为的方法是：选中已添加【交换图像】行为的对象，然后在【行为】面板中单击 + 按钮，从弹出的【行为】下拉菜单中选择【恢复交换图像】命令，弹出【恢复交换图像】对话框，直接单击 确定 按钮即可，如图 9-12 所示。

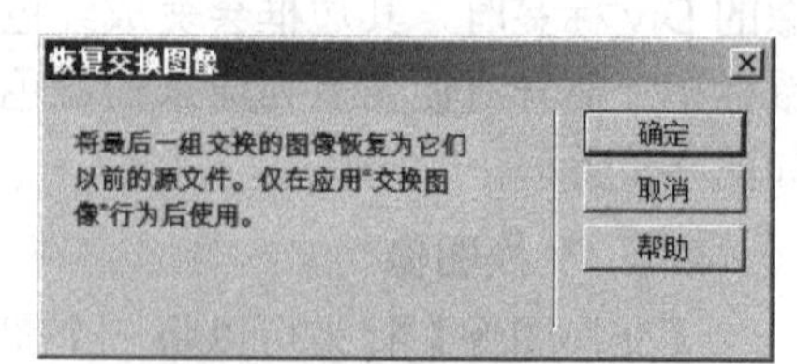

图9-12　【恢复交换图像】对话框

六、　打开浏览器窗口

使用【打开浏览器窗口】行为可在一个新的窗口中打开页面。设计者可以指定这个新窗口的属性，包括窗口尺寸、是否可以调节大小、是否有菜单栏等。例如，可以使用此行为在浏览者单击缩略图时在一个单独的窗口中打开一个较大的图像；使用此行为，可以使新窗口与该图像恰好一样大。

添加【打开浏览器窗口】行为的方法是：选中一个对象，然后在【行为】面板中单击 + 按钮，从弹出的【行为】下拉菜单中选择【打开浏览器窗口】命令，打开【打开浏览器窗口】对话框，根据需要进行设置即可，如图 9-13 所示。

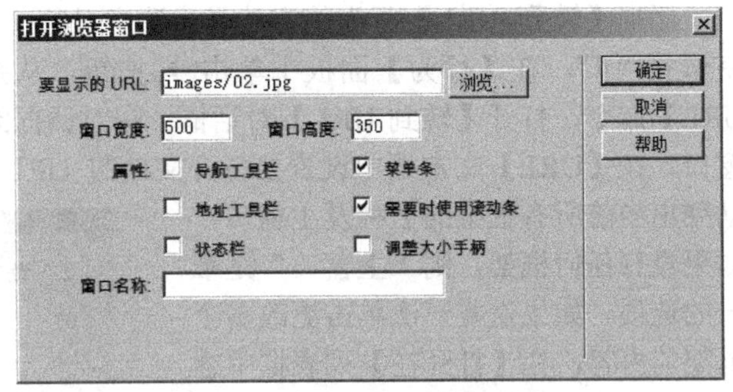

图9-13 【打开浏览器窗口】对话框

如果不指定该窗口的任何属性，在打开时它的大小和属性与打开它的窗口相同。指定窗口的任何属性都将自动关闭所有其他未明确打开的属性。例如，如果不为窗口设置任何属性，它将以“1024×768”像素的大小打开，并具有导航条、地址工具栏、状态栏和菜单栏。如果将宽度明确设置为“640”、将高度设置为“480”，但不设置其他属性，则该窗口将以“640×480”像素的大小打开，并且不具有工具栏。

如果需要将该窗口用作链接的目标窗口，或者需要使用 JavaScript 对其进行控制，需要指定窗口的名称（不使用空格或特殊字符）。

七、效果

效果几乎可以应用于 HTML 页面上的任何元素，使用该功能可以实现网页元素的发光、缩小、淡化、高光等效果。要使某个元素应用效果，该元素必须处于当前选定状态，或者必须具有一个 ID 名称。利用该效果可以修改元素的不透明度、缩放比例、位置和样式属性（如背景颜色），也可以组合两个或多个属性来创建有趣的视觉效果。在【行为】面板的下拉菜单中选择【效果】命令，其子命令如图 9-14 所示。

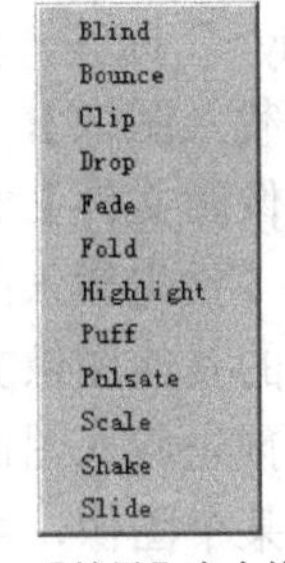

图9-14 【效果】命令的子命令

下面对【效果】命令的子命令进行简要说明。

- 【Blind（百叶窗）】：可以使某个元素沿某个方向收起来，直至隐藏。
- 【Bounce（晃动）】：可以使目标元素上下晃动。
- 【Clip（剪裁）】：可以使目标元素上下同时收起来，直至隐藏。
- 【Drop（下落）】：可以使目标元素向左边移动并升高透明度，直至隐藏。
- 【Fade（渐显/渐隐）】：可以使目标元素实现渐渐显示或隐藏的效果。
- 【Fold（折叠）】：可以使目标元素向上收起，再向左收起，直至隐藏。
- 【Highlight（高亮颜色）】：可以使目标元素呈高亮度显示。
- 【Puff（膨胀）】：可以扩大目标元素高度并升高透明度，直至隐藏。
- 【Pulsate（闪烁）】：可以使目标元素闪烁。
- 【Scale（缩放）】：可以使目标元素从右下向左上收起，直至隐藏。
- 【Shake（震动）】：可以使目标元素左右震动。
- 【Slide（滑动）】：可以使目标元素从左往右移动元素。

八、转到 URL

【转到 URL】行为可在当前窗口或指定的框架中打开一个新页。此行为适用于通过一次单击更改两个或多个框架的内容。

添加【转到 URL】行为的方法是：选中对象，并在【属性（HTML）】面板中为其添加空链接“#”。在【行为】面板中单击 + 按钮，从弹出的【行为】下拉菜单中选择【转到 URL】命令，打开【转到 URL】对话框。在对话框的【打开在】列表框中选择 URL 的目标窗口，在【URL】文本框中设置要打开文档的 URL，如图 9-15 所示。【打开在】列表框自动列出当前所有框架的名称及主窗口，如果没有任何框架，则“主窗口”是唯一的选项。如果需要一次单击更改多个框架的内容，在【打开在】列表框中继续选择其他的目标窗口，并在【URL】文本框中设置要打开文档的 URL 即可。最后在【行为】面板中设置触发事件为“onClick”。

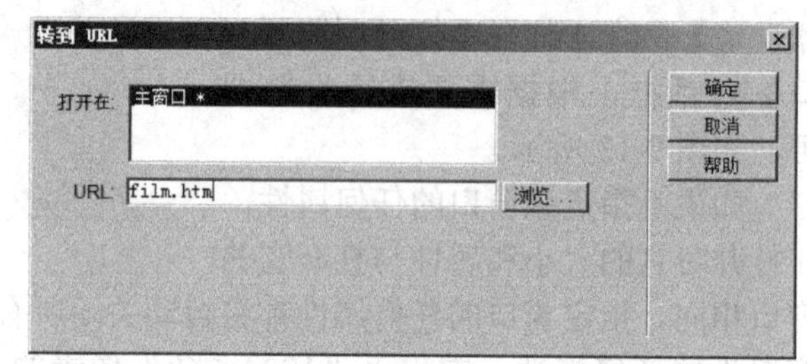

图9-15　【转到 URL】对话框

九、 预先载入图像

【预先载入图像】行为可以缩短显示时间，其方法是对在页面打开之初不会立即显示的图像进行缓存，如那些将通过行为或 JavaScript 调入的图像。

添加【预先载入图像】行为的方法是：在文档中选择一个对象，如在标签选择器中选择“<body>”标签，然后在【行为】面板中单击 + 按钮，从弹出的【行为】下拉菜单中选择【预先载入图像】，打开【预先载入图像】对话框。单击 浏览... 按钮，选择一个图像文件或在【图像源文件】文本框中输入图像的路径和文件名，然后单击对话框顶部的 + 按钮将图像添加到【预先载入图像】列表框中，如图 9-16 所示。按照相同的方法添加要在当前页面预先加载的其他图像文件。如果要从【预先载入图像】列表框中删除某个图像，可在列表框中选择该图像，然后单击 − 按钮。最后在【行为】面板中设置触发事件为“onLoad”。

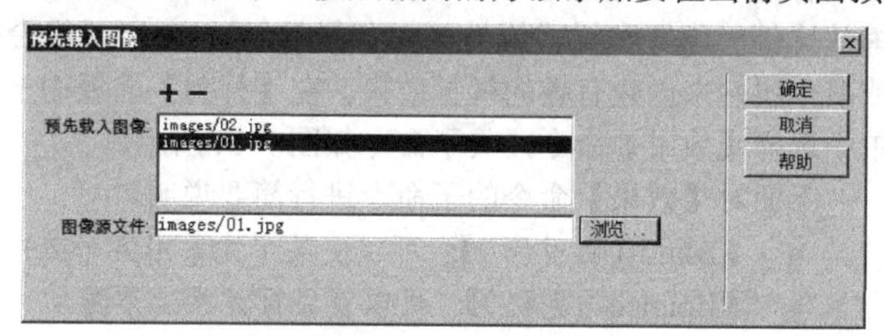

图9-16　【预先载入图像】对话框

十、 设置状态栏文本

【设置状态栏文本】行为可在浏览器窗口左下角处的状态栏中显示消息。例如，可以使用此行为在状态栏中说明链接的目标，而不是显示与之关联的 URL。

添加【设置状态栏文本】行为的方法是：选择一个对象，如电子邮件超级链接，然后在【行为】面板中单击 + 按钮，从弹出的【行为】下拉菜单中选择【设置文本】/【设置状态栏文本】，打开【设置状态栏文本】对话框进行设置即可，如图 9-17 所示。输入的消息要简明扼要，如果消息不能完全显示在状态栏中，浏览器将截断消息。最后在【行为】面板中设置触发事件为“onMouseOver”。

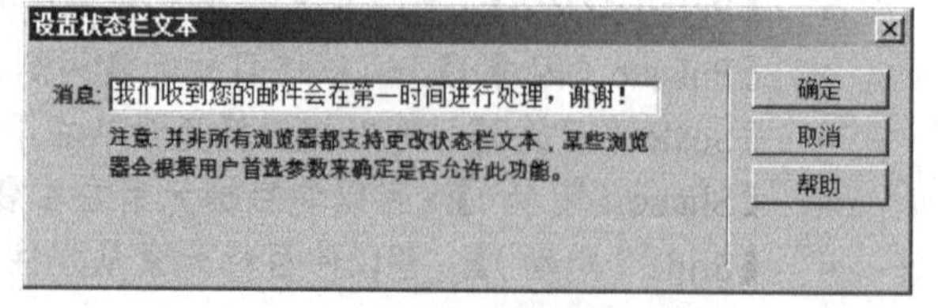

图9-17　【设置状态栏文本】对话框

由于访问者常常会注意不到状态栏中的消息，而且也不是所有的浏览器都提供设置状态栏文本的完全支持，如果用户的消息非常重要，建议使用【弹出信息】行为等方式。

9.2 范例解析——干好自己该干的

将附盘文件复制到站点文件夹下，然后按要求使用行为完善网页功能，最终效果如图 9-18 所示。

(1) 使用【弹出信息】行为使当单击鼠标右键时提示“图像不许下载!”。

(2) 使用【交换图像】行为使当鼠标停留在图像上时显示另一幅图像“gou.jpg”。

(3) 使用【调用 JavaScript】行为使用当单击文本“关闭网页”时能够关闭页面。

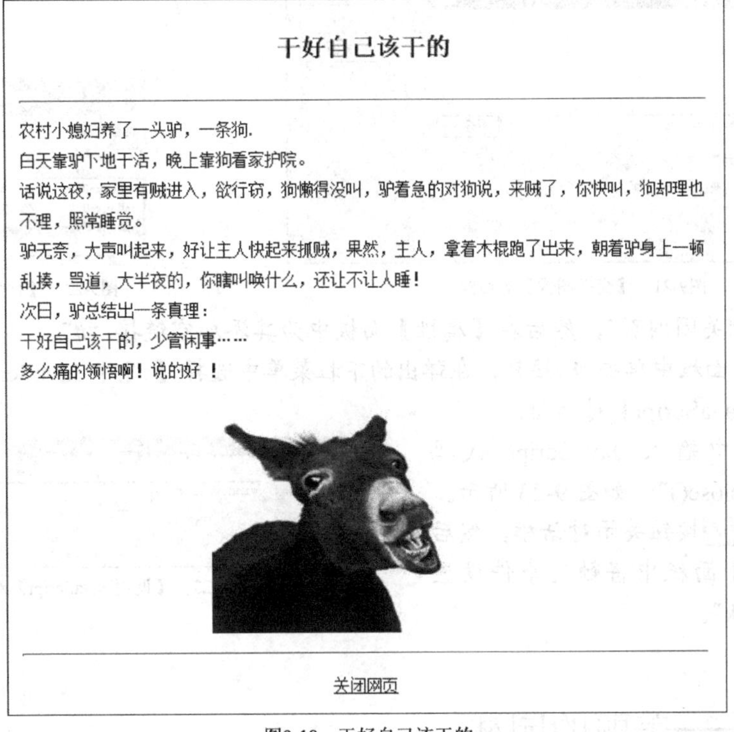

图9-18　干好自己该干的

这是使用弹出信息、交换图像、调用 JavaScript 等行为完善网页功能的一个例子，具体操作步骤如下。

1. 打开网页文档“9-2.htm”。
2. 选中图像，然后在【行为】面板中单击 +. 按钮，在弹出的下拉菜单中选择【弹出信息】命令，打开【弹出信息】对话框。
3. 在【弹出信息】对话框的【消息】文本框中输入“图像不许下载!”，如图 9-19 所示。
4. 单击 确定 按钮，关闭【弹出信息】对话框，然后在【行为】面板中将触发事件设置为“onMouseDown”，如图 9-20 所示。

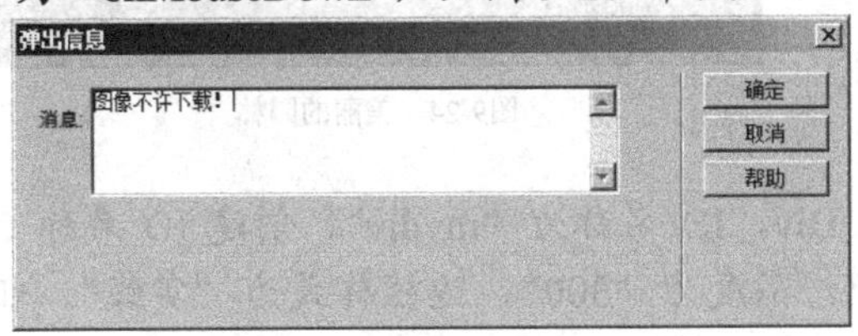

图9-19　【弹出信息】对话框

图9-20　设置触发事件

5. 仍然选中图像，在【属性】面板中将其 ID 名称设置为“pic”，然后在【行为】面板中单击 + 按钮，在弹出的下拉菜单中选择【交换图像】命令，打开【交换图像】对话框。
6. 在【图像】列表框中选择要改变的图像，然后设置其【设定原始档为】选项为“images/gou.jpg”，并保证选择【预先载入图像】和【鼠标滑开时恢复图像】两个复选框，如图 9-21 所示。
7. 单击 确定 按钮关闭对话框，【行为】面板如图 9-22 所示。

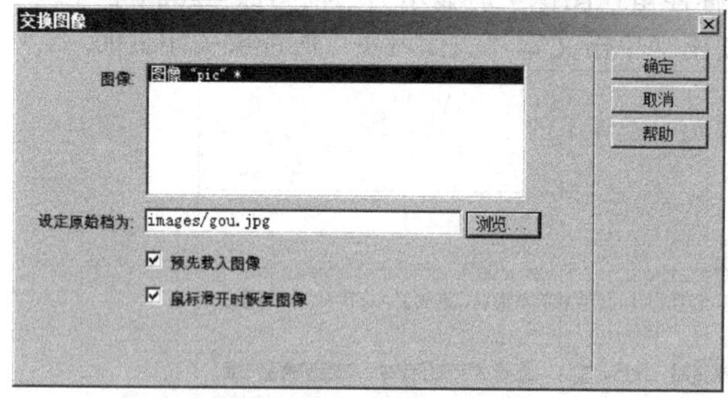

图9-21　【交换图像】对话框

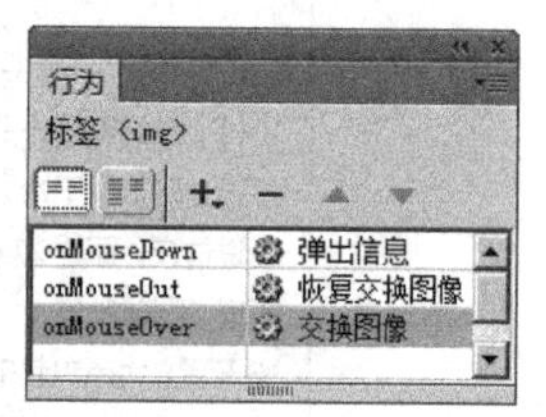

图9-22　【行为】面板

8. 选中文本“关闭网页”，然后在【属性】面板中为其添加空链接“#”。
9. 在【行为】面板中单击 + 按钮，在弹出的下拉菜单中选择【调用 JavaScript】命令，打开【调用 JavaScript】对话框。
10. 在文本框中输入 JavaScript 代码“window.close()”，如图 9-23 所示。
11. 单击 确定 按钮关闭对话框，然后在【行为】面板中将触发事件设置为“onClick”。
12. 保存文档。

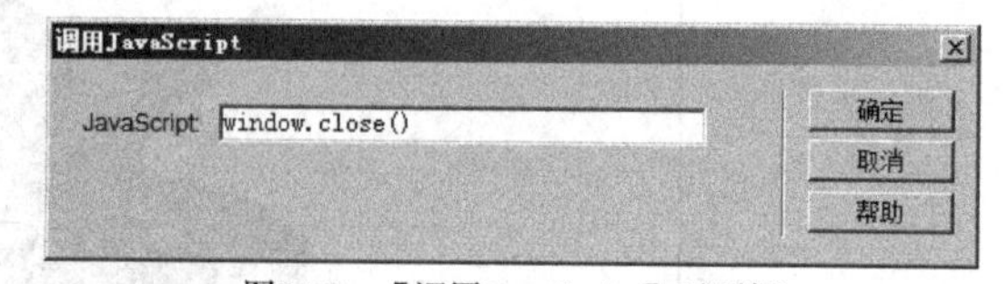

图9-23　【调用 JavaScript】对话框

9.3　实训——美丽的园林

将附盘文件复制到站点文件夹下，然后按要求使用行为制作网页，最终效果如图 9-24 所示。

(1) 使用【交换图像】行为使鼠标停留在图像上时显示另一幅图像“02.jpg”。

(2) 使用【改变属性】行为使鼠标停留在图像上时显示红边框，离开时恢复原来的蓝色边框。

这是使用交换图像、改变属性行为制作网页的一个例子，步骤提示如下。

图9-24　美丽的园林

1. 创建网页文档“9-3.htm”，然后插入一个 Div，ID 名称为“mydiv”，创建 ID 名称 CSS 样式“#mydiv”，设置其宽度为“450px”，高度为“300”，边框样式为“实线”，粗细为“5px”，颜色为“#0000FF”。

2. 将 Div 标签内的文本删除，然后插入图像“01.jpg”，在其【属性】面板中将其 ID 名称设置为“pic”。
3. 在【行为】面板中单击 按钮，在弹出的下拉菜单中选择【交换图像】命令，打开【交换图像】对话框，在【图像】列表框中选择要改变的图像，然后设置其【设定原始档为】选项为“images/02.jpg”，并保证选择【预先载入图像】和【鼠标滑开时恢复图像】两个复选框。
4. 选中 Div，在【行为】面板中单击 按钮，在弹出的下拉菜单中选择【改变属性】命令，弹出【改变属性】对话框并设置参数，在【行为】面板中确认触发事件为“onMouseOver”，运用相同的方法再添加一个“onMouseOut”事件及相应的动作，如图 9-25 所示。

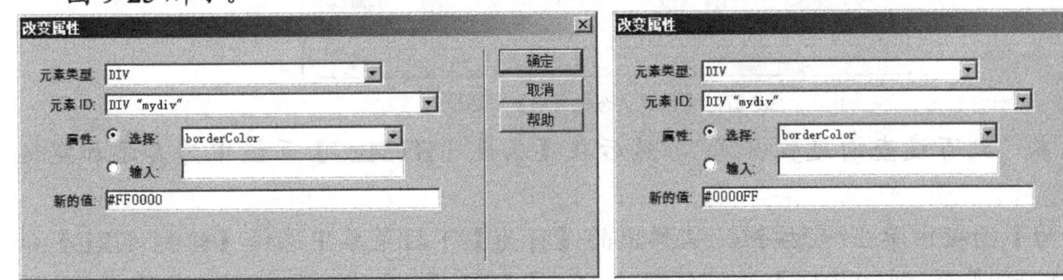

图9-25 【改变属性】对话框

5. 保存文件。

9.4 综合案例——福龙客栈

将附盘文件复制到站点文件夹下，然后使用行为制作网页，最终效果如图 9-26 所示。

(1) 使用【交换图像】行为使鼠标停留在图像上时显示另一幅图像“02.jpg”。

(2) 使用【状态栏文本】行为使鼠标停留在图像上时，在浏览器状态栏显示信息：“福龙客栈位于重庆武隆县天生三桥下，是黄金甲菊花台的拍摄场地”。

(3) 给文本“到百度查询更多内容”添加【转到 URL】行为，当单击该文本时，在浏览器窗口中打开百度主页（http://www.baidu.com）。

这是使用交换图像、设置状态栏文本和转到 URL 行为完善网页的一个例子，具体操作步骤如下。

图9-26 福龙客栈

1. 打开网页文档“9-4.htm”，选中图像并在【属性】面板中将其 ID 名称设置为“pic”。
2. 在【行为】面板中单击 按钮，在弹出的下拉菜单中选择【交换图像】命令，打开【交换图像】对话框。

3. 在【图像】列表框中选择要改变的图像，然后设置其【设定原始档为】选项为“kezhan2.jpg”，最后单击 确定 按钮关闭对话框。
4. 仍然选中图像，然后在【行为】面板中单击 + 按钮，从弹出的【行为】下拉菜单中选择【设置文本】/【设置状态栏文本】命令，打开【设置状态栏文本】对话框。
5. 在【消息】文本框中输入文本“福龙客栈位于重庆武隆县天生三桥下，是黄金甲菊花台的拍摄场地”，如图 9-27 所示，最后单击 确定 按钮关闭对话框，在【行为】面板中将触发事件设置为“onMouseOver”。

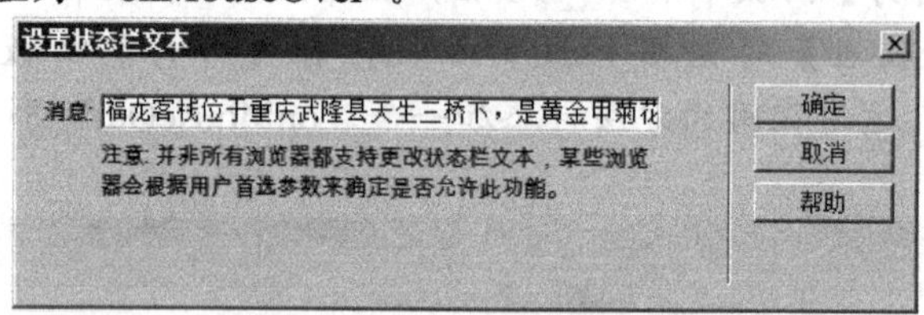

图9-27　【设置状态栏文本】对话框

6. 选中文本“到百度查询更多内容”，然后在【属性（HTML）】面板中为其添加空链接“#”。
7. 在【行为】面板中单击 + 按钮，从弹出的【行为】下拉菜单中选择【转到 URL】命令，打开【转到 URL】对话框，在【URL】文本框中输入百度网址“http://www.baidu.com”，如图 9-28 所示。

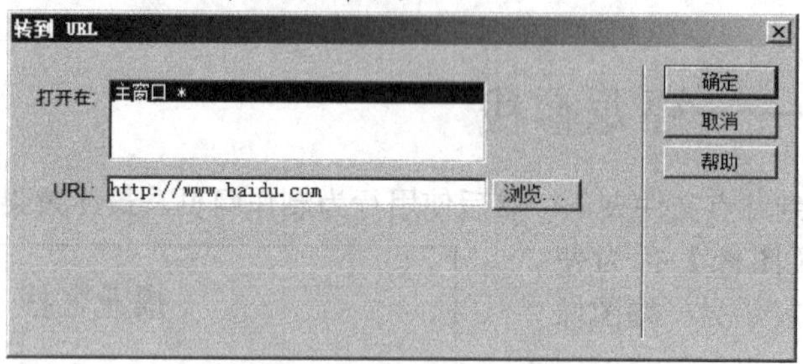

图9-28　【转到 URL】对话框

8. 单击 确定 按钮关闭对话框，然后在【行为】面板中保证将触发事件设置为“onClick”。
9. 保存文件。

9.5 习题

1. 思考题

(1) 如何理解行为的基本概念？

(2) 简要说明事件 onMouseMove、onMouseDown、onMouseOut 和 onMouseOver 的基本涵义。

2. 操作题

制作一个网页，要求使用本章所介绍的相关行为。

第10章　使用表单

【学习目标】

- 了解表单的基本概念。
- 掌握插入和设置表单对象的方法。
- 掌握使用行为验证表单的方法。

制作动态网页通常需要两个步骤，一是创建表单网页，二是设置应用程序。表单是制作交互式网页的基础，本章将介绍创建表单和使用行为验证表单的基本方法。

10.1　功能讲解

下面介绍表单的基本知识。

10.1.1　表单的基本概念

表单提供了从用户那里收集信息的方法。例如，在申请电子邮箱时，经常需要填写一些用户信息，当单击具有“提交”功能的按钮时，这些信息就会被发送到服务器端，服务器端脚本或应用程序对这些信息进行处理。使用 Dreamweaver CC 可以制作表单网页，通过设置既可将表单数据提交到应用程序服务器，也可将表单数据发送给电子邮件收件人。

在制作表单网页时，可以使用表格、段落标记、换行符、预格式化的文本等技术来设置表单的布局格式。在表单中使用表格时，必须确保所有<table>标签都位于<form>和</form>标签之间。一个页面可以包含多个名称不同的表单标签<form>，但<form>标签不能嵌套，即不能将一个<form>表单插入到另一个<form>表单中。

在 Dreamweaver CC 中，表单输入类型称为表单对象。表单对象是允许用户输入数据的机制。每个文本域、隐藏域、复选框和选择（列表/菜单）对象必须具有可在表单中标识其自身的唯一名称，表单对象名称可以使用字母、数字、字符和下画线的任意组合，但不能包含空格或特殊字符。设计表单时，要使用描述性文本来标记表单域，以使用户知道他们要回答哪些内容。例如，“请输入您的用户名”表示请求输入用户名信息。对于含有文本域或文本区域的表单，Dreamweaver 还可以通过使用“检查表单”行为来验证访问者所输入的信息是否符合要求。

表单通常由两部分组成，一部分是用来搜集数据的表单页面，另一部分是用来处理数据的应用程序。在制作表单页面时，需要插入表单对象。插入表单对象通常有两种方法，一种是选择菜单命令【插入】/【表单】中的相应选项，另一种是在【插入】面板的【表单】类别中单击相应按钮，如图 10-1 所示。插入表单对象后，其默认处于选中状态，可以直接在【属性】面板中设置其属性。如果要设置其他表单对象的属性，需要先选中该表单对象。

图10-1　表单菜单命令和【插入】面板的【表单】类别

10.1.2　创建动态网页

表单更多的时候是在动态网页中使用的，因此首先需要创建一个动态网页文件。以 ASP 网页为例，选择菜单命令【文件】/【新建】，打开【新建文档】对话框，依次选择【空白页】/【HTML】/【<无>】选项，如图 10-2 所示。

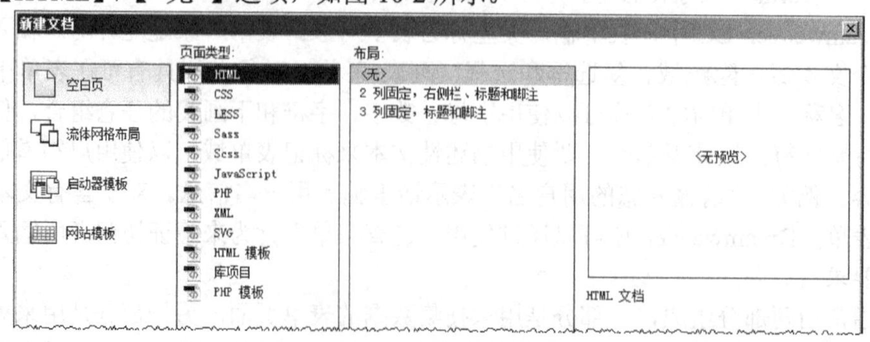

图10-2　创建网页文件

单击 创建(R) 按钮，先创建一个空白的 HTML 网页文件。然后选择菜单命令【文件】/【保存】，打开【另存为】对话框，在【保存类型】下拉列表框中选择网页的保存类型，ASP 网页需要选择“Active Server Pages（*.asp;*.asa）”，如图 10-3 所示。

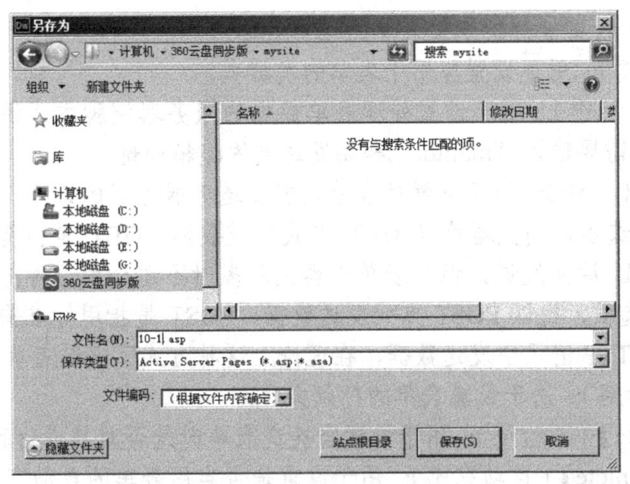

图10-3 【另存为】对话框

单击保存(S)按钮将网页保存为 ASP 类型，查看文件源代码，在源代码第 1 行前面再添加一个空行，然后输入以下代码。

```
<%@LANGUAGE="VBSCRIPT" CODEPAGE="936"%>
```

其中，LANGUAGE="VBSCRIPT"，用于声明该 ASP 动态网页当前使用的编程脚本为 VBSCRIPT。当使用该脚本声明后，该动态网页中使用的程序都必须符合该脚本语言的所有语法规范。如果使用 JAVASCRIPT 脚本语言创建 ASP 动态网页，那么声明代码中脚本语言声明项应该修改为 LANGUAGE="JAVASCRIPT"。

CODEPAGE="936"，用于定义在浏览器中显示页内容的代码页为简体中文（GB2312）。代码页是字符集的数字值，不同的语言使用不同的代码页。例如，繁体中文（Big5）代码页为 950，日文（Shift-JIS）代码页为 932，Unicode（UTF-8）代码页为 65001。在制作动态网页的过程中，如果在插入或显示数据表中记录时出现了乱码的情况，通常需要采用这种方法解决，即查看该动态网页是否在第 1 行进行了代码页的声明，如果没有，就应该加上，这样就不会出现网页乱码的情况了。

10.1.3 插入和设置表单

在页面中插入表单对象时，首先需要选择菜单命令【插入】/【表单】/【表单】，插入一个表单标签，然后再在其中插入各种表单对象，表单对象通常使用表格来进行布局。在【设计】视图中，表单的轮廓线以红色的虚线表示，如图 10-4 所示。如果看不到轮廓线，可以选择菜单命令【查看】/【可视化助理】/【不可见元素】，显示轮廓线。

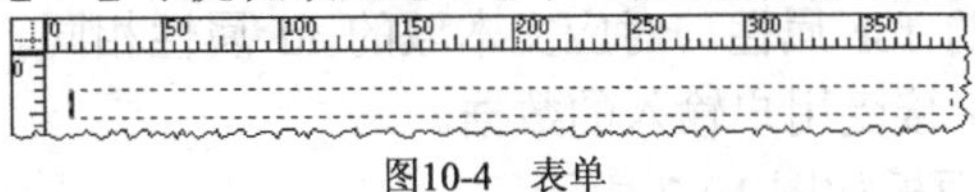

图10-4 表单

表单【属性】面板如图 10-5 所示，相关参数简要说明如下。

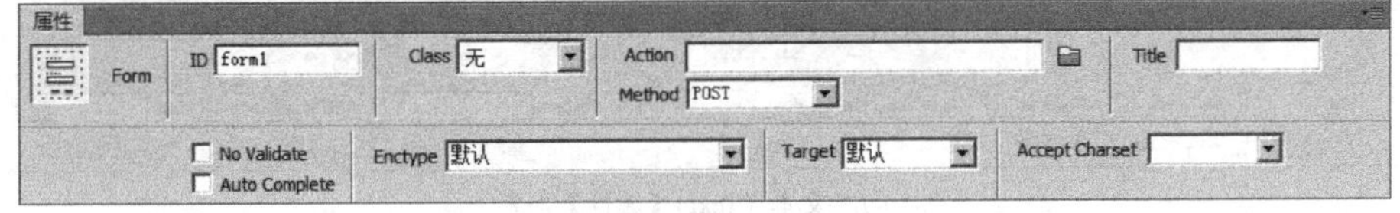

图10-5 【属性】面板

- 【ID】：用于设置能够标识该表单的唯一名称。
- 【Class】（类）：用于设置应用于表单的类样式。
- 【Action】（动作）：用于设置处理表单数据的服务器端脚本路径。如果直接发送到邮箱，需要输入"mailto:"和要发送到的邮箱地址。
- 【Method】（方法）：用于设置将表单数据发送到服务器的方式。选择【默认】或【GET】选项，浏览器将以 GET 方式发送数据，GET 是指将表单内的数据附加到 URL 后面发送，但当表单内容比较多时不适合用这种传送方式。选择【POST】选项，将以 POST 方式发送数据，POST 是指用标准输入方式即将数据嵌入到 HTTP 请示中发送数据，在理论上这种方式不限制表单的长度。
- 【Title】（标题）：用于设置表单的标题文字。
- 【No Validate】（不验证）：用于设置当提交表单时是否对其进行验证。
- 【Auto Complete】（自动完成）：用于设置是否启用表单的自动完成功能。
- 【Enctype】（编码类型）：用于设置对提交给服务器进行处理的数据使用的编码类型，默认设置"application/x-www-form-urlencoded"常与"POST"方法协同使用。
- 【Target】（目标）：用于设置表单被处理后，反馈页面打开的目标窗口。
- 【Accept Charset】（可接受的字符集）：用于设置服务器处理表单数据所接受的字符集类型。

10.1.4　文本类表单对象

常用的文本类表单对象包括文本、电子邮件、密码、Url、Tel、搜索、数字、范围、颜色、月、周、日期、时间、时期时间、时期时间（当地）、文本区域等。下面对这些表单对象进行简要说明。

一、　文本

文本（Text）是可以输入单行文本的表单对象，插入文本的方法是，选择菜单命令【插入】/【表单】/【文本】，如图 10-6 所示。

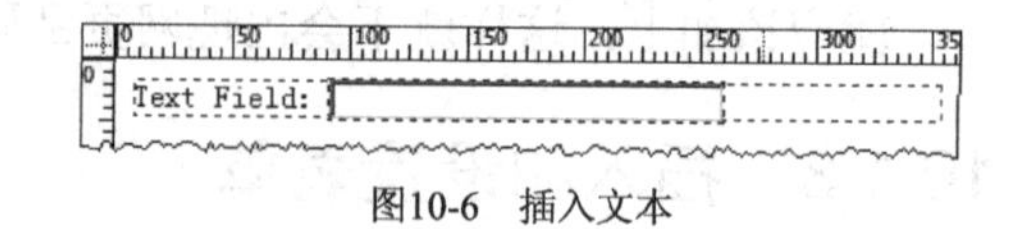

图10-6　插入文本

查看源代码，可以发现插入的文本表单对象有两行代码组成：

```
<label for="textfield">Text Field:</label>
<input type="text" name="textfield" id="textfield">
```

第 1 行代码主要用来为 id 为"textfield"的文本域声明标签，告诉用户该文本域应该输入什么内容，<label>标签的 for 属性与对应文本域的 id 属性相同。第 2 行代码是供用户输入内容的文本域代码，用于接受用户输入的数据。

文本（Text）【属性】面板如图 10-7 所示。

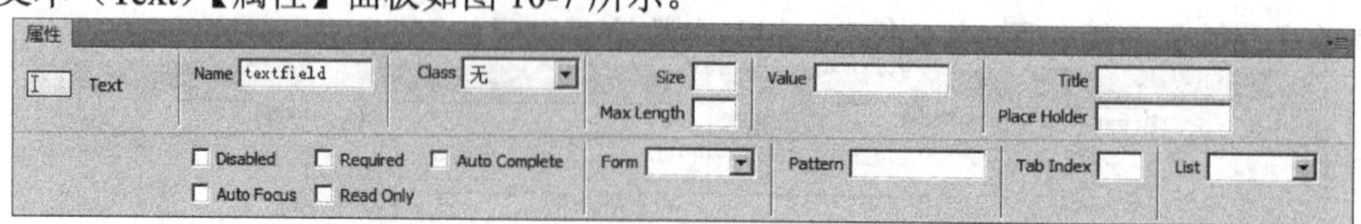

图10-7　文本（Text）【属性】面板

文本（Text）【属性】面板中的相关参数简要说明如下。

- 【Name】(名称)：用于设置文本域的唯一名称。
- 【Size】(字符宽度)：用于设置文本域的宽度。
- 【Max length】(最大字符数)：用于设置可向文本域中输入的最大字符数。
- 【Value】(初始值)：用于设置文本域中默认状态下显示的内容，在浏览器中可以修改初始值。
- 【Title】(标题)：用于设置文本域的标题文字，当在浏览器中鼠标指针停留在该文本域上时将显示该提示文本。
- 【Place Holder】(期望值)：用于设置提示用户输入信息的格式或内容，当在浏览器中浏览时，该内容将以浅灰色显示在文本域中，输入内容时该文本不再显示，删除文本域中的内容后该文本又显示。
- 【Disabled】(禁用)：用于设置该文本域是否被禁用。
- 【Required】(必填)：用于设置该文本域是否为必填项。
- 【Auto Complete】(自动完成)：用于设置是否让浏览器自动记忆用户输入的内容。当用户返回到曾经填写过值的页面时，浏览器能把用户填写过的值自动显示在填写过的文本框中。
- 【Auto Focus】(自动获得焦点)：用于在页面加载时域是否自动获得焦点。
- 【Read Only】(只读)：用于设置该文本域是否为只读文本域。
- 【Form】(关联表单)：用于设置要与此元素关联的表单，如引用一个以上的表单，要使用空格分隔表单列表。
- 【pattern】(格式)：用于设置输入字段值的模式或格式。
- 【Tab Index】(Tab 键顺序)：用于设置 Tab 键的移动顺序。
- 【List】(数据列表)：用于设置要与此元素关联的数据列表。

二、 电子邮件

电子邮件（Email）是用于输入电子邮件地址列表的表单对象，插入电子邮件的方法是，选择菜单命令【插入】/【表单】/【电子邮件】，如图 10-8 所示。

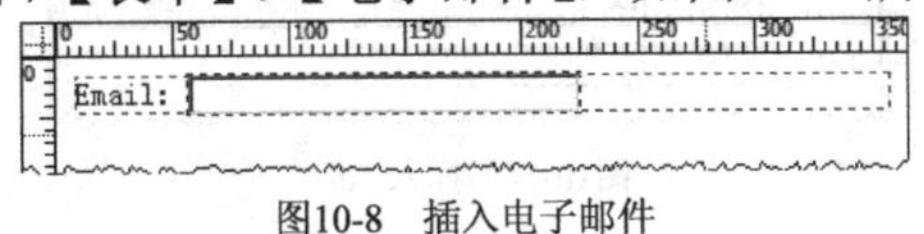

图10-8 插入电子邮件

电子邮件（Email）【属性】面板如图 10-9 所示。

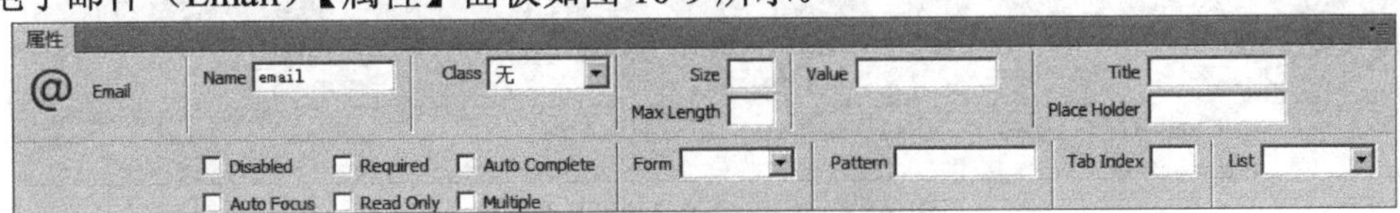

图10-9 电子邮件（Email）【属性】面板

电子邮件（Email）【属性】面板与文本（Text）【属性】面板大同小异，只是多了一项【Multiple】，该项主要用于设置是否允许一个以上的值，如两个或更多电子邮件地址。

三、 密码

密码（Password）是用于输入电子邮件地址列表的表单对象，插入密码的方法是，选择菜单命令【插入】/【表单】/【密码】，如图 10-10 所示。

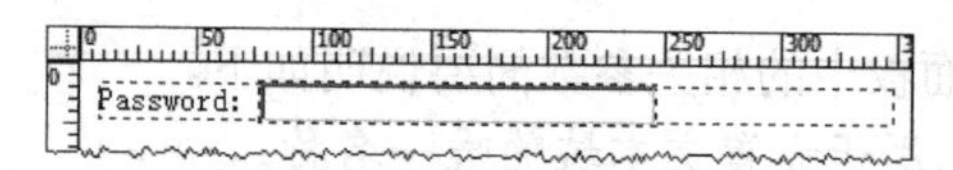

图10-10　插入密码

密码（Password）【属性】面板如图 10-11 所示。

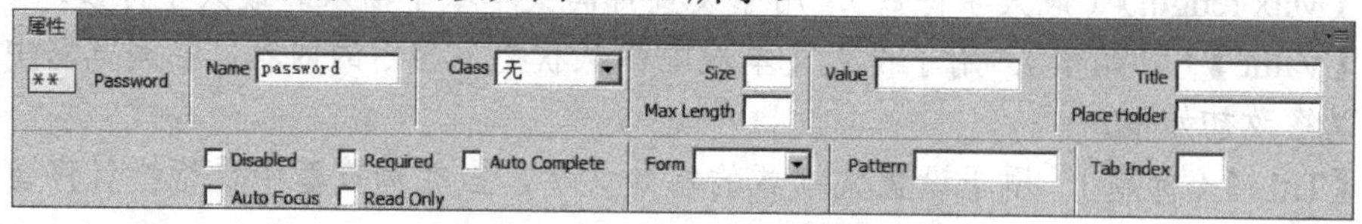

图10-11　密码（Password）【属性】面板

密码（Password）【属性】面板与文本（Text）【属性】面板大同小异，只是不包含【List（数据列表）】选项。

四、 Url

地址（Url）是用于输入绝对 Url 的表单对象，插入 Url 的方法是，选择菜单命令【插入】/【表单】/【Url】，如图 10-12 所示。

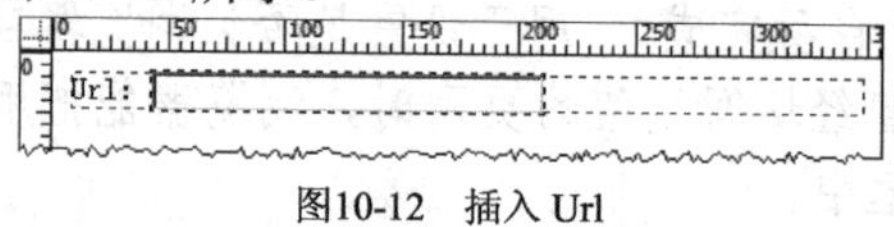

图10-12　插入 Url

地址（Url）【属性】面板如图 10-13 所示。

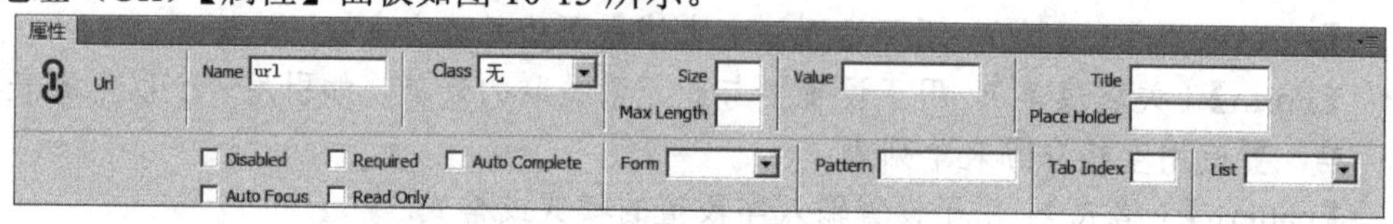

图10-13　地址（Url）【属性】面板

地址（Url）【属性】面板与文本（Text）【属性】面板完全相同。

五、 Tel

电话（Tel）是用于输入 Tel 的表单对象，插入 Tel 的方法是，选择菜单命令【插入】/【表单】/【Tel】，如图 10-14 所示。

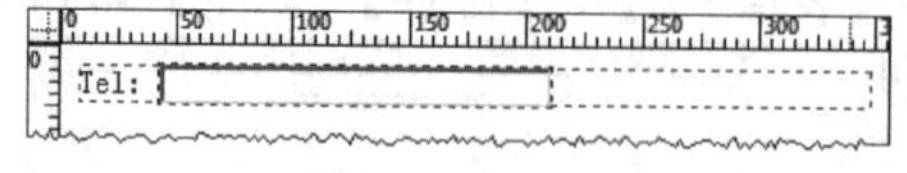

图10-14　插入 Tel

电话（Tel）【属性】面板如图 10-15 所示。

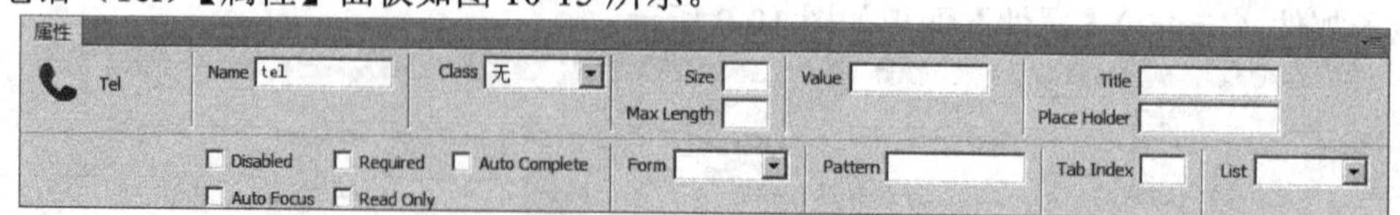

图10-15　电话（Tel）【属性】面板

电话（Tel）【属性】面板与文本（Text）【属性】面板完全相同。

六、搜索

搜索（Search）是用于输入一个或多个搜索词的表单对象，插入搜索的方法是，选择菜单命令【插入】/【表单】/【搜索】，如图 10-16 所示。

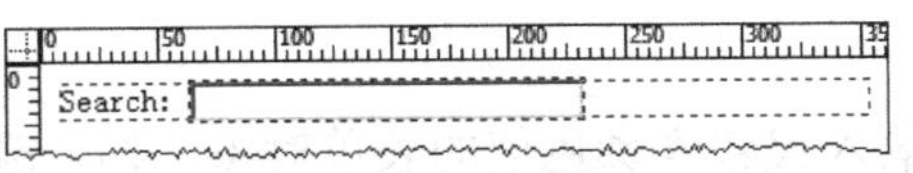

图10-16　插入搜索

搜索（Search）【属性】面板如图 10-17 所示。

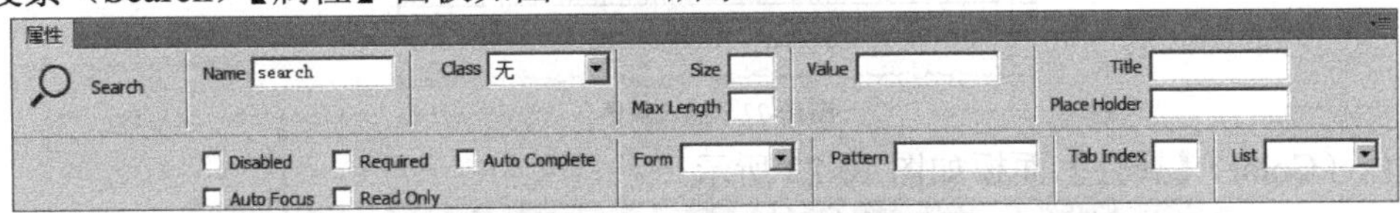

图10-17　搜索（Search）【属性】面板

搜索（Search）【属性】面板与文本（Text）【属性】面板完全相同。

七、 数字

数字（Number）是用于仅输入数字的表单对象，插入数字的方法是，选择菜单命令【插入】/【表单】/【数字】，如图 10-18 所示。

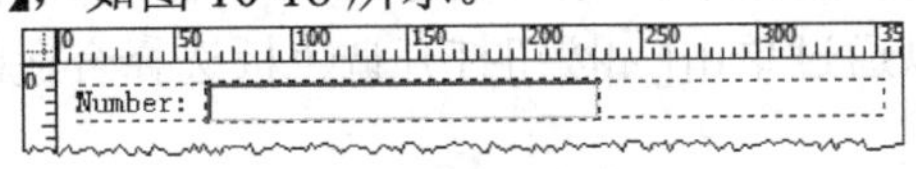

图10-18　插入数字

数字（Number）【属性】面板如图 10-19 所示。

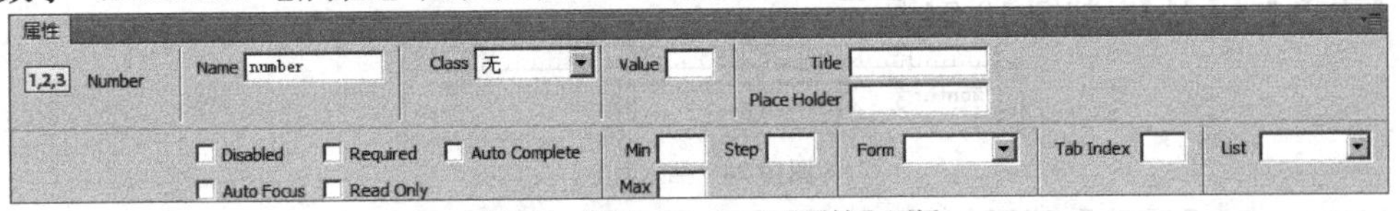

图10-19　数字（Number）【属性】面板

数字（Number）【属性】面板与文本（Text）【属性】面板相比，少了【pattern（格式)】，多了 3 个与数字有关的选项。

- 【Min】(最小值)：用于设置输入字段允许的最小值。
- 【Max】(最大值)：用于设置输入字段允许的最大值。
- 【Step】(间隔)：用于设置输入字段允许的数字间隔，如果 step="3"，则合法的数字是-3,0,3,6 等。

八、 范围

范围（Range）是用于输入仅包含某个数字范围内值的表单对象，插入范围的方法是，选择菜单命令【插入】/【表单】/【范围】，如图 10-20 所示。

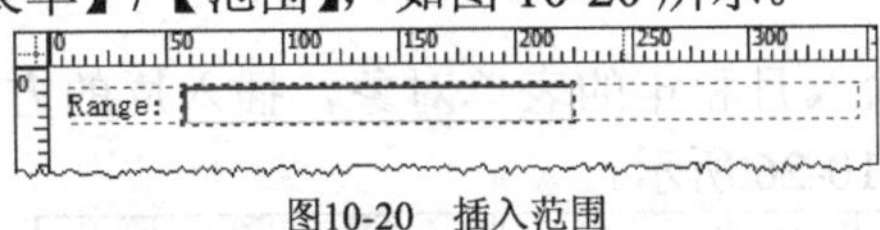

图10-20　插入范围

范围（Range）【属性】面板如图 10-21 所示。

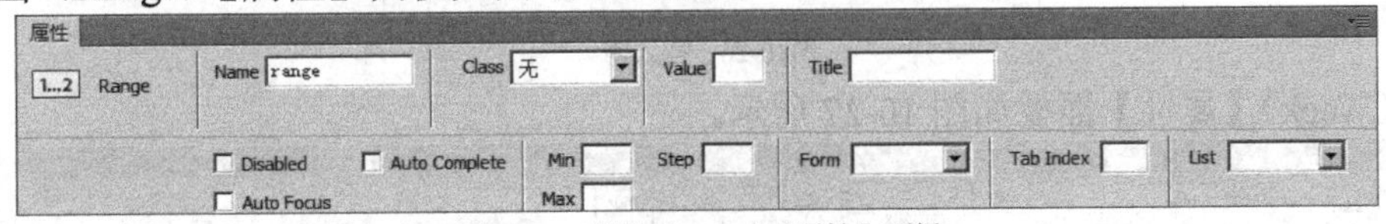

图10-21　范围（Range）【属性】面板

范围（Range）【属性】面板与数字（Number）【属性】面板相比，少了【Disabled（禁用)】和【Required（必填)】两个选项。

九、 颜色

颜色（Color）是用于输入仅包含颜色值的表单对象，插入颜色的方法是，选择菜单命令【插入】/【表单】/【颜色】，如图 10-22 所示。

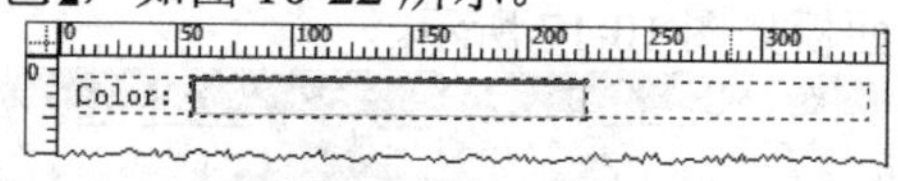

图10-22　插入颜色

颜色（Color）【属性】面板如图 10-23 所示。

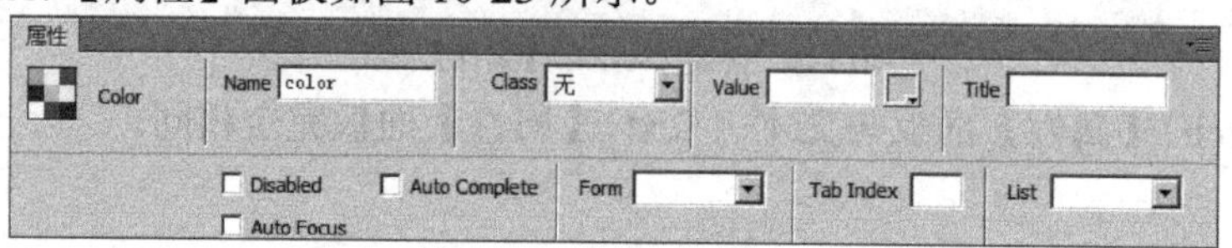

图10-23　颜色（Color）【属性】面板

在颜色（Color）【属性】面板中，可以在【Value（初始值）】文本框中输入颜色初始值，如“#804B4C”，也可以通过单击按钮打开调色板选择合适的颜色。

十、 月

月（Month）是供用户输入月和年的表单对象，插入月的方法是，选择菜单命令【插入】/【表单】/【月】，如图 10-24 所示。

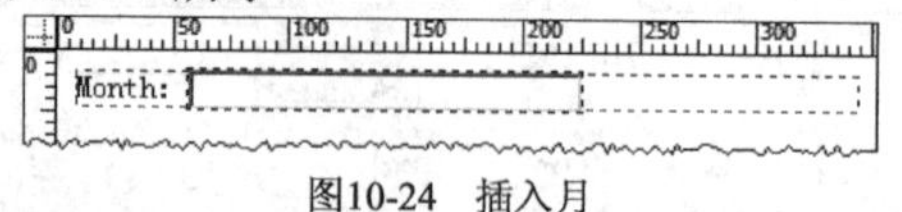

图10-24　插入月

月（Month）【属性】面板如图 10-25 所示。

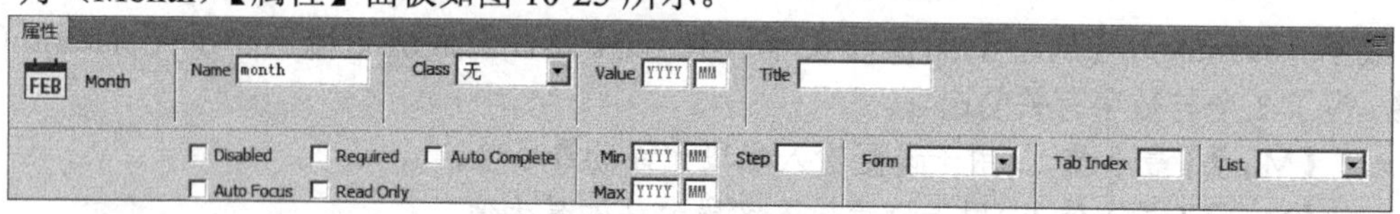

图10-25　月（Month）【属性】面板

在月（Month）【属性】面板中，可以在【Value（初始值）】文本框中设置月的初始值，在【Min】文本框中设置允许输入月的最小值，在【Max】文本框中设置允许输入月的最大值，月均使用“YYYY-MM”格式，还可以在【Step（间隔）】文本框中设置月值的数字间隔。

十一、周

周（Week）是供用户输入月和年的表单对象，插入周的方法是，选择菜单命令【插入】/【表单】/【周】，如图 10-26 所示。

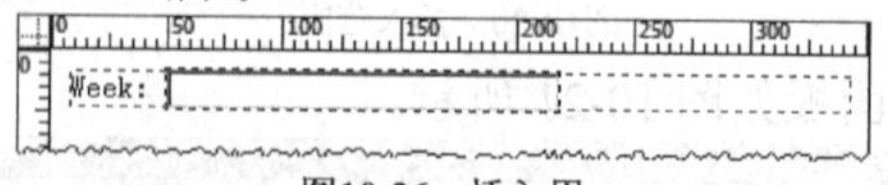

图10-26　插入周

周（Week）【属性】面板如图 10-27 所示。

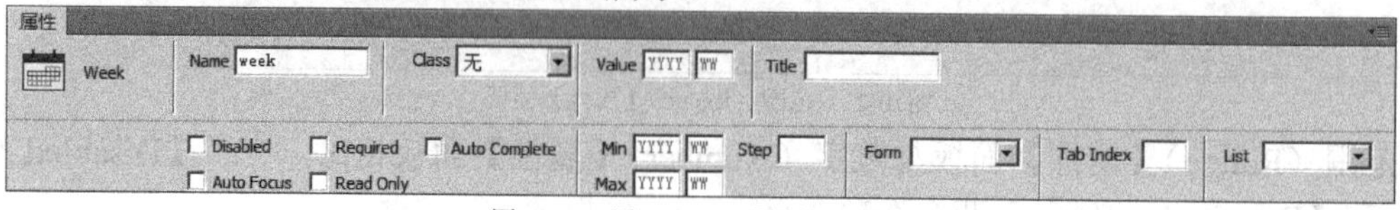

图10-27　周（Week）【属性】面板

在周（Week）【属性】面板中，可以在【Value（初始值）】文本框中设置周的初始值，在【Min】文本框中设置允许输入周的最小值，在【Max】文本框中设置允许输入周的最大值，周均使用“YYYY-WW”格式，还可以在【Step（间隔）】文本框中设置周值的数字间隔。

十二、日期

日期（Date）是供用户输入日期（年月日）的表单对象，插入日期的方法是，选择菜单命令【插入】/【表单】/【日期】，如图 10-28 所示。

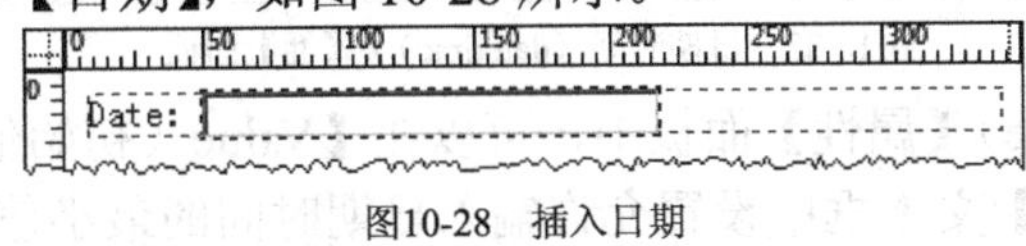

图10-28 插入日期

日期（Date）【属性】面板如图 10-29 所示。

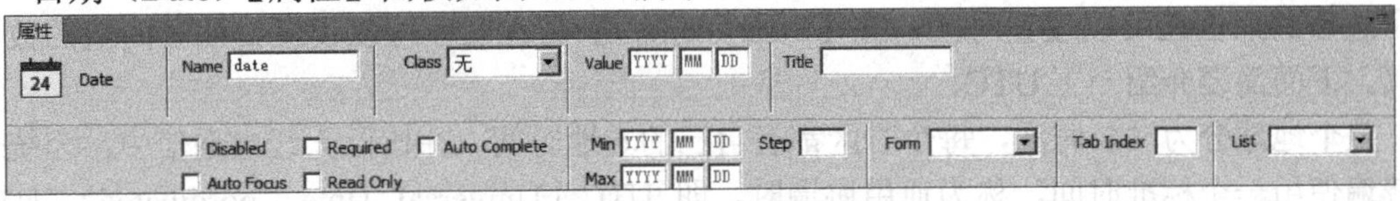

图10-29 周（Week）【属性】面板

在日期（Date）【属性】面板中，可以在【Value（初始值）】文本框中设置日期的初始值，在【Min】文本框中设置允许输入日期的最小值，在【Max】文本框中设置允许输入日期的最大值，日期均使用“YYYY-MM-DD”格式，还可以在【Step（间隔）】文本框中设置日期值的数字间隔。

十三、时间

时间（Time）是供用户输入时间（时分秒）的表单对象，插入时间的方法是，选择菜单命令【插入】/【表单】/【时间】，如图 10-30 所示。

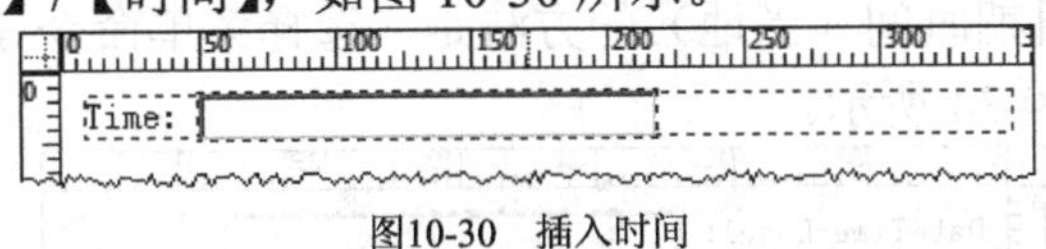

图10-30 插入时间

时间（Time）【属性】面板如图 10-31 所示。

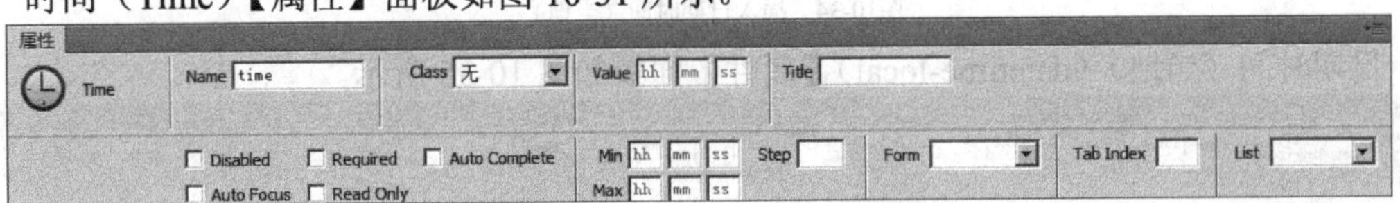

图10-31 周（Week）【属性】面板

在时间（Time）【属性】面板中，可以在【Value（初始值）】文本框中设置时间的初始值，在【Min】文本框中设置允许输入时间的最小值，在【Max】文本框中设置允许输入时间的最大值，时间均使用“HH-MM-SS”格式，还可以在【Step（间隔）】文本框中设置时间值的数字间隔。

十四、日期时间

日期时间（datetime）是供用户输入日期时间（年月日时分秒，带时区）的表单对象，插入日期时间的方法是，选择菜单命令【插入】/【表单】/【日期时间】，如图 10-32 所示。

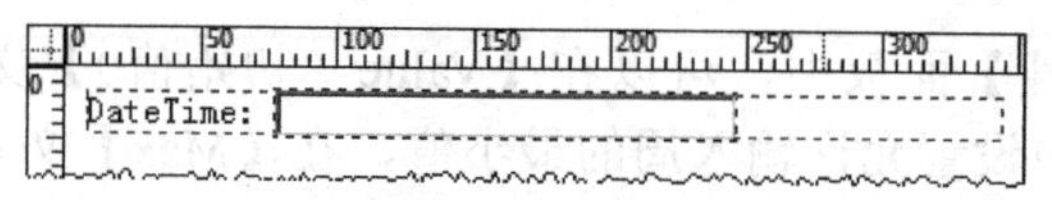

图10-32　插入日期时间

日期时间（datetime）【属性】面板如图 10-33 所示。

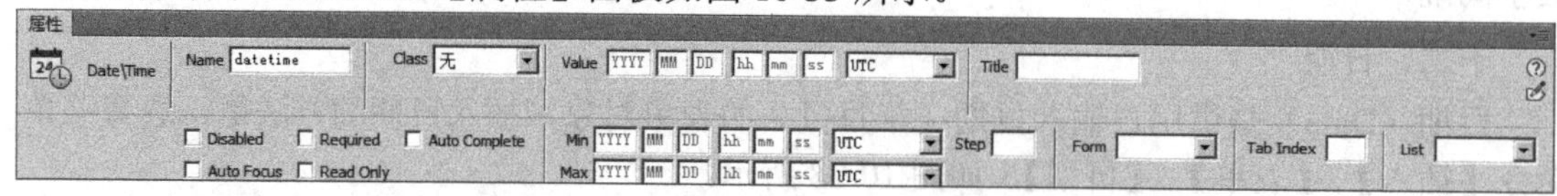

图10-33　日期时间（datetime）【属性】面板

在日期时间（datetime）【属性】面板中，可以在【Value（初始值）】文本框中设置日期时间的初始值，在【Min】文本框中设置允许输入日期时间的最小值，在【Max】文本框中设置允许输入日期时间的最大值，日期时间均使用“YYYY-MM-DD HH:MM:SS”格式，在每个选项的后面还可以设置时区，在【Step（间隔）】文本框中可以设置日期时间值的数字间隔。下面简要介绍一下 UTC。

整个地球分为 24 时区，每个时区都有自己的本地时间。在国际无线电通信中，为统一而普遍使用一个标准时间，称为通用协调时，即 UTC（Universal Time Coordinated）。UTC 与格林尼治平均时 GMT（Greenwich Mean Time）一样，都与英国伦敦的本地时相同，可以认为格林尼治时间就是通用协调时间（GMT=UTC）。UTC 时间与本地时间的计算方式是：UTC+时区差＝本地时间，因此 UTC=本地时间-时区差。时区差东为正、西为负。把东八区（北京）时区差记为+0800，UTC+（＋0800）=本地时间（北京），那么，UTC =本地时间（北京）-（＋0800）。

十五、日期时间（当地）

日期时间（当地）（datetime-local）是供用户输入当地日期时间（年月日时分秒，无时区）的表单对象，插入日期时间（当地）的方法是，选择菜单命令【插入】/【表单】/【日期时间（当地）】，如图 10-34 所示。

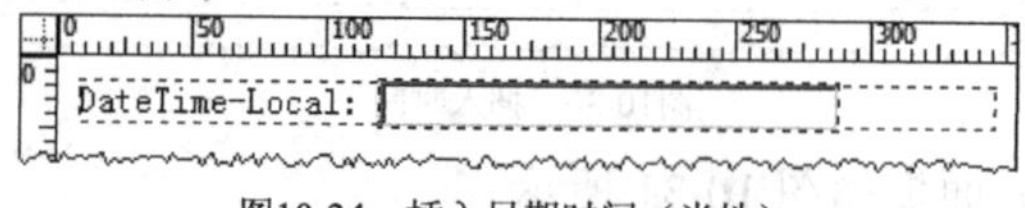

图10-34　插入日期时间（当地）

日期时间（当地）（datetime-local）【属性】面板如图 10-35 所示。

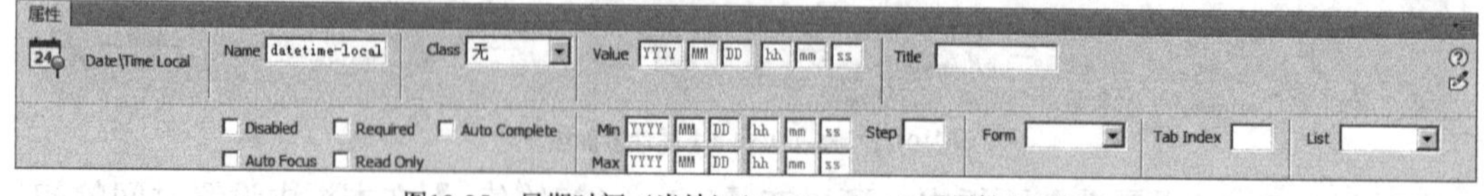

图10-35　日期时间（当地）（datetime-local）【属性】面板

日期时间（当地）（datetime-local）【属性】面板与日期时间（datetime）【属性】面板相比大同小异，只是少了时区设置选项，因为是针对当地时间。

十六、文本区域

文本区域（Text Area）是可以输入多行文本的表单对象，插入文本区域的方法是，选择菜单命令【插入】/【表单】/【文本区域】，如图 10-36 所示。

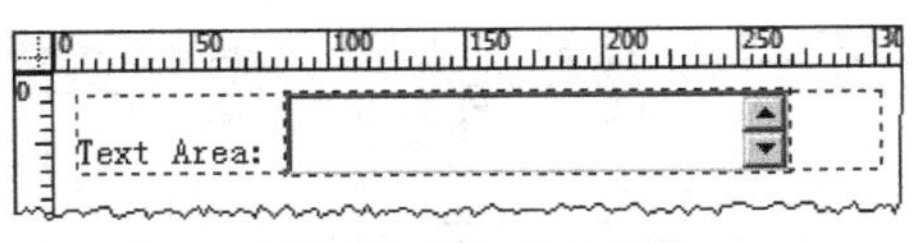

图10-36 插入文本区域

文本区域（Text Area）【属性】面板如图 10-37 所示。

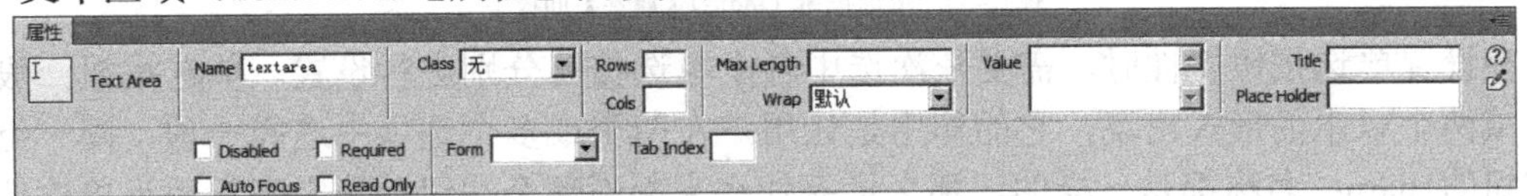

图10-37 文本区域（Text Area）【属性】面板

文本区域（Text Area）【属性】面板与文本（Text）【属性】面板相比，既有相同的选项，也有不同的选项。

- 【Rows】(行数)：用于设置文本区域的行数，当文本的行数大于指定的行数时，会自动出现滚动条。
- 【cols】(列数)：用于设置文本区域的列数，即文本区域的横向可输入多少个字符。
- 【Wrap】(换行)：用于设置当在表单中提交时文本区域中的文本如何换行，包括“默认”“Soft”和“Hard”3 个选项。“Soft”表示当在表单中提交时文本区域中的文本不换行，这也是默认值。“Hard”表示当在表单中提交时文本区域中的文本换行(包含换行符)，当使用“hard”时，必须设置 cols(列数)属性。

上面介绍了电子邮件、密码、Url、Tel、搜索、数字、范围、颜色、月、周、日期、时间、时期时间、时期时间（当地）等 HTML5 新增加的表单对象，在文本、文本区域两个传统的表单对象中也增加了 HTML5 新的属性，这些新特性提供了更好地输入控制和验证。在众多浏览器中，Opera 浏览器对新的输入类型支持最好，不过仍然可以在所有主流的浏览器中使用它们，因为即使不被支持，也可以显示为常规的文本域。

10.1.5 其他表单对象

下面要介绍的表单对象包括单选按钮、复选框、选择、隐藏、文件、按钮、“提交”按钮、“重置”按钮、图像按钮等，基本上是传统的表单对象，但或多或少增加了 HTML5 某些新的特性。

一、 单选按钮

单选按钮（radio）主要用于标记一个选项是否被选中，它只允许用户从所提供的选项中选择唯一答案。选择菜单命令【插入】/【表单】/【单选按钮】，将在文档中插入一个单选按钮，反复执行该操作可插入多个单选按钮，如图 10-38 所示。

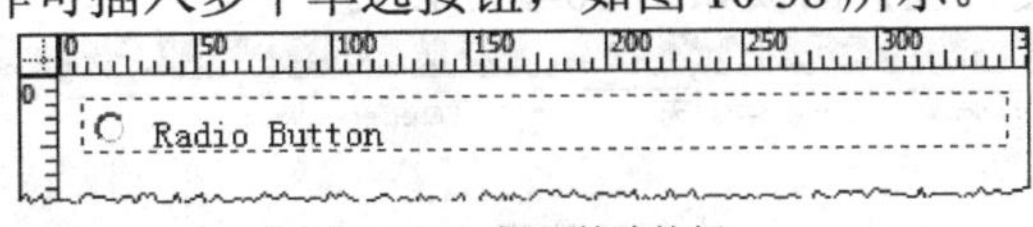

图10-38 插入单选按钮

单选按钮（radio）【属性】面板如图 10-39 所示。其中【Checked】选项用于设置该单选按钮是否默认处于选中状态。

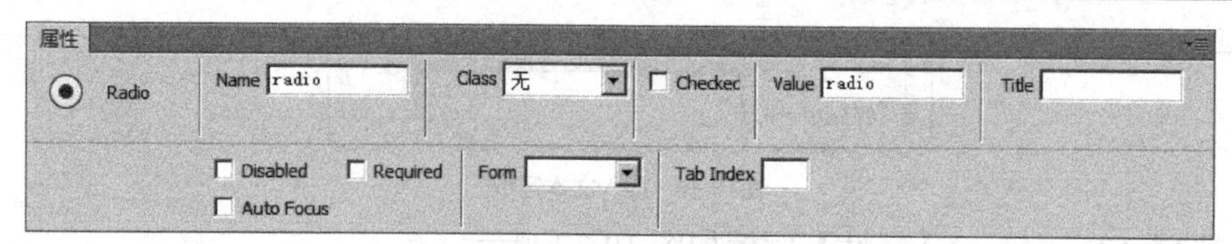

图10-39　单选按钮（radio）【属性】面板

在设置单选按钮属性时，需要依次选中各个单选按钮分别进行设置。单选按钮一般以两个或两个以上的形式出现，它的作用是让用户在两个或多个选项中选择一项。同一组单选按钮的 name 名称都是一样的，那么依靠什么来判断哪个按钮被选定呢？因为单选按钮具有唯一性，即多个单选按钮只能有一个被选定，所以【Value（选定值）】选项就是判断的唯一依据。每个单选按钮的【Value（选定值）】选项被设置为不同的数值，如性别“男”的单选按钮的【选定值】选项被设置为“1”，性别“女”的单选按钮的【选定值】选项被设置为“0”。

使用【插入】/【表单】/【单选按钮】命令，一次只能插入一个单选按钮。在实际应用中，单选按钮至少要有两个或更多，因此可以使用【插入】/【表单】/【单选按钮组】命令一次插入多个单选按钮。由于其布局使用换行符或表格，每个单元按钮都是单独一行，可以根据实际需要进行调整。例如，如果一行显示 3 个单选按钮，就可以将它们之间的换行符删除，让它们在一行中显示，如图 10-40 所示。

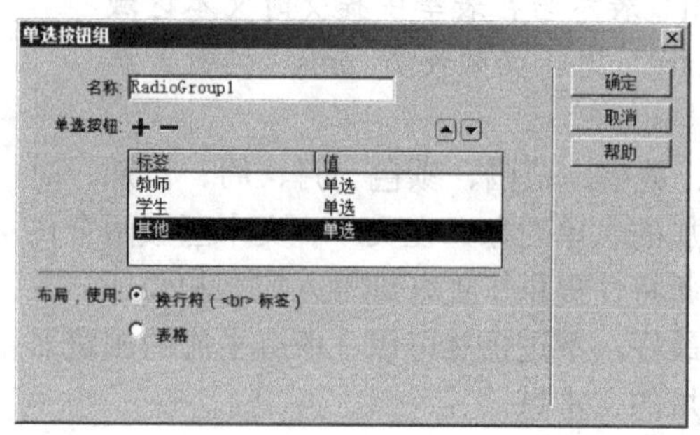

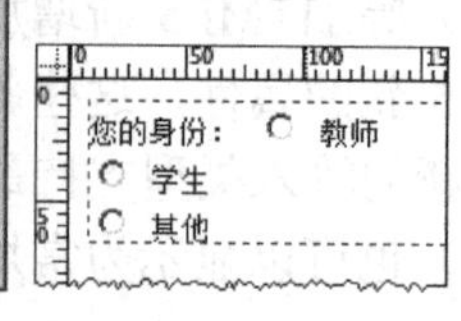

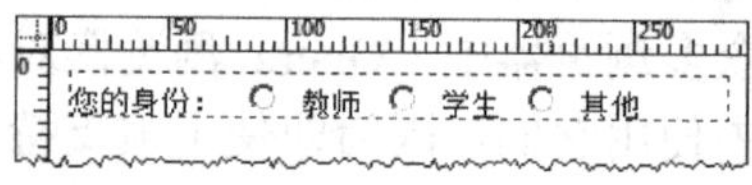

图10-40　单选按钮组

二、　复选框

复选框（checkbox）常被用于有多个选项可以同时被选择的情况。每个复选框都是独立的，必须有一个唯一的名称。选择菜单命令【插入】/【表单】/【复选框】，将在文档中插入一个复选框，反复执行该操作将插入多个复选框，如图 10-41 所示。

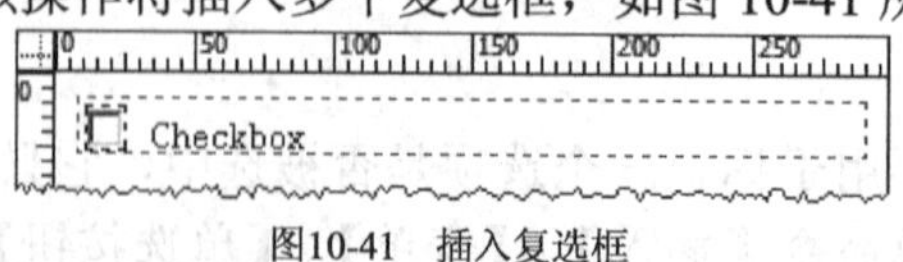

图10-41　插入复选框

复选框（checkbox）【属性】面板如图 10-42 所示。

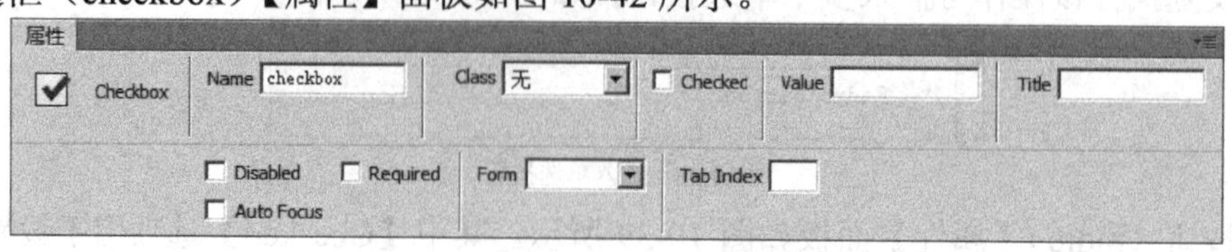

图10-42　复选框（checkbox）【属性】面板

在设置复选框属性时，需要依次选中各个复选框分别进行设置。由于复选框在表单中一般都不单独出现，而是多个复选框同时使用，因此其【选定值】就显得格外重要。另外，复选框的名称最好与其说明性文字发生联系，这样在表单脚本程序的编制中将会节省许多时间和精力。由于复选框的名称不同，因此【选定值】可以取相同的值。

使用【插入】/【表单】/【复选框】命令，一次只能插入一个复选框。在实际应用中，复选框通常是多个同时使用，因此可以使用【插入】/【表单】/【复选框组】命令一次插入多个复选框。由于其布局使用换行符或表格，每个复选框都是单独一行，可以根据实际需要进行调整。例如，如果一行显示 4 个复选框，就可以将它们之间的换行符删除，让它们在一行中显示，如图 10-43 所示。

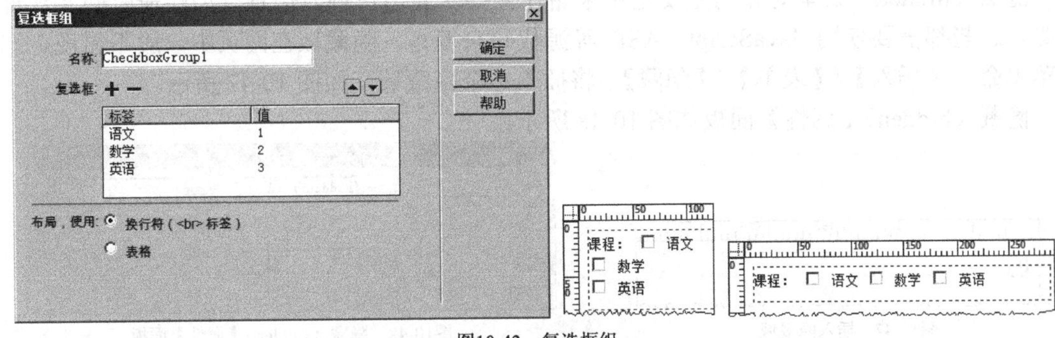

图10-43　复选框组

三、 选择

选择（Select）可以显示一个包含有多个选项的可滚动列表，在列表中可以选择需要的项目。选择菜单命令【插入】/【表单】/【选择】，将在文档中插入一个选择域，如图 10-44 所示。

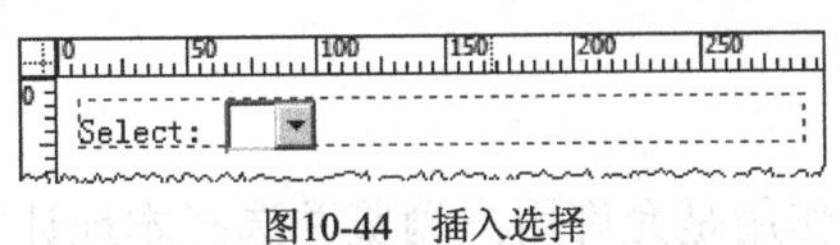

图10-44　插入选择

选择（Select）【属性】面板如图 10-45 所示。

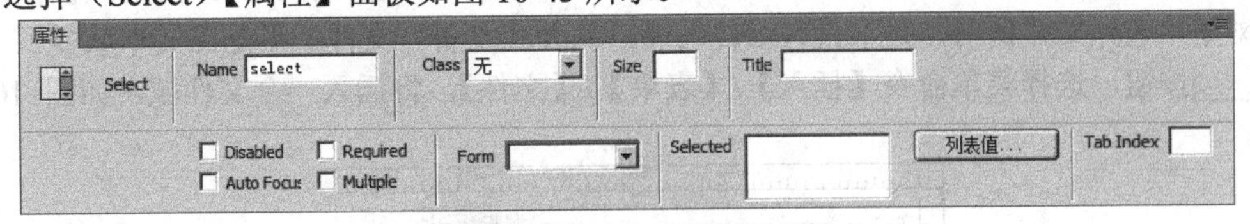

图10-45　选择（Select）【属性】面板

选择（Select）【属性】面板中的相关参数简要说明如下。

- 【Name】：用于设置选择域的名称，有多个选择域时使用名称来区分。
- 【Size】：用于设置选择域的高度，以行数计算。
- 【Multiple】：用于设置是否允许多选。
- 【Selected】：用于设置将选择的项目作为选择域的初始选项。
- 列表值... 按钮：单击此按钮将打开【列表值】对话框，在该对话框中可以增减和修改选择域菜单显示的列表项，如图 10-46 所示。

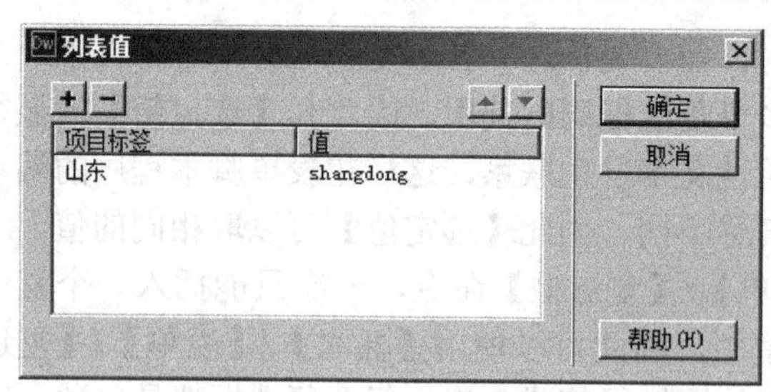

图10-46　【列表值】对话框

四、 隐藏

隐藏（hidden）表单对象的主要是用来储存并提交非用户输入信息，如注册时间、认证号等，这些都需要使用 JavaScript、ASP 等源代码来编写，隐藏域在网页中一般不显现。选择菜单命令【插入】/【表单】/【隐藏】，将插入一个隐藏域，如图 10-47 所示。

隐藏（hidden）【属性】面板如图 10-48 所示。

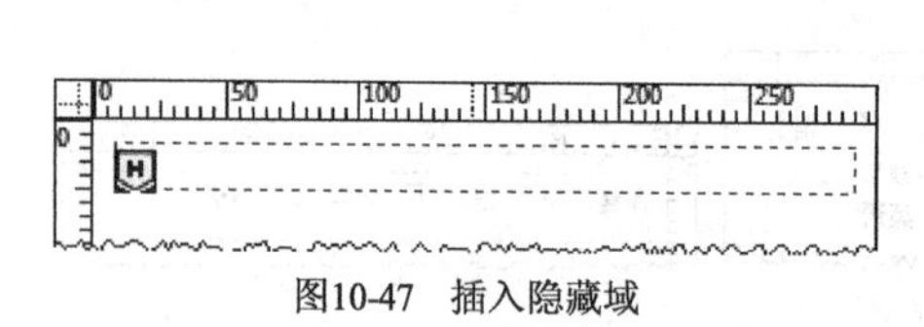

图10-47　插入隐藏域

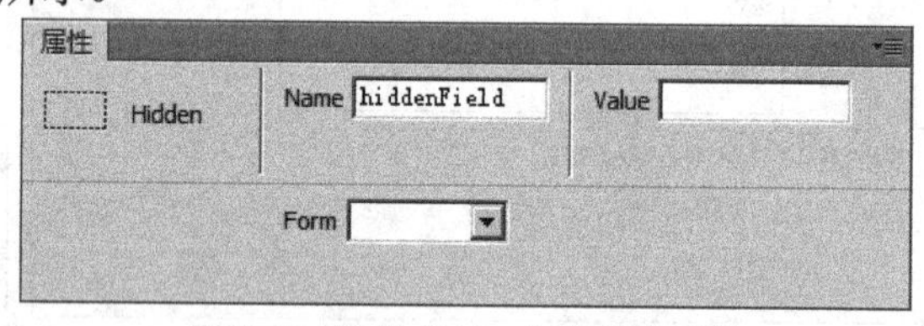

图10-48　隐藏（hidden）【属性】面板

【Name】文本框主要用来设置隐藏域的名称；【Value】文本框内通常是一段代码，如 ASP 代码“<% =Date() %>”，其中“<%...%>”是 ASP 代码的开始和结束标志，而“Date()”表示当前的系统日期（如，2010-10-20），如果换成“Now()”则表示当前的系统日期和时间（如，2010-10-20 10:16:44），而“Time()”则表示当前的系统时间（如，10:16:44）。

五、 文件

文件（File）表单对象的作用是允许用户浏览并选择本地计算机上的文件，以便将该文件作为表单数据进行上传。但真正上传文件还需要相应的上传组件作支持，文件域仅仅是供用户浏览并选择文件使用，并不具有上传功能。从外观上看，文件域只是比文本域多了一个 浏览... 按钮。选择菜单命令【插入】/【表单】/【文件】，将插入一个文件域，如图 10-49 所示。

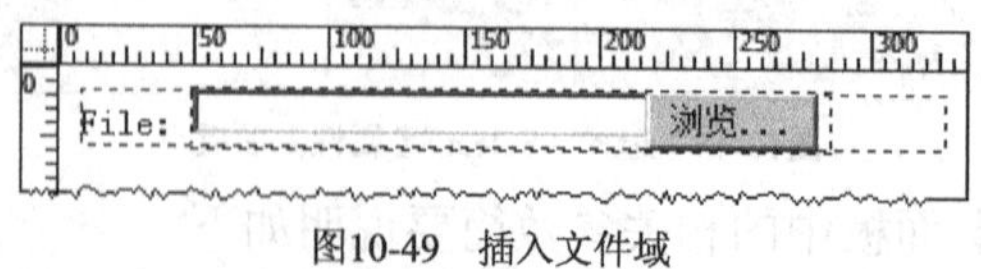

图10-49　插入文件域

文件（File）【属性】面板如图 10-50 所示。

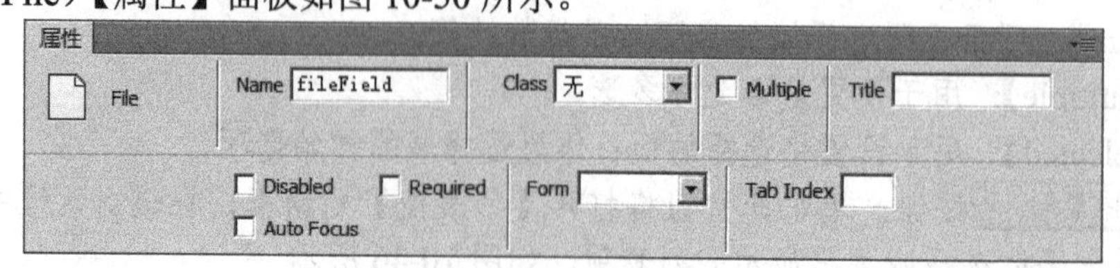

图10-50　文件（File）【属性】面板

六、 按钮

按钮（Button）是指网页文件中表示按钮时用到的表单对象。选择菜单命令【插入】/【表单】/【按钮】，将插入一个按钮，如图 10-51 所示。

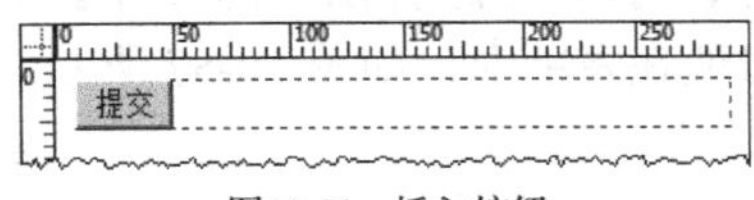

图10-51 插入按钮

按钮（Button）【属性】面板如图 10-52 所示，其中【Value】选项用于设置按钮上的文字，一般为“确定”“提交”或“注册”等。

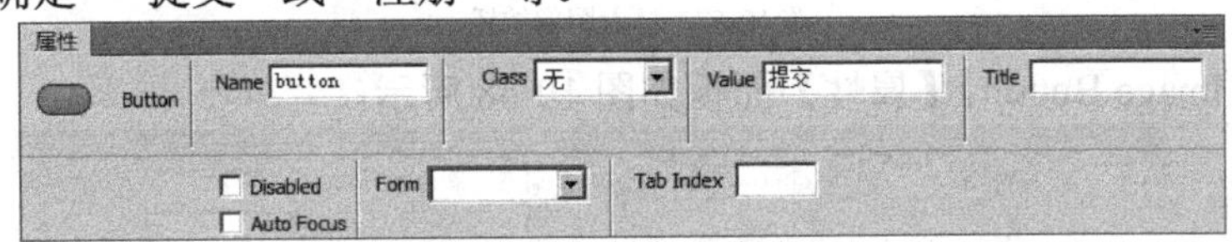

图10-52 按钮（Button）【属性】面板

七、 “提交”按钮

使用“提交”按钮（Submit Button）可以将表单数据提交到服务器。选择菜单命令【插入】/【表单】/【“提交”按钮】，将插入一个“提交”按钮，如图 10-53 所示。

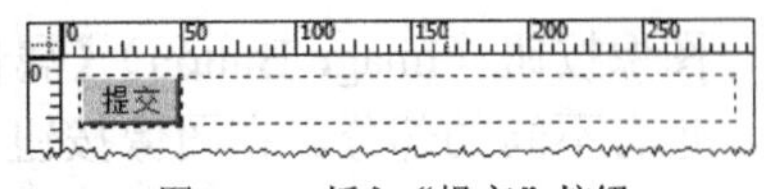

图10-53 插入“提交”按钮

“提交”按钮（Submit Button）【属性】面板如图 10-54 所示。

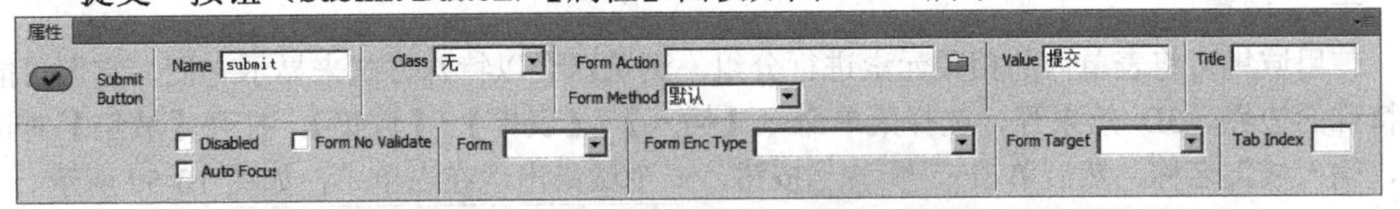

图10-54 “提交”按钮（Submit Button）【属性】面板

“提交”按钮与按钮在页面中虽然显示形式一样，但其【属性】面板是有很大差别的。其中，【Form Action】用来设置单击该按钮后表单的提交动作，【Form Method】用来设置将表单数据发送到服务器的方法，【Form Enctype】用来设置发送表单数据的编码类型，【Form No Validate】用来设置在提交表单时是否进行验证，选择表示不验证。

八、 “重置”按钮

使用“重置”按钮（Reset Button）可以删除表单中输入或设置的所有内容，使其恢复到初始状态。选择菜单命令【插入】/【表单】/【“重置”按钮】，将插入一个“重置”按钮，如图 10-55 所示。

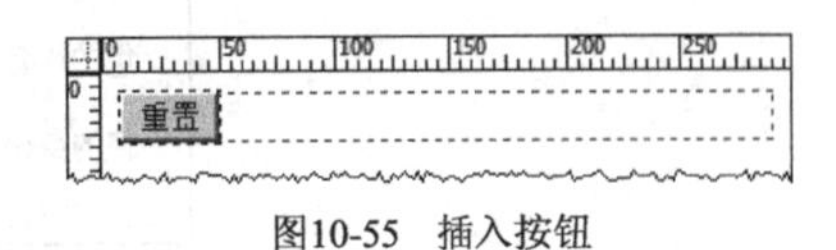

图10-55 插入按钮

“重置”按钮（Reset Button）【属性】面板如图 10-56 所示。

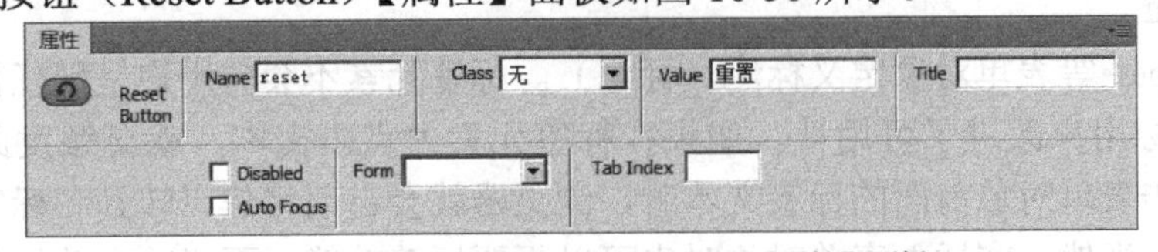

图10-56 “重置”按钮（Reset Button）【属性】面板

九、 图像按钮

图像按钮（Image Button）用于在表单中插入一幅图像从而生成图形化按钮，在网页中使用图形化按钮要比单纯使用按钮美观得多。选择菜单命令【插入】/【表单】/【图像按

钮】，打开【选择图像源文件】对话框，选择图像并单击 确定 按钮，一个图像按钮随即出现在表单中，如图 10-57 所示。

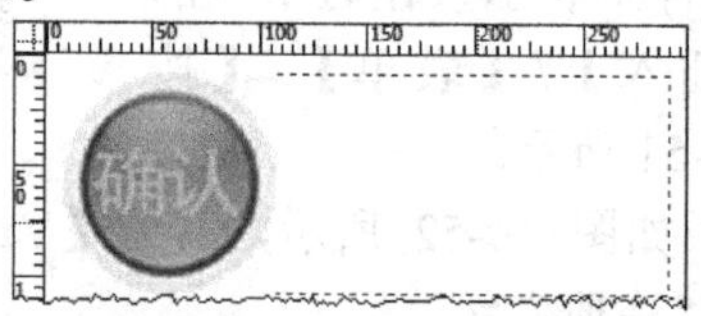

图10-57　插入图像按钮

图像按钮（Image Button）【属性】面板如图 10-58 所示。

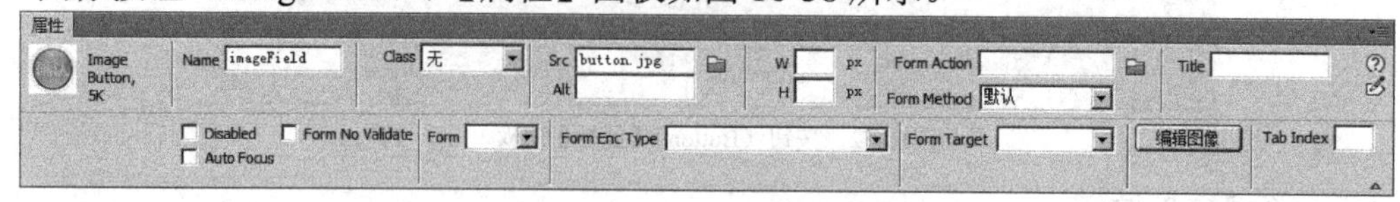

图10-58　图像按钮【属性】面板

图像按钮（Image Button）【属性】面板与“提交”按钮【属性】面板相比，有相似的部分，也有不同的部分。在图像按钮【属性】面板中，【Src】用来设置要为图像按钮使用的图像源文件，【Alt】用来为图像设置替代文本，【W】和【H】用于设置图像的宽度和高度，单击 编辑图像 按钮将打开默认的图像编辑软件对该图像进行编辑。

十、 域集

使用域集可将表单内的相关元素进行分组，浏览器会以特殊方式来显示它们，它们可能有特殊的边界、3D 效果等。选择菜单命令【插入】/【表单】/【域集】，打开【域集】对话框，输入域集名称，然后单击 确定 按钮，一个域集出现在表单中，如图 10-59 所示。

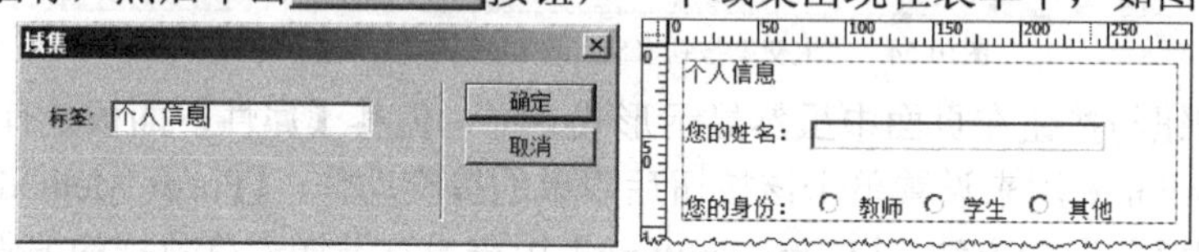

图10-59　【域集】对话框

在浏览器中的预览效果如图 10-60 所示。

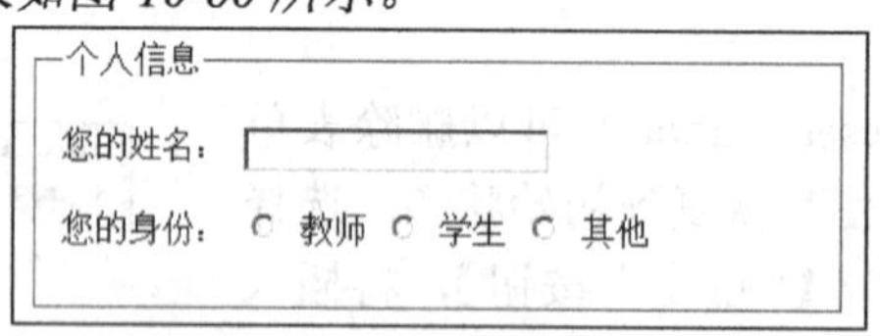

图10-60　在浏览器中的预览效果

十一、标签

标签为 input 等表单对象定义标注（标记）。标签元素不会向用户呈现任何特殊效果。不过，它为鼠标用户改进了可用性。如果在标签元素内点击文本，就会触发此控件。就是说，当用户单击表单对象前面的标签文本时，浏览器就会自动将焦点转到和标签文本相对应的表单对象上。当然，在插入表单对象时也可以不要标签功能，不影响表单的使用。

选择菜单命令【插入】/【表单】/【标签】，可以插入一对 HTML 标签：<label>…</label>，然后直接输入表单对象的说明文字即可。标签的 for 属性应当与标签所对应的表单对象的 id 属性相同，如图 10-61 所示，但可以与 name 属性不同。实际上，在插入表单对象时，标签也同时被插入，并有默认的提示文字，通过【属性】面板进行修改即可。

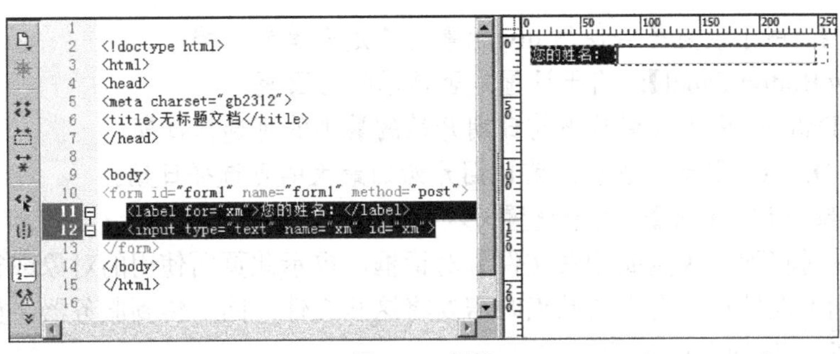

图10-61　标签

10.1.6　jQuery UI 表单小部件

jQuery UI 中有几个与表单有关的小部件，如 Datepicker（日期选择器）、Autocomplete（自动完成）、Button（按钮）、Buttonset（按钮集）、Checkbox Buttons（复选框按钮）、Radio Buttons（单选按钮）等。可以通过选择【插入】/【jQuery UI】中的相应子菜单命令或在【插入】面板的【jQuery UI】类别中单击相应的按钮插入 jQuery UI 小部件。

一、 Datepicker（日期选择器）

Datepicker（日期选择器）是从弹出框或内联日历选择一个日期的 jQuery UI 小部件，它通常绑定到一个标准的 input 表单字段上。当通过单击或使用 Tab 键把焦点移到 input 上时，将打开一个可供选择日期的日历。如果选择了一个日期，这个日期将作为 input 的值，随同表单提交。选择菜单命令【插入】/【jQuery UI】/【Datepicker】，将在文档中插入一个日期选择器，如图 10-62 所示。

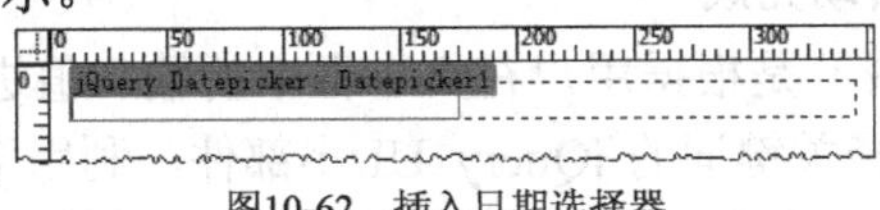

图10-62　插入日期选择器

Datepicker（日期选择器）【属性】面板如图 10-63 所示。日期选择器是向页面添加日期选择功能的高度可配置插件，可以通过【属性】面板设置日期格式、语言、可选择的日期范围、是否添加按钮和其他导航选项等属性。

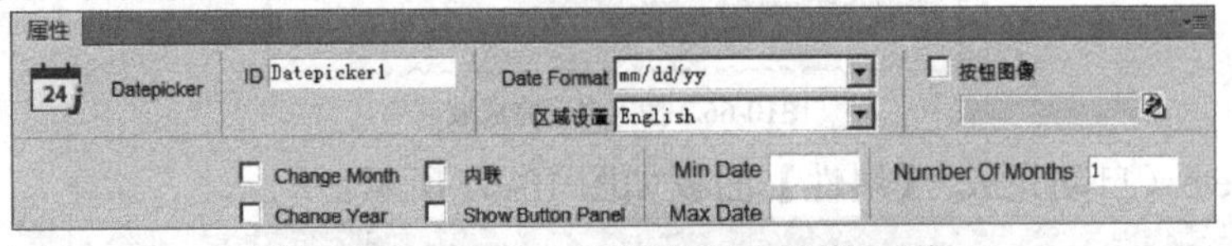

图10-63　Datepicker（日期选择器）【属性】面板

Datepicker（日期选择器）【属性】面板中的相关参数简要说明如下。

- 【ID】：用于设置 Datepicker 的名称。
- 【Date Format】：用于设置日期的显示格式。
- 【区域设置】：用于设置日期的显示语言。
- 【按钮图像】：用于设置是否需要显示日历的按钮，如果需要可以设置用作日期按钮的图像 URL。
- 【Chang Month】：用于设置是否允许通过下拉列表选取月份。
- 【Chang Year】：用于设置是否允许通过下拉列表选取年份。

- 【内联】：用于设置是否使用 div 元素而不是表单显示控件。
- 【Show Button Panel】：用于设置是否显示按钮面板。
- 【Min Date】：用于设置从当前日期开始的最小的可选择日期。
- 【Max Date】：用于设置从当前日期开始的最大的可选择日期。
- 【Number of Months】：用于设置一次要显示多少个月份。

当保存文件时将弹出【复制相关文件】对话框，提示此页面使用的对象或行为需要的支持文件已复制到本地站点，在上传站点时需要将这些文件一同上传到服务器，如图 10-64 所示，单击 确定 按钮关闭对话框。

在浏览器中预览页面，当用鼠标单击文本框时将显示日历面板供选择日期，如图 10-65 所示。如果选择一个日期，此日期会显示在文本框中，同时日期面板关闭。如果没有选择日期，按 Esc 键或单击页面上的其他任意地方，日期面板将关闭，文本框也将失去焦点。

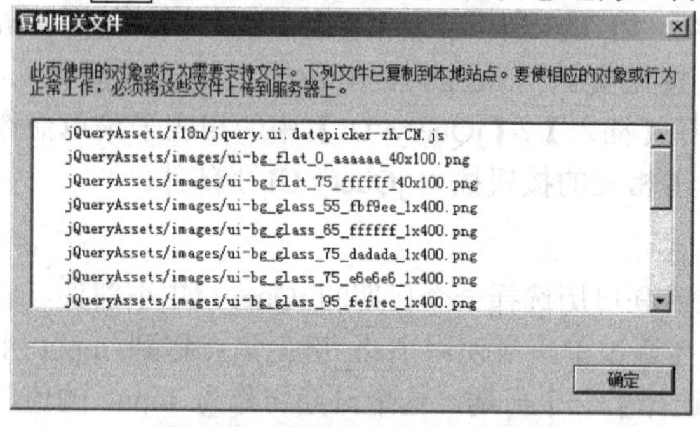

图10-64　【复制相关文件】对话框

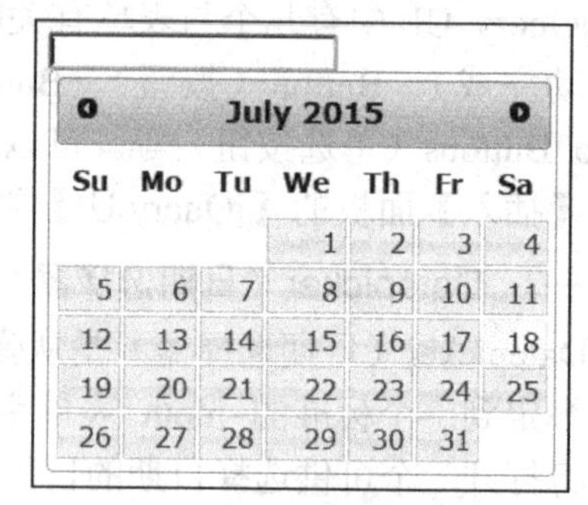

图10-65　在浏览器中预览

二、 Autocomplete（自动完成）

Autocomplete（自动完成）是根据用户在文本框中的输入值进行搜索和过滤，让用户快速找到并从预设值列表中选择关键词的 jQuery UI 小部件。利用 jQuery UI 的自动完成工具可实现表单的自动填充功能，非常方便用户。任何可以接收输入的表单字段都可以转换为 Autocomplete，如 input、textarea 等。选择菜单命令【插入】/【jQuery UI】/【Autocomplete】，将在文档中插入一个自动完成域，如图 10-66 所示。

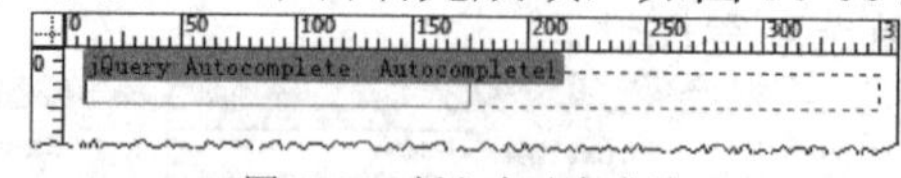

图10-66　插入自动完成域

Autocomplete（自动完成）【属性】面板如图 10-67 所示。

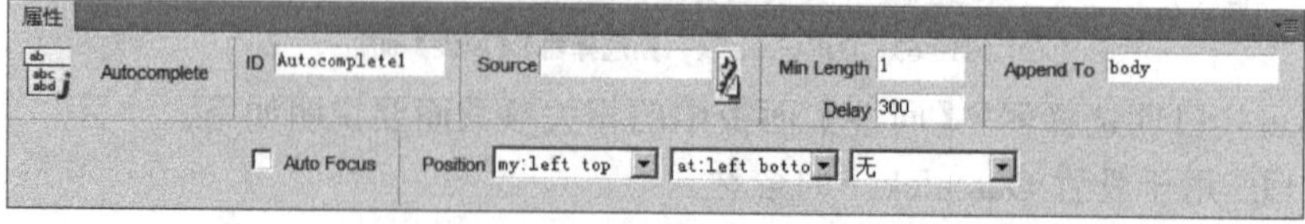

图10-67　Autocomplete（自动完成）【属性】面板

Autocomplete（自动完成）【属性】面板中的相关参数简要说明如下。

- 【ID】：用于设置 Autocomplete 的名称。
- 【Source】：用于设置数据源以便根据需要显示预设值，此选项必须调协，否则自动完成功能就失去了意义，可以指向一个预先设置好的文件，也可以使用数组作为数据源。

- 【Min Length】：用于设置执行搜索前用户必须输入的最小字符数，对于仅带有几项条目的本地数据通常设置为零，但是当单个字符搜索可能匹配几千个条目时，设置个大数值是非常必要的。
- 【Delay】：用于设置按键和执行搜索之间的延迟，以毫秒为单位。对于本地数据，采用零延迟更具响应性，但对于远程数据会产生大量的负荷，同时降低了响应性。
- 【AppendTo】：用于设置菜单应该被附加到哪一个元素（选择器或标签），当该值为 null 时，输入域的父元素将检查 ui-front class，如果找到带有 ui-front class 的元素，菜单将被附加到该元素，如果未找到带有 ui-front class 的元素，不管值为多少，菜单将被附加到 body。
- 【AutoFocus】：用于设置当菜单显示时，第一个条目是否将自动获得焦点。
- 【Position】：用于设置自动建议相对于菜单的对齐方式。

上面插入了一个 Autocomplete，但没有设置数据源，切换到源代码，如图 10-68 所示。

```
15  <body>
16  <form id="form1" name="form1" method="post">
17    <input type="text" id="Autocomplete1">
18  </form>
19  <script type="text/javascript">
20  $(function() {
21      $( "#Autocomplete1" ).autocomplete();
22  });
23  </script>
24  </body>
25  </html>
```

图10-68　源代码

下面对源代码进行修改，以实现能够根据输入的字符显示数据列表的功能，如图 10-69 所示。在源代码中增加了两段代码，一段定义了一个变量 availableTags 并赋了值，另一段添加了一个引用变量的语句：source: availableTags。这里定义的数据源是一个简单的 JavaScript 数组，使用 source 选项提供给 jQuery UI 小部件。

```
14  <body>
15  <form id="form1" name="form1" method="post">
16    <input type="text" id="Autocomplete1">
17  </form>
18  <script type="text/javascript">
19  $(function() {
20      var availableTags = [
21        "ActionScript",
22        "AppleScript",
23        "Asp",
24        "BASIC",
25        "C",
26        "C++",
27        "COBOL",
28        "ColdFusion"
29      ];
30      $( "#Autocomplete1" ).autocomplete({
31        source: availableTags
32      }) ;
33  });
34  </script>
35  </body>
36  </html>
```

图10-69　修改源代码

保存文件并在浏览器中预览页面，当给 Autocomplete 字段焦点或在其中输入字符，插件开始搜索匹配的条目并显示供选择值的列表，通过输入更多的字符，用户可以过滤列表以获得更好的匹配，如图 10-70 所示。

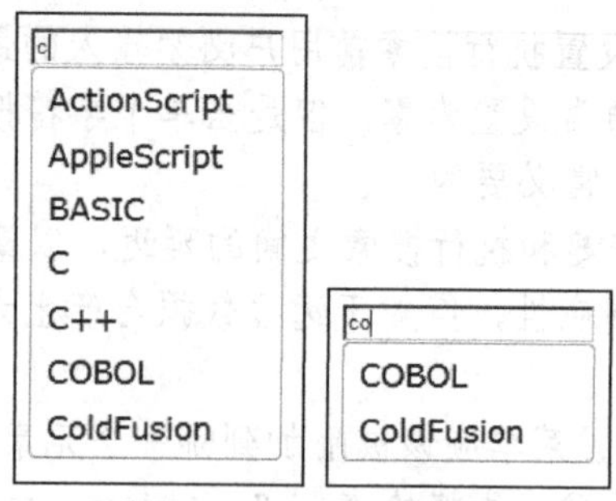

图10-70　在浏览器中预览

使用 Autocomplete（自动完成）的难点在于数据源，可以从本地源或远程源获取数据。本地源适用于小数据集，如带有 50 个条目的地址簿。远程源适用于大数据集，如带有数百个或成千上万个条目的数据库。数据源可通过 ajax 从后台获取，或者从文本文件中获取，数据源文件通常为“.json”或“.js”格式，也可以直接在源代码中进行设置。在设置数据源时可以使用 Array、String、Function 等多种类型，关于详细用法请读者查阅相关资料，这里不再赘述。

三、 Button（按钮）

Button（按钮）可以增强表单中的 Buttons、Inputs 和 Anchor 元素，使其具有按钮显示风格，能够正确对鼠标滑动做出反应。选择菜单命令【插入】/【jQuery UI】/【Button】，将在文档中插入一个按钮，如图 10-71 所示。

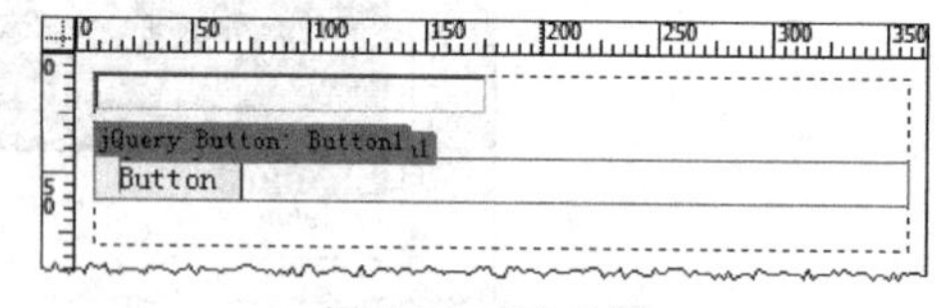

图10-71　插入按钮

Button（按钮）【属性】面板如图 10-72 所示。

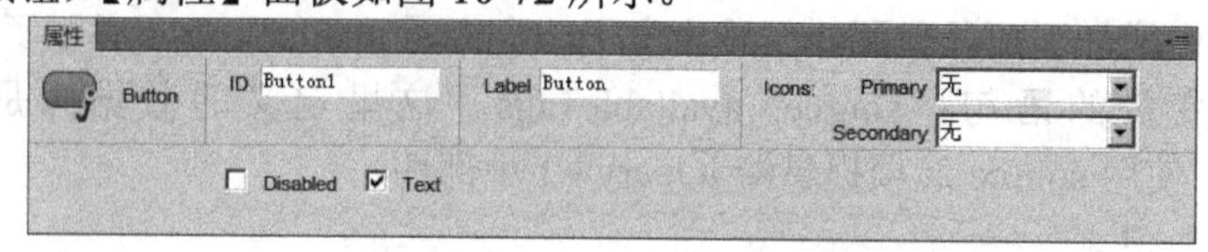

图10-72　Button（按钮）【属性】面板

Button（按钮）【属性】面板中的相关参数简要说明如下。

- 【ID】: 用于设置 Button 的名称。
- 【label】: 用于设置按钮上显示的文本。
- 【icons】: 用于设置显示在按钮上文本左侧和右侧的图标，分别使用 primary 和 secondary 来指明。
- 【disabled】: 用于设置是否禁用按钮。
- 【Text】: 用于设置显示或隐藏标签。

在图 10-72 中，把【label】的值设置为“提交”，然后选中整个表单，在【Action】文本框中输入“mailto:me@163.com”，如图 10-73 所示。

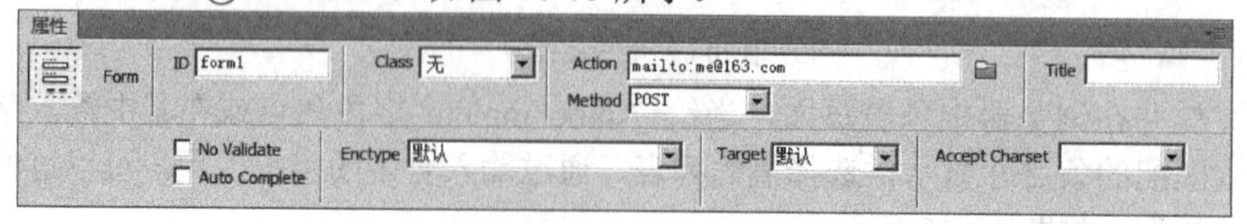

图10-73　设置表单属性

保存文件并在浏览器中预览页面，填写完表单内容，当单击 提交 按钮时，弹出一个信息提示框，如图 10-74 所示。单击 确定 按钮将启动安装在本地计算机上的电子邮件客户端程序，把表单数据发送到指定的电子邮箱（需要提前设置好电子邮件客户端程序），单击 取消 按钮将取消发送。

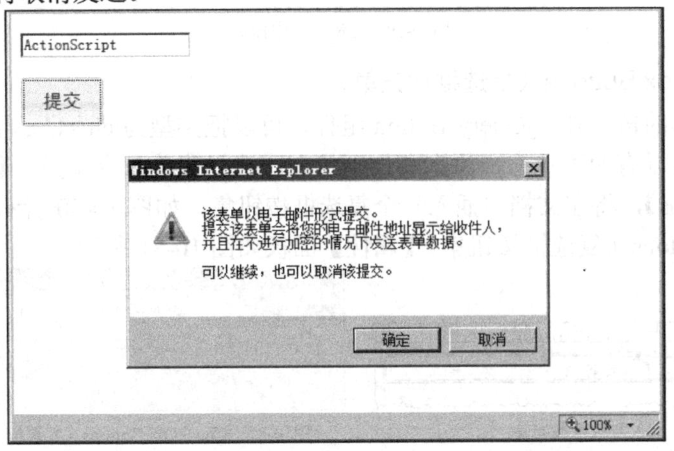

图10-74　在浏览器中预览

四、 Buttonset（按钮集）

Buttonset（按钮集）是多个 jQuery Button 的组合。选择菜单命令【插入】/【jQuery UI】/【Buttonset】，将在文档中插入一个按钮集，如图 10-75 所示。

Buttonset（按钮集）【属性】面板如图 10-76 所示。在【属性】面板的【Buttons】选项中，可以添加或删除按钮，可以在列表中上移或下移按钮。

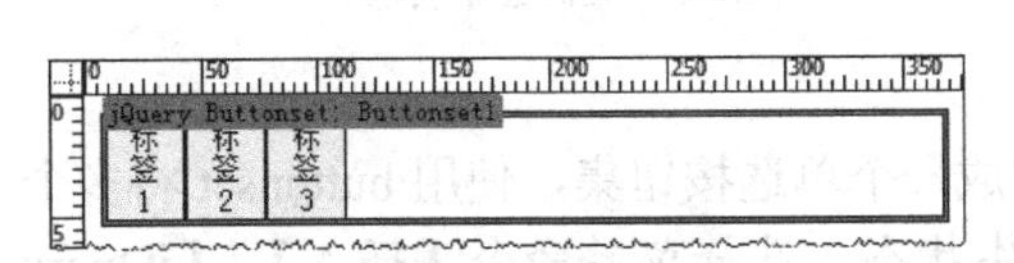

图10-75　插入按钮集

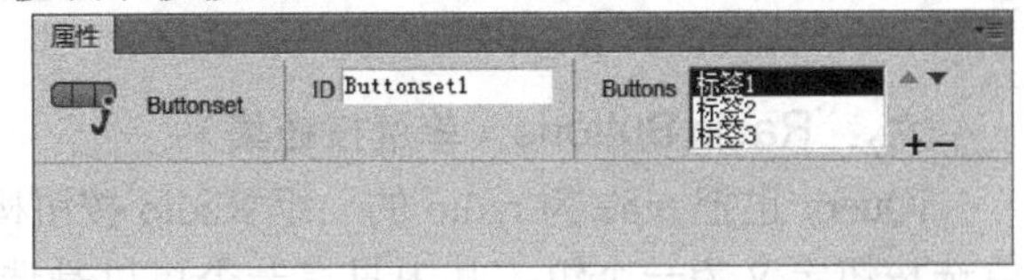

图10-76　Buttonset（按钮集）【属性】面板

按钮名称可以直接在文档中进行修改，如图 10-77 所示。

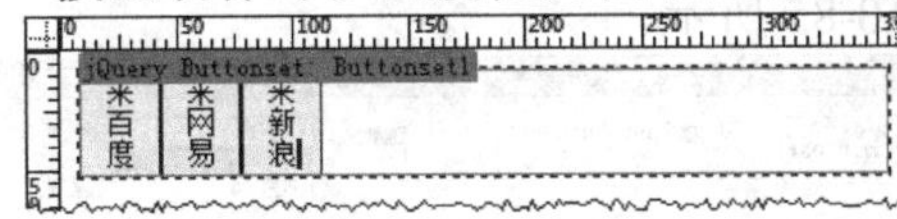

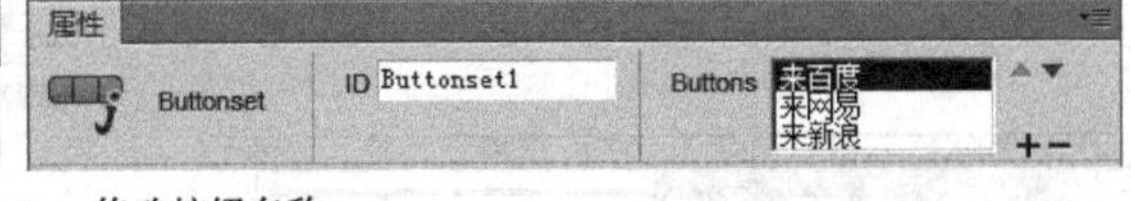

图10-77　修改按钮名称

将鼠标光标置于“来百度”文本处，然后在状态栏的标签选择器中单击 button #按钮1 按钮选中“来百度”按钮对象，然后在【属性】面板中设置链接地址和目标窗口打开方式，如图 10-78 所示。运用同样的方法，设置其他两个按钮对象的相关属性。

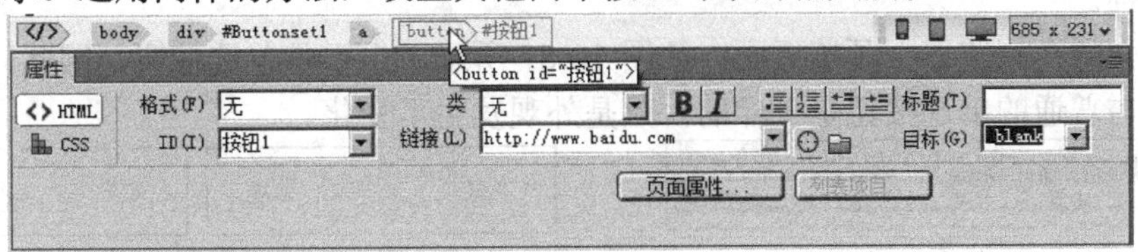

图10-78　【属性】面板

保存文件并在浏览器中预览页面，如图 10-79 所示，当单击相应的按钮时会在新的窗口

中打开相应的页面，实际上这等于制作了一组超级链接按钮。在设计时它不需要放在表单中使用，直接在页面中设置即可。

图10-79　在浏览器中预览

五、 Checkbox Buttons（复选框按钮集）

除了支持基本的按钮外，jQuery Button 组件还可以把类型为 checkbox 的 input 元素变为按钮，这种按钮可以有两种状态，原态和按下状态。选择菜单命令【插入】/【jQuery UI】/【Checkbox Buttons】，将在文档中插入一个复选框按钮集，如图 10-80 所示。

Checkbox Buttons（复选框按钮集）【属性】面板如图 10-81 所示。

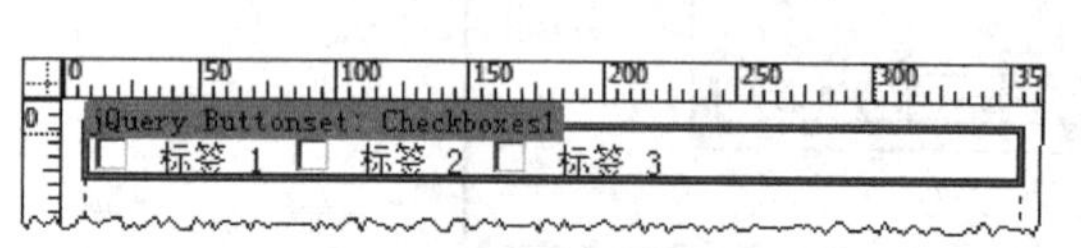

图10-80　插入复选框按钮集

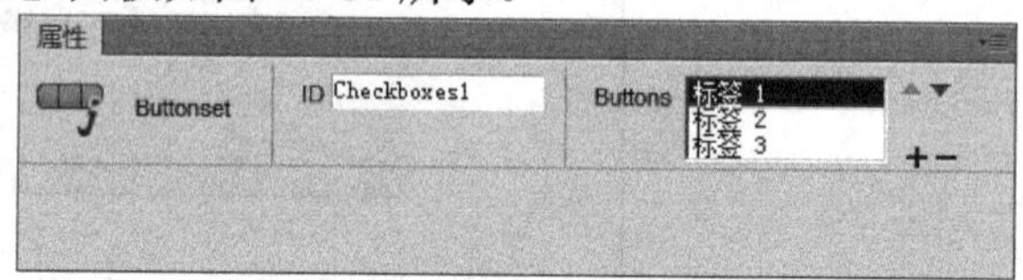

图10-81　Checkbox Buttons（复选框按钮集）【属性】面板

选项名称可以直接在文档中进行修改，如图 10-82 所示，选中各个复选框可以分别设置它们的属性。

保存文件并在浏览器中预览页面，如图 10-83 所示，由于是复选框按钮，因此可以选择多项，其作用与普通的复选框是一样的，只是外观发生了变化。

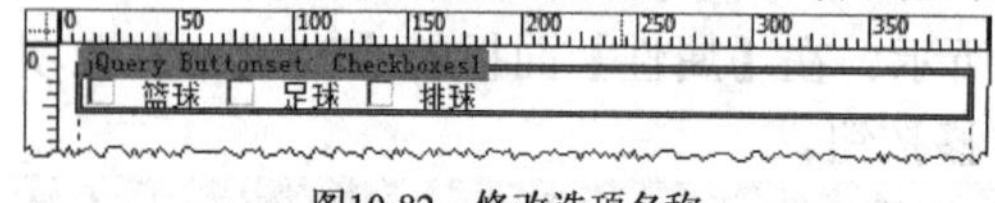

图10-82　修改选项名称

图10-83　在浏览器中预览

六、 Radio Buttons（单选按钮集）

jQuery 也把 type 为 radio 的一组 Radio 按钮构成一个单选按钮集，使用 buttonset 将多个单选按钮定义为一个组，其中只有一个可以是选中状态。选择菜单命令【插入】/【jQuery UI】/【Radio Buttons】，将在文档中插入一个单选按钮集，如图 10-84 所示。

Radio Buttons（单选按钮集）【属性】面板如图 10-85 所示。

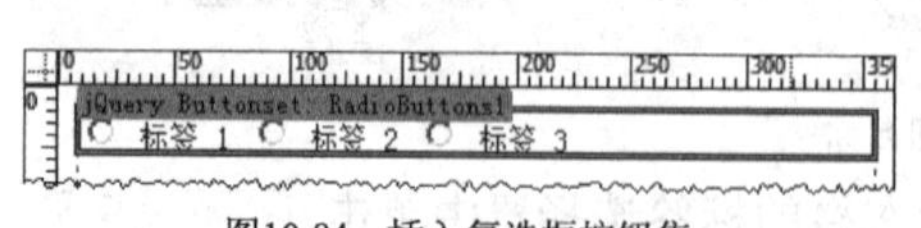

图10-84　插入复选框按钮集

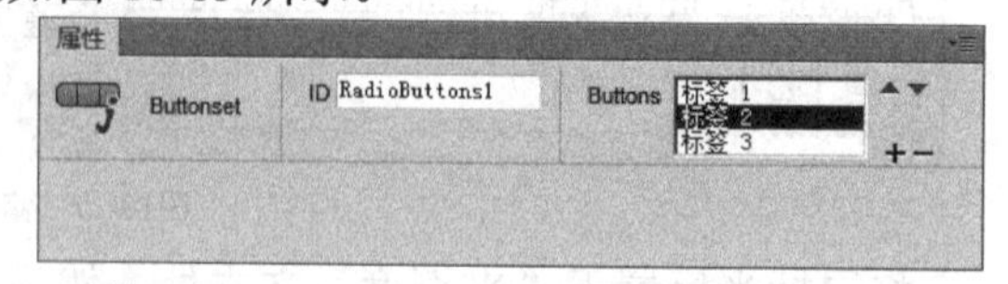

图10-85　Radio Buttons（单选按钮集）【属性】面板

选项名称可以直接在文档中进行修改，如图 10-86 所示，选中各个单选按钮可以分别设置它们的属性。

保存文件并在浏览器中预览页面，如图 10-87 所示，由于是单选按钮，因此只能选择一项，其作用与普通的单选按钮是一样的，只是外观发生了变化。

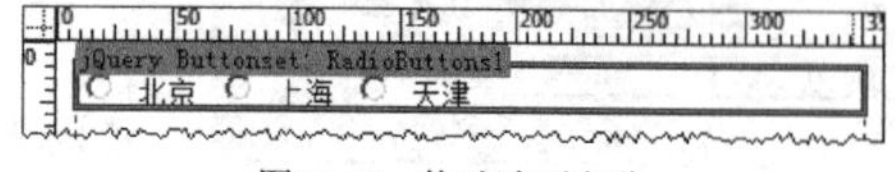

图10-86　修改选项名称

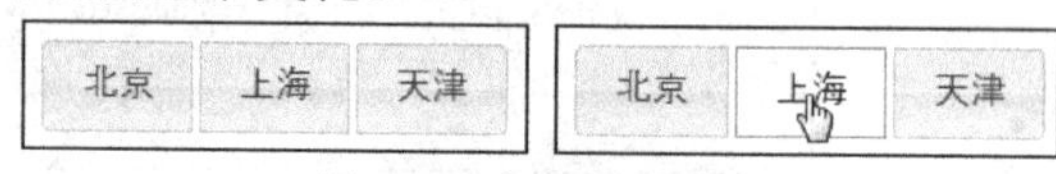

图10-87　在浏览器中预览

10.1.7 使用行为验证表单

HTML5 表单对象本身就具有一定的验证功能，另外还可以使用【检查表单】行为对表单对象中的文本（Text）和文本区域（Text Area）进行验证，以确保输入数据的合法性。

如果用户希望在填写表单中的文本域或文本区域时，每填写完一项就检查一项，应该分别选择各个域，然后在【行为】面板中单击 +. 按钮，在弹出的菜单中选择【检查表单】命令，在打开的【检查表单】对话框中进行参数设置，并将【检查表单】行为的触发事件设置为“onBlur”，其表示在用户填写表单项时就对该项进行检查。

如果用户希望在填写完表单中所有项目进行提交表单时再检查各个域，需要先选中整个表单，然后在【行为】面板中单击 +. 按钮，在弹出的菜单中选择【检查表单】命令，在打开的【检查表单】对话框中进行参数设置，并将【检查表单】行为的触发事件设置为“onSubmit”，如图 10-88 所示，其表示在用户提交表单时对文本域或文本区域进行检查以确保数据的合法性。在设置了【检查表单】行为后，当表单被提交时（“onSubmit”大小写不能随意更改），验证程序会自动启动，必填项如果为空则发生警告，提示用户重新填写，如果不为空则提交表单。

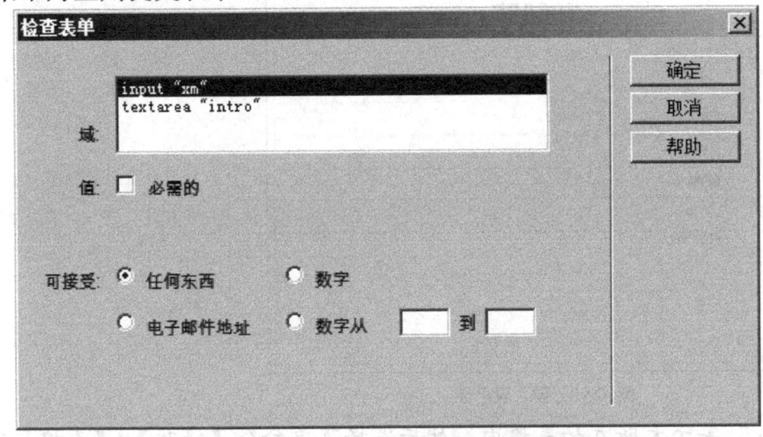

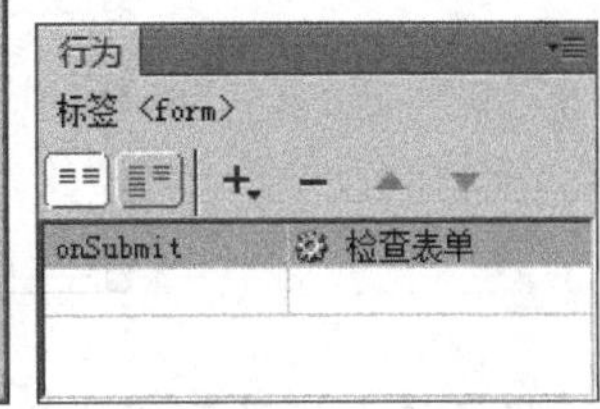

图10-88 【检查表单】对话框

【检查表单】对话框中的各项参数简要说明如下。

- 【域】：列出表单中所有的文本域和文本区域供选择。
- 【值】：如果选择【必需的】复选框，表示【域】文本框中必须输入内容。
- 【可接受】：包括 4 个单选按钮，其中【任何东西】表示输入的内容不受限制；【电子邮件地址】表示仅接受电子邮件地址格式的内容；【数字】表示仅接受数字；【数字从…到…】表示仅接受指定范围内的数字。

10.2 范例解析——用户信息登记

将附盘文件复制到站点文件夹下，然后制作表单网页，最终效果如图 10-89 所示。

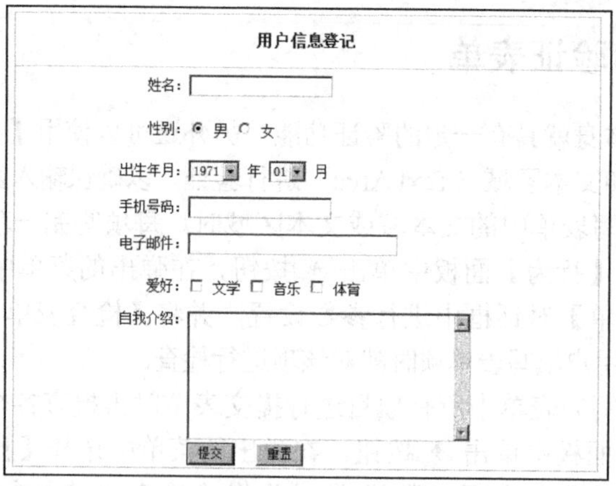

用户信息登记

姓名：

性别：男 女

出生年月：1971 年 01 月

手机号码：

电子邮件：

爱好：文学 音乐 体育

自我介绍：

提交 重置

图10-89　用户信息登记

这是制作表单网页的一个例子，具体操作步骤如下。

1. 打开网页文档“10-2.htm”，将鼠标光标置于文本“用户信息登记”下面的单元格内，然后选择菜单命令【插入】/【表单】/【表单】，插入一个表单域，如图 10-90 所示。

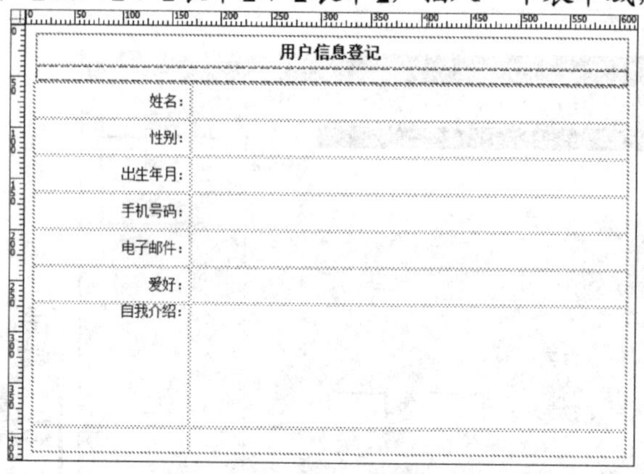

图10-90　插入表单域

2. 将鼠标光标置于“姓名:”等文本所在的表格内，然后选择菜单命令【修改】/【表格】/【全选表格】选定表格，接着选择菜单命令【编辑】/【剪切】剪切表格。
3. 将鼠标光标置于文本“用户信息登记”后面的单元格内，接着选择菜单命令【编辑】/【粘贴】将表格粘贴到该单元格内，如图 10-91 所示。

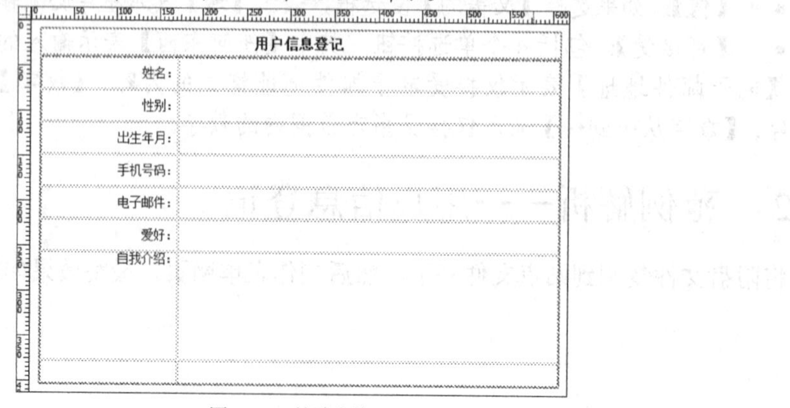

图10-91　粘贴表格

4. 选中文本“姓名:”，然后选择菜单命令【插入】/【表单】/【标签】，给其添加标签功能，并在【属性】面板中将【For】选项设置为“name”，如图 10-92 所示。

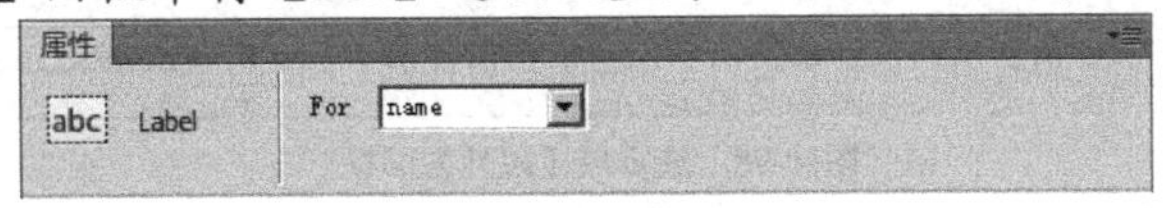

图10-92 【属性】面板

5. 将鼠标光标置于“姓名:”右侧单元格中，然后选择菜单命令【插入】/【表单】/【文本】，插入一个文本域，如图 10-93 所示。

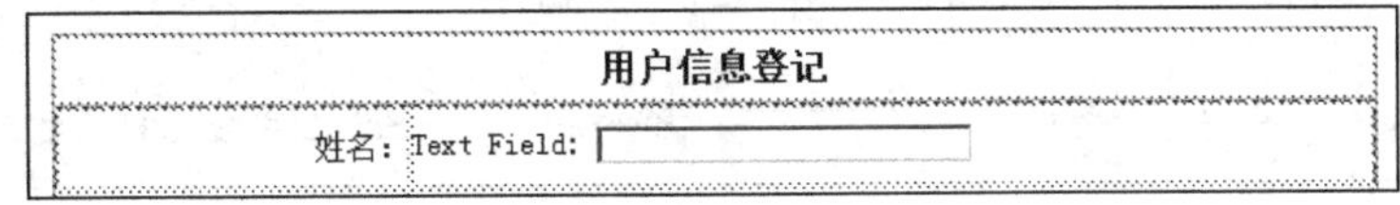

图10-93 插入文本域

6. 选中文本“Text Field:”将其删除（包括 label 标签），然后选中文本域并在【属性】面板中设置相关属性，如图 10-94 所示。

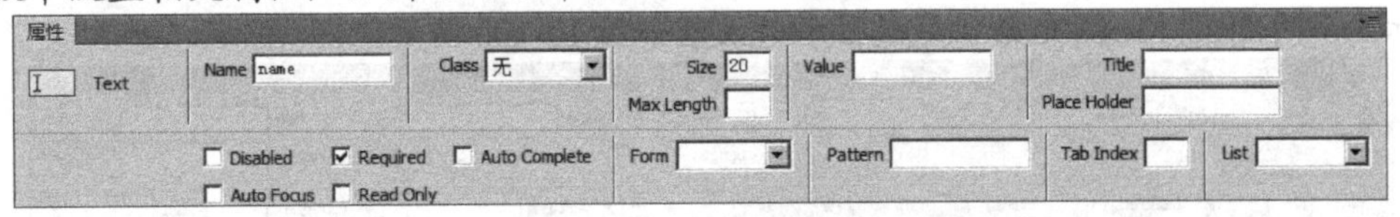

图10-94 文本域【属性】面板

7. 将鼠标光标置于“性别:”后面的单元格内，选择菜单命令【插入】/【表单】/【单选按钮组】，打开【单选按钮组】对话框，参数设置如图 10-95 所示。

8. 单击 确定 按钮关闭对话框，然后选择第 1 个单选按钮，在【属性】面板中选择【Checked】选项，如图 10-96 所示。

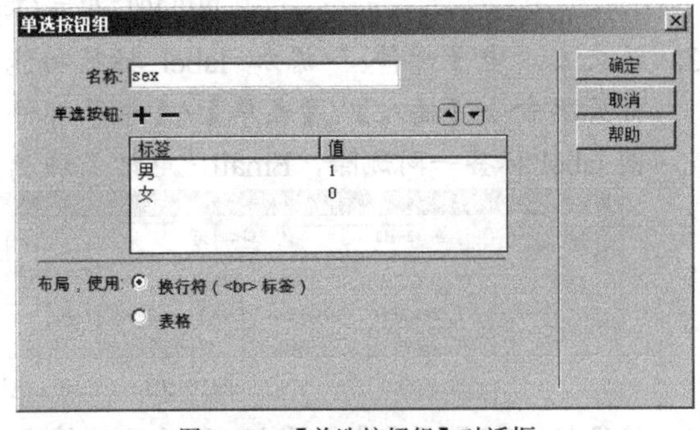

图10-95 【单选按钮组】对话框

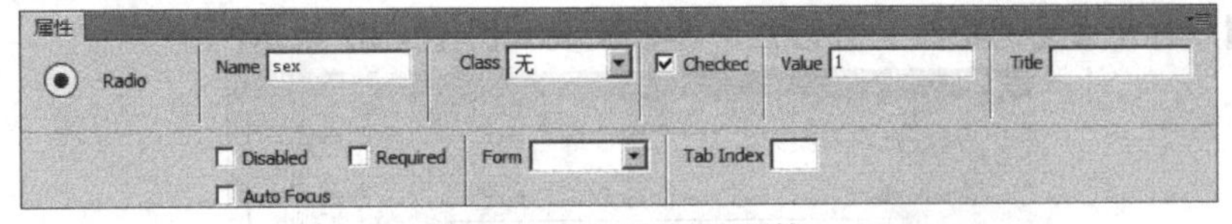

图10-96 设置单选按钮属性

9. 将鼠标光标置于“出生年月:”后面的单元格内，然后选择菜单命令【插入】/【表单】/【选择】，插入一个选择域，在【属性】面板中单击 列表值... 按钮，打开【列表值】对话框，添加【项目标签】和【值】，如图 10-97 所示。

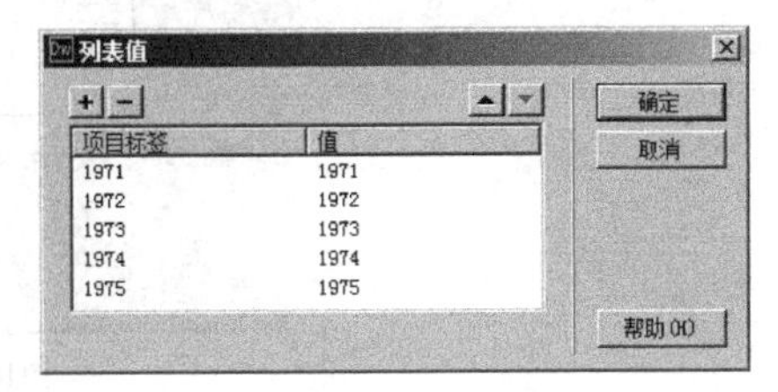

图10-97 添加列表值

10. 添加完毕后单击 确定 按钮关闭对话框，接着在【属性】面板中将【Name】选项设置为“year”，如图 10-98 所示，然后将标签文本“Select:”移到选择域的后面，并将其修改为“年”。

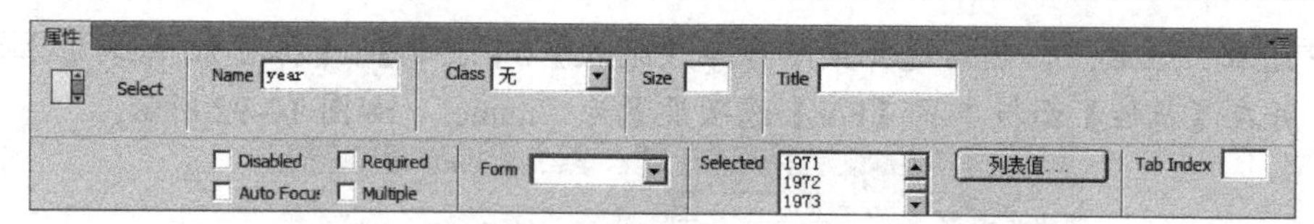

图10-98　选择域【属性】面板

11. 运用同样的方法再插入一个选择域，修改标签文字为“月”并将文本“月”同 label 标签一起移至选择域的后面，然后设置选择域属性，如图 10-99 所示。

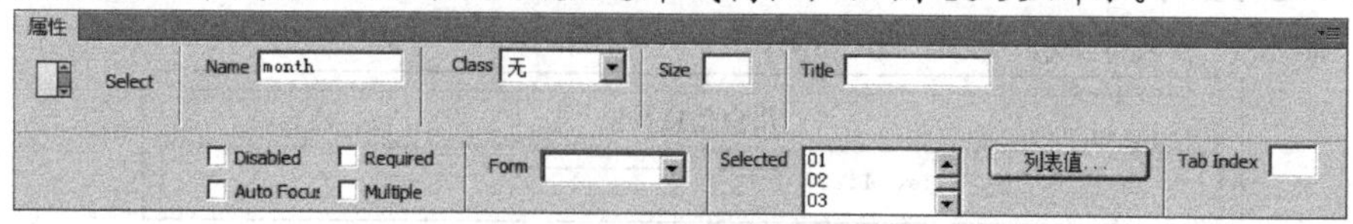

图10-99　选择域【属性】面板

12. 给文本“手机号码”添加 label 标签功能并将其【For】选项设置为“mobile”，然后选择菜单命令【插入】/【表单】/【Tel】，插入一个 Tel（电话）域，将文本“Tel:”同 label 标签一同删除，Tel（电话）域属性参数设置如图 10-100 所示。

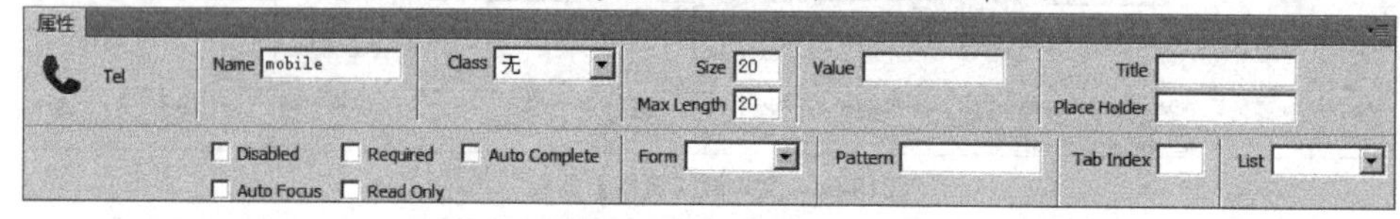

图10-100　电话（Tel）【属性】面板

13. 给文本“电子邮件:”添加 label 标签功能并将其【For】选项设置为“Email”，然后选择菜单命令【插入】/【表单】/【电子邮件】，插入一个电子邮件域，将文本“Email:”同 label 标签一同删除，Email（电话）域属性参数设置如图 10-101 所示。

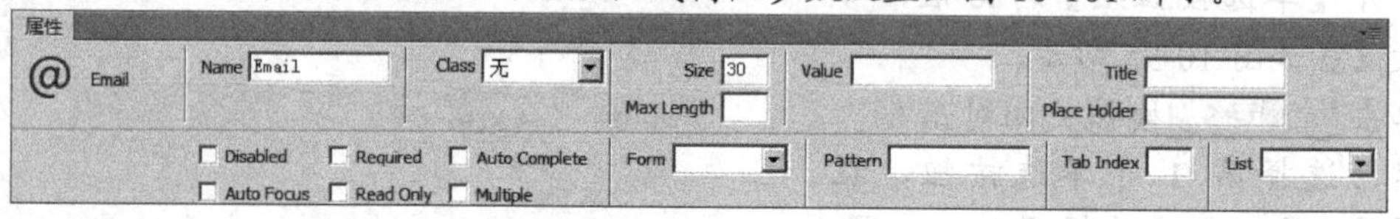

图10-101　Email（电话）【属性】面板

14. 将鼠标光标置于文本“爱好:”后面的单元格内，选择菜单命令【插入】/【表单】/【复选框组】，打开【复选框组】对话框，参数设置如图 10-102 所示。

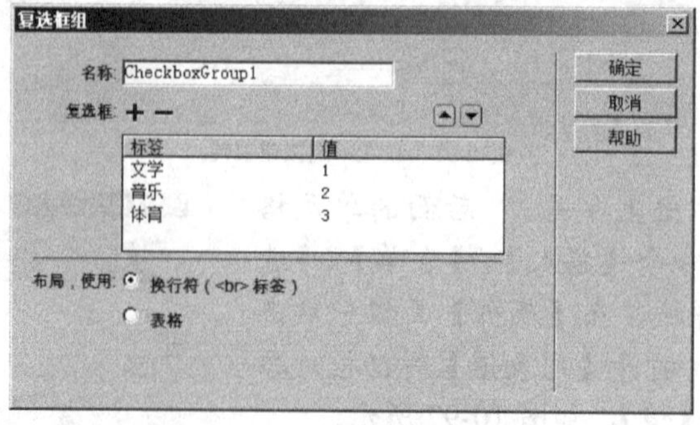

图10-102　【复选框组】对话框

15. 单击 确定 按钮关闭对话框，然后选择第 1 个复选框，在【属性】面板中设置相关参数，如图 10-103 所示。

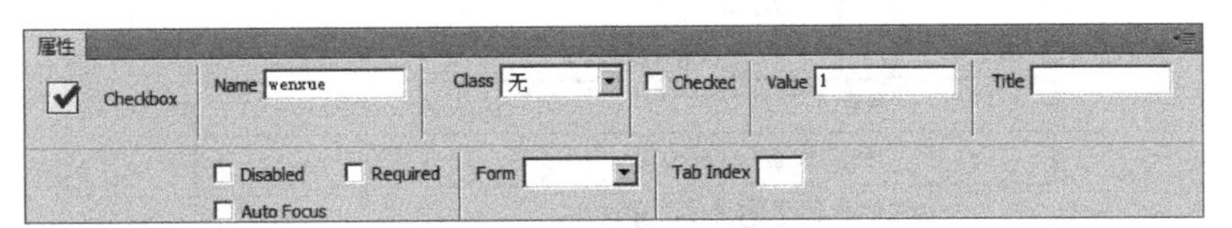

图10-103 设置第 1 个复选框属性

16. 选择第 2 个复选框，在【属性】面板中设置相关参数，如图 10-104 所示。

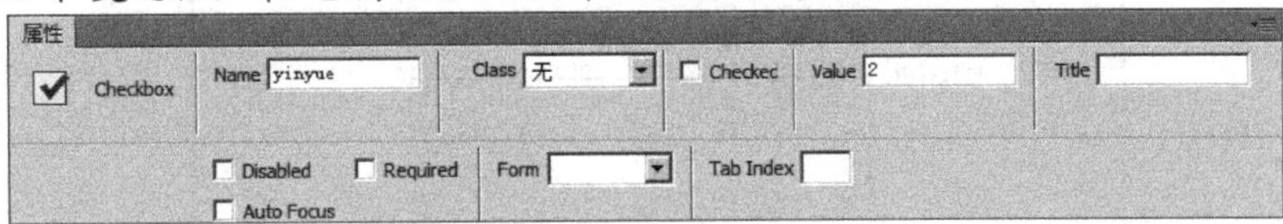

图10-104 设置第 2 个复选框属性

17. 选择第 3 个复选框，在【属性】面板中设置相关参数，如图 10-105 所示。

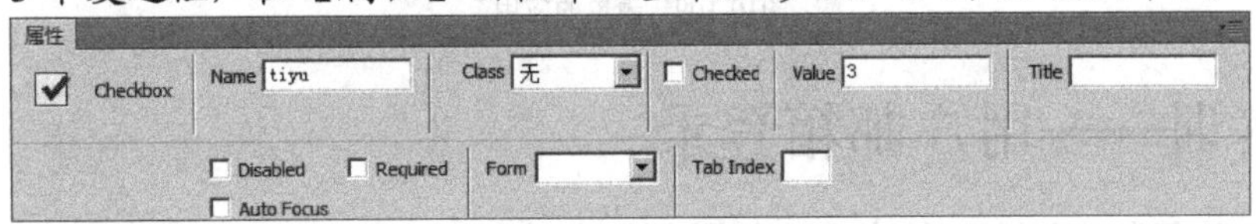

图10-105 设置第 3 个复选框属性

18. 给文本“自我介绍:”添加 label 标签功能并将其【For】选项设置为“introduce”，然后选择菜单命令【插入】/【表单】/【文本区域】，插入一个文本区域，将文本“Text Area:”同 label 标签一同删除，文本区域属性参数设置如图 10-106 所示。

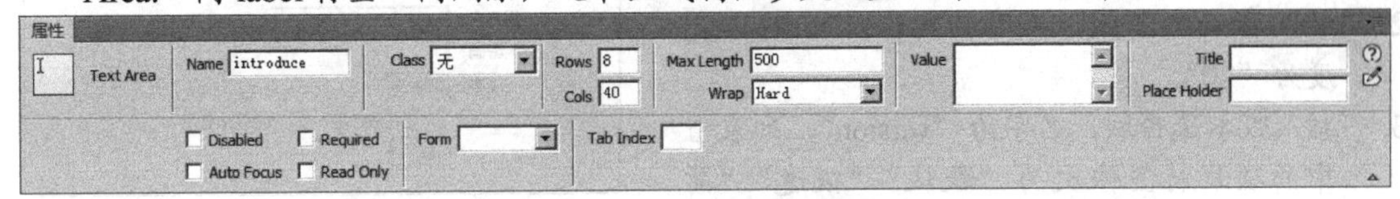

图10-106 文本区域属性设置

19. 将鼠标光标置于“自我介绍:”下面一行的右侧单元格内，选择菜单命令【插入】/【表单】/【“提交”按钮】，插入一个提交按钮，并在【属性】面板中设置其属性参数，如图 10-107 所示。

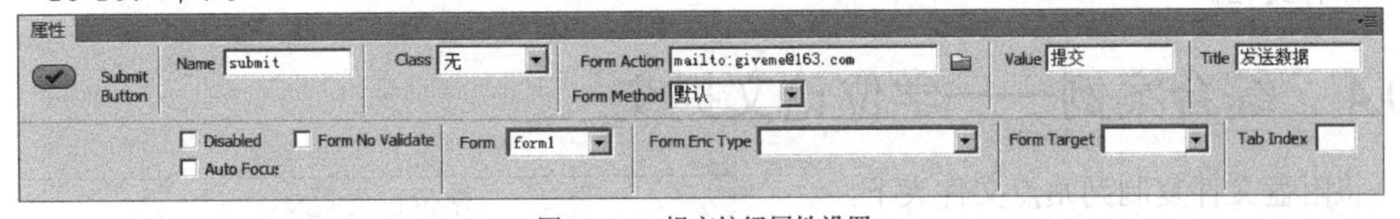

图10-107 提交按钮属性设置

20. 选择菜单命令【插入】/【表单】/【“重置”按钮】，插入一个重置按钮，并在【属性】面板中设置其属性参数，如图 10-108 所示。

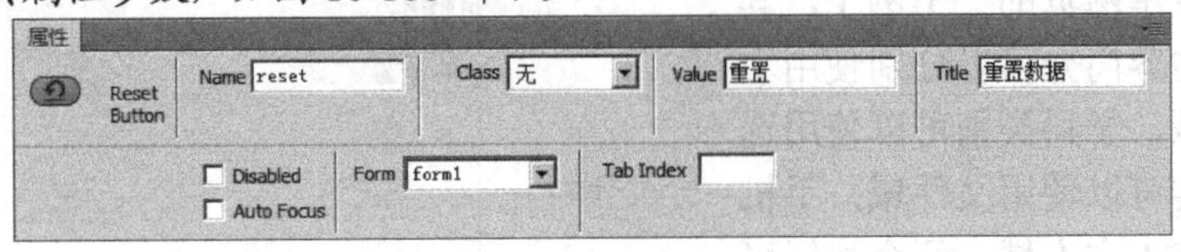

图10-108 重置按钮属性设置

21. 最后将两个单选按钮调整为一行，3 个复选框调整为一行，并保存网页，效果如图 10-109 所示。

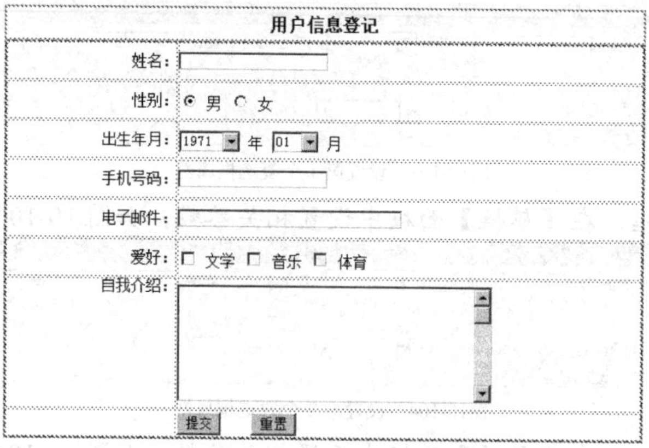

用户信息登记

姓名：

性别：男 女

出生年月：1971 年 01 月

手机号码：

电子邮件：

爱好：文学 音乐 体育

自我介绍：

提交 重置

图10-109　表单的应用

10.3　实训——用户邮箱登录

将附盘文件复制到站点文件夹下，然后制作表单网页，最终效果如图 10-110 所示。

这是制作表单网页的一个例子，步骤提示如下。

1. 插入用户名文本域，名字为“username”，宽度为“20”。
2. 插入密码文本域，名字为“password”，宽度为“20”。
3. 插入版本选择域，名字为“version”，列表值中的项目标签依次为“默认”“极速”“简约”，对应的值依次为“1”“2”“3”。

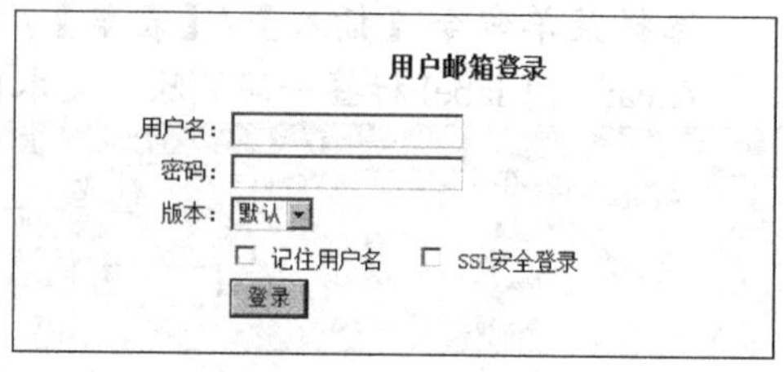

图10-110　用户邮箱登录

4. 插入两个复选框，名字依次为“rem”“ssl”，选定值依次为“1”“2”。
5. 插入一个提交按钮，名字为“submit”，值为“登录”。
6. 保存文档。

10.4　综合案例——学位论文提交

将附盘文件复制到站点文件夹下，然后制作表单网页，效果如图 10-111 所示。

这是创建表单网页的一个例子，其中论文标题和内容简介可以分别使用文本域和文本区域，学科类别可以使用选择域，全文上传可以使用文件域，手机号码可以使用 Tel 文本域，两个按钮可以分别使用提交按钮和重置按钮，具体操作步骤如下。

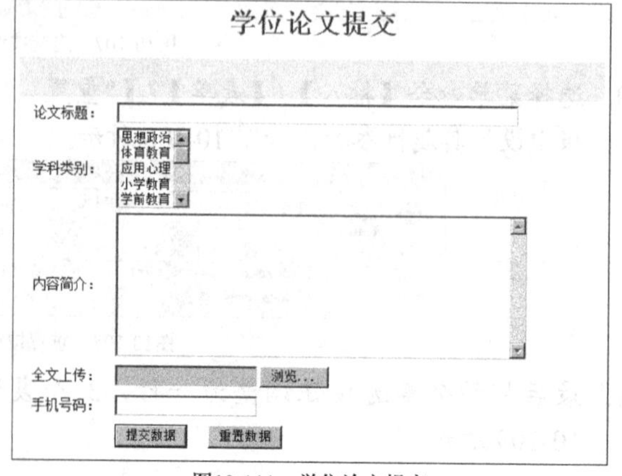

图10-111　学位论文提交

1. 打开网页文档“10-4.htm”，然后将鼠标光标置于“论文标题:”右侧单元格中，选择菜单命令【插入】/【表单】/【文本】，插入一个文本域，将标签 label 及其默认文本删除，然后在【属性】面板中设置文本域属性，如图 10-112 所示。

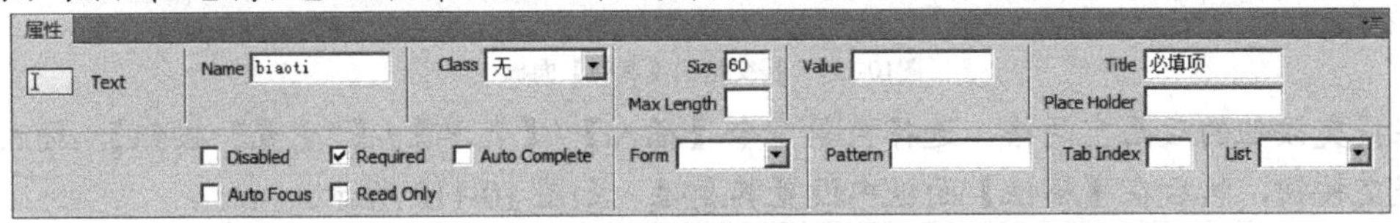

图10-112　文本域【属性】面板

2. 将鼠标光标置于“学科类别:”右侧单元格中，选择菜单命令【插入】/【表单】/【选择】，插入一个选择域，将标签 label 及其默认文本删除，然后在【属性】面板中设置选择域属性，如图 10-113 所示。

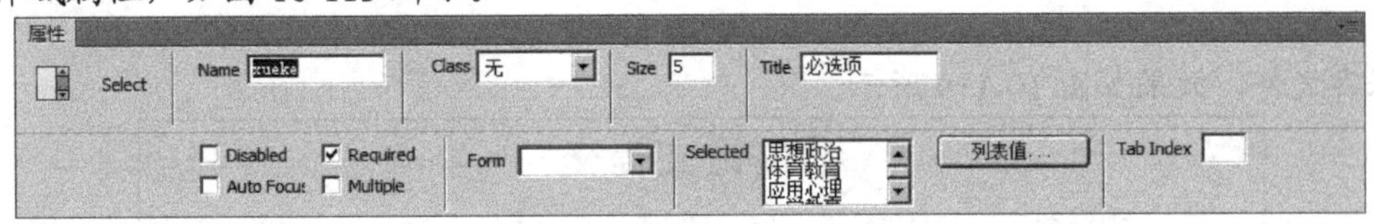

图10-113　选择域【属性】面板

3. 将鼠标光标置于“内容简介:”右侧单元格中，选择菜单命令【插入】/【表单】/【文本区域】，插入一个文本区域，将标签 label 及其默认文本删除，然后在【属性】面板中设置文本区域属性，如图 10-114 所示。

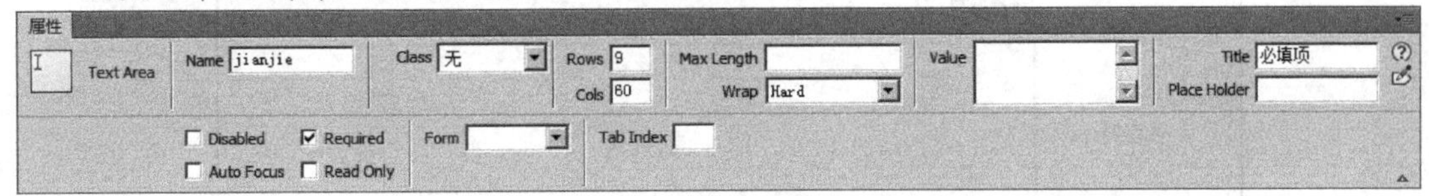

图10-114　文本区域【属性】面板

4. 将鼠标光标置于“内容简介:”右侧单元格中，选择菜单命令【插入】/【表单】/【文件域】，插入一个文件域，将标签 label 及其默认文本删除，然后在【属性】面板中设置文件域属性，如图 10-115 所示。

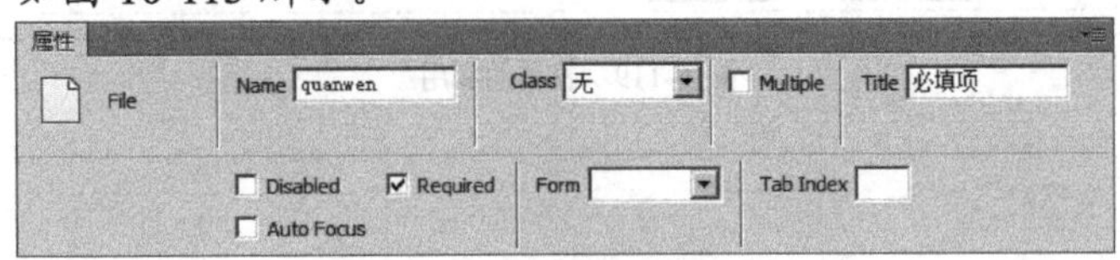

图10-115　文件域【属性】面板

5. 将鼠标光标置于“手机号码:”右侧单元格中，选择菜单命令【插入】/【表单】/【Tel】，插入一个 Tel 文本域，将标签 label 及其默认文本删除，然后在【属性】面板中设置 Tel 文本域属性，如图 10-116 所示。

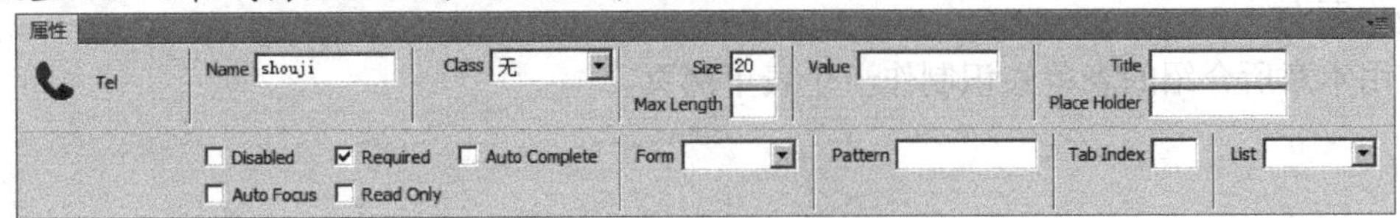

图10-116　文本区域【属性】面板

6. 将鼠标光标置于“手机号码:”下面一行右侧单元格中，选择菜单命令【插入】/【表单】/【“提交”按钮】，插入一个提交按钮，然后在【属性】面板中设置其属性，如图 10-117 所示。

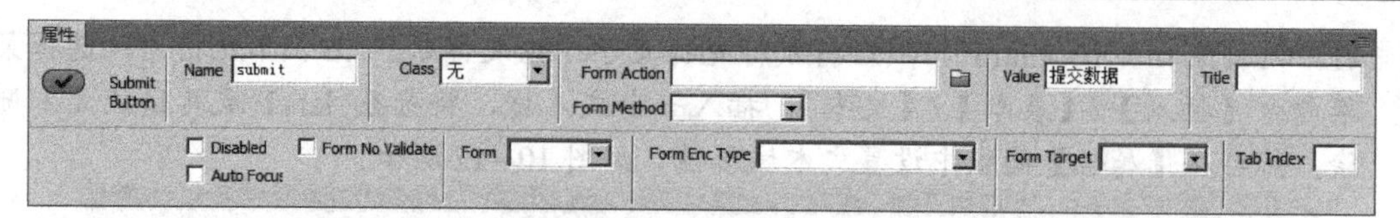

图10-117　提交按钮【属性】面板

7. 在提交按钮的后面空两格，选择菜单命令【插入】/【表单】/【"重置" 按钮】，插入一个提交按钮，然后在【属性】面板中设置其属性，如图 10-118 所示。

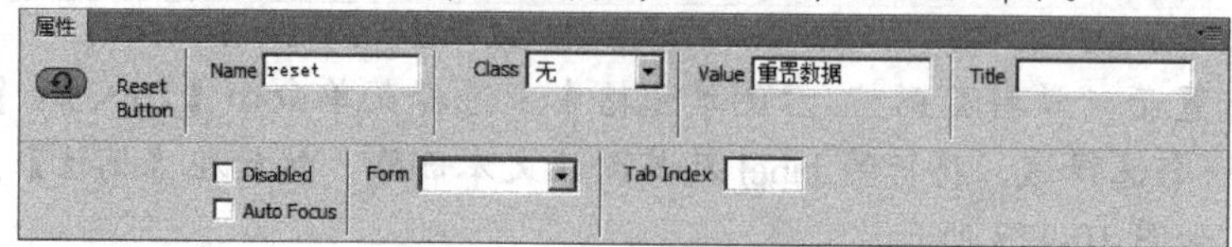

图10-118　重置按钮【属性】面板

8. 保存文件，效果如图 10-119 所示。

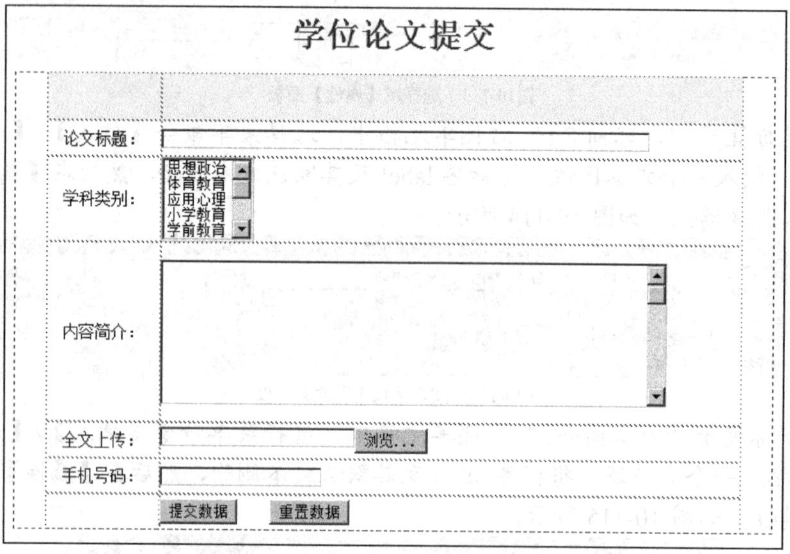

图10-119　表单的应用

10.5　习题

1. 思考题

   (1) 常用的文本类表单对象有哪些？

   (2) jQuery UI 中与表单有关的小部件有哪些？

2. 操作题

   使用本章所介绍的表单知识制作一个表单网页。

第11章　配置和发布站点

【学习目标】

- 掌握配置 Web 服务器的方法。
- 掌握配置 FTP 服务器的方法。
- 掌握定义远程服务器的方法。
- 掌握发布站点的方法。

如果要借助 Dreamweaver CC 开发应用程序，需要在本地计算机配置应用程序开发环境。网站建设完毕后，还需要将所有网页文件发布到远程 Web 服务器才能发挥网页的作用。本章将介绍配置和发布站点的基本方法。

11.1　功能讲解

如果读者已经掌握了一门 Web 开发语言，如 ASP 或 PHP，想借助 Dreamweaver CC 开发应用程序，首先必须在本地计算机上搭建好开发环境。开发环境主要是指服务器运行环境和在 Dreamweaver CC 中使用服务器技术的站点环境。Web 开发语言和数据库的不同，通常 Web 应用程序开发环境的配置方式也不完全一样。下面简要介绍配置 IIS+ASP+Access 开发环境的基本知识。

11.1.1　配置 IIS 服务器

IIS（Internet Information Server，互联网信息服务）是由微软公司提供的一种 Web（网页）服务组件，其中包括 Web 服务器、FTP 服务器、NNTP 服务器和 SMTP 服务器等，分别用于网页浏览、文件传输、新闻服务和邮件发送等方面，它使得在网络（包括互联网和局域网）上发布信息成了一件很容易的事。

进行 Web 应用程序开发，首先需要在本机 Windows 系统中安装并配置 Web 服务器，这样便于在不连网的情况下也能测试 Web 应用程序。在 Windows XP Professional 中配置 Web 服务器的方法是：在【控制面板】/【管理工具】中双击【Internet 信息服务】选项，打开【Internet 信息服务】窗口，单击⊞按钮，依次展开相应文件夹，用鼠标右键单击【默认网站】选项，在弹出的快捷菜单中选择【属性】命令，弹出【默认网站属性】对话框，根据实际情况配置好【网站】选项卡的【IP 地址】选项、【主目录】选项卡的【本地路径】选项、【文档】选项卡的默认首页文档即可。现在 Windows 7 使用比较普遍，学会在 Windows 7 中配置 Web 服务器也是非常重要的。

如果网页要上传到远程服务器供用户访问，远程服务器也必须配置好 IIS 服务器。供用户访问的远程服务器通常安装的是服务器版本的 Windows 操作系统，如

Windows Server 2003、Windows Server 2008 等，掌握这些系统 IIS 的配置是对从事 Web 应用程序开发者的基本要求。只有配置好 Web 服务器，才可以保证网页能够正常运行。只有配置好远程 FTP 服务器，才可以保证能够上传网页。在配置 IIS 服务器时，可以直接针对站点进行配置，这通常需要有单独的 IP 地址才能够访问；也可以在已有站点的下面创建一个虚拟目录进行配置，这样只需要使用已有站点的 IP 地址加上虚拟目录名称就可以访问。

在 Dreamweaver CC 中定义远程站点信息时，将针对使用虚拟目录的情况进行设置，同时对不使用虚拟目录的情况加以说明，以方便读者在实际应用中根据具体情况选择适合自己的方式。如果读者不具备使用服务器操作系统中 IIS 的现实条件，可使用 Windows XP Professional 或 Windows 7 中的 IIS 进行练习。

11.1.2 设置测试服务器

在本地 Web 服务器配置好后，在 Dreamweaver CC 还要设置一个可以使用服务器技术的站点，以便于程序的开发和测试。这就需要在 Dreamweaver CC 的【站点设置对象】对话框中，设置好【站点】和【服务器】两个选项，如图 11-1 所示。

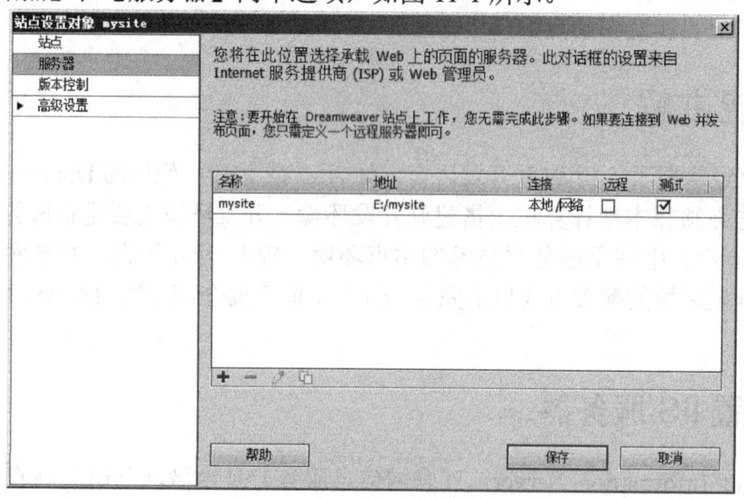

图11-1 设置站点信息

11.1.3 设置远程服务器

如果在程序开发和测试完毕后，希望使用 Dreamweaver CC 连接到远程服务器以便发布站点，应在【站点设置对象】对话框的【服务器】类别中设置远程服务器。其中指定的远程文件夹也称为“主机目录”，应该对应于 Dreamweaver CC 站点的本地根文件夹。如果用户直接管理自己的远程服务器，则最好使本地根文件夹与远程文件夹同名。通常的情况是，本地计算机上的本地根文件夹直接映射到 Web 服务器上的顶级远程文件夹。但是，如果要在本地计算机上维护多个 Dreamweaver 站点，则在远程服务器上需要等量个数的远程文件夹。这时应在远程服务器中创建不同的远程文件夹，然后将它们映射到本地计算机上各自对应的本地根文件夹。

当首次建立远程连接时，Web 服务器上的远程文件夹通常是空的。之后，当用户使用 Dreamweaver CC 上传本地根文件夹中的所有文件时，便会用本地文件夹所有的 Web 文件来填充远程文件夹。远程文件夹应始终与本地根文件夹具有相同的目录结构。也就是说，本地根文件夹中的文件和文件夹应始终与远程文件夹中的文件和文件夹一一对应。

11.1.4 创建后台数据库

在开发 Web 应用程序时，除了使用网站编程语言外，数据库也是最常用的技术之一。利用数据库可以存储和维护动态网站中的数据，有利于管理动态网站中的信息。数据库是存储在表中的数据的集合，表的每一行组成一条记录，每一列组成记录中的一个域。动态网页可以指示应用程序服务器从数据库中提取数据，并将其插入页面的 HTML 中。

通过用数据库存储内容可以使 Web 站点的设计与要显示给站点用户的内容分开。不必为每个页面都编写单独的 HTML 文件，只需为要呈现的不同类型的信息编写一个页面（或模板）即可。然后可以将内容上传到数据库中，并使 Web 站点检索该内容来响应用户请求。还可以更新单个源中的信息，然后将该更改传播到整个网站，而不必手动编辑每个页面。

如果建立稳定的、对业务至关重要的应用程序，则可以使用基于服务器的数据库，如用 Microsoft SQL Server、Oracle 9i 或 MySQL 创建的数据库。如果建立小型低成本的应用程序，则可以使用基于文件的数据库，如用 Microsoft Access 创建的数据库。Access 作为 Microsoft Office 办公系统中的一个重要组件，是最常用的桌面数据库管理系统之一，非常适合数据量不是很大的中小型站点。

11.2 范例解析

下面介绍配置本地 Web 服务器、配置远程 Web 服务器和 FTP 服务器、在 Dreamweaver CC 设置测试服务器和连接远程服务器及发布站点的操作方法。

11.2.1 配置本地 Web 服务器

Windows 用户可以通过安装 IIS 在其本地计算机上运行 Web 服务器。如果使用 IIS 中的 Web 服务器，则 Web 服务器的默认名称是计算机的名称。服务器名称对应于服务器的根文件夹，在 Windows 系统的计算机上根文件夹默认是“C:\Inetpub\wwwroot”，用户也可根据实际需要进行修改。在浏览器的地址栏中输入 URL 可以打开存储在根文件夹中的任何网页。还可以通过在 URL 中指定子文件夹来打开存储在根文件夹的任何子文件夹中的任何网页。Web 服务器在本地计算机上运行时，可以用“localhost”来代替服务器名称。除了使用服务器名称或“localhost”之外，还可以使用另一种表示方式：“127.0.0.1”。例如，“http://localhost/mengxiang/index.htm”也可以写成“http://127.0.0.1/mengxiang/index.htm”。

Windows 7 中的 IIS 在默认状态下没有被安装，因此在第 1 次使用时应首先安装 IIS 服务器，安装完成后在 Web 服务器中会有一个默认的站点处于运行状态，可以将这个站点的物理路径修改为自己的站点路径，也可以在这个站点下创建虚拟目录来测试网页。下面介绍在 Windows 7 的 Web 服务器中创建和配置虚拟目录“mengxiang”的基本方法。

1. 在本地硬盘上新建一个文件夹“mengxiang”，作为存放本地站点文件的目录。
2. 在 Windows 7 中打开【控制面板】，在【查看方式】中选择【小图标】选项，如图 11-2 所示。

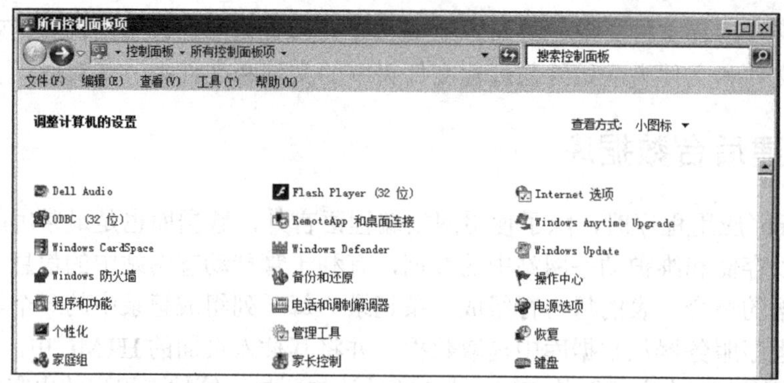

图11-2　打开【控制面板】

3. 单击【管理工具】选项，进入【管理工具】窗口，如图 11-3 所示。

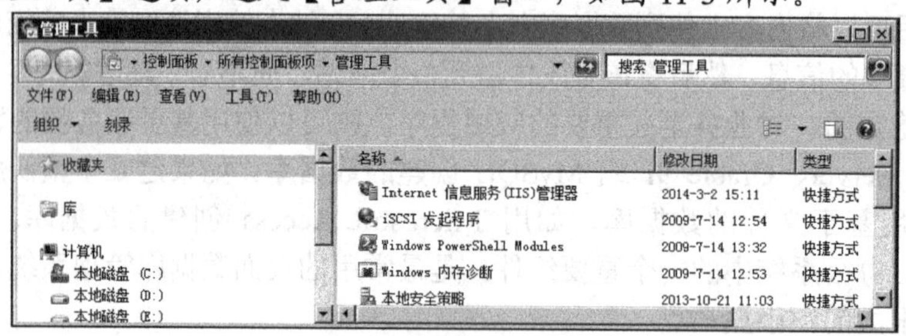

图11-3　【管理工具】窗口

4. 双击【Internet 信息服务（IIS）管理器】选项，打开【Internet 信息服务（IIS）管理器】窗口，并在左侧列表中展开网站的相关选项，如图 11-4 所示。

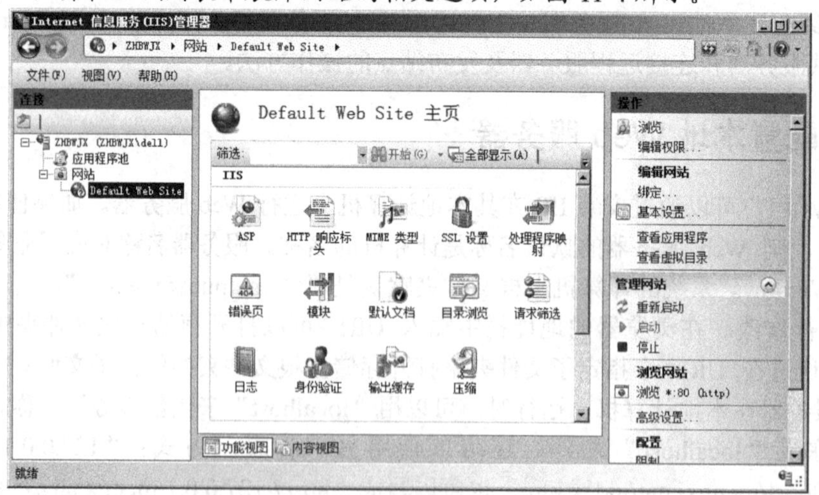

图11-4　【Internet 信息服务（IIS）管理器】窗口

5. 保证 Web 服务器已经启动，如果没有启动，选择【Default Web Site】选项，然后单击鼠标右键，在弹出的快捷菜单中选择【管理网站】/【启动】命令启动 Web 服务器，如图 11-5 所示。

6. 选择【Default Web Site】选项，然后单击鼠标右键，在弹出的快捷菜单中选择【添加虚拟目录】命令，打开【添加虚拟目录】对话框，设置虚拟目录别名和物理路径，如图 11-6 所示。

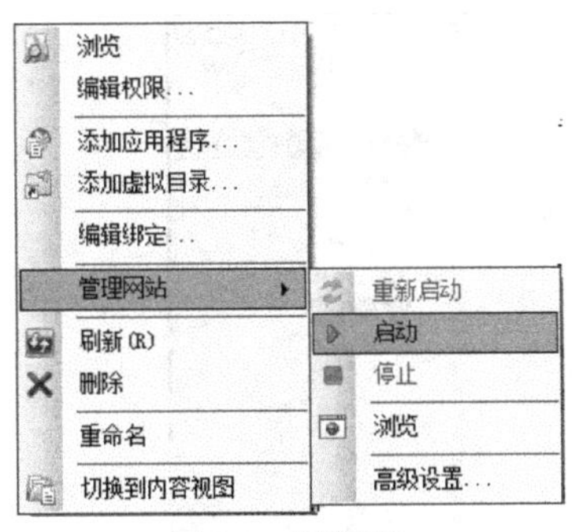

图11-5 快捷菜单

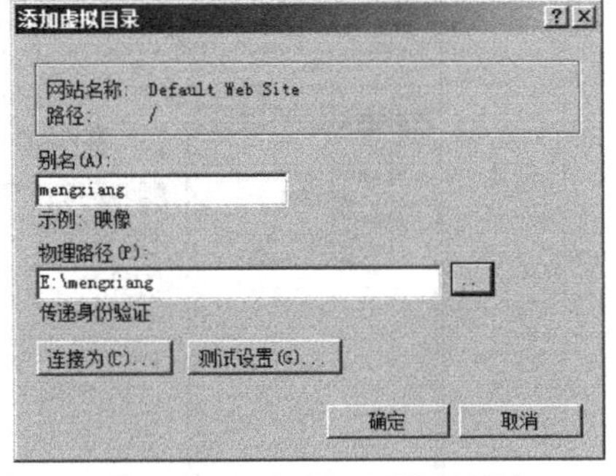

图11-6 【添加虚拟目录】对话框

7. 单击 确定 按钮，在【Internet 信息服务（IIS）管理器】窗口的默认站点【Default Web Site】下创建了虚拟目录，如图 11-7 所示。

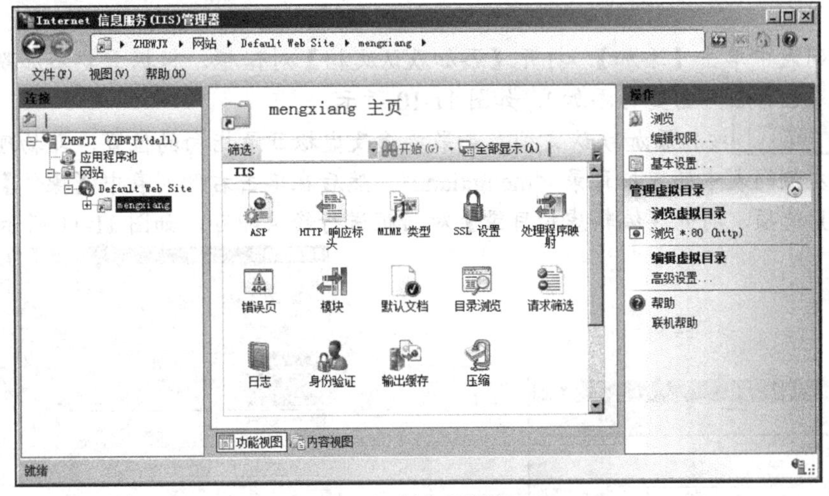

图11-7 创建虚拟目录

8. 在窗口中双击【ASP】选项，将【启用父路径】的值设置为“True”，如图 11-8 所示。

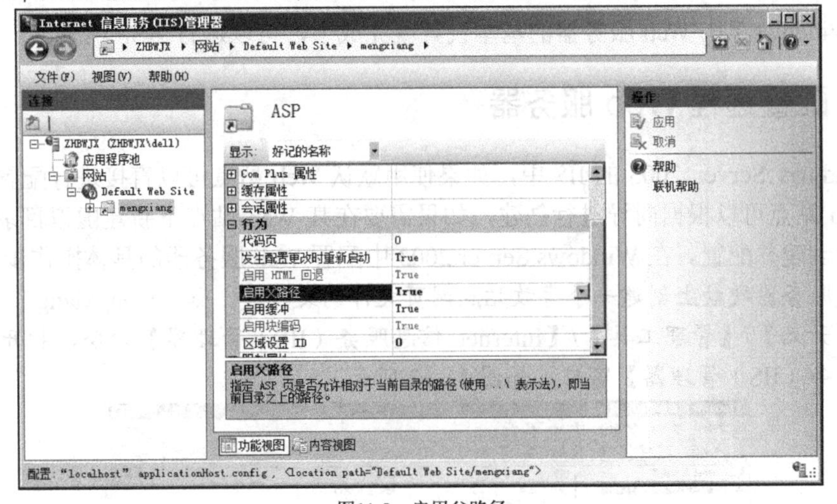

图11-8 启用父路径

9. 在【Internet 信息服务（IIS）管理器】窗口左侧列表中选择虚拟目录【mengxiang】，然后在窗口中双击【默认文档】选项，结果如图 11-9 所示。

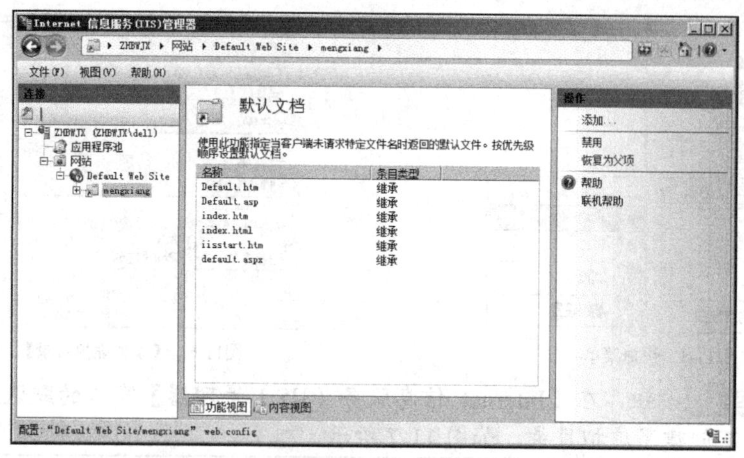

图11-9　默认文档

10. 在右侧列表中单击【添加】，打开【添加默认文档】对话框，根据需要添加默认文档名称（如果已存在不需要再添加），如图 11-10 所示。
11. 单击 确定 按钮添加默认文档，如果要修改虚拟目录指向的位置，即物理路径，单击窗口左侧列表中的虚拟目录“mengxiang”，然后在单击右侧列表中【操作】中的【基本设置】选项，打开【编辑虚拟目录】对话框进行修改即可，如图 11-11 所示。

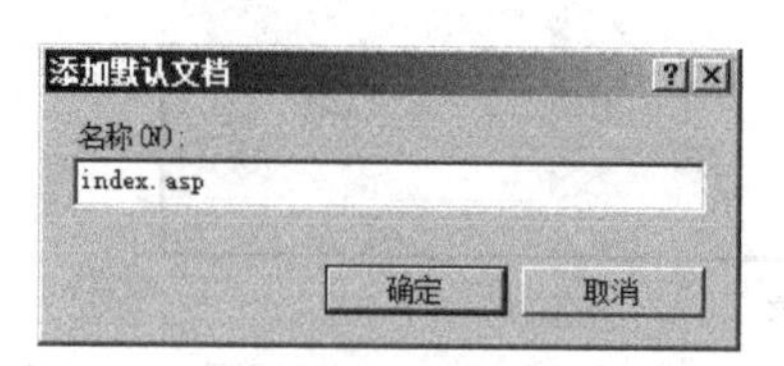

图11-10　【添加默认文档】对话框

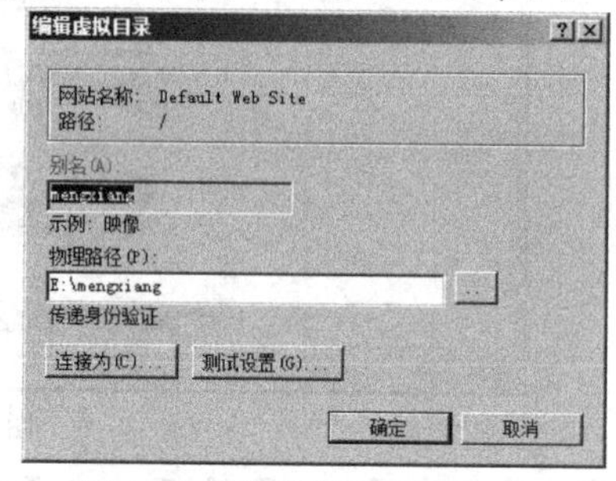

图11-11　【编辑虚拟目录】对话框

这样 Windows 7 中 Web 服务器的基本设置就完成了，可以运行 ASP 网页了。

11.2.2　配置远程 Web 服务器

在 Windows Server 2003 的 IIS 中，如果使用默认 Web 站点可以直接进行配置，如果需要新建 Web 站点可以根据向导进行创建，如果需要在某 Web 站点下新建虚拟目录也可以根据向导进行创建并配置。在 Windows Server 2003 中配置 Web 服务器的具体操作步骤如下。

1. 首先在服务器硬盘上创建一个存放站点网页文件的文件夹，如“mengxiang”。
2. 选择【开始】/【管理工具】/【Internet 信息服务（IIS）管理器】命令，打开【Internet 信息服务（IIS）管理器】窗口，如图 11-12 所示。

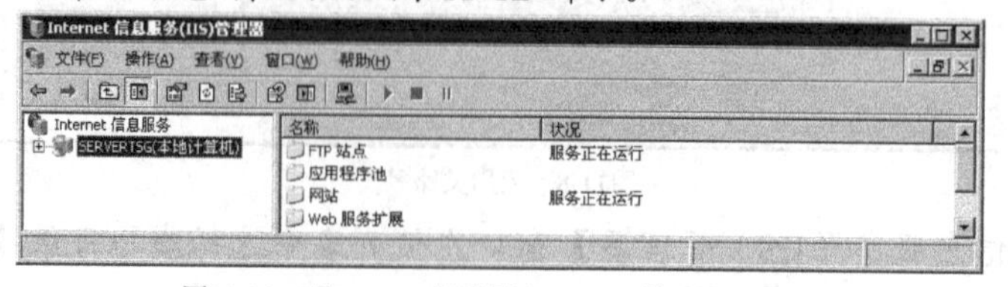

图11-12　【Internet 信息服务（IIS）管理器】窗口

下面配置默认网站属性。

3. 在左侧列表中单击“+”标识展开列表项，选择【默认网站】选项，如图 11-13 所示。

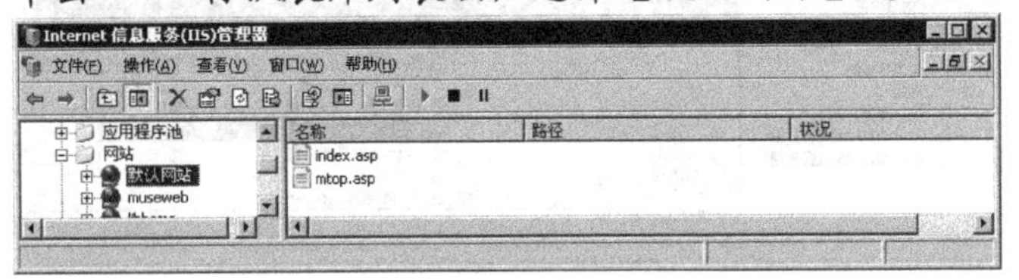

图11-13　设置 IP 地址

4. 接着单击鼠标右键，在弹出的快捷菜单中选择【属性】命令，打开【默认网站 属性】对话框，切换到【网站】选项卡，在【IP 地址】文本框中输入可以使用的 IP 地址，如图 11-14 所示。
5. 切换到【主目录】选项卡，在【本地路径】文本框中设置网站所在的文件夹，如刚才创建的“mengxiang”，如图 11-15 所示。

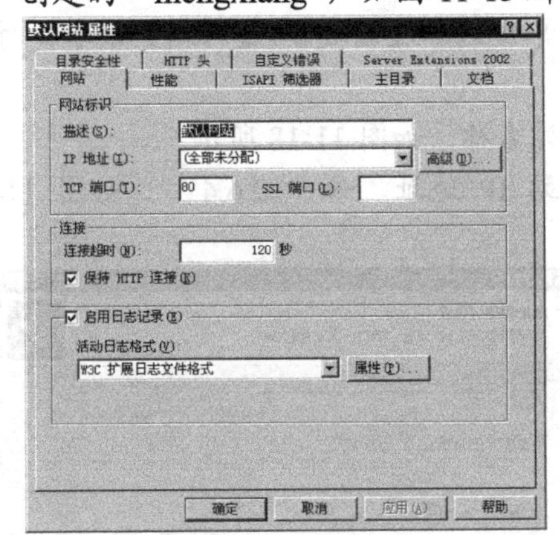

图11-14　【网站】选项卡

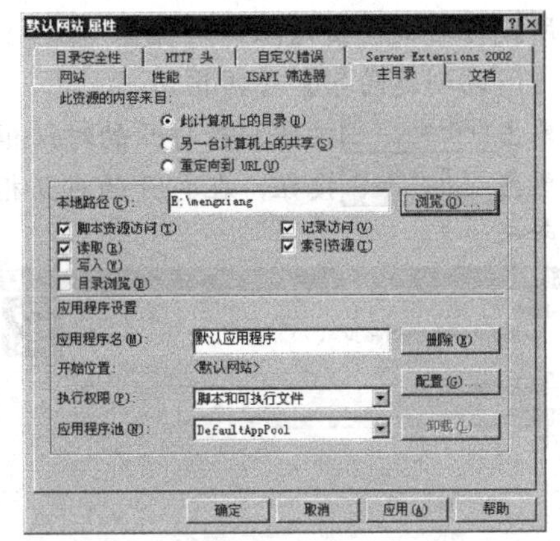

图11-15　【主目录】选项卡

6. 切换到【文档】选项卡，添加默认的首页文档名称，如图 11-16 所示。

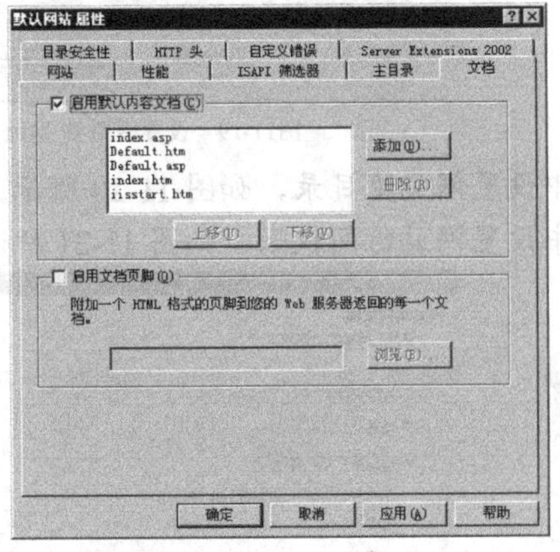

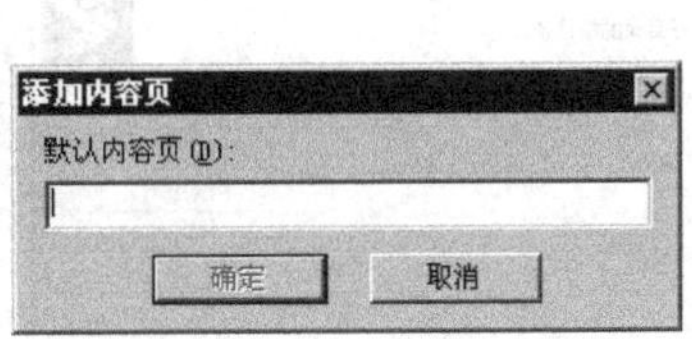

图11-16　【文档】选项卡

7. 在左侧列表中选择【Web 服务扩展】选项，然后检查右侧列表中【Active Server Pages】选项是否是“允许”状态，如果不是（即“禁止”）需要选择【Active Server Pages】选项，接着单击 允许 按钮，使服务器能够支持运行 ASP 网页，如图 11-17 所示。

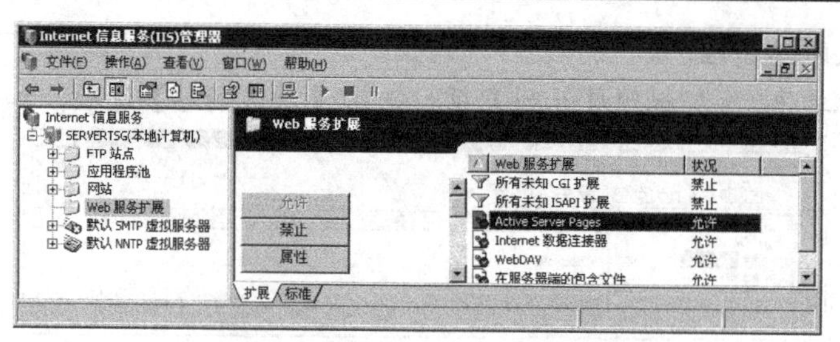

图11-17　设置【Web 服务扩展】选项

配置完 Web 服务器后，打开 IE 浏览器，在地址栏中输入 IP 地址后按 Enter 键，这样就可以打开网站的首页了。前提条件是在这个目录下已经放置了包括主页在内的网页文件。上面介绍的是配置【默认网站】的情况，如果【默认网站】已经被其他网站使用了，显然就不能再直接使用【默认网站】了，这种情况下怎么办？有两种办法，一种是再创建一个网站，另一种是在【默认网站】下创建一个虚拟目录。下面首先介绍创建一个新网站的方法。

1. 用鼠标右键单击【默认网站】，在弹出的快捷菜单中选择【新建】/【网站】命令，打开【网站创建向导】对话框。
2. 单击 下一步(N) > 按钮，在打开的对话框中设置网站名称，如图 11-18 所示。
3. 单击 下一步(N) > 按钮，在打开的对话框中设置网站 IP 地址，如“10.6.4.5”，如图 11-19 所示。

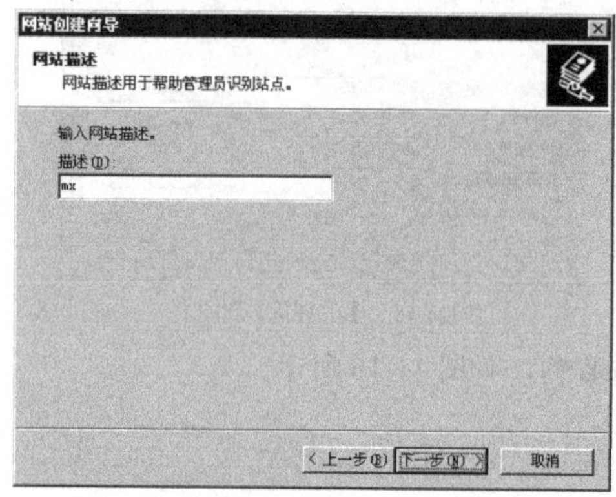

图11-18　设置网站名称

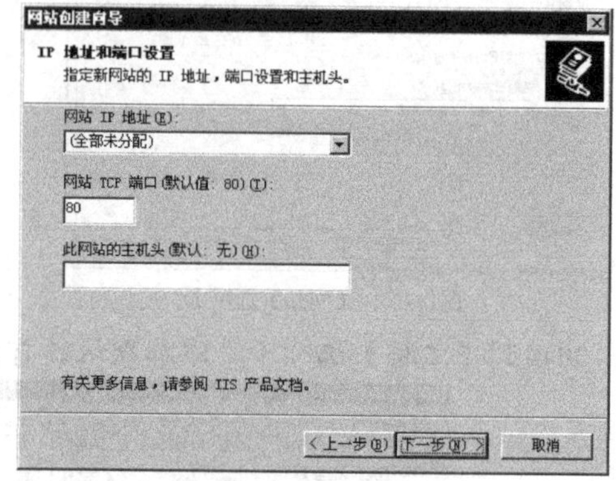

图11-19　设置网站 IP 地址

4. 单击 下一步(N) > 按钮，在打开的对话框中设置网站主目录，如图 11-20 所示。
5. 单击 下一步(N) > 按钮，在打开的对话框中设置网站访问权限，如图 11-21 所示。

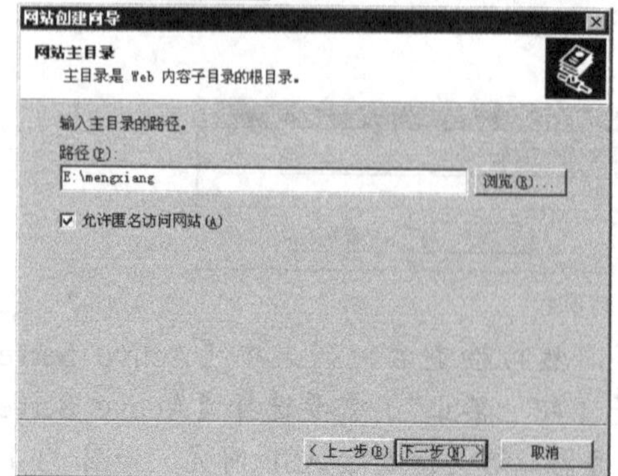

图11-20　设置网站主目录

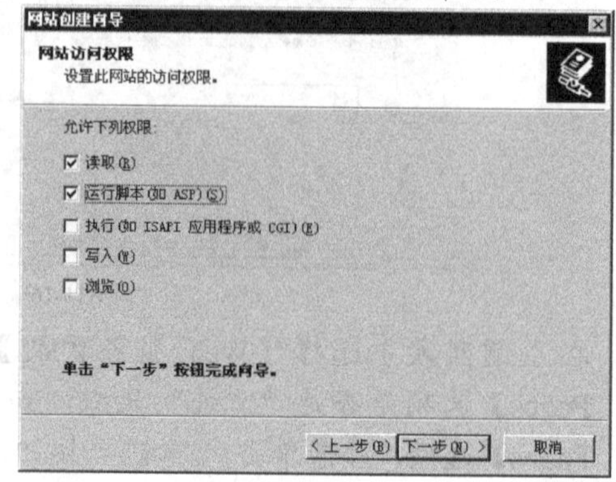

图11-21　设置网站访问权限

6. 单击下一步(N) >按钮，提示已完成网站创建，单击完成按钮，完成新网站的创建。

网站创建完成后，在【网站】选项下将出现新创建的网站名称，可以像设置【默认网站】属性一样来检查修改新创建的网站属性。打开 IE 浏览器，在地址栏中输入地址（如 http://10.6.4.5）后按 Enter 键，就可以打开网站的首页了。

下面介绍在【默认网站】下创建一个虚拟目录的方法，在后面使用 Dreamweaver CC 发布网站时网站内容就上传到这个虚拟目录下。

1. 用鼠标右键单击【默认网站】，在弹出的快捷菜单中选择【新建】/【虚拟目录】命令，打开【虚拟目录创建向导】对话框，如图 11-22 所示。
2. 单击下一步(N) >按钮，在打开的对话框中设置虚拟目录别名，如图 11-23 所示。

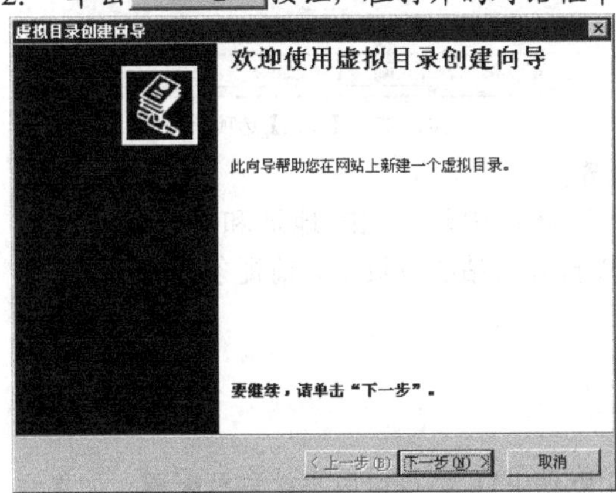

图11-22 【虚拟目录创建向导】对话框

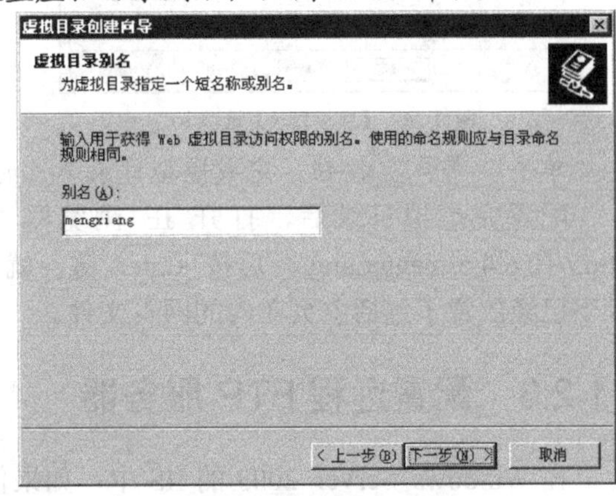

图11-23 设置虚拟目录别名

3. 单击下一步(N) >按钮，在打开的对话框中设置网站内容目录，即虚拟目录对应的网站物理路径，如图 11-24 所示。
4. 单击下一步(N) >按钮，在打开的对话框中设置虚拟目录访问权限，如图 11-25 所示。

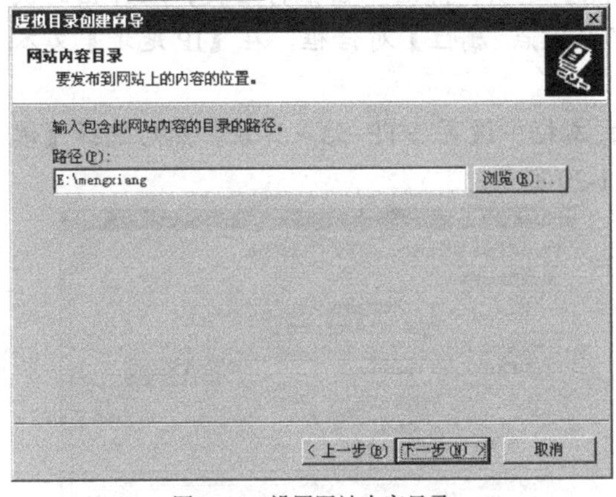

图11-24 设置网站内容目录

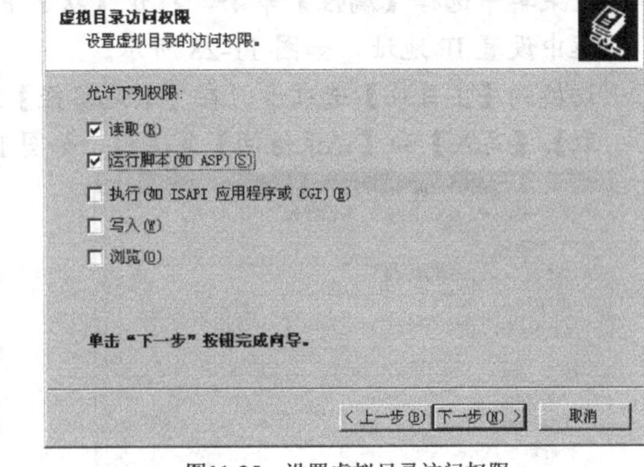

图11-25 设置虚拟目录访问权限

5. 单击下一步(N) >按钮，然后单击完成按钮，完成虚拟目录的创建。
6. 选中刚才创建的虚拟目录"mengxiang"，单击鼠标右键，在弹出的快捷菜单中选择【属性】命令，打开【mengxiang 属性】对话框，如图 11-26 所示，可根据需要进行修改。
7. 切换到【文档】选项卡，添加首页文档名称，如图 11-27 所示。

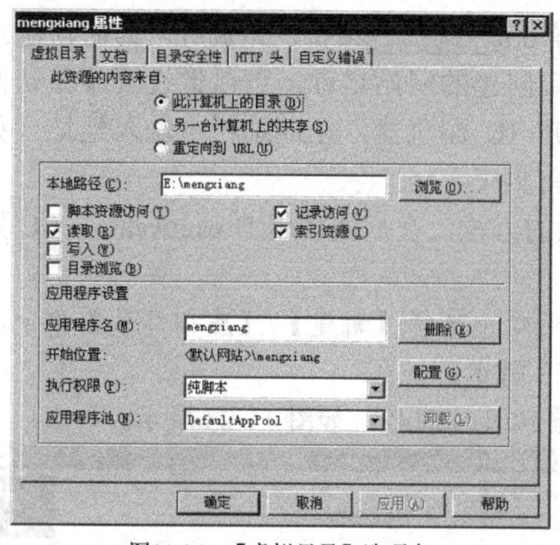

图11-26　【虚拟目录】选项卡

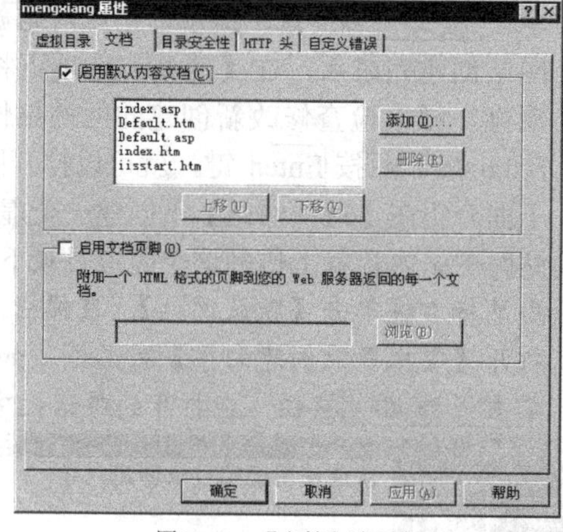

图11-27　【文档】选项卡

8.　单击 确定 按钮，完成虚拟目录属性的设置。

配置完虚拟目录后，打开 IE 浏览器，在地址栏中输入 IP 地址和虚拟目录（如 http://10.6.4.5/mengxiang/）后按 Enter 键，就可以打开网站的首页了。前提条件是在这个目录下已经放置了包括主页在内的网页文件。

11.2.3　配置远程 FTP 服务器

在 Windows Server 2003 的 IIS 中，如果使用默认 FTP 站点可以直接进行配置，如果需要新建 FTP 站点可以根据向导进行创建，如果需要在某 FTP 站点下新建虚拟目录也可以根据向导进行创建并配置。在 Windows Server 2003 中配置 FTP 服务器的具体操作步骤如下。

1.　在【Internet 信息服务（IIS）管理器】窗口中，在左侧列表中单击“+”标识，展开【FTP 站点】列表项，选择【默认 FTP 站点】选项，然后单击鼠标右键，在弹出的快捷菜单中选择【属性】命令，打开【默认 FTP 站点 属性】对话框，在【IP 地址】文本框中设置 IP 地址，如图 11-28 所示。
2.　切换到【主目录】选项卡，在【本地路径】文本框中设置 FTP 站点目录，然后选择【读取】、【写入】和【记录访问】复选框，如图 11-29 所示。

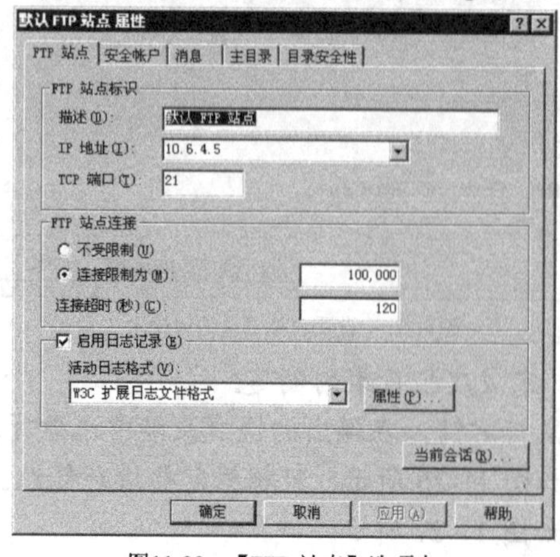

图11-28　【FTP 站点】选项卡

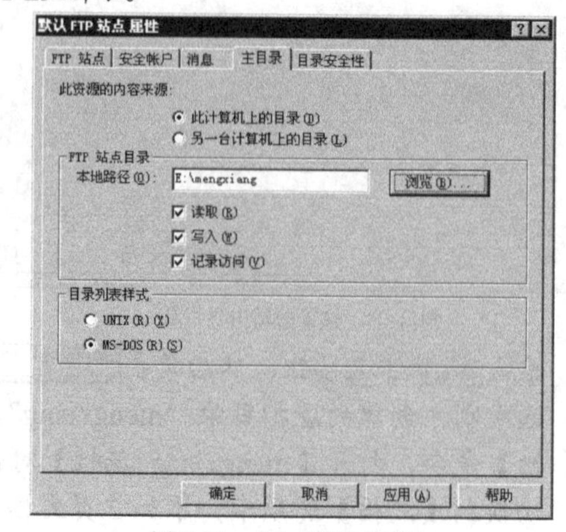

图11-29　【主目录】选项卡

3.　单击 确定 按钮，完成默认 FTP 站点属性的配置。

默认 FTP 站点配置完成后，访问该 FTP 站点的地址是 ftp://10.6.4.5（要与实际一致），用户名和密码没有单独配置，使用系统中的用户名和密码即可。如果【默认 FTP 站点】已经被使用了，显然就不能再直接使用【默认 FTP 站点】了。这时可再创建一个 FTP 站点或在【默认 FTP 站点】下创建一个虚拟目录。下面首先介绍创建一个新 FTP 站点的方法。

1. 用鼠标右键单击【默认 FTP 站点】，在弹出的快捷菜单中选择【新建】/【FTP 站点】命令，打开【FTP 站点创建向导】对话框。
2. 单击 下一步(N) > 按钮，在打开的对话框中设置 FTP 站点描述，如图 11-30 所示。
3. 单击 下一步(N) > 按钮，在打开的对话框中设置 FTP 站点 IP 地址，如图 11-31 所示。

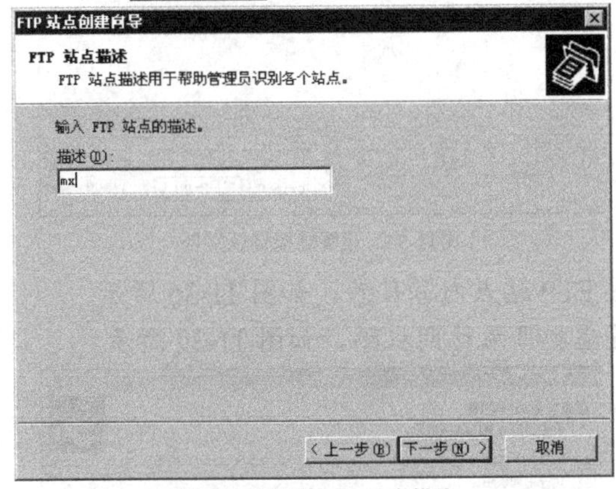

图11-30　设置 FTP 站点描述

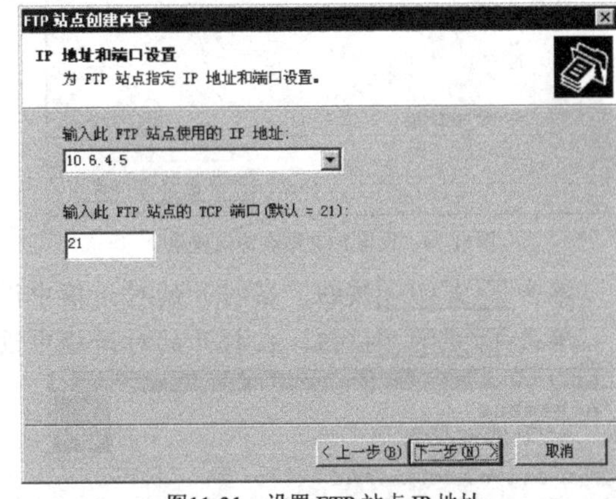

图11-31　设置 FTP 站点 IP 地址

4. 单击 下一步(N) > 按钮，在打开的对话框中设置 FTP 用户隔离，这里选择【不隔离用户】单选按钮，如图 11-32 所示。
5. 单击 下一步(N) > 按钮，在打开的对话框中设置 FTP 站点主目录，如图 11-33 所示。

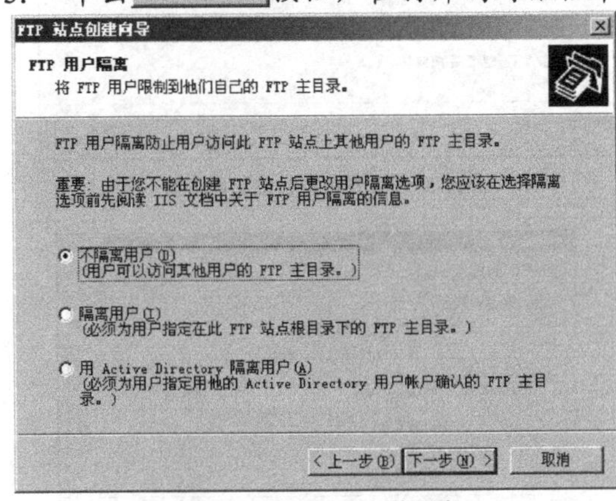

图11-32　设置 FTP 用户隔离

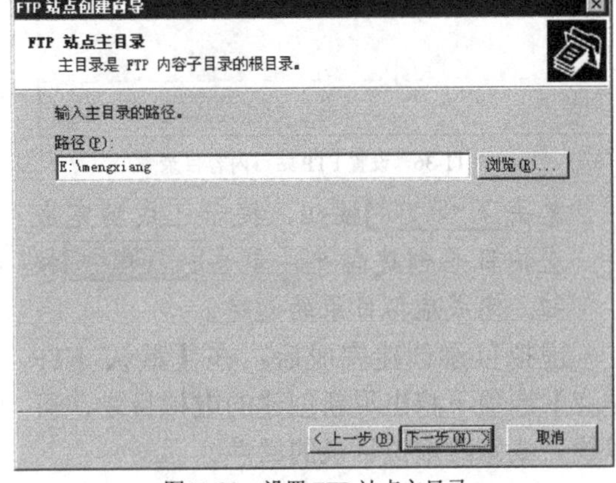

图11-33　设置 FTP 站点主目录

6. 单击 下一步(N) > 按钮，在打开的对话框中设置 FTP 站点访问权限，如图 11-34 所示。
7. 单击 下一步(N) > 按钮，系统提示已成功完成 FTP 站点创建向导，单击 完成 按钮，完成新 FTP 站点的创建。

FTP 站点创建完成后，在【FTP 站点】选项下将出现新创建的 FTP 站点名称，可以像设置【默认 FTP 站点】属性一样来检查修改新创建的 FTP 站点属性。下面介绍在【默认 FTP 站点】下创建一个虚拟目录的方法，在 Dreamweaver CC 定义远程站点信息时将用到这个虚拟目录。

1. 用鼠标右键单击【默认 FTP 站点】，在弹出的快捷菜单中选择【新建】/【虚拟目录】命令，打开【虚拟目录创建向导】对话框，单击 下一步(N) > 按钮，在打开的对话框中设置虚拟目录别名，如图 11-35 所示。

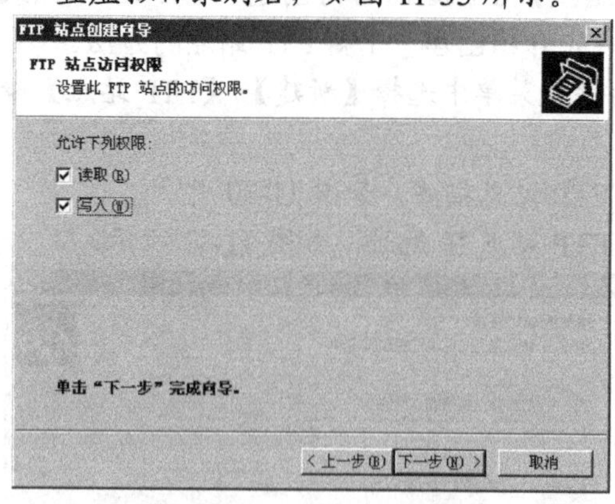

图11-34　设置 FTP 站点访问权限

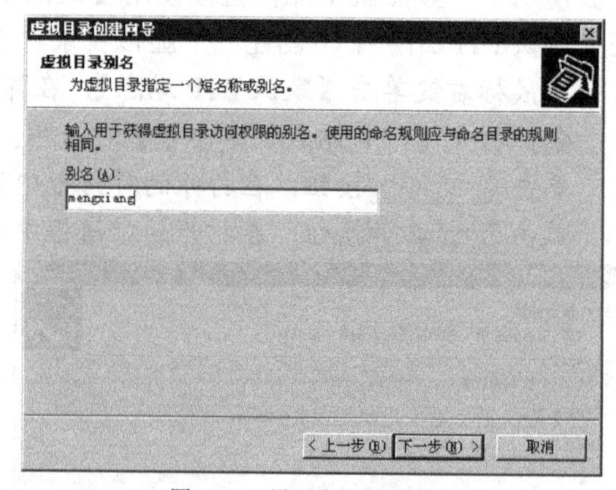

图11-35　设置虚拟目录别名

2. 单击 下一步(N) > 按钮，在打开的对话框中设置 FTP 站点内容目录，如图 11-36 所示。
3. 单击 下一步(N) > 按钮，在打开的对话框中设置虚拟目录访问权限，如图 11-37 所示。

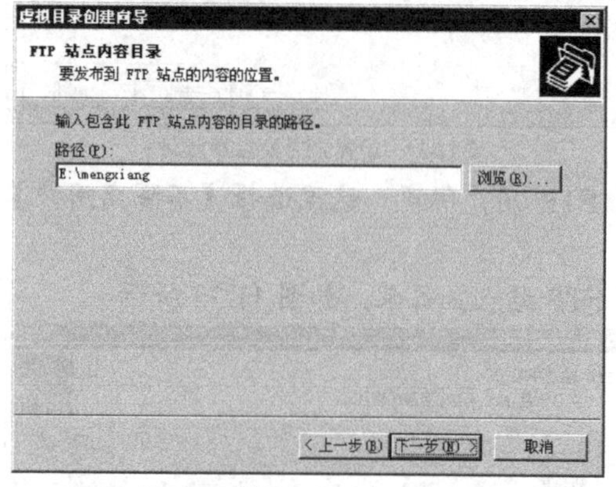

图11-36　设置 FTP 站点内容目录

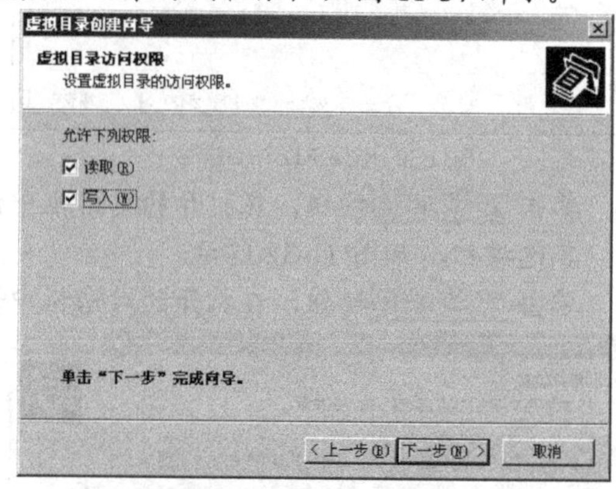

图11-37　设置虚拟目录访问权限

4. 单击 下一步(N) > 按钮，提示已成功完成虚拟目录创建向导，单击 完成 按钮，完成虚拟目录的创建。

虚拟目录创建完成后，在【默认 FTP 站点】选项下将出现新创建的虚拟目录，可以检查或修改虚拟目录的属性。

5. 在【默认 FTP 站点】选项下选中虚拟目录“mengxiang”，然后单击鼠标右键，在弹出的快捷菜单中选择【属性】命令，打开【mengxiang 属性】对话框，【虚拟目录】选项卡如图 11-38 所示，可以根据需要进行修改。

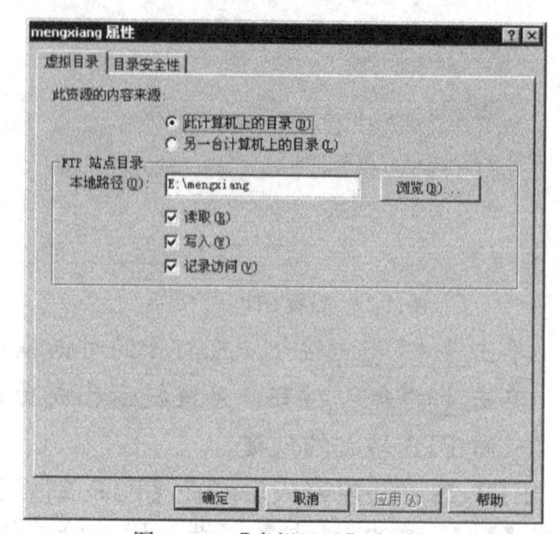

图11-38　【虚拟目录】选项卡

6. 单击 确定 按钮，完成虚拟目录属性的设置。

配置完虚拟目录后，此时访问该 FTP 站点的地址是“ftp:// 10.6.4.5/mengxiang”，用户名和密码没有单独配置，使用系统中的用户名和密码即可。

11.2.4 设置测试服务器

在开发应用程序时通常要定义一个可以使用服务器技术的站点，以便于程序的开发和测试。用于开发和测试服务器技术的站点，称为测试站点或测试服务器。

1. 在菜单栏中选择【站点】/【新建站点】命令打开【站点设置对象】对话框，设置站点名称和本地站点文件夹，如图 11-39 所示。

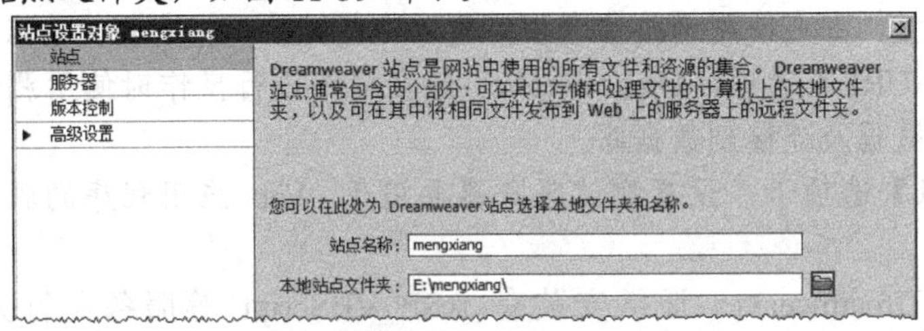

图11-39 【站点设置对象 mengxiang】对话框

2. 在左侧列表中选择【服务器】类别，如图 11-40 所示。

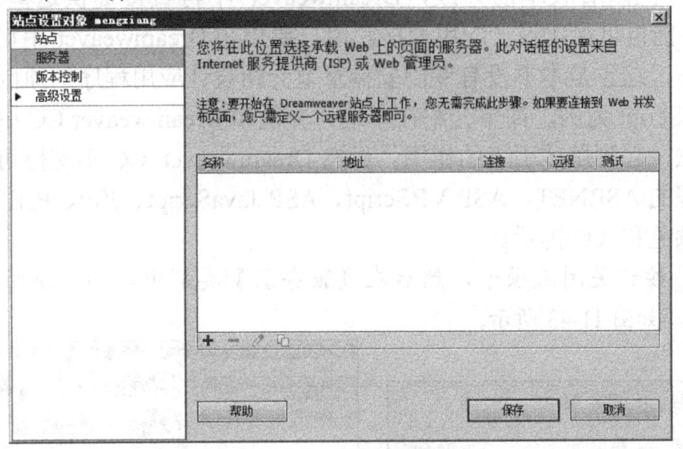

图11-40 【服务器】类别

【服务器】类别允许用户指定远程服务器和测试服务器，下面对各个按钮的作用简要说明如下。

- ➕（添加新服务器）按钮：单击该按钮将添加一个新服务器。
- ➖（删除服务器）按钮：单击该按钮将删除选中的服务器。
- ✎（编辑现有服务器）按钮：单击该按钮将编辑选中的服务器。
- ⧉（复制现有服务器）按钮：单击该按钮将复制选中的服务器。

3. 单击➕按钮，在弹出对话框的【基本】选项卡中进行参数设置，如图 11-41 所示。

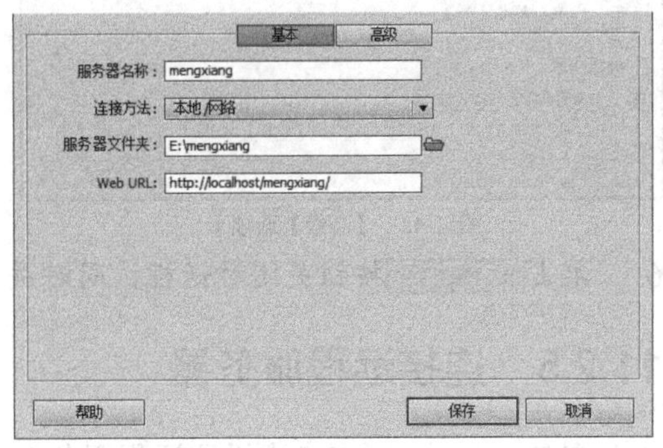

图11-41 【基本】选项卡

要点提示　对话框中的【Web URL】要与 Web 服务器中的设置一样。

下面对【基本】选项卡中【本地/网络】各个选项的作用简要说明。

- 【服务器名称】：设置新服务器的名称。
- 【连接方法】：设置连接测试服务器或远程服务器的连接方法，以提供与数据库有关的有用信息，如数据库中各表的名称及表中各列的名称。
- 【服务器文件夹】：设置存储站点文件的文件夹。
- 【Web URL】：设置站点的 URL，Dreamweaver 使用 Web URL 创建站点根目录相对链接，并在使用链接检查器时验证这些链接。指定测试站点时，必须设置【Web URL】选项，Dreamweaver 能在用户进行操作时使用测试站点的服务来显示数据及连接到数据库。

4. 切换到【高级】选项卡，设置测试服务器要用于 Web 应用程序的服务器模型，如图 11-42 所示。

较早版本的 Dreamweaver 通常安装有 ASP VBScript 等服务器行为，用户可以在 Dreamweaver 中可视化设计应用程序，对没有专门学习 Web 应用程序编程的初级用户来说非常方便和实用。但随着版本的升级，Dreamweaver 不再直接提供这些服务器行为，在 Dreamweaver 中不能再可视化设计应用程序。用户要想在 Dreamweaver 中设计应用程序，要专门学习编程语言，这也是本书没有专门安排章节介绍设计应用程序的原因。这里只是以服务器技术 ASP VBScript 为例，简单介绍在本地计算机和 Dreamweaver CC 中架设应用程序开发环境的基本方法，起到抛砖引玉的作用。虽然 Dreamweaver CC 不支持可视化设计应用程序，但对正在处理的 ASP.NET、ASP VBScript、ASP JavaScript、JSP、PHP 等页面仍将支持实时视图、代码颜色和代码提示。

5. 单击 保存 按钮关闭选项卡，然后在【服务器】类别中，指定刚添加的服务器的类型为“测试”，如图 11-43 所示。

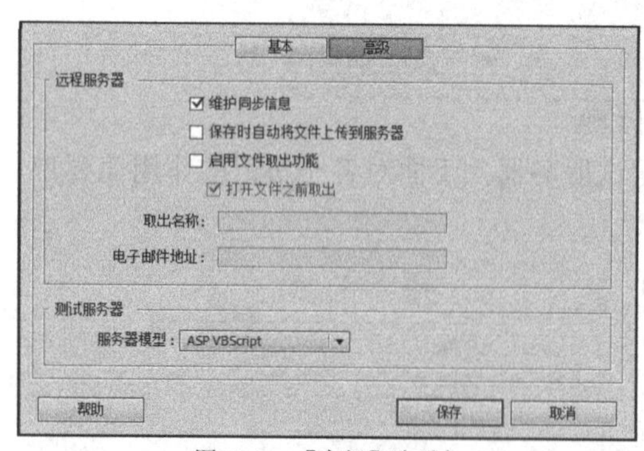

图11-42　【高级】选项卡

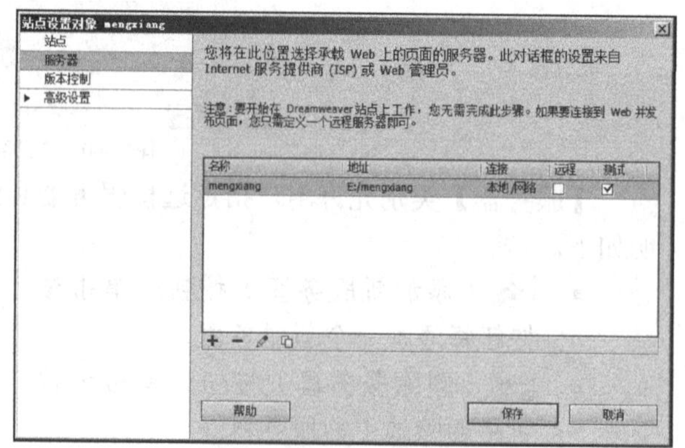

图11-43　设置测试服务器

6. 单击 保存 按钮关闭对话框，同时关闭【管理站点】对话框。

11.2.5　连接远程服务器

在 Dreamweaver CC 中设置远程服务器时，必须为 Dreamweaver 选择连接方法，以将文件上传和下载到 Web 服务器。最典型的连接方法是 FTP，但 Dreamweaver CC 还支持本地/

网络、FTPS、SFTP、WebDav 和 RDS 连接方法。Dreamweaver CC 还支持连接到启用了 IPv6 的服务器。所支持的连接类型包括 FTP、SFTP、WebDav 和 RDS。为了让读者能够真正体验通过 Dreamweaver CC 向远程服务器传输数据的方法，下面在 Dreamweaver CC 配置 FTP 服务器的过程中所提及的远程服务器均是 Windows Server 2003 系统中的 IIS 服务器。具体操作步骤如下。

1. 选择菜单命令【站点】/【管理站点】，打开【管理站点】对话框，在站点列表中选择站点“mengxiang”，然后单击按钮，打开【站点设置对象】对话框。
2. 在左侧列表中选择【服务器】选项，单击 + 按钮，在弹出的对话框中的【基本】选项卡中进行参数设置，如图 11-44 所示。
3. 选择【高级】选项卡，根据需要进行参数设置，如图 11-45 所示。

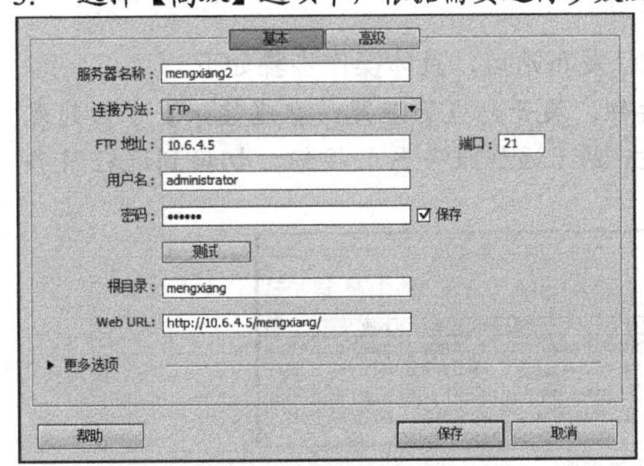

图11-44 设置基本参数

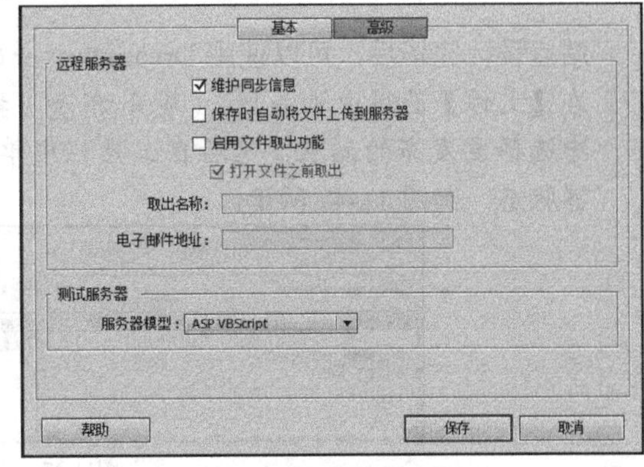

图11-45 设置高级参数

4. 最后单击 保存 按钮关闭窗口，然后在【服务器】类别中，指定刚添加的服务器的类型为“远程”，如图 11-46 所示。

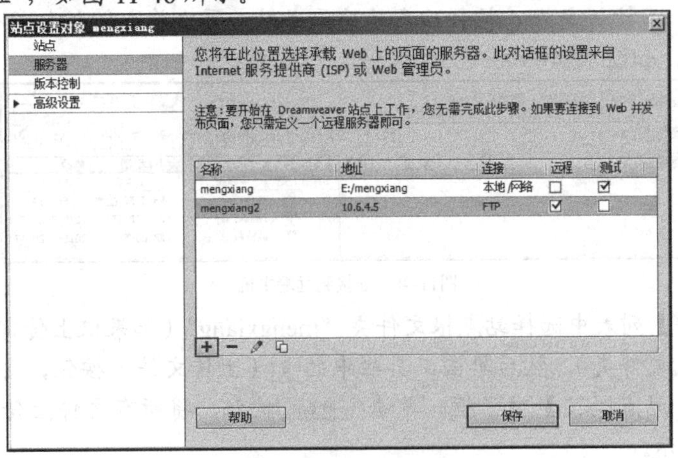

图11-46 设置远程服务器

为 Web 应用程序定义 Dreamweaver 站点通常需执行以下 3 步。

(1) 定义本地站点。

本地站点是用户在硬盘上用来存储站点文件副本的文件夹。用户可为自己创建的每个新 Web 应用程序定义一个本地文件夹。定义本地文件夹还会使用户能够轻松管理文件并将文件传输至 Web 服务器和从 Web 服务器接收文件。

(2) 定义测试站点。

在用户工作时，Dreamweaver CS5 使用测试站点生成和显示动态内容并连接到数据库。测试站点可以在本地计算机、开发服务器、中间服务器或生产服务器上。只要测试服务器可以处理用户计划开发的动态网页类型即可，具体选择哪种类型的服务器无关紧要。

(3) 定义远程站点。

将运行 Web 服务器的计算机上的文件夹定义为 Dreamweaver 远程站点。远程站点是用户为 Web 应用程序在 Web 服务器上创建的文件夹。本地站点或测试服务器上的文件只有发布到远程站点上，浏览者才可以正常访问。

11.2.6 发布站点

站点设计完毕后，可以使用 Dreamweaver CC 发布站点，具体操作步骤如下。

1. 在【文件】面板中单击 (展开/折叠) 按钮，展开站点管理器，在【显示】下拉列表中选择要发布的站点，然后在工具栏中单击 (远程服务器) 按钮，切换到远程服务器状态，如图 11-47 所示。

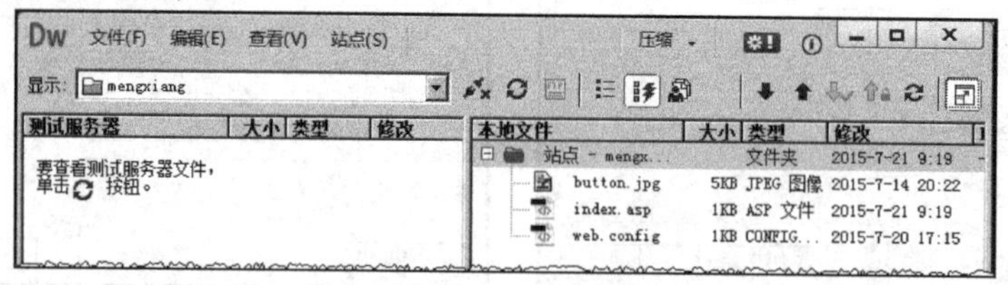

图11-47　站点管理器

2. 单击 (远程服务器) 按钮，将左侧视图由【测试服务器】切换到【远程服务器】，然后单击工具栏上的 (连接到远程服务器) 按钮，将会开始连接远程服务器，即登录 FTP 服务器。按钮变为按钮后表示登录成功 (再次单击按钮就会断开与 FTP 服务器的连接)，如图 11-48 所示。

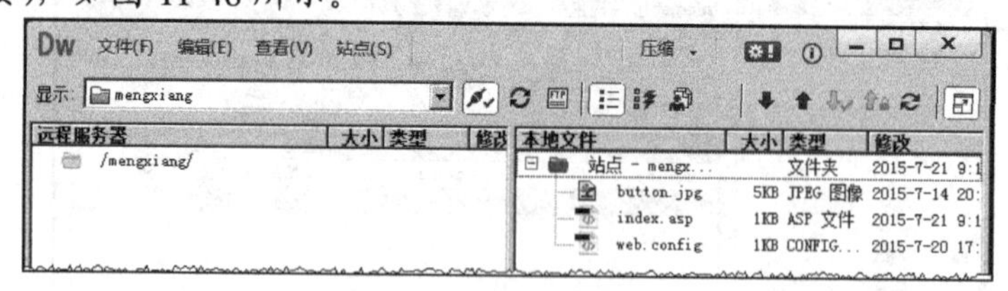

图11-48　连接到远端主机

3. 在【本地文件】列表中选择站点根文件夹 "mengxiang" (如果仅上传部分文件，可选择相应的文件或文件夹)，然后单击工具栏中的 (上传文件) 按钮，会出现一个【您确定要上传整个站点吗？】对话框，单击 确定 按钮，将所有文件上传到远程服务器，如图 11-49 所示。

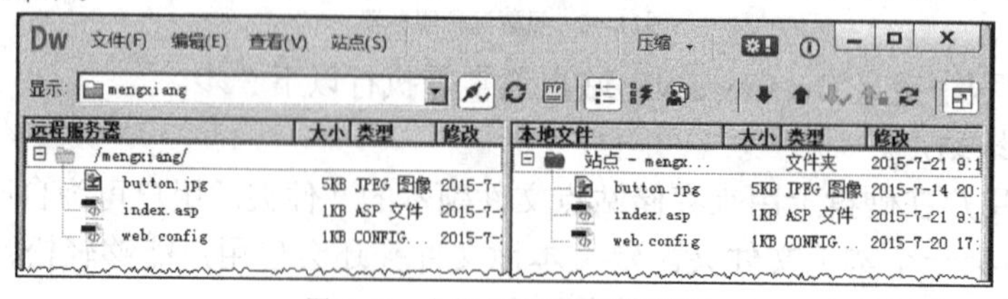

图11-49　上传文件到远程服务器

站点管理器工具栏相关按钮的主要功能简要说明如下。

- (连接)：用于连接到测试服务器或远程服务器等。
- (刷新)：用于刷新站点。
- (查看)：用于查看站点的 FTP 日记。
- (远程)：用于切换到远程服务器视图。
- (测试)：用于切换到测试服务器视图。
- (存储)：用于切换到存储库文件视图。
- (获取)：用于下载文件。
- (上传)：用于上传文件。
- (同步)：用于与测试服务器或远程服务器等同步文件。
- (折叠)：通过单击该按钮可折叠到【文件】面板状态。

4. 上传完所有文件后，单击按钮断开与服务器的连接即可。

当然，使用 FTP 传输软件上传和下载站点文件非常方便，有兴趣的读者也可以使用 FTP 传输软件进行站点发布和日常维护。

11.3 实训

(1) 在本机配置 Web 服务器和 Ftp 服务器。

(2) 在 Dreamweaver CC 中定义远程站点信息并进行网页发布。

11.4 习题

1. 思考题

(1) IIS 通常包括哪些服务组件，其主要作用是什么？

(2) 使用 Dreamweaver CC 发布站点必须设置哪些内容？

2. 操作题

练习配置 IIS 和使用 Dreamweaver CC 发布站点的方法。